Hegels	Hegel's
Philosophie des	Philosophy of
subjektiven	Subjective
Geistes	Spirit
BAND 3	VOLUME 3

Hegels Philosophie des subjektiven Geistes

HERAUSGEGEBEN UND ÜBERSETZT
MIT EINER EINLEITUNG
UND ERLÄUTERUNGEN

von

M. J. Petry

Professor der Geschichte der Philosophie an der Erasmus Universität in Rotterdam

BAND 3

PHENOMENOLOGIE UND PSYCHOLOGIE

D. Reidel Publishing Company

DORDRECHT : HOLLAND / BOSTON : U.S.A.

Hegel's Philosophy of Subjective Spirit

EDITED AND TRANSLATED
WITH AN INTRODUCTION
AND EXPLANATORY NOTES

by

M. J. Petry

Professor of the History of Philosophy,
Erasmus University, Rotterdam

VOLUME 3

PHENOMENOLOGY AND PSYCHOLOGY

D. Reidel Publishing Company

DORDRECHT : HOLLAND / BOSTON : U.S.A.

Library of Congress Cataloging in Publication Data

Hegel, Georg Wilhelm Friedrich, 1770–1831.
Hegel's Philosophie des subjektiven Geistes.

Added t.p.: Hegel's Philosophy of Subjective Spirit.
English and German.
Bibliography, v. 3; p.
Includes indexes.
Contents: Bd. 1. Einleitungen. Bd. 2. Anthropologie. Bd. 3. Phenomenologie und Psychologie.
1. Mind and Body. i. Petry, Michael John. ii. Title. iii. Title: Philosophie des subjektiven Geistes. iv. Title: Philosophy of Subjective Spirit.
B2918.E5P4 1977 128'.2 77-26298
ISBN 90-277-0718-9 (set)
ISBN 90-277-0715-4 (Vol. 1)
ISBN 90-277-0716-2 (Vol. 2)
ISBN 90-277-0717-0 (Vol. 3)

PUBLISHED BY D. REIDEL PUBLISHING COMPANY,
P.O. BOX 17, DORDRECHT, HOLLAND.
SOLD AND DISTRIBUTED IN THE U.S.A., CANADA AND MEXICO
BY D. REIDEL PUBLISHING COMPANY, INC., LINCOLN BUILDING,
160 OLD DERBY STREET, HINGHAM, MASS. 02043, U.S.A.

REPRINTED (WITH CORRECTIONS) 1979

TYPE SET IN ENGLAND BY WILLIAM CLOWES AND SONS LTD., BECCLES
PRINTED IN THE NETHERLANDS

HEGEL'S PHILOSOPHY OF SUBJECTIVE SPIRIT

Volume One

INTRODUCTIONS

Volume Two

ANTHROPOLOGY

Volume Three

PHENOMENOLOGY AND PSYCHOLOGY

INHALTS-ANZEIGE (BAND DREI)

CONTENTS (VOLUME THREE)

To Helga

Die Philosophie des Geistes

The Philosophy of Spirit

249

B

Die Phänomenologie des Geistes.

Das Bewußtseyn.

§. 413.

Das **Bewußtseyn** macht die Stufe der Reflexion oder des **Verhältnisses** des Geistes, seiner als **Erscheinung**, aus. Ich ist die unendliche Beziehung des Geistes auf sich, * aber als **subjective**, als **Gewißheit seiner selbst**; die unmittelbare Identität der natürlichen Seele ist zu dieser reinen ideellen Identität mit sich erhoben, der Inhalt von jener ist für diese für sich seyende Reflexion **Gegenstand**. Die reine abstracte Freiheit für sich entläßt ihre Bestimmtheit, das Naturleben der Seele, als eben so frei als **selbstständiges Object**, aus sich, und von diesem als **ihm äußern** ist es, daß Ich zunächst weiß, und ist so Bewußtseyn. Ich als diese absolute Negativität ist an sich, die Identität in dem Andersseyn; Ich ist es selbst und greift über das Object als ein **an sich** aufgehobenes über, ist **Eine** Seite des Verhältnisses und das **ganze** Verhältniß; — das **Licht**, das sich und noch Anderes manifestirt. †

Zusatz. Wie im Zusatz zum vorhergehenden Paragraphen bemerkt wurde, muß das Ich als das individuell bestimmte, in

* Der Rest dieses Satzes erstmals 1830.

† *Diktiert, Sommer 1818* ('Hegel-Studien' Bd. 5 S. 30, 1969): 1) Was auf der vorhergehenden Stufe das Subject als Seele ist, und was es als solche empfindet, ist ihm nun als unendlicher, jedoch noch abstrakter Identität ein äußerlicher Gegenstand und zwar 2) weil es zugleich noch unmittelbar bestimmtes und als Individualität unendlich Vereinzeltes ist, hat es ein nach allen Seiten beschränktes Object, welches 3) weil Ich als unendliche Beziehung auf sich selbst denkend ist, für dasselbe zugleich in den abstrakten logischen Formen des Seyns u.s.f. ist, welche noch nicht als Bestimmungen der Seele, sondern erst des Bewußtseyns sind.

B

The Phenomenology of Spirit

+

Consciousness

§ 413

Consciousness constitutes spirit at the stage of reflection or *relationship*, that is, as *appearance*. Although ego is spirit's infinite self-relation, it is so in that it is *subjective self-certainty*,* **the immediate identity of the natural soul being raised to the pure** 5 **and ideal nature of this self-identity, for which its content is reflection which is for itself i.e. a general object. The being-for-self of pure and abstract freedom lets its determinateness, the natural life of the soul, go forth from itself as being equally free, as** 10 **independent object, and in that it first knows of this object as being external to it, ego is consciousness. As this absolute negativity, ego is implicitly the identity within the otherness.** It is itself ego and it invades the object **as if this object were implicitly** 15 **sublated.** It is *one* aspect of the relationship and the *whole* relationship, — the *light* which manifests another as well as itself.† +

Addition. As was observed in the Addition to the previous Paragraph, the ego has to be grasped as the individually 20

* Rest of the sentence first published 1830.

† *Dictated, Summer 1818* ('Hegel–Studien' vol. 5, p. 30, 1969): 1) What at the preceding stage the subject is as soul, and what this subject senses as such, now has being for it as the infinite and yet still abstract identity of a general external object. Indeed, 2) since the subject is at the same time still determined immediately and infinitely singularized as an individuality, it has an object which is limited in all its aspects. 3) Since as infinite self-relation the ego thinks, this object at the same time has being for it in the abstract logical forms of being etc., these having being initially not yet as determinations of the soul, but only as determinations of consciousness.

seiner Bestimmtheit, in seinem Unterschiede, sich nur auf sich selber beziehende Allgemeine gefaßt werden. Hierin liegt bereits, daß das Ich unmittelbar negative Beziehung auf sich selbst, — folglich das unvermittelte Gegentheil seiner von aller Bestimmtheit abstrahirten Allgemeinheit, — also die ebenso abstracte, einfache Einzelnheit ist. Nicht bloß wir, — die Betrachtenden, — unterscheiden so das Ich in seine entgegengesetzten Momente, sondern, kraft seiner in sich allgemeinen, somit von sich selbst unterschiedenen
250 Einzelnheit, ist das Ich selber dieß Sich-von-sich-unterscheiden; denn als sich auf sich beziehend schließt seine ausschließende Einzelnheit sich von sich selber, also von der Einzelnheit, aus, und setzt sich dadurch als das mit ihr unmittelbar zusammengeschlossene Gegentheil ihrer selbst, als Allgemeinheit. Die dem Ich wesentliche Bestimmung der abstract allgemeinen Einzelnheit macht aber dessen Seyn aus. Ich und mein Seyn sind daher untrennbar mit einander verbunden; der Unterschied meines Seyns von mir ist ein Unterschied, der keiner ist. Einerseits muß zwar das Seyn als das absolut Unmittelbare, Unbestimmte, Ununterschiedene von dem sich selbst unterscheidenden und durch Aufhebung des Unterschiedes sich mit sich vermittelnden Denken, vom Ich unterschieden werden; andererseits ist jedoch das Seyn mit dem Denken identisch, weil dieses aus aller Vermittlung zur Unmittelbarkeit, aus aller seiner Selbstunterscheidung zur ungetrübten Einheit mit sich zurückkehrt. Das Ich ist daher Seyn, oder hat dasselbe als Moment in sich. Indem ich dieß Seyn als ein gegen mich Anderes und zugleich mit mir Identisches setze, bin ich Wissen und habe die absolute Gewißheit meines Seyns. Diese Gewißheit darf nicht, — wie von Seiten der bloßen Vorstellung geschieht, — als eine Art von Eigenschaft des Ich, als eine Bestimmung an der Natur desselben betrachtet werden; sondern ist als die Natur selber des Ich zu fassen; denn dieses kann nicht existiren, ohne sich von sich zu unterscheiden und in dem von ihm Unterschiedenen bei sich selber zu seyn, — das heißt eben, — ohne von sich zu wissen, ohne die Gewißheit seiner selbst zu haben und zu seyn. Die Gewißheit verhält sich deßhalb zum Ich, wie die Freiheit zum Willen.

determined universal which in its determinateness, its difference, relates itself only to itself. This already involves the ego's being an immediately *negative* self-relation, and since it is therefore the unmediated opposite of its *universality*, abstracted as this is from all determinateness, it is the equally *abstract*, *simple singularity*. It is not only *we* who consider it who thus distinguish the opposing moments of the ego, for on account of its singularity, which is in itself universal as well as differentiated from itself, the ego *itself* is *self-differentiating*. In that it is self-relating, its excluding singularity excludes itself from itself. It excludes itself from singularity therefore, and through this posits itself as its immediately appertinent opposite, as universality. The determination of abstractly universal singularity, which is essential to the ego, constitutes its *being* however. I and my being are therefore united inseparably, the difference here being a difference which is not a difference. The being is that which is *absolutely immediate*, *indeterminate*, *undifferentiated*, and on the one hand it has therefore certainly to be distinguished from the *ego*, the *thinking* which is *self-differentiating*, and, through the sublating of difference, *self-mediating*. On the other hand however, the being and the thinking are identical, for the thinking returns from all mediation into immediacy, from all its self-differentiation into undimmed unity with itself. Consequently, the ego is being, or has being within itself as moment. In that I posit this being as an *other* which is opposed to and at the same time *identical* with me, I am *knowing*, and possess the absolute *certainty* of my being. This certainty ought not to be regarded, as it is from the point of view of merely *presentative* thinking, as a kind of *property* of the ego, a determination *pertaining* to the nature of it. It is to be grasped as the *very nature* of the ego, for the ego cannot exist without distinguishing itself from itself and remaining with itself in that which differs from it, that is, without being aware of itself, possessing and constituting its own certitude. *Certainty* therefore relates itself to the *ego* as *freedom* relates itself to the *will*, the former con-

Wie jene die Natur des Ich ausmacht; so diese die Natur des Willens. Zunächst ist jedoch die Gewißheit nur mit der subjectiven Freiheit, mit der Willkür, zu vergleichen; erst die objective Gewißheit, die Wahrheit, entspricht der echten Freiheit des Willens.

251 Das seiner selbst gewisse Ich ist sonach zu Anfang noch das ganz einfach Subjective, das ganz abstract Freie, die vollkommen unbestimmte Idealität oder Negativität aller Beschränktheit. Sich von sich selber abstoßend, kommt daher das Ich zuerst nur zu einem formell-, nicht wirklich von ihm Unterschiedenen. Wie in der Logik gezeigt wird, muß aber der an-sich-seyende Unterschied auch gesetzt, zu einem wirklichen Unterschiede entwickelt werden. Diese Entwicklung erfolgt in Betreff des Ich auf die Weise, daß dasselbe, — nicht in das Anthropologische, in die bewußtlose Einheit des Geistigen und Natürlichen zurückfallend sondern seiner selbst gewiß bleibend und in seiner Freiheit sich erhaltend, — sein Anderes zu einer der Totalität des Ich gleichen Totalität sich entfalten und eben dadurch aus einem der Seele angehörenden Leiblichen zu etwas ihr selbstständig Gegenübertretendem, zu einem Gegenstande, im eigentlichen Sinne dieses Wortes, werden läßt. Weil das Ich nur erst das ganz abstract Subjective, das bloß formelle, inhaltslose Sich-von-sich-unterscheiden ist; so findet sich der wirkliche Unterschied, der bestimmte Inhalt außerhalb des Ich, gehört allein den Gegenständen an. Da aber an sich das Ich den Unterschied schon in sich selber hat, oder — mit anderen Worten — da es an sich die Einheit seiner und seines Anderen ist; so ist es auf den in dem Gegenstande existirenden Unterschied nothwendig bezogen und aus diesem seinem Anderen unmittelbar in sich reflectirt. Das Ich greift also über das wirklich von ihm Unterschiedene über, ist in diesem seinem Anderen bei sich selber, und bleibt, in aller Anschauung, seiner selbst gewiß. Nur indem ich dahin komme, mich als Ich zu erfassen, wird das Andere mir gegenständlich, tritt mir gegenüber, und wird zugleich in mir ideell gesetzt, somit zur Einheit mit mir zurückgeführt. Deßhalb ist im obigen Paragra-

stituting the nature of the ego as the latter the nature of the will. In the first instance, however, certainty is to be equated only with *subjective* freedom, with *wilfulness*. It is *objective* certainty, *truth*, that first corresponds to the *genuine* freedom of the will.

Initially therefore, the ego in its self-certainty is still that which is *quite simply subjective*, that which is *free* in a *wholly abstract* manner, the *completely indeterminate ideality* or negativity of all limitation. Thus, in the first instance, the ego's self-repulsion only yields it that which differs from it *formally*. It does not yield an *actual* difference. As is shown in the Logic however, *implicit* difference has also to be *posited*, developed, into *actual* difference. With regard to the ego, this development takes place in the *following* manner. In that it does not relapse into what is *anthropological*, into the unconscious unity of the spiritual and natural, but retains its self-certainty and maintains itself in its freedom, the ego allows its other to unfold itself into a *totality* equal to its own, and precisely by this means, by becoming something *confronting* the *soul independently* rather than a corporeal being *belonging* to it, to become a *general object* in the strict sense of the word. In the first instance the ego is only the wholly abstract subjective being of simply formal, contentless self-differentiation. Consequently, the *actual* difference, the *determinate content*, finds itself outside the ego, belonging entirely to the *general objects*. Yet since the ego already has difference implicit within itself, in other words, since it is the implicit unity of itself and its other, it is necessarily *related* to the difference existing in the general object, and is *immediately intro-reflected* through this its other. The ego therefore includes that which is actually different from it, so that it is with itself in this other, and preserves its self-certainty throughout all intuition. It is only in that I come to apprehend myself as ego that the other becomes objective to me, confronts me, and is at the same time led back into unity with me by being posited within me as of an ideal nature. This is why, in the

phen das Ich mit dem Licht verglichen worden. Wie das Licht die Manifestation seiner selbst und seines Anderen, des Dunkelen ist und sich nur dadurch offenbaren kann, daß es jenes Andere offenbart; so ist auch das Ich nur insofern sich selber offenbar, als ihm sein Anderes in der Gestalt eines von ihm Unabhängigen offenbar wird.

252

Aus dieser allgemeinen Auseinandersetzung der Natur des Ich erhellt schon zur Genüge, daß dasselbe, — weil es mit den äußeren Gegenständen in Kampf sich begiebt, — etwas Höheres ist, als die in — so zu sagen — kindhafter Einheit mit der Welt befangene, ohnmächtige natürliche Seele, in welche, eben wegen ihrer Ohnmacht, die früher von uns betrachteten geistigen Krankheitszustände fallen.

+

414.

Die Identität des Geistes mit sich, wie sie zunächst als Ich gesetzt ist, ist nur seine abstracte, formelle Idealität. Als Seele in der Form substantieller Allgemeinheit ist er nun die subjective Reflexion-in-sich auf diese Substantialität als auf das Negative seiner, ihm Jenseitiges und Dunkles bezogen. Das Bewußtseyn ist daher, wie das Verhältniß überhaupt, der Widerspruch der Selbstständigkeit beider Seiten, und ihrer Identität, in welcher sie aufgehoben sind. Der Geist ist als Ich Wesen, aber indem die Realität in der Sphäre des Wesens als unmittelbar seyend und zugleich als ideell gesetzt ist, ist er als das Bewußtseyn nur das Erscheinen des Geistes.

Zusatz. Die Negativität, welche das ganz abstracte Ich, oder das bloße Bewußtseyn, an seinem Anderen ausübt, ist eine noch durchaus unbestimmte, oberflächliche, nicht absolute. Daher entsteht auf diesem Standpunkt der Widerspruch, daß der Gegenstand einerseits in mir ist, und andererseits außer mir ein ebenso selbstständiges Bestehen hat, wie das Dunkele außer dem Licht. Dem Bewußtseyn erscheint der Gegenstand nicht als ein durch das Ich gesetzter, sondern als ein unmittelbarer, seyender, gegebener; denn dasselbe weiß noch

Paragraph above, the ego was compared to *light*, for just as light is the manifestation of itself and of its other, that which is dark, and can only reveal itself by revealing that other, so too with the ego, which is only revealed to itself in so far as its other is revealed to it in the shape of something independent of it. 5

It is already sufficiently apparent from this general exposition of the nature of the ego, that since it enters into conflict with the general objects external to it, it is somewhat + superior to the impotent natural soul, which is so to speak 10 enclosed in a childlike unity with the world, within which, and precisely on account of its impotence, there occur the states of spiritual disease already considered by us. +

§ 414

Posited initially as ego, spirit's **self-**identity **is only its abstract formal ideality.** As *soul*, spirit has 15 the form of *substantial* universality. **Now, as** subjective intro-reflection, it is related **to this substantiality as to its negative, to that which is** dark **and beyond it.** Like relationship in general, consciousness is **therefore** the *contradiction* between the 20 independence of **both** aspects and their identity, in which these aspects are sublated. **As ego, spirit is essence, but since reality is posited in the sphere of** + **essence as immediate being, and at the same time as of an ideal nature, spirit as consciousness is only the** 25 **appearance of spirit.** +

Addition. The negativity exercised upon its other by the wholly *abstract* ego, or by *mere consciousness*, is not absolute but still completely indeterminate and superficial. It is therefore at this standpoint that the *contradiction* arises in 30 which the general object is in one respect *in me*, and in the other respect has an equally independent subsistence *outside me*, just as what is *dark* is external to *light*. Since con- + sciousness does not yet know that the general object is *implicitly* identical with spirit, and is let forth into seemingly 35 complete independence only through a self-division of spirit,

nicht, daß der Gegenstand an sich mit dem Geiste identisch und
253 nur durch eine Selbsttheilung des Geistes zu scheinbar vollkommener Unabhängigkeit entlassen ist. Daß dem so ist, wissen nur wir, die wir zur Idee des Geistes vorgedrungen sind und somit über die abstracte, formelle Identität des Ich uns erhoben haben.

§. 415.

Da Ich für sich nur als formelle Identität ist, so ist die dialektische Bewegung des Begriffs, die Fortbestimmung des Bewußtseyns ihm nicht als seine Thätigkeit, sondern sie ist an sich, und für dasselbe Veränderung des Objects. Das Bewußtseyn erscheint daher verschieden bestimmt nach der Verschiedenheit des gegebenen Gegenstandes, und seine Fortbildung als eine Veränderung der Bestimmungen seines Objects. * Ich, das Subject des Bewußtseyns, ist Denken, die logische Fortbestimmung des Objects ist das in Subject und Object identische, ihr absoluter Zusammenhang, dasjenige, wonach das Object das Seinige des Subjects ist.

Die Kantische Philosophie kann am bestimmtesten so betrachtet werden, daß sie den Geist als Bewußtseyn aufgefaßt hat, und ganz nur Bestimmungen der Phänomenologie, nicht der Philosophie desselben, enthält. Sie betrachtet Ich als Beziehung auf ein Jenseitsliegendes, das in seiner abstracten Bestimmung das Ding-an-sich heißt, und nur nach dieser Endlichkeit faßt sie sowohl die Intelligenz als den Willen. Wenn sie im Begriffe der reflectirenden Urtheilskraft zwar auf die Idee des Geistes, die Subject-Objectivität, einen anschauenden Verstand u. s. f., wie auch auf die Idee der Natur kommt, so wird diese Idee selbst wieder zu einer Erscheinung, nämlich einer subjectiven Maxime, herabgesetzt (s. §. 58. Einl.). Es ist daher für einen richtigen Sinn dieser Philosophie anzusehen, daß sie von Reinhold als eine Theorie des Bewußtseyns, unter dem Namen Vorstellungsvermögen, aufgefaßt worden ist. Die

* Der folgende Satz erstmals 1830.

the general object does not appear to it to be *posited* through the ego, but to be *immediate*, to have *being*, to be given. It is only *we* who have raised ourselves above the abstract, formal identity of the ego by advancing to the *Idea* of spirit, who know this to be so. 5 +

§ 415

Since the ego **only** has being-**for-self** as formal identity, it has the *dialectical* movement of the **Notion, the progressive determination of** consciousness, not as its *own* activity but as *implicit*, and as an alteration of the object. Consequently, conscious- 10 + ness appears to be differently **determined** according to the variety of the general object given, and its progressive formation to be an **alteration of the determinations of its** object.* **Ego, which is the subject of consciousness, is thought. The progressive** 15 **logical determination of the object is what is identical in subject and object, their absolute connectedness, that whereby the object is the subject's own.** +

The Kantian philosophy is most accurately assessed in that it is considered as having grasped 20 spirit as consciousness, and as containing throughout not the philosophy of spirit, but merely determinations of its phenomenology. It treats the *ego* as related to that which lies beyond it, **calls the abstract determination of this the** 25 thing-in-itself, **and grasps** intelligence as well as will **only in accordance with this finitude.** In the + Notion of the *reflecting* judgement it certainly touches upon the *Idea* of spirit, subject-objectivity, an *intuiting understanding* etc., as well as the 30 Idea of nature, but it then reduces this Idea to an appearance, to a subjective maxim (**see § 58, Intr.**). *Reinhold* may therefore be regarded as + having interpreted this philosophy correctly in that he has treated it, under the name of the 35 *presentative faculty*, as a theory of *consciousness*. +

* Following sentence first published 1830.

Fichtesche Philosophie hat denselben Standpunkt, und
254 Nicht-Ich ist nur als Gegenstand des Ich, nur im Bewußtseyn bestimmt; es bleibt als unendlicher Anstoß, d. i. als Ding-an-sich. Beide Philosophien zeigen daher, daß sie nicht zum Begriffe und nicht zum Geiste, wie er an und für sich ist, sondern nur, wie er in Beziehung auf ein Anderes ist, gekommen sind.

In Beziehung auf Spinozismus ist dagegen zu bemerken, daß der Geist in dem Urtheile, wodurch er sich als Ich, als freie Subjectivität gegen die Bestimmtheit constituirt, aus der Substanz, und die Philosophie, indem ihr diß Urtheil absolute Bestimmung des Geistes ist, aus dem Spinozismus heraustritt.

Zusatz 1. Obgleich die Fortbestimmung des Bewußtseyns aus dessen eigenem Inneren hervorgeht und auch eine negative Richtung gegen das Object hat, dieses also vom Bewußtseyn verändert wird; so erscheint diese Veränderung dem Bewußtseyn doch als eine ohne seine subjective Thätigkeit zu Stande kommende, und gelten ihm die Bestimmungen, die es in den Gegenstand setzt, als nur diesem angehörige, als seyende.

Zusatz 2. Bei Fichte herrscht immer die Noth, wie das Ich mit dem Nicht-Ich fertig werden soll. Es kommt hier zu keiner wahrhaften Einheit dieser beiden Seiten; diese Einheit bleibt immer nur eine seyn sollende, weil von Hause aus die falsche Voraussetzung gemacht ist, daß Ich und Nicht-Ich in ihrer Getrenntheit, in ihrer Endlichkeit, etwas Absolutes seyen.

§. 416.

Das Ziel des Geistes als Bewußtseyn ist, diese seine Erscheinung mit seinem Wesen identisch zu machen, die Gewißheit seiner selbst zur Wahrheit zu erheben. Die Existenz, die er im Bewußtseyn hat, hat darin ihre Endlichkeit, daß sie die formelle Beziehung auf sich, nur Gewißheit ist; weil das Object nur abstract als das Seinige bestimmt oder er in demselben nur in sich als ab-

The standpoint of the *Fichtean* philosophy is no different, the non-ego being determined only as *set over against* the ego, as within *consciousness*, and therefore as remaining as an infinite impediment, i.e. a *thing-in-itself*. It is evident from both philosophies therefore that they have attained neither to the *Notion* nor to *spirit* as it *is in and for itself*, but only to spirit as it is in relation to another. 5 + +

With regard to Spinozism however, it is to be observed that spirit emerges from substance as free subjectivity opposed to the determinateness, in the judgement whereby it constitutes itself as ego, and that philosophy emerges from Spinozism in that it takes this judgement to be the absolute determination of spirit. 10 15 +

Addition 1. Although the progressive determination of consciousness proceeds from its *own* inner being and also has a *negative* tendency with regard to the object, which is therefore *altered* by consciousness, this alteration still appears to consciousness to occur regardless of its subjective activity. Consciousness takes the determinations it posits in the general object to belong only to this general object, to have being. 20 +

Addition 2. With *Fichte* there is always the overriding difficulty of the way in which the *ego* is to deal with the *non-ego*. The *true* unity of these two aspects eludes him. This unity is never anything but what *ought to be*, since from the very beginning he makes the false assumption that there is something *absolute* about the *separation*, the *finitude* of the ego and the non-ego. 25 30 +

§ 416

The goal of spirit, as consciousness, is to make this its appearance identical with its essence, to raise *its self-certainty into truth*. Spirit's *existence* in consciousness **is finite in that it is only certainty,** formal **self-relation.** Since the object is only abstractly determined as *belonging*, spirit only being 35 +

255 **stractes Ich reflectirt ist, so hat diese Existenz noch einen Inhalt, der nicht als der seinige ist.**

Zusatz. Die bloße Vorstellung unterscheidet nicht zwischen Gewißheit und Wahrheit. Was ihr gewiß ist, — was sie für ein mit dem Object übereinstimmendes Subjectives hält, — das nennt sie wahr, — so geringfügig und schlecht auch der Inhalt dieses Subjectiven seyn mag. Die Philosophie dagegen muß den Begriff der Wahrheit wesentlich von der bloßen Gewißheit unterscheiden; denn die Gewißheit, welche auf dem Standpunkt des bloßen Bewußtseyns der Geist von sich selber hat, ist noch etwas Unwahres, Sich-selber-widersprechendes, da der Geist hier, neben der abstracten Gewißheit, bei sich selber zu seyn, die geradezu entgegengesetzte Gewißheit hat, sich zu einem wesentlich gegen ihn Anderen zu verhalten. Dieser Widerspruch muß aufgehoben werden; in ihm selber liegt der Trieb, sich aufzulösen. Die subjective Gewißheit darf an dem Object keine Schranke behalten; sie muß wahrhafte Objectivität bekommen; und umgekehrt muß der Gegenstand seinerseits nicht bloß auf abstracte Weise, sondern nach allen Seiten seiner concreten Natur zu dem Meinigen werden. Dieß Ziel wird von der an sich selber glaubenden Vernunft schon geahnt, aber erst vom Wissen der Vernunft, vom begreifenden Erkennen erreicht.

§. 417.

Die Stufen dieser Erhebung der Gewißheit zur Wahrheit sind, daß er

a) Bewußtseyn überhaupt ist, welches einen Gegenstand als solchen hat,

b) Selbstbewußtsein, für welches Ich der Gegenstand ist,

c) Einheit des Bewußtseyns und Selbstbewußtseyns, daß der Geist den Inhalt des Gegenstandes als sich selbst, und sich selbst als an und für sich bestimmt anschaut; — Vernunft, der Begriff des Geistes.

256 **Zusatz.** Die im obigen Paragraphen angegebenen drei

intro-reflected within it as an abstract ego, this existence still has an unappropriated content. +

Addition. Mere *presentation* does not distinguish between *certainty* and *truth.* It will say that what it is *certain* of, the subjective factor it regards as being in keeping with the 5 object, is *true* — regardless of how insignificant and poor the content of this subjective factor may be. Philosophy on the contrary has to draw the essential distinction between *mere certitude* and the Notion of *truth*; for from the standpoint of mere consciousness, since at this juncture spirit has, as well 10 as the abstract certainty of being *with itself*, the directly opposed certainty of relating itself to what is essentially *other* than and opposed to it, the self-certainty of spirit is still somewhat *lacking in truth*, somewhat *self-contradictory*. This contradiction has to be sublated, and has within it the drive 15 to resolve itself. Subjective certainty ought to retain no limitation deriving from the object, it must achieve true objectivity. Conversely, the general object must for its part become *mine*, not merely in an *abstract* manner, but in accordance with all aspects of its *concrete* nature. This goal is 20 already divined in that reason has *faith* in itself, but it is only reached by *knowledge* of *reason*, by *comprehending cognition.* +

§ 417

At the stages of this elevation of certitude to truth, spirit is:

a) *consciousness* in general, which has a general object as 25 such,
b) *self-consciousness*, for which *ego* is the general object,
c) unity of consciousness and self-consciousness, in which spirit intuites the content of the general object as its self, and itself as determined in and for itself; — *reason*, 30 *the Notion of spirit.*

Addition. The *three* stages of the elevation of *consciousness* to

Stufen der Erhebung des *Bewußtseyns* zur *Vernunft* sind durch die sowohl im *Subject*, wie im *Object*, thätige Macht des *Begriffs* bestimmt, und können deßhalb als eben so viele *Urtheile* betrachtet werden. Hiervon weiß aber, wie schon früher bemerkt, das *abstracte Ich*, das *bloße Bewußtseyn*, noch nichts. Indem daher das dem Bewußtseyn zunächst als selbstständig geltende *Nicht-Ich* durch die an diesem sich bethätigende Macht des Begriffes aufgehoben, dem Object statt der Form der *Unmittelbarkeit, Aeußerlichkeit* und *Einzelnheit* die Form eines *Allgemeinen*, eines *Innerlichen* gegeben wird, und das Bewußtseyn dieß *Erinnerte* in sich aufnimmt; so erscheint dem Ich sein eben dadurch zu Stande kommendes *eigenes* Innerlichwerden als eine Innerlichmachung des *Objects*. — Erst, wenn das Object zum *Ich* verinnerlicht ist, und das *Bewußtseyn* sich auf diese Weise zum *Selbstbewußtseyn* entwickelt hat, weiß der Geist die Macht seiner eigenen Innerlichkeit als eine in dem Object gegenwärtige und wirksame. Was also in der Sphäre des bloßen Bewußtseyns nur für *uns*, die Betrachtenden, ist, — das wird in der Sphäre des Selbstbewußtseyns für den Geist selbst. Das Selbstbewußtseyn hat das Bewußtseyn zu seinem *Gegenstande*, stellt sich somit demselben *gegenüber*. Zugleich ist aber das Bewußtseyn auch als ein *Moment* im Selbstbewußtseyn selber erhalten. Das Selbstbewußtseyn geht daher nothwendig dazu fort, durch Abstoßung seiner von sich selbst, sich ein *anderes* Selbstbewußtseyn gegenüberzustellen und in demselben sich ein Object zu geben, welches mit ihm identisch und doch zugleich selbstständig ist. Dieß Object ist zunächst ein *unmittelbares, einzelnes Ich*. Wird dasselbe aber von der ihm so noch anhaftenden Form der *einseitigen Subjectivität* befreit und als eine von der *Subjectivität* des *Begriffs* durchdrungene *Realität*, folglich als Idee, gefaßt; so schreitet das *Selbstbewußtseyn* aus seinem Gegensatze gegen das *Bewußtseyn* zur *vermittelten Einheit* mit demselben fort und wird dadurch zum *concreten Fürsich-seyn* des Ich, zu der in der *objectiven Welt* sich *selbst erkennenden, absolut freien Vernunft*.

257

reason given in the above Paragraph are determined by the power of the *Notion*, which is active in both the *subject* and the *object*, and they may therefore be regarded as three judgements. As has already been observed however, the + *abstract ego*, *mere consciousness*, still knows nothing of this. The 5 *non-ego*, which in the first instance is regarded by conscious- + ness as independent, is therefore sublated by the power of the Notion activating itself within itself, the object being given the form not of *immediacy*, *externality* and *singularity*, but of a *universal*, of *internality*, while consciousness takes this *recollec-* 10 *tedness* up into itself. To the ego therefore, the becoming of + this its own internality, realized as it is in precisely this way, appears to make the *object* internal. — Spirit knows the power of its own inwardness as present and active within the object, only when the object is internalized into the *ego* and 15 *consciousness* has thereby developed itself into *self-consciousness*. It is in this way that that which, in the sphere of mere consciousness, only has being for *us* who are considering it, comes to have being for spirit itself in the sphere of self-consciousness. In that self-consciousness has consciousness 20 for its *general object*, it places itself *over against* it. At the same time however, consciousness is itself also retained in self-consciousness as a *moment*. Self-consciousness therefore neces- + sarily progresses into repelling itself from itself and so placing *another* self-consciousness over against itself, thus giving 25 itself an object which is identical with it and yet at the same time independent. Initially, this object is an *immediate* and *singular ego*. In that this ego is freed from the *onesided* form of subjectivity which thus still clings to it however, and is grasped as Idea, that is as a *reality* pervaded by the *subjectivity* 30 of the *Notion*, *self-consciousness* advances out of its *opposition* to *consciousness*, into *mediated unity* with it. By this means it becomes the *concrete being-for-self* of the ego, *absolutely free reason recognizing itself* in the *objective world*.

Es bedarf hierbei kaum der Bemerkung, daß die in unserer Betrachtung als das Dritte und Letzte erscheinende Vernunft nicht ein bloß Letztes, ein aus etwas ihr Fremdem hervorgehendes Resultat, sondern vielmehr das dem Bewußtseyn und dem Selbstbewußtseyn Zugrundeliegende, also das Erste ist und sich durch Aufhebung dieser beiden einseitigen Formen als deren ursprüngliche Einheit und Wahrheit erweist.

a.

Das Bewußtseyn, als solches.

* α) Das sinnliche Bewußtseyn.

§. 418.

Das Bewußtseyn ist zunächst das unmittelbare, seine Beziehung auf den Gegenstand daher die einfache unvermittelte Gewißheit desselben; der Gegenstand selbst ist daher ebenso als unmittelbarer, als seyender und in sich reflectirter, weiter als unmittelbar Einzelner bestimmt; — sinnliches Bewußtseyn.

Das Bewußtseyn als Verhältniß enthält nur die dem abstracten Ich oder formellen Denken angehörigen Kategorien, die ihm Bestimmungen des Objects sind (§. 415.). Das sinnliche Bewußtseyn weiß daher nur von diesem als einem Seyenden, Etwas, existirenden Dinge, Einzelnem und sofort. Es erscheint als das reichste an Inhalt, ist aber das ärmste an Gedanken. Jene rei-† che Erfüllung machen die Gefühlsbestimmungen aus; sie sind der Stoff des Bewußtseyns, (§. 414.) das Substantielle und Qualitative, das in der anthropologischen Sphäre die Seele ist und in sich findet. Diesen Stoff trennt die Reflexion der Seele in sich, Ich, von sich ab, und giebt ihm zunächst die Bestimmung des Seyns. —

* Diese Überschrift erstmals 1830.

† Der folgende Absatz (sie sind — des *Seyns*) erstmals 1830.

It is hardly necessary to observe that *reason*, which in our exposition appears as being *third* and *last*, is not simply a *final* term, a result proceeding from that which is somewhat alien to it. It is of course *primary*, since it is that which *lies at the basis* of *consciousness* and *self-consciousness*, and through the sublation of both these onesided forms shows itself to be their *original unity* and their *truth*. 5 +

a.

Consciousness as such

a) *Sensuous consciousness**

§ 418

Initially, consciousness is *immediate*, and its relation to the general object is therefore the simple unmediated certainty it has of it. **Consequently,** the general object itself is **similarly** determined, **not only as immediate,** as having *being* and as intro-reflected, but also as immediately *singular*, — **as** *sensuous* consciousness. 10 +

Consciousness, as relationship, contains only those **categories pertaining to the** *abstract ego* **or formal thinking, and it takes them to be determinations of the object (§ 415). Of the object therefore, sensuous consciousness knows only that it is a being,** *something*, an *existing thing*, a *singular* **etc. Although this consciousness appears as the richest in content, it is the poorest in thought. The wealth with which it is filled consists of the** determinations of feeling;† **they are the material of consciousness (§ 414), what is substantial and qualitative, what the soul is and finds in itself in the anthropological sphere. The ego, the reflection of the soul into itself, separates this material from itself, and in the first instance gives it the determination of being. —** In 15 20 25

* This heading first used 1830.
† Rest of the sentence and whole of the next first published 1830.

258 Die räumliche und zeitliche Einzelnheit, **Hier und Jetzt**, wie ich in der **Phänomenologie des Geistes** S. 25. ff. den Gegenstand des sinnlichen Bewußtseyns bestimmt habe, gehört eigentlich dem Anschauen an. Das Object ist hier zunächst nur nach dem Verhältnisse zu nehmen, welches es zu dem **Bewußtseyn** hat, nämlich ein demselben **Aeußerliches**, noch nicht als an ihm selbst Aeußerliches oder als Außersichseyn bestimmt zu seyn.

Zusatz. Die **erste** der im vorigen Paragraphen genannten drei Entwicklungsstufen des **phänomenologischen** Geistes, — nämlich das **Bewußtseyn**, — hat in sich selber die **drei** Stufen

1) des **sinnlichen**,

2) des **wahrnehmenden** und

\+ 2) des **verständigen** Bewußtseyns.

In dieser Folge offenbart sich ein logischer Fortgang.

1) **Zuerst** ist das Object ein ganz **unmittelbares, seyendes**; — so erscheint es dem **sinnlichen** Bewußtseyn. Aber diese **Unmittelbarkeit** hat keine Wahrheit; von ihr muß zu dem **wesentlichen** Seyn des Objects fortgegangen werden.

2) Wenn das **Wesen** der Dinge Gegenstand des Bewußtseyns wird, so ist dieses nicht mehr **sinnliches**, sondern **wahrnehmendes** Bewußtseyn. Auf diesem Standpunkt werden die **einzelnen** Dinge auf ein **Allgemeines** bezogen, — aber auch nur **bezogen**; es kommt daher hier noch keine **wahrhafte Einheit** des Einzelnen und des Allgemeinen, sondern nur eine **Vermischung** dieser beiden Seiten zu Stande. Darin liegt ein Widerspruch, der zur **dritten** Stufe des Bewußtseyns,

3) zum **verständigen** Bewußtseyn forttreibt, und daselbst seine Lösung insofern findet, als dort der Gegenstand zur **Erscheinung** eines **für sich seyenden Inneren** herabgesetzt oder erhoben wird. Solche Erscheinung ist das **Lebendige**. An

259 der Betrachtung desselben zündet sich das **Selbstbewußtseyn** an; denn in dem Lebendigen schlägt das **Object** in das **Subjective** um, — da entdeckt das Bewußtseyn sich selber als das

the '*Phenomenology of Spirit*' (p. 25ff.) I have determined the general object of sensuous consciousness as spatial and temporal singularity, *here* and *now*. **Strictly speaking this belongs to intuition. At this juncture the object is to be taken, in the first instance, only in accordance with the relationship it** has with consciousness, **that is to say, as *external* to it. It is not yet to be determined as in itself external or** as being self-external.

Addition. Consciousness, the *first* of the three developmental stages of *phenomenological* spirit designated in the preceding Paragraph, itself contains the *three* stages of

1) *sensuous*,
2) *perceptive* and
3) *understanding* consciousness.

A logical progression reveals itself in this sequence.

1) *Initially*, the object is a wholly *immediate being*, and it is thus that it appears to *sensuous* consciousness. This *immediacy* is devoid of truth however, and has to be superseded by progressing to the *essential* being of the object.

2) When the *essence* of things becomes the general object of consciousness, this consciousness is *perceptive* and no longer *sensuous*. From this standpoint, things in their *singularity* are referred to as *universal*. They are also merely *referred* to however, so that what occurs at this juncture is still not the *true unity* of the singular and the universal, but simply a *mixture* of both these aspects. This contains a contradiction which leads on to the *third* stage of the

3) *understanding* consciousness, in which the contradiction is resolved in so far as at this juncture the general object is reduced or raised to the *appearance* of an *inner being-for-self*. *Living being* is such an appearance. *Self-consciousness* is self-enlightening in that it considers it, for in living being the *object* switches over into the *subjective*, so that consciousness

Wesentliche des Gegenstandes, reflectirt sich aus dem Gegenstande in sich selbst, wird sich selber gegenständlich.

Nach dieser allgemeinen Uebersicht der drei Entwicklungsstufen des Bewußtseyns, wenden wir uns jetzt zuvörderst näher zu dem sinnlichen Bewußtseyn.

Dieses ist von den anderen Weisen des Bewußtseyns nicht dadurch unterschieden, daß bei ihm allein das Object durch die Sinne an mich käme, sondern vielmehr dadurch, daß auf dem Standpunkt desselben das Object, — möge dieses nun ein äußerliches oder ein innerliches seyn, — noch weiter gar keine Gedankenbestimmung hat, als die, erstens überhaupt zu seyn, und zweitens ein selbstständiges Anderes gegen mich, ein Insichreflectirtes, ein Einzelnes gegen mich als Einzelnen, Unmittelbaren zu seyn. Der besondere Inhalt des Sinnlichen, zum Beispiel, Geruch, Geschmack, Farbe, u. s. w., fällt, wie wir §. 401. gesehen haben, der Empfindung anheim. Die dem Sinnlichen eigenthümliche Form aber, — das Sich-selber-äußerlich-seyn, das Außereinandertreten in Raum und Zeit, — ist die, wie wir §. 448. sehen werden, — von der Anschauung erfaßte Bestimmung des Objects; — dergestalt, daß für das sinnliche Bewußtseyn als solches nur die obengenannte Denkbestimmung übrig bleibt, kraft welcher der vielfache besondere Inhalt der Empfindungen sich zu einem außer mir seyenden Eins zusammennimmt, das auf diesem Standpunkte von mir auf unmittelbare, vereinzelte Weise gewußt wird, — zufällig jetzt in mein Bewußtseyn kommt und dann wieder daraus verschwindet, — überhaupt sowohl seiner Existenz wie seiner Beschaffenheit nach für mich ein Gegebenes, also ein Solches ist, von welchem ich nicht weiß, wo es herkommt, warum es diese bestimmte Natur hat und ob es ein Wahres ist.

260 Aus dieser kurzen Angabe der Natur des unmittelbaren oder sinnlichen Bewußtseyns erhellt, daß dasselbe eine für den an-und-für-sich allgemeinen Inhalt des Rechtes, des Sittlichen und der Religion durchaus unangemessene, solchen Inhalt verderbende Form ist, da in jenem Bewußtseyn dem absolut Nothwendigen, Ewigen, Unendlichen, Innerlichen, die

discovers itself as the *essentiality* of the general object, and through intro-reflection from out of the general object, becomes its own general object.

After this general survey of consciousness in its three stages of development, we shall now turn first of all to a closer consideration of

sensuous consciousness.

The sensuous is not distinguished from the other modes of consciousness in that at this stage alone the object reaches me through the *senses*. It is distinguished in that from this standpoint the object, regardless of its being external or internal, is still completely devoid of any *thought determination* other than, firstly, that it simply *is*, and secondly that it is an *independent being over against me*, an *intro-reflectedness*, a *singleness* confronting my *single immediacy*. As we have observed in § 401, the *particular content* of what is sensuous, such as smell, taste, colour etc. falls within *sensation*. As we shall see in § 448 however, the *form* peculiar to the sensuous, — its *self-externality*, the extrinsicality of its occurrence in *space* and *time*, — is the determination of the object grasped by the *intuition*. Consequently, only the above-mentioned thought-determination remains over for *sensuous* consciousness as such. By virtue of this thought-determination, the multiple particularity of the sensations constituting the content coalesces unto a unit which is external to me. From this standpoint I become aware of this unit in an immediate and singularized manner. It enters my consciousness at random, and then disappears out of it again. To me it is therefore something which, with regard to both its existence and its constitution, is simply given, so that I know nothing of whence it comes, the derivation of its specific nature, or of its claim to truth.

It is apparent from this summary account of the nature of *immediate* or *sensuous* consciousness, that it is a form which is quite inadequate to the being-in-and-for-self of the *universal* content of *right*, *ethics* and *religion*. Such a content is corrupted by it, for within this consciousness that which is absolutely necessary, eternal, infinite, inward, is given the shape of what

Gestalt eines Endlichen, Vereinzelten, Sich-selber-äußerlichen gegeben wird. Wenn man daher in neueren Zeiten bloß ein **unmittelbares** Wissen von Gott hat zugestehen wollen; so hat man sich auf ein Wissen bornirt, welches von Gott nur Dieß auszusagen vermag, daß er **ist**, — daß er **außer** uns existirt, — und daß er der Empfindung diese und diese Eigenschaften zu besitzen scheint. Solches Bewußtseyn bringt es zu weiter nichts, als zu einem sich für religiös haltenden Pochen und Dickthun mit seinen zufälligen Versicherungen in Betreff der Natur des ihm jenseitigen Göttlichen.

§. 419.

Das **Sinnliche** als Etwas wird ein **Anderes**; die Reflexion des **Etwas** in sich, das **Ding**, hat **viele** Eigenschaften, und als Einzelnes in seiner Unmittelbarkeit **mannigfaltige Prädicate**. Das **viele Einzelne** der Sinnlichkeit wird daher ein **Breites**, — eine Mannigfaltigkeit von **Beziehungen**, **Reflexionsbestimmungen** und **Allgemeinheiten**. — Diß sind logische Bestimmungen, durch das Denkende, d. i. hier durch das Ich gesetzt. Aber **für dasselbe** als erscheinend hat der Gegenstand sich so verändert. Das sinnliche Bewußtseyn ist in dieser Bestimmung des Gegenstandes **Wahrnehmen**.

Zusatz. Der Inhalt des sinnlichen Bewußtseyns ist an sich selber **dialektisch**. Er soll **das** Einzelne seyn; aber eben damit ist er nicht Ein Einzelnes, sondern alles Einzelne; und gerade, — indem der einzelne Inhalt Anderes von sich **ausschließt**, — bezieht er sich auf Anderes, erweist er sich als **über** sich **hinausgehend**, als abhängig von Anderem, als durch dasselbe vermittelt, als in sich selber Anderes habend. Die **nächste** Wahrheit des **unmittelbar Einzelnen** ist also sein **Bezogenwerden** auf Anderes. Die Bestimmungen dieser Beziehung sind Dasjenige, was man **Reflexionsbestimmungen** nennt, und das diese Bestimmungen auffassende Bewußtseyn ist das **Wahrnehmen**.

261

is finite, singularized, self-external. Consequently, the recent attempt to concede nothing but an *immediate* knowledge of God, confines one to a knowledge which can merely assert that God *is*, that He exists *outside* us, and that He appears, to sensation, to be possessed of certain properties. Consciousness such as this gets no further than considering itself to be religious on account of the boasting and bragging of its random assertions with regard to the nature of the Divinity beyond it.

§ 419

That which is *sensuous* becomes an *other* in that it is something. The intro-reflectedness of *something* is the *thing*, which has *many* properties, and which in its immediacy **as** a singleness has *multiple predicates*. Consequently, the *many single beings* of sensuousness become a *range*, a multiplicity of *relations*, *reflectional-determinations* and *universalities*. — **These are logical determinations, posited by that which thinks, i.e. at this juncture by the ego. For the appearing ego however,** the general object, **has therefore changed. In this determination of the general object** sensuous consciousness **constitutes** *perception*.

Addition. The content of sensuous consciousness is in itself *dialectical*. It is supposed to be *the* singular, but in that it is, it is not one but all singleness. Thus, since the single content *excludes* all other, it relates itself to another and shows that rather than being *confined to itself*, it depends upon and is mediated by the other, which it involves. The *proximate* truth of the *immediately singular* is therefore its *being related* to another. The determinations of this relation are known as the *determinations of reflection*, and it is the *perceptive* consciousness that takes them up.

* β) Das Wahrnehmen.

§. 420.

Das Bewußtseyn, das über die Sinnlichkeit hinausgegangen, will den Gegenstand in seiner Wahrheit nehmen, nicht als blos unmittelbaren, sondern als vermittelten, in sich reflectirten und Allgemeinen. Er ist somit eine Verbindung von sinnlichen und von erweiterten Gedankenbestimmungen concreter Verhältnisse und Zusammenhänge. † Damit ist die Identität des Bewußtseyns mit dem Gegenstand nicht mehr die abstracte der Gewißheit, sondern die bestimmte, ein Wissen.

Die nähere Stufe des Bewußtseyns, auf welcher die Kantische Philosophie den Geist auffaßt, ist das Wahrnehmen, welches überhaupt der Standpunkt unsers gewöhnlichen Bewußtseyns und mehr oder weniger der Wissenschaften ist. Es wird von sinnlichen Gewißheiten einzelner Apperceptionen oder Beobachtungen ausgegangen, die dadurch zur Wahrheit erhoben werden sollen, daß sie in ihrer Beziehung betrachtet, über sie reflectirt, überhaupt daß sie nach bestimmten Kategorien zugleich zu etwas Nothwendigem und Allgemeinem, zu Erfahrungen, werden.

Zusatz. Obgleich das Wahrnehmen von der Beobachtung des sinnlichen Stoffes ausgeht, so bleibt dasselbe doch nicht bei dieser stehen, — so beschränkt es sich doch nicht auf das Riechen, Schmecken, Sehen, Hören und Fühlen, — sondern schreitet nothwendig dazu fort, das Sinnliche auf ein nicht unmittelbar zu beobachtendes Allgemeines zu beziehen, — jedes [262] Vereinzelte als ein in sich selber Zusammenhangendes zu erkennen, — zum Beispiel, in der Kraft alle Aeußerungen derselben zusammenzufassen, — und die zwischen den einzelnen Dingen

* Diese Überschrift erstmals 1830.
† 1827: und das Bewußtseyn in seinem sinnlichen Verhalten hier zugleich thätige Reflexion-in-sich. Damit ist seine Identität mit dem Gegenstand . . .

β) *Perception**

§ 420

Having superseded sensuousness, consciousness wants to *seize* the general object not merely in its immediacy, but in the *truth* of its being mediated, intro-reflected **and universal.** As such, the general object is a combination of sensuous thought-determinations and of **the extended thought-determinations† of concrete relationships and connections. The** identity **of** consciousness with the general object is therefore no longer the abstract identity, **but is** determinate **and constitutes** *knowledge.*

The precise stage of consciousness at which the *Kantian philosophy* grasps spirit is *perception,* which is in general the standpoint of our *ordinary consciousness* and to a greater or lesser extent of the *sciences.* It starts with the sensuous certainties of single apperceptions or observations, which are supposed to be raised into truth by being considered in their connection, reflected upon, and at the same time, turned by means of **certain categories into something necessary and universal,** i.e. *experiences.*

Addition. Perception starts with the *observation* of sensuous material. It does not remain confined to smelling, tasting, seeing, hearing and feeling however, but necessarily proceeds to relate what is sensuous to a *universal* which is not a matter of immediate observation, to cognize each singularization as in itself a connectedness, to comprehend *force* in all its expressions for example, and to search things for the relations and mediations occurring between them. *Simple*

* This heading first used 1830.

† 1827: and at this juncture consciousness in its sensuous attitude is at the same time active intro-reflection. Its identity with the general object is therefore . . .

stattfindenden Beziehungen und Vermittlungen aufzusuchen. Während daher das bloß sinnliche Bewußtseyn die Dinge nur weist, — das heißt, — bloß in ihrer Unmittelbarkeit zeigt; — erfaßt dagegen das Wahrnehmen den Zusammenhang der Dinge, — thut dar, daß, wenn diese Umstände vorhanden sind, Dieses daraus folgt, — und beginnt so, die Dinge als wahr zu erweisen. Dies Erweisen ist indeß noch ein mangelhaftes, kein letztes. Denn Dasjenige, durch welches hierbei Etwas erwiesen werden soll, ist selber ein Vorausgesetztes, folglich des Erweises Bedürftiges; — so daß man auf diesem Felde von Voraussetzungen zu Voraussetzungen kommt und in den Progreß in's Unendliche hinein geräth. — Auf diesem Standpunkt steht die Erfahrung. Alles muß erfahren werden. Wenn aber von Philosophie die Rede seyn soll, so muß man sich von jenem an Voraussetzungen gebunden bleibenden Erweisen des Empirismus zum Beweisen der absoluten Nothwendigkeit der Dinge erheben.

Schon bei Paragraph 415 ist übrigens gesagt worden, daß die Fortbildung des Bewußtseyns als eine Veränderung der Bestimmungen seines Objects erscheint. Mit Bezug auf diesen Punkt kann hier noch erwähnt werden, daß, indem das wahrnehmende Bewußtseyn die Einzelnheit der Dinge aufhebt, ideell setzt und somit die Aeußerlichkeit der Beziehung des Gegenstandes auf das Ich negirt, — dieses in sich selber geht, selber an Innerlichkeit gewinnt, — daß aber das Bewußtseyn dies Insichgehen als in das Object fallend betrachtet.

§. 421.

Diese Verknüpfung des Einzelnen und Allgemeinen ist Vermischung, weil das Einzelne zum Grunde liegendes Seyn und fest gegen das Allgemeine bleibt, auf welches es 263 zugleich bezogen ist. Sie ist daher der vielseitige Widerspruch, — überhaupt der einzelnen Dinge der sinnlichen Apperception, die den Grund der allgemeinen Erfahrung ausmachen sollen, und der Allgemeinheit, die vielmehr

sensuous consciousness merely *knows* things, simply indicates them in their immediacy. *Perception* grasps their connection however, and by showing that the presence of certain conditions has a certain consequence, begins to *demonstrate* the *truth* of things. This *demonstration* is not final however, but still deficient. Since that by means of which something is here supposed to be demonstrated is *presupposed*, it is itself in *need of demonstration*. In this field one therefore enters into the *infinite progression* of moving from *presuppositions* to *presuppositions*. — This is the standpoint of *experience*. Everything has to be *experienced*. If this is to be a matter of *philosophy* however, one has to raise oneself above the demonstrations of empiricism, which remain bound to presuppositions, into proof of the *absolute necessity* of things.

Incidentally, it has already been noted in Paragraph 415, that the progressive formation of consciousness appears as an alteration of the determinations of its object. One might also observe in this connection, that although the ego enters into itself, gains in *inwardness*, i.e. although perceptive consciousness sublates the *singularity* of things, posits them as *of an ideal nature* and so negates the *externality* of the relation of the general object to the ego, consciousness regards this *involution* as taking place in the object.

§ 421

This linking of singular and universal is a mixture, for what is singular remains the *basic* being, **firmly opposed to** the universal, **to which it is at the same time related.** It is therefore the many-sided contradiction between the *single* things of sensuous apperception, which are supposed to constitute *the ground* of general experience, and the *universality* which has a higher claim to be

das Wesen und der Grund seyn soll, — der Einzelnheit, welche die Selbstständigkeit in ihrem concreten Inhalte genommen ausmacht, und der mannichfaltigen Eigenschaften, die vielmehr frei von diesem negativen Bande und von einander, selbstständige allgemeine Materien sind, (s. §. 123. ff.) u. s. f. * Es fällt hierin eigentlich der Widerspruch des Endlichen durch alle Formen der logischen Sphären, am concretesten, insofern das Etwas als Object bestimmt ist, (§. 194. ff.).

† γ) Der Verstand.

§. 422.

Die nächste Wahrheit des Wahrnehmens ist, daß der Gegenstand vielmehr Erscheinung und seine Reflexion-in-sich ein dagegen für sich seyendes Inneres und Allgemeines ist. Das Bewußtseyn dieses Gegenstandes ist der Verstand. — Jenes Innere ist einesseits die aufgehobene Mannichfaltigkeit des Sinnlichen, und auf diese Weise die abstracte Identität, aber andererseits enthält es deswegen die Mannichfaltigkeit auch, aber als innern einfachen Unterschied, welcher in dem Wechsel der Erscheinung mit sich identisch bleibt. Dieser einfache Unterschied ist das Reich der Gesetze der Erscheinung, ihr ruhiges allgemeines Abbild.

Zusatz. Der im vorigen Paragraphen bezeichnete Widerspruch erhält seine erste Auflösung dadurch, daß die gegen einander und gegen die innere Einheit jedes einzelnen Dinges selbstständigen mannichfaltigen Bestimmungen des Sinnlichen zur Erscheinung eines für sich seyenden Inneren herabgesetzt werden, und der Gegenstand somit aus dem Widerspruch seiner Reflexion in sich und seiner Reflexion in Anderes zum wesentlichen Verhältniß seiner zu sich selber fortentwickelt wird. Indem sich aber das Bewußtseyn von der Beobachtung

264

* Der folgende Satz erstmals 1830.
† Diese Überschrift erstmals 1830.

the essence and the ground, — between the *singularity* consisting of *independence* **taken in its concrete content,** and the multiple *properties* which, free as they are from this negative bond and from one another, have more the nature of inde- 5
pendent, *universal matters* **(see § 123ff.)* It is precisely here, in so far as something is determined as object, that the contradiction of the finite throughout all forms of logical spheres is at its most concrete (§ 194ff.).** 10

γ) *Understanding*†

§ 422

The **proximate** *truth* of perception is that the general object is, rather, an *appearance*, while its intro-reflectedness is, on the contrary, an *internality* which is for itself and a universal. Consciousness of this general object constitutes 15
understanding. — One aspect of this *internality* is that it constitutes abstract identity in that it is the *sublated multiplicity* of what is sensuous, but its other aspect is that on account of this it also contains multiplicity. It contains it however as 20
an *internal* and *simple difference*, which in the vicissitude of appearance remains self-identical. This simple difference is the realm of *the laws* of appearance, their quiescent and universal likeness. 25

Addition. In the initial resolution of the contradiction indicated in the previous Paragraph, the multiple determinations of the sensuous, which are independent of one another and of the inner unity of each single thing, are reduced to the *appearance* of an *internality* which is for itself. The 30
general object therefore undergoes a further development, — out of the contradiction between its *intro-* and *extro-reflectedness*, and into its essential relationship *with itself*. The ego becomes the *understanding* consciousness however, in that it

* Following sentence first published 1830.
† This heading first used 1830.

der unmittelbaren Einzelnheit und von der Vermischung des Einzelnen und des Allgemeinen zur Auffassung des Innern des Gegenstandes erhebt, — den Gegenstand also auf eine dem Ich gleiche Weise bestimmt; so wird dieses zum verständigen Bewußtseyn. Erst an jenem unsinnlichen Innern glaubt der Verstand das Wahrhafte zu haben. Zunächst ist dies Innere jedoch ein abstract Identisches, in sich Ununterschiedenes; — ein solches Innere haben wir in der Kategorie der Kraft und der Ursache vor uns. Das wahrhafte + Innere dagegen muß als concret, als in sich selber unterschieden bezeichnet werden. So aufgefaßt, ist dasselbe Dasjenige, was wir Gesetz nennen. Denn das Wesen des Gesetzes, — möge dieses sich nun auf die äußere Natur, oder auf die sittliche Weltordnung beziehen, — besteht in einer untrennbaren Einheit, in einem nothwendigen inneren Zusammenhange unterschiedener Bestimmungen. So ist durch das Gesetz mit dem Verbrechen nothwendigerweise Strafe verbunden; dem Verbrecher kann diese zwar als etwas ihm Fremdes erscheinen; im Begriff des Verbrechens liegt aber wesentlich dessen Gegentheil, die Strafe. Ebenso muß, — was die äußere Natur betrifft, — zum Beispiel, das Gesetz der Bewegung der Planeten, (nach welchem bekanntlich die Quadrate der Umlaufszeiten sich wie die Cubi der Entfernungen verhalten), als eine innere nothwendige Einheit unterschiedener Bestimmungen gefaßt werden. Diese Einheit wird allerdings erst von dem speculativen Denken der Vernunft begriffen, aber schon von dem verständigen Bewußtseyn in der Mannichfaltigkeit der Erscheinungen entdeckt. Die Gesetze sind die Bestimmungen des der Welt selber innewohnenden Verstandes; in ihnen findet daher das verständige Bewußtseyn seine eigene Natur wieder und wird somit sich selber gegenständlich.

265

§. 423.

Das Gesetz zunächst das Verhältniß allgemeiner, bleibender Bestimmungen hat, in sofern sein Unterschied der innere ist, seine Nothwendigkeit an ihm selbst; die eine der Bestimmungen als nicht äußerlich von der andern unter-

raises itself from the *observation* of *immediate singularity* and from the *mixture* of the *singular* and the *universal*, to comprehension of the *internality* of the general object, so that the general object is determined in the same way as the *ego*. The understanding believes that it is only in this non-sensuous internality that it possesses what is true. Initially however, this inner being is an *abstractly identical* being, devoid of *internal difference*. We have such an internality before us in the category of *force* and *cause*. The *truly* internal has however to be defined as *concrete*, as *internally differentiated*. Grasped as such it constitutes what we call *law*, for the essence of a law, be it of external nature or of the ethical world order, consists of an *indivisible* unity, an *internal* and *necessary connection* between *different* determinations. It is through law therefore, that *crime* is necessarily bound up with *punishment*. To the criminal this is something that may well appear to be alien, but as its opposite, punishment is essential to the Notion of crime. The same applies to external nature. For example, the well-known law of planetary motion according to which the squares of the times of the revolution are as the cubes of the distances, also has to be grasped as an internal and necessary unity of different determinations. It is true that this unity is first grasped by *reason*, by speculative thinking, but it is the *understanding* consciousness which first discovers it in the multiplicity of appearances. Laws are the determinations of the understanding dwelling within the world itself. It is within laws therefore that the understanding consciousness rediscovers itself and so becomes its own general object.

§ 423

Initially, law is the relationship between universal and permanent determinations. In so far as its difference is internal to it, it possesses its own necessity, one of the determinations being immediately present within the other in that it is

schieden liegt unmittelbar selbst in der andern. Der innere Unterschied ist aber auf diese Weise, was er in Wahrheit ist, der Unterschied an ihm selbst, oder der Unterschied, der keiner ist. — In dieser Formbestimmung überhaupt ist an sich das Bewußtseyn, welches als solches die Selbstständigkeit des Subjects und Objects gegen einander enthält, verschwunden; Ich hat als urtheilend einen Gegenstand, der nicht von ihm unterschieden ist, — sich selbst; — Selbstbewußtseyn.

Zusatz. Was im obenstehenden Paragraphen von dem das Wesen des Gesetzes ausmachenden inneren Unterschiede gesagt worden, — daß nämlich dieser Unterschied ein Unterschied sey, der keiner ist, — das gilt ebenso sehr von dem Unterschiede, welcher in dem sich selber gegenständlichen Ich existirt. Wie das Gesetz ein nicht bloß gegen etwas Anderes, sondern in sich selber Unterschiedenes, ein in seinem Unterschiede mit sich Identisches ist; so auch das sich selbst zum Gegenstand habende, von sich selber wissende Ich. Indem daher das Bewußtseyn, als Verstand, von den Gesetzen weiß; so verhält dasselbe sich zu einem Gegenstande, in welchem das Ich das Gegenbild seines eigenen Selbstes wiederfindet und somit auf dem Sprunge steht, sich zum Selbstbewußtseyn als solchem zu entwickeln. Da aber, wie schon im Zusatz zu §. 422. bemerkt wurde, das bloß verständige Bewußtseyn noch nicht dahin gelangt, die im Gesetz vorhandene Einheit der unterschiedenen Bestimmungen zu begreifen, — das heißt, — aus der einen dieser Bestimmungen deren entgegengesetzte dialektisch zu entwickeln; so bleibt diese Einheit jenem Bewußtseyn noch etwas Todtes, folglich mit der Thätigkeit des Ich Nicht-übereinstimmendes. Im Lebendigen dagegen schaut das Bewußtseyn den Proceß selber des Setzens und des Aufhebens der unterschiedenen Bestimmungen an, — nimmt wahr, daß der Unterschied kein Unterschied, — das heißt, — kein absolut fester Unterschied ist. Denn das Leben ist dasjenige Innere, das nicht ein abstract Inneres bleibt, sondern ganz in seine Aeußerung eingeht; — es ist ein durch die Negation des Unmittel-

266

not externally different from it. It is thus that the inner difference constitutes the truth of what it is, difference in itself, or rather *difference which is no difference.* — **In this general determination of form there is an implicit disappearance of that which maintains the mutual independence of subject and object i.e. of consciousness as such. In that it judges, the ego has** a general object **from which it is not distinguished. It has itself, — it is** *self-consciousness.*

Addition. In the Paragraph above, the *inner difference* constituting the essence of *law* is said to be a *difference* which is *no difference.* The same is true of the difference existing in the self-confronting *ego.* Law is differentiated not merely with regard to something *else* but *within itself*; it is self-identical in its difference. So also is the ego, which by knowing of itself has itself as general object. Consequently, since it is as *understanding* that consciousness knows of *laws*, it relates itself to a general object in which the ego recovers the counterpart of its own self, and is therefore on the point of developing into *self-consciousness as such.* As has already been observed in the Addition to § 422 however, consciousness which *merely understands* has not yet managed to *grasp* the unity of the different determinations present within the law, that is to say, to develop either of these determinations into its opposite in a dialectical manner. Consequently, for this consciousness the unity remains somewhat dead, and so *fails to accord* with the *activity* of the ego. In *living being* however, consciousness intuites the very *process* of the positing and sublating of the different determinations, perceives that the difference is *not* a difference, that is to say, that it is not absolutely fixed. For life is that *inner being* which does not remain *abstract*, but enters wholly into its *expression.* It is *mediated* through the negation of what is immediate, of what

baren, des Aeußerlichen, Vermitteltes, das diese seine Vermittlung selber zur Unmittelbarkeit aufhebt, — eine sinnliche, äußerliche und zugleich schlechthin innerliche Existenz, — ein Materielles, in welchem das Außereinander der Theile aufgehoben, das Einzelne zu etwas Ideellem, zum Moment, zum Gliede des Ganzen herabgesetzt erscheint; — kurz, das Leben muß als Selbstzweck gefaßt werden, — als ein Zweck, der in sich selber sein Mittel hat, — als eine Totalität, in welcher jedes Unterschiedene zugleich Zweck und Mittel ist. Am Bewußtseyn dieser dialektischen, dieser lebendigen Einheit des Unterschiedenen entzündet sich daher das Selbstbewußtseyn, — das Bewußtseyn von dem sich selber gegenständlichen, also in sich selbst unterschiedenen einfachen Ideellen, — das Wissen von der Wahrheit des Natürlichen, vom Ich.

b.

Das Selbstbewußtseyn.

§. 424.

Die Wahrheit des Bewußtseyns ist das Selbstbewußtseyn, und dieses der Grund von jenem, so daß in der Existenz alles Bewußtseyn eines andern Gegenstandes * Selbstbewußtseyn ist; Ich weiß von dem Gegenstande als dem Meinigen (er ist meine Vorstellung), Ich weiß daher darin von mir. — Der Ausdruck vom Selbstbewußtseyn ist Ich=Ich; — abstracte Freiheit, reine Idealität. — So ist es ohne Realität, denn es selbst, das Gegenstand seiner ist, ist nicht ein solcher, da kein Unterschied desselben 267 und seiner vorhanden ist.

Zusatz. In dem Ausdruck Ich=Ich ist das Princip der absoluten Vernunft und Freiheit ausgesprochen. Die Freiheit und die Vernunft besteht darin, daß ich mich zu der

* Der folgende Absatz (Ich weiß — von mir) erstmals 1830.

is external, and as such itself sublates its mediation into *immediacy*. It is a *sensuous*, *external* and at the same time simply *internal* existence, — a *material being* in which the *extrinsicality* of the parts appears as *sublated*, the singular as reduced to something *of an ideal nature*, a *moment*, a *member* of the whole. 5 In short, life has to be regarded as its *own purpose*, as an *end* which has its *means* within itself, as a totality in which each differential is at the same time both end and means. *Self-consciousness* therefore kindles itself within the consciousness + of this *dialectical*, this *living* unity of what is different. It con- 10 stitutes consciousness of that which is *of an ideal nature*, of the simplicity which, in that it is confronted by itself, is internally differentiated, — and it is therefore knowledge of the *ego*, of the *truth* of what is *natural*. +

b.

Self-consciousness

§ 424

Self-consciousness is the truth of consciousness, 15 + and since it is also its ground, **within existence,** all consciousness of another general object is self-conciousness.* **I know of the general object as** + **its being mine, and since it is my presentation, I know** + **of myself within it.** — Ego = ego expresses self- 20 consciousness, **abstract freedom, pure ideality. — Self-consciousness is therefore without reality, for since it is itself its own general object it is not a general object, there being present no difference between this and itself.** 25

Addition. The expression ego = ego enunciates the principle of absolute *reason* and *freedom*. Freedom and reason consist of my raising myself to the form of ego = ego, of my

* Following sentence first published 1830.

Form des Ich = Ich erhebe, — daß ich Alles als das Meinige, als Ich erkenne, — daß ich jedes Object als ein Glied in dem Systeme Desjenigen fasse, was ich selbst bin, — kurz darin, daß ich in Einem und demselben Bewußtseyn Ich und die Welt habe, in der Welt mich selber wiederfinde, und umgekehrt in meinem Bewußtseyn Das habe, was ist, was Objectivität hat. Diese das Princip des Geistes ausmachende Einheit des Ich und des Objects ist jedoch nur erst auf abstracte Weise im unmittelbaren Selbstbewußtseyn vorhanden, und wird nur von uns, — den Betrachtenden, — noch nicht vom Selbstbewußtseyn selber erkannt. Das unmittelbare Selbstbewußtseyn hat noch nicht das Ich = Ich, sondern nur das Ich zum Gegenstande, — ist deshalb nur für uns, nicht für sich selber frei, — weiß noch nicht von seiner Freiheit und hat nur die Grundlage derselben in sich, aber noch nicht die wahrhaft wirkliche Freiheit.

§. 425.

Das abstracte Selbstbewußtseyn ist die erste Negation des Bewußtseyns, daher auch behaftet mit einem äußerlichen Object, formell mit der Negation seiner; es ist somit zugleich die vorhergehende Stufe, Bewußtseyn, und ist der Widerspruch seiner als Selbstbewußtseyns und seiner als Bewußtseyns. Indem letzteres und die Negation überhaupt im Ich = Ich an sich schon aufgehoben ist, ist es als diese Gewißheit seiner selbst gegen das Object der Trieb das zu setzen, was es an sich ist, — d. i. dem abstracten Wissen von sich Inhalt und Objectivität zu geben, und umgekehrt sich von seiner Sinnlichkeit zu befreien, die gegebene Objectivität aufzuheben und mit sich identisch zu setzen; beides 268 * ist ein und dasselbe; — die Identificirung seines Bewußtseyns und Selbstbewußtseyns.

Zusatz. Der Mangel des abstracten Selbstbewußtseyns liegt darin, daß dasselbe und das Bewußtseyn noch

* 1827, der § endet: oder sein Bewußtseyn seinem Selbstbewußtseyn gleich zu machen. — Beides ist ein und dasselbe.

apprehending all as *mine*, as *ego*, of my cognizing each object as a member in the system of what I am myself. In short, they consist of my possessing *ego* and the *world* in *one* and the *same* consciousness, in recovering myself in the world, and conversely in my possessing in my consciousness that which *is*, that which has *objectivity*. This unity of the ego and the object constitutes the principle of spirit. In the first instance it is however only present in *immediate* self-consciousness in an *abstract* manner, and is still cognised only by *us* who consider it, not by self-consciousness itself. The general object of immediate self-consciousness is still merely the ego, not ego = ego. This self-consciousness is therefore not *free for itself* but only *for us*. It still knows nothing of its freedom, and has within itself only the *basis* of it. Truly *actual* freedom is still alien to it.

§ 425

Since abstract self-consciousness is the *initial* negation of consciousness, **it is still burdened with an external object, with the formal negation of what pertains to it. At the same time it is therefore also** consciousness, the preceding stage, **and is the contradiction of itself as both consciousness and self-consciousness. In ego = ego however, consciousness and negation in general are already implicitly sublated. As this self-certainty with regard to the object, abstract self-consciousness therefore constitutes the drive to posit what it is implicitly i.e. to give content and objectivity to the abstract knowledge of itself,** and conversely, to free itself from its sensuousness, to sublate the given objectivity, and to posit the identity of this objectivity with itself. These two moments are one and the same,* and constitute **the identification** of the consciousness and self-consciousness of abstract self-consciousness.

Addition. Abstract self-consciousness is deficient in that *it* and *consciousness* are still mutually *distinct*, both being as yet

* 1827: or to make its consciousness the equal of its self-consciousness. These two moments are one and the same. — The Paragraph ends thus.

Zweierlei gegeneinander sind, — daß beide sich noch nicht gegenseitig ausgeglichen haben. — Im Bewußtseyn sehen wir den ungeheuren Unterschied des Ich, — dieses ganz Einfachen, — auf der einen Seite, und der unendlichen Mannichfaltigkeit der Welt, auf der anderen Seite. Dieser hier noch nicht zur wahrhaften Vermittlung kommende Gegensatz des Ich und der Welt macht die Endlichkeit des Bewußtseyns aus. — Das Selbstbewußtseyn dagegen hat seine Endlichkeit in seiner noch ganz abstracten Identität mit sich selber. Im Ich = Ich des unmittelbaren Selbstbewußtseyns ist nur ein seynsollender, noch kein gesetzter, noch kein wirklicher Unterschied vorhanden.

Dieser Zwiespalt zwischen dem Selbstbewußtseyn und dem Bewußtseyn bildet einen inneren Widerspruch des Selbstbewußtseyns mit sich selbst, weil das letztere zugleich die ihm zunächst vorangegangene Stufe, — Bewußtseyn, — folglich das Gegentheil seiner selber ist. Da nämlich das abstracte Selbstbewußtseyn nur die erste, somit noch bedingte Negation der Unmittelbarkeit des Bewußtseyns, und nicht schon die absolute Negativität, — das heißt, — die Negation jener Negation, die unendliche Affirmation ist; so hat es selber noch die Form eines Seyenden, eines Unmittelbaren, eines trotz — oder vielmehr — gerade wegen seiner unterschiedslosen Innerlichkeit noch von der Aeußerlichkeit Erfüllten; es enthält daher die Negation nicht bloß in sich, sondern auch außer sich, — als ein äußerliches Object, — als ein Nicht-Ich, — und ist eben dadurch Bewußtseyn.

Der hier geschilderte Widerspruch muß gelöst werden, und Dies geschieht auf die Weise, daß das Selbstbewußtseyn, welches sich als Bewußtseyn, als Ich, zum Gegenstande hat, die einfache Idealität des Ich zum realen Unterschiede fortentwickelt, somit seine einseitige Subjectivität aufhebend, sich Objectivität giebt, — ein Proceß, der identisch ist mit dem umgekehrten, durch welchen zugleich das Object vom Ich subjectiv gesetzt, in die Innerlichkeit des Selbstes versenkt und so die im Bewußtseyn vorhandene Abhängigkeit des Ich von

269

unadjusted to the other. In *consciousness* we see the tremendous *difference* between the complete *simplicity* of the *ego* on the one hand, and the infinite *multifariousness* of the *world* on the other. It is this opposition between the ego and the world, which at this juncture has not yet attained true mediation, that constitutes the *finitude* of consciousness. *Self-consciousness* however, has its finitude in its still wholly *abstract self-identity*. The difference present in the ego = ego of immediate self-consciousness is merely what *ought to be*, it is not yet *posited*, not yet *actual*. 5 10 +

Since self-consciousness is at the same time *consciousness*, its immediately preceding stage, and is therefore the opposite of itself, this disunion between consciousness and self-consciousness forms a self-contradiction *within self-consciousness*. In other words, abstract self-consciousness itself still has the form of *being*, of *immediacy*, since it is merely the *initial* and hence the still *conditioned* negation of the immediacy of consciousness, and is not yet *absolute* negativity, that is, the *infinite affirmation* of the negation of this negation. Despite, or rather precisely on account of its *undifferentiated inwardness*, it still has the form of that which is filled from *without*. Consequently, it contains negation not merely *within* but also *outside itself*, as an *external* object, a *non-ego*, and constitutes *consciousness* precisely on this account. 15 + 20

The contradiction here depicted has to be resolved, and this is accomplished as follows. Self-consciousness which has itself for general object as consciousness, as ego, develops the *simple ideality* of the ego into a *real difference*, and *objectifies* itself by thus sublating its *onesided subjectivity*. This process is identical with the opposite and simultaneous process by means of which the *object* is immersed in the inwardness of the self in that it is posited *subjectively* by the ego, the depen- 25 30

einer äußerlichen Realität vernichtet wird. So gelangt das Selbstbewußtseyn dahin, nicht neben sich das Bewußtseyn zu haben, nicht äußerlich mit diesem verbunden zu seyn, sondern dasselbe wahrhaft zu durchdringen und als ein aufgelöstes in sich selber zu enthalten.

Um dies Ziel zu erreichen, hat das Selbstbewußtseyn drei Entwicklungsstufen zu durchlaufen. —

1) Die erste dieser Stufen stellt uns das unmittelbare, einfach mit sich identische, und zugleich, — im Widerspruch hiermit, — auf ein äußerliches Object bezogene, einzelne Selbstbewußtseyn dar. — So bestimmt, ist das Selbstbewußtseyn die Gewißheit seiner als des Seyenden, gegen welches der Gegenstand die Bestimmung eines nur scheinbar Selbstständigen, in der That aber Nichtigen hat. — Das begehrende Selbstbewußtseyn.

2) Auf der zweiten Stufe bekommt das objective Ich die Bestimmung eines anderen Ich, und entsteht somit das Verhältniß eines Selbstbewußtseyns zu einem anderen Selbstbewußtseyn, zwischen diesen beiden aber der Proceß des Anerkennens. Hier ist das Selbstbewußtseyn nicht mehr bloß einzelnes Selbstbewußtseyn, sondern in ihm beginnt schon eine Vereinigung von Einzelnheit und Allgemeinheit.

3) Indem dann ferner das Andersseyn der einander gegenüberstehenden Selbste sich aufhebt und diese in ihrer Selbstständigkeit doch mit einander identisch werden, tritt die dritte jener Stufen hervor, — das allgemeine Selbstbewußtseyn

270 * *a*) Die Begierde.

§. 426.

Das Selbstbewußtseyn in seiner Unmittelbarkeit ist Einzelnes und Begierde, — der Widerspruch seiner Abstraction, welche objectiv seyn soll, oder seiner Unmittelbarkeit, welche die Gestalt eines äußern Objects hat und

* Diese Überschrift erstmals 1830.

dence of the ego upon an external reality, which occurs in consciousness, being thereby annulled. It is thus that self-consciousness, instead of having consciousness *beside* it, instead of being externally bound to it, truly pervades it and contains it as dissolved within itself. 5

Self-consciousness has to pass through *three* stages of development in order to reach this goal.

1) The *first* of these stages presents us with the *single self-consciousness* which, although it is immediate and simply self-identical, is at the same time contradictory, since it is 10 related to an external object. Self-consciousness so determined is certitude of self as of what is, in the face of which the general object has the determination of a simply apparent independence which is in fact a nullity. This is the *desiring self-consciousness.* 15

2) At the *second* stage the objective ego acquires the determination of *another ego*. This gives rise to the relationship between *one self-consciousness* and *another*, while between these it gives rise to the *process of recognition*. At this juncture, there is already an incipient unification of *singularity* and 20 *universality* within it, self-consciousness is no longer merely *singular*.

3) In that the *otherness* of the mutually confronting selves then proceeds to sublate itself, and these selves, while independent, become mutually identical, there emerges the *third* 25 of these stages, that of *universal self-consciousness*.

α) *Desire**

§ 426

Self-consciousness in its immediacy is *singular*, and constitutes *desire*. This is the contradiction of its abstraction, which should be objective, or of its immediacy, which has the shape of an 30

* This heading first used 1830.

subjectiv seyn soll. Für die aus dem Aufheben des Bewußtseyns hervorgegangene Gewißheit seiner selbst ist das Object und für die Beziehung des Selbstbewußtseyns auf das Object ist seine abstracte Idealität ebenso als ein Nichtiges bestimmt.

Zusatz. Wie schon im Zusatz zum vorhergehenden Paragraphen bemerkt wurde, ist die Begierde diejenige Form, in welcher das Selbstbewußtseyn auf der ersten Stufe seiner Entwicklung erscheint. Die Begierde hat hier, im zweiten Haupttheil der Lehre vom subjectiven Geiste, noch keine weitere Bestimmung, als die des Triebes, insofern derselbe ohne durch das Denken bestimmt zu seyn, auf ein äußerliches Object gerichtet ist, in welchem er sich zu befriedigen sucht. Daß aber der so bestimmte Trieb im Selbstbewußtseyn existirt, — davon liegt die Nothwendigkeit darin, daß das Selbstbewußtseyn, (wie wir gleichfalls schon im Zusatz zum vorhergehenden Paragraphen bemerklich gemacht haben), zugleich seine ihm zunächst vorangegangene Stufe, nämlich Bewußtseyn ist und von diesem inneren Widerspruche weiß. Wo ein mit sich Identisches einen Widerspruch in sich trägt und von dem Gefühl seiner an sich seyenden Identität mit sich selber ebenso wie von dem entgegengesetzten Gefühl seines inneren Widerspruchs erfüllt ist, — da tritt nothwendig der Trieb hervor, diesen Widerspruch aufzuheben. Das Nichtlebendige hat keinen Trieb, weil es den Widerspruch nicht zu ertragen vermag, sondern zu Grunde geht, wenn das Andere seiner selbst in es eindringt. Das Beseelte hingegen und der Geist haben nothwendig Trieb, da weder die Seele noch der Geist seyn kann, ohne den Widerspruch in sich zu haben und ihn entweder zu fühlen oder von ihm zu wissen. In dem unmittelbaren, daher natürlichen, einzelnen, ausschließenden Selbstbewußtseyn hat aber, wie bereits oben angedeutet, der Widerspruch die Gestalt, daß das Selbstbewußtseyn, — dessen Begriff darin besteht, sich zu sich selber zu verhalten, Ich=Ich zu seyn, — im Gegentheil zugleich noch zu einem unmittelbaren, nicht ideell gesetzten Anderen, zu einem äußerlichen Object, zu einem Nicht-Ich sich verhält und

271

external object **and** should be subjective. **The object is determined as** a nullity for the self-certainty which has proceeded from the sublation of consciousness, **just as the abstract ideality of self-consciousness** is **determined as a** nullity **for the relation of self-consciousness to** the object.

Addition. As has already been observed in the Addition to the preceding Paragraph, self-consciousness appears at the *first* stage of its development in the form of *desire*. Here in the second main part of the doctrine of subjective spirit, desire still has no further determination than that of a *drive*, in so far as this drive, without being determined by *thought*, is directed toward an *external* object in which it seeks satisfaction. As we have already observed in the Addition to the preceding Paragraph, the necessity of such a determinate drive's existing in self-consciousness lies in self-consciousness being at the same time consciousness, its immediately preceding stage, and in its being aware of this internal contradiction. Where that which is self-identical carries within itself a contradiction, and is as filled with the feeling of its implicit self-identity as it is with that of its internal contradiction, the *drive* to sublate this contradiction arises as a matter of course. That which is inanimate has no drive, for it is unable to bear contradiction, and perishes when that which is alien enters into it. It is otherwise with what has soul and with spirit however, both of which have drive of necessity, since neither can have being without containing contradiction and either feeling or knowing of it. As has already been indicated above however, in self-consciousness, which in that it is *immediate* is *natural*, *singular*, *exclusive*, the contradiction shapes as follows: self-consciousness, the Notion of which consists of the *self-relatingness* of being ego = ego, still relates itself to the opposition of an *immediate* other which is not yet posited as of an ideal nature, to an *external* object, a *non-ego*; and it is *self-external*, for although

sich selber äußerlich ist, da es, — obgleich an sich Totalität, Einheit des Subjectiven und des Objectiven, — dennoch zunächst als Einseitiges, als ein nur Subjectives existirt, das erst durch die Befriedigung der Begierde dahin kommt, an und für sich Totalität zu seyn. — Trotz jenes inneren Widerspruchs bleibt jedoch das Selbstbewußtseyn sich seiner absolut gewiß, weil dasselbe weiß, daß das unmittelbare, äußerliche Object keine wahrhafte Realität hat, vielmehr ein Nichtiges gegen das Subject, ein bloß scheinbar Selbstständiges, in der That aber ein Solches ist, das nicht verdient und nicht vermag, für sich zu bestehen, sondern durch die reale Macht des Subjects untergehen muß.

§. 427.

Das Selbstbewußtseyn ist sich daher an sich im Gegenstande, der in dieser Beziehung dem Triebe gemäß ist. In der Negation der beiden einseitigen Momente als der eigenen Thätigkeit des Ich, wird für dasselbe diese Identität. Der Gegenstand kann dieser Thätigkeit keinen Widerstand leisten, als an sich und für das Selbstbewußtseyn das Selbstlose; die Dialektik, welche seine Natur ist, sich aufzuheben, existirt hier als jene Thätigkeit des Ich. Das gegebene Object wird hierin eben so subjectiv gesetzt, als die Subjectivität sich ihrer Einseitigkeit entäußert und sich objectiv wird.

Zusatz. Das selbstbewußte Subject weiß sich als an sich mit dem äußerlichen Gegenstande identisch, — weiß, daß dieser die Möglichkeit der Befriedigung der Begierde enthält, — daß der Gegenstand also der Begierde gemäß ist, — und daß eben deßwegen diese durch ihn erregt wird. Die Beziehung auf das Object ist dem Subject daher nothwendig. Das letztere schaut in dem ersteren seinen eigenen Mangel, seine eigene Einseitigkeit an, — sieht im Object etwas zu seinem eigenen Wesen Gehöriges und dennoch ihm Fehlendes. Diesen Widerspruch ist das Selbstbewußtseyn aufzuheben im Stande, da dasselbe kein Seyn, sondern absolute Thätigkeit ist; und es hebt ihn

272

implicitly the totality of the unity of what is subjective and what is objective, it still exists in the first instance as the onesidedness of a merely subjective being, which first constitutes the being-*in-and-for-self* of totality through the satisfaction of desire. Yet despite this inner contradiction, 5 self-consciousness remains absolutely certain of itself, for it knows that the immediate and external object is devoid of true reality, and is, rather, a nullity with regard to the subject, a merely apparent independence, that it is in fact a being unworthy and incapable of self-subsistence, and 10 obliged to submit to the real power of the subject. +

§ 427

Self-consciousness is therefore *implicitly* itself in the general object, which in this relation is adequate to the drive. This identity comes to be *for* the ego **in that the negation of both onesided mo-** 15 **ments** is the ego's own activity. In that it is implicitly selfless and has being for self-consciousness **as** such, the general object can offer no resistance to this activity; the dialectic of its self-sublating nature exists here as the activity 20 of the ego. Thus, the given object is **posited** as subjective to the extent that subjectivity externalizes **its onesidedness** and becomes objective to itself.

Addition. The self-conscious subject knows itself to be 25 + *implicitly identical* with the general object external to it. It knows that since this general object contains the *possibility* of satisfying desire, it is *adequate* to the desire, and that this is precisely why the desire is stimulated by it. The relation with the object is therefore necessary to the subject. The 30 subject intuites its *own deficiency*, its own onesidedness, in the object; it sees there something which, although it belongs to its own essence, it lacks. Since self-consciousness is not being but absolute activity, it is capable of sublating this contradiction, and it does so in that it appropriates the general 35

auf, indem es sich des selbstständig zu seyn gleichsam nur vorgebenden Gegenstandes bemächtigt, — durch Verzehrung desselben sich befriedigt, — und, — da es Selbstzweck ist, — in diesem Proceß sich erhält. Das Object muß dabei zu Grunde gehen; denn beide, — das Subject und das Object, — sind hier Unmittelbare, und diese können nicht anders in Einem seyn, als so, daß die Unmittelbarkeit, — und zwar *zunächst* die des selbstlosen Objects, — negirt wird. Durch die Befriedigung der Begierde wird die an-sich-seyende Identität des Subjects und des Objects gesetzt, die Einseitigkeit der Subjectivität und die scheinbare Selbstständigkeit des Objects aufgehoben. Indem aber der Gegenstand von dem begehrenden Selbstbewußtseyn vernichtet wird, kann er einer durchaus fremden Gewalt zu unterliegen scheinen. Dies ist jedoch nur ein Schein. Denn das unmittelbare Object muß sich seiner *eigenen* Natur, seinem *Begriffe* nach, aufheben, da es in seiner *Einzelnheit* der *Allgemeinheit* seines Begriffes nicht entspricht. Das Selbstbewußtseyn ist der *erscheinende* Begriff des Objectes selber. In der Vernichtung des Gegenstandes durch das Selbstbewußtseyn geht dieser daher durch die Macht seines eigenen, ihm *nur innerlichen* und eben deßhalb *nur von außen* an ihn zu kommen scheinenden Begriffes unter. — So wird das Object subjectiv gesetzt. Aber durch diese Aufhebung des Objectes hebt, wie schon bemerkt, das Subject auch seinen eigenen Mangel, sein Zerfallen in ein unterschiedsloses Ich = Ich und in ein auf ein äußerliches Object bezogenes Ich auf und gibt ebenso sehr seiner Subjectivität Objectivität, wie es sein Object subjectiv macht.

273

§. 428.

Das Product dieses Processes ist, daß Ich sich mit sich selbst zusammenschließt und hiedurch *für sich* befriedigt, Wirkliches ist. Nach der äußerlichen Seite bleibt es in dieser Rückkehr zunächst als *Einzelnes* bestimmt und hat sich als solches erhalten, weil es sich auf das selbstlose Object nur negativ bezieht, dieses in sofern nur aufgezehrt wird. Die Begierde ist so in ihrer Befriedigung überhaupt

object, which, as it were, merely pretends to be independent, in that it satisfies itself by consuming it, and since it is its own purpose, in that it maintains itself in this process. Through this the object must perish, for here both the subject and the object are immediacies, and these can *only* be within a unit in that the immediacy, and indeed *primarily* the immediacy of the selfless object, is negated. The positing of the implicit identity of subject and object, the sublating of the onesidedness of subjectivity and of the apparent independence of the object, is brought about through the satisfaction of desire. Since it is nullified by the desiring self-consciousness however, the general object might appear to be subdued by an entirely alien force. This is, nevertheless, merely an appearance, for since in its *singularity* the immediate object does not correspond to the *universality* of its Notion, it is by its *very* nature, in accordance with its *Notion*, that it is self-sublating. Self-consciousness is the *appearing* Notion of the object itself. In its nullification by self-consciousness, the general object is therefore subordinated by the power of its own Notion, which, precisely because it is *merely internal* to it, appears to come to it *only from without.* — It is thus that the object is posited subjectively. As has already been observed however, it is also by means of this sublation of the object that the subject sublates its own deficiency, its disintegration into an ego = ego devoid of difference and an ego related to an external object, and gives its subjectivity objectivity to the same extent that it makes its object subjective.

§ 428

The product of this process is the ego's self-integration, **by means of which its satisfaction is achieved, its actuality established.** Returning thus, **the ego in its external aspect is still determined** as a *singleness*, **and it has maintained itself as such** in that it has only related itself negatively to the self-less object, which is therefore merely absorbed. Desire is therefore generally *destructive* **in its**

* zerstörend wie ihrem Inhalte nach selbstsüchtig, und da die Befriedigung nur im Einzelnen geschehen, dieses aber vorübergehend ist, so erzeugt sich in der Befriedigung wieder die Begierde.

Zusatz. Das Verhältniß der Begierde zum Gegenstande ist noch durchaus das des selbstsüchtigen Zerstörens, — nicht das des Bildens. Insofern das Selbstbewußtseyn als bildende Thätigkeit sich auf den Gegenstand bezieht, bekommt dieser nur die in ihm ein Bestehen gewinnende Form des Subjectiven, wird aber seinem Stoffe nach erhalten. Durch die Befriedigung des in der Begierde befangenen Selbstbewußtseyns hingegen wird, — da dieses das Andere als ein Unabhängiges noch nicht zu ertragen die Kraft besitzt, — die Selbstständigkeit des Objectes zerstört; so daß die Form des Subjectiven in demselben zu keinem Bestehen gelangt.

Wie der Gegenstand der Begierde und diese selber, so ist aber nothwendiger Weise auch die Befriedigung der Begierde etwas Einzelnes, Vorübergehendes, der immer von Neuem erwachenden Begierde Weichendes, — eine mit der Allgemeinheit des Subjectes beständig in Widerspruch bleibende und gleichwohl durch den gefühlten Mangel der unmittelbaren Subjectivität immer wieder angeregte Objectivirung, die niemals ihr Ziel absolut erreicht, sondern nur den Progreß in's Unendliche herbeiführt.

274

§. 429.

† Aber das Selbstgefühl, das ihm in der Befriedigung wird, bleibt nach der innern Seite oder an sich nicht im abstracten Fürsichseyn oder nur seiner Einzelnheit, sondern als die Negation der Unmittelbarkeit und der Einzelnheit enthält das Resultat die Bestimmung der Allgemeinheit, und der Identität des Selbstbewußtseyns

* Das Folgende 1830 zugefügt.

† 1827: Aber das Selbstbewußtseyn hat *an sich* schon die Gewißheit seiner in seiner Abstraction (der einseitigen Subjectivität) und in dem unmittelbaren Gegenstande. Das Selbstgefühl . . .

satisfaction, just as it is generally *self-seeking in respect of its content, and since the satisfaction has only been achieved in singleness, which is transient, it gives rise to further desire.**

Addition. The relationship of desire to the general object is not *formative*, but is still that of thoroughly selfish *destructiveness*. In so far as self-consciousness does relate itself to the general object as a *formative* activity, the general object is preserved with regard to its substance and only assumes the *form* of the subjective being which gains a *subsistence* within it. Since the self-consciousness involved in desire does not yet have the strength to endure the independence of the other, the independence of the object is destroyed by its satisfaction. Consequently, the form of what is subjective fails to subsist within the object.

However, like desire itself and like its general object, but as of necessity, the *satisfaction* of desire is also something *singular* and *transient*, which is perpetually giving way to the renewal of desire. It is an objectification which, although it remains in constant contradiction of the *universality* of the subject, is being perpetually restimulated through the deficiency felt by immediate subjectivity, and which, since its goal is *never* completely attained, only gives rise to an *endless progression*.

§ 429

† **Yet in its interior aspect, or implicitly,** the self-awareness self-consciousness achieves in satisfaction **does** not **remain** in the abstract *being-for-self* or the mere singularity of self-consciousness. **As the negation of immediacy and of singularity, the result contains the determination of universality and of the identity of self-conscious-**

* Rest of the paragraph first published 1830.

† 1827: *Implicitly* however, self-consciousness already has the certainty of what pertains to it in its abstraction (onesided subjectivity) and in the immediate general object. Self-awareness . . .

mit seinem Gegenstande. Das Urtheil oder die Diremtion dieses Selbstbewußtseyns ist das Bewußtseyn eines freien Objects, in welchem Ich das Wissen seiner als Ich hat, das aber auch noch außer ihm ist.

Zusatz. Nach der äußerlichen Seite bleibt, wie im Zusatze zum vorhergehenden Paragraphen bemerkt wurde, das unmittelbare Selbstbewußtseyn in dem in's Unendliche sich fortsetzenden langweiligen Wechsel der Begierde und der Befriedigung derselben, — in der aus ihrer Objectivirung immer wieder in sich zurückfallenden Subjectivität befangen. Nach der inneren Seite dagegen, — oder dem Begriffe nach, — hat das Selbstbewußtseyn, durch Aufhebung seiner Subjectivität und des äußerlichen Gegenstandes, seine eigene Unmittelbarkeit, den Standpunkt der Begierde negirt, — sich mit der Bestimmung des Andersseyns gegen sich selber gesetzt, — das Andere mit dem Ich erfüllt, aus etwas Selbstlosem zu einem freien, zu einem selbstischen Object, zu einem anderen Ich gemacht, — somit sich als ein unterschiedenes Ich sich selber gegenübergestellt, — dadurch aber sich über die Selbstsucht der bloß zerstörenden Begierde erhoben.

β) Das anerkennende Selbstbewußtseyn.

§. 430.

Es ist ein Selbstbewußtseyn für ein Selbstbewußtseyn, zunächst unmittelbar als ein Anderes für ein Anderes. Ich schaue in ihm als Ich unmittelbar mich selbst an, aber auch darin ein unmittelbar daseyendes, als Ich absolut ge-
275 * gen mich selbstständiges anderes Object, das Aufheben der Einzelnheit des Selbstbewußtseyns war das erste Aufheben; es ist damit nur als besonderes bestimmt. — Dieser Widerspruch gibt den Trieb, sich als freies Selbst zu zeigen, und für den andern als solches da zu seyn, — den Proceß des Anerkennens.

* Der Rest des Satzes erstmals 1830.

ness with its general object. The judgement or diremption of this self-consciousness is the consciousness of a *free* object, in which ego has knowledge of itself as an ego, **which, however, is also still outside it.** 5

Addition. As was observed in the preceding Paragraph, immediate self-consciousness, in its *exterior* aspect, remains within the monotonously self-perpetuating alternation of desire and its satisfaction, i.e. it remains involved in subjectivity which is constantly relapsing into itself out of its 10 objectification. In its *interior* aspect however, or in accordance with the *Notion*, self-consciousness has negated its own immediacy, the standpoint of desire, by the sublation of both its subjectivity and the general external object. It has posited itself, with the determination of otherness, in opposition to itself. It has filled the *other* with the *ego*, i.e. *freed* what 15 was *without self* as an objective *self-hood*, another ego. It is thus that it has placed itself over against itself as a *distinct ego*, and so raised itself above the selfishness of simply destructive desire. 20 +

β) Recognitive self-consciousness

§ 430

This is one self-consciousness which is for another, at first *immediately*, as one other is for *another*. **Within** the other **as** ego, I have not only an immediate intuition of myself, but also of the immediacy of a determinate being which as ego 25 is **for me an** absolutely **opposed** and independently distinct object.* **The initial sublation was that of the singularity of self-consciousness, by which self-consciousness is merely determined as being particular.** — Through this contradiction, self-con- 30 sciousness acquires **the drive to display itself as a free self, and to be there as such for the other.** This is the process of *recognition*. +

* The following sentence first published 1830.

Zusatz. Die in der Ueberschrift des obigen Paragraphen bezeichnete zweite Entwicklungsstufe des Selbstbewußtseyns hat mit dem, die erste Entwicklungsstufe desselben bildenden, in der Begier befangenen Selbstbewußtseyn zunächst auch noch die Bestimmung der Unmittelbarkeit gemein. In dieser Bestimmung liegt der ungeheure Widerspruch, daß — da Ich das ganz Allgemeine, absolut Durchgängige, durch keine Grenze Unterbrochene, das allen Menschen gemeinsame Wesen ist, — die beiden sich hier auf einander beziehenden Selbste Eine Identität, — so zu sagen, — Ein Licht ausmachen, und dennoch zugleich Zweie sind, die, in vollkommener Starrheit und Sprödigkeit gegen einander, jedes als ein In-sich-reflectirtes, von dem Anderen absolut Unterschiedenes und Undurchbrechbares bestehen.

§. 431.

Er ist ein Kampf; denn Ich kann mich im Andern nicht als mich selbst wissen, in sofern das Andere ein unmittelbares anderes Daseyn für mich ist; Ich bin daher auf die Aufhebung dieser seiner Unmittelbarkeit gerichtet. Eben so sehr kann Ich nicht als unmittelbares anerkannt werden, sondern nur in sofern Ich an mir selbst die Unmittelbarkeit aufhebe und dadurch meiner Freiheit Daseyn gebe. Aber diese Unmittelbarkeit ist zugleich die Leiblichkeit des Selbstbewußtseyns, in welcher es als in seinem Zeichen und Werkzeug, sein eignes Selbstgefühl und sein Seyn für Andere, und seine es mit ihnen vermittelnde Beziehung hat.

Zusatz. Die nähere Gestalt des im Zusatz zum vorhergehenden Paragraphen angegebenen Widerspruchs ist die, daß die beiden sich zu einander verhaltenden selbstbewußten Subjecte, — weil sie unmittelbares Daseyn haben, — natürliche, leibliche sind, also in der Weise eines, fremder Gewalt unterworfenen Dinges existiren und als ein solches aneinander kommen, — zugleich aber schlechthin freie sind und nicht als ein nur unmittelbar Daseyendes, — nicht als ein bloß Na-

276

Addition. Initially, the *second* stage in the development of self-consciousness indicated in the heading to the Paragraph above still has the determination of *immediacy* in common with the self-consciousness caught up in *desire* which constitutes the first stage. It is a determination which contains a tremendous contradiction. Since ego is that which is wholly *universal*, absolutely *pervasive*, *interrupted* by *no limit*, since it is the *essence common* to *all* men, the two selves which here relate themselves to one another constitute a *single identity*, a single light so to speak. At the same time however, these *two* selves are completely *rigid* and *unyielding* towards one another, each subsisting as an *intro-reflectedness*, each absolutely *distinct* and *impenetrable* in face of the other.

§ 431

The process of recognition is a *struggle*, for in so far as another is an immediate and distinct existence for me, I am unable to know myself as myself within this other, and am therefore committed to the sublation of this its immediacy. Conversely, it is only in so far as I sublate the immediacy **I** involve, and so give determinate being to my freedom, that I can be recognized as an immediacy. The immediacy is at the same time the **corporeity** of self-consciousness however, in which, as **in** its sign and instrument, it has its own *self-awareness*, as well as its being *for others* and its mediating **relation** with them.

Addition. More precisely considered, the contradiction indicated in the Addition to the preceding Paragraph is as follows: The two mutually relating self-conscious subjects, although they have immediate existence in that they are *natural* and *corporeal*, and therefore exist in the mode of a *thing* subject to an *alien force*, and so come to be for one another, are at the same time simply *free*, and are not to be treated by one another merely as that which is *immediately*

türliches, von einander behandelt werden dürfen. Um diesen Widerspruch zu überwinden, — dazu ist nöthig, daß die beiden einander gegenüberstehenden Selbste in ihrem Daseyn, in ihrem Seyn-für-Anderes, sich als Das setzen und sich als Das anerkennen, was sie an sich oder ihrem Begriffe nach sind, — nämlich nicht bloß natürliche, sondern freie Wesen. Nur so kommt die wahre Freiheit zu Stande; denn, da diese in der Identität meiner mit dem Anderen besteht, so bin ich wahrhaft frei nur dann, wenn auch der Andere frei ist und von mir als frei anerkannt wird. Diese Freiheit des Einen im Anderen vereinigt die Menschen auf innerliche Weise; wogegen das Bedürfniß und die Noth dieselben nur äußerlich zusammenbringt. Die Menschen müssen sich daher in einander wiederfinden wollen. Dies kann aber nicht geschehen, so lange dieselben in ihrer Unmittelbarkeit, in ihrer Natürlichkeit befangen sind; denn diese ist eben Dasjenige, was sie von einander ausschließt und sie verhindert, als freie für einander zu seyn. Die Freiheit fordert daher, daß das selbstbewußte Subject weder seine eigene Natürlichkeit bestehen lasse, noch die Natürlichkeit Anderer dulde, sondern vielmehr, gleichgültig gegen das Daseyn, in einzelnen unmittelbaren Händeln, das eigene und das fremde Leben für die Erringung der Freiheit auf das Spiel setze. Nur durch Kampf kann also die Freiheit erworben werden; die Versicherung, frei zu seyn, genügt dazu nicht; nur dadurch, daß der Mensch sich selber, wie Andere, in die Gefahr des Todes bringt, beweist er auf diesem Standpunkt seine Fähigkeit zur Freiheit.

277

§. 432.

Der Kampf des Anerkennens geht also auf Leben und Tod; jedes der beiden Selbstbewußtseyn bringt das Leben des Andern in Gefahr und begiebt sich selbst darein, aber nur als in Gefahr, denn ebenso ist jedes auf die Erhaltung seines Lebens, als des Daseyns seiner Freiheit gerichtet. Der Tod des einen, der den Widerspruch nach einer Seite auflöst, durch die abstracte, daher rohe Negation der Unmittelbarkeit, ist so nach der wesentlichen Seite, dem

existent as simply *natural*. In order that this contradiction may be overcome, it is necessary that both the mutually confronting selves should posit and recognize themselves in their *existence*, in their *being-for-other*, as what they are implicitly, or in accordance with their Notion, that is to say, not merely as *natural*, but as *free* beings.

It is only *thus* that *true* freedom is established, for since it consists of the being identified with what is mine, I am only truly free when the other is also free, and is recognized as such by me. This freedom of *one* within the *other* unites men inwardly, whereas *need* and *necessity* only bring them together externally. Men must want to rediscover themselves in one another. This want cannot arise so long as they are confined to their immediacy, their naturality however, for it is precisely this that cuts them off from one another and impares their mutual freedom. Freedom therefore demands of the self-conscious subject that it should neither allow its own naturality to subsist, nor tolerate that of others, but that it should be indifferent to existence in that in its immediate and individual dealings it stakes its own life and that of others in order to achieve freedom. Thus, freedom has to be *struggled* for; merely to assert that one is free is not enough. At this juncture man only displays his capacity for it in that he brings himself, as he brings others, into *peril* of *death*.

§ 432

The struggle for recognition is therefore a matter of life and death. Each self-consciousness *imperils* not only the life of the other but also itself. It merely *imperils* itself however, for each is equally committed to the preservation of its life, in that this constitutes **the existence of its freedom.** One aspect of the contradiction is resolved through the abstract and consequently crude negation of immediacy, the death of one

Daseyn des Anerkennens, welches darin zugleich aufgehoben wird, ein neuer Widerspruch, und der höhere als der erste.

Zusatz. Der *absolute* Beweis der Freiheit im Kampfe um die Anerkennung ist der *Tod*. Schon indem die Kämpfenden sich in die Gefahr des Todes begeben, setzen sie ihr beiderseitiges natürliches Seyn als ein Negatives, — beweisen sie, daß sie dasselbe als ein Nichtiges ansehen. Durch den Tod aber wird die Natürlichkeit thatsächlich negirt und dadurch zugleich deren Widerspruch mit dem Geistigen, mit dem Ich, aufgelöst. Diese Auflösung ist jedoch nur ganz *abstract*, — nur von *negativer*, — nicht von *positiver* Art. Denn, wenn von den beiden um ihre gegenseitige Anerkennung mit einander Kämpfenden auch nur der Eine untergeht, so kommt keine Anerkennung zu Stande, — so existirt der Uebriggebliebene ebenso wenig, wie der Todte, als ein Anerkannter. Folglich entsteht durch den Tod der neue und größere Widerspruch, daß Diejenigen, welche durch den Kampf ihre innere Freiheit bewiesen haben, dennoch zu keinem anerkannten Daseyn ihrer Freiheit gelangt sind.

Um etwanigen Mißverständnissen rücksichtlich des so eben geschilderten Standpunktes vorzubeugen, haben wir hier noch die Bemerkung zu machen, daß der Kampf um die Anerkennung in der angegebenen bis zum Aeußersten getriebenen Form, bloß im *Naturzustande*, — wo die Menschen nur als *Einzelne* sind, — stattfinden kann, dagegen der bürgerlichen Gesellschaft [278] und dem Staate fern bleibt; weil daselbst Dasjenige, was das Resultat jenes Kampfes ausmacht, — nämlich das Anerkanntseyn, — bereits vorhanden ist. Denn, obgleich der Staat auch durch *Gewalt entstehen* kann, so beruht er doch nicht auf ihr; die Gewalt hat in seiner Hervorbringung nur ein an-und-für-sich-Berechtigtes, — die Gesetze, die Verfassung, — zur Existenz gebracht. Im Staate sind der Geist des Volkes, — die Sitte, — das Gesetz, — das Herrschende. Da wird der Mensch als *vernünftiges* Wesen, als *frei*, als *Person* anerkannt und behandelt; und der Einzelne seinerseits macht sich dieser Anerkennung dadurch würdig, daß er, mit Ueberwindung der Natür-

of the contestants. **Yet since this simultaneously sublates** the essential aspect, the determinate being of recognition, **it gives rise to a new and higher** contradiction.

Addition. In the fight for recognition, the *absolute* proof of freedom is *death*. By putting themselves in peril of death, treating as a negative the natural being they have in common, both contestants prove that they regard this being as a nullity. The naturality is in fact negated by death however, and its contradiction of what is spiritual, of the ego, is simultaneously resolved. This resolution is however only quite *abstract*, — being merely of a *negative* and not of a *positive* kind. No recognition is established when one of the two contestants struggling for mutual recognition simply perishes, for the existence of the survivor is then as little recognized as that of the deceased. Consequently, death gives rise to the new and greater contradiction, in which those who have struggled and proved their inner freedom nevertheless fail to achieve the recognition of its existence. +

In order to avoid eventual misunderstandings of the point of view just presented, it has also to be observed that the struggle for recognition in the extreme form in which it is here presented can occur only in the *state of nature*, in which men are simply *singular* beings. It remains alien to both civil + society and the state, within which the recognition constituting the result of this struggle is already present. Although the state too can be established by *violence*, it does not depend upon it, and by establishing it, violence has only brought into existence the laws, the constitution, that which is justified in and for itself. In the state, the spirit of the people custom, the law, predominate; within it man is recognized and treated as a *free* and *rational* being, a *person*, and the individual, for his part, makes himself worthy of this recognition by overcoming the naturality of his self-consciousness

lichkeit seines Selbstbewußtseyns, einem Allgemeinen, dem an-und-für-sich-seyenden Willen, dem Gesetze gehorcht, — also gegen Andere sich auf eine allgemein-gültige Weise benimmt, — sie als Das anerkennt, wofür er selber gelten will, — als frei, als Person. Im Staate erhält der Bürger seine Ehre durch das Amt, das er bekleidet, durch das von ihm betriebene Gewerbe und durch seine sonstige arbeitende Thätigkeit. Seine Ehre hat dadurch einen substanziellen, allgemeinen, objectiven, nicht mehr von der leeren Subjectivität abhängigen Inhalt; dergleichen im Naturzustande noch fehlt, wo die Individuen, — wie sie auch seyn und was sie auch thun mögen, — sich Anerkennung erzwingen wollen.

Aus dem eben Gesagten erhellt aber, daß mit jenem, ein nothwendiges Moment in der Entwicklung des menschlichen Geistes ausmachenden Kampfe um Anerkennung der Zweikampf durchaus nicht verwechselt werden darf. Der Letztere fällt nicht, — wie der Erstere, — in den Naturzustand der Menschen, sondern in eine schon mehr oder weniger ausgebildete Form der bürgerlichen Gesellschaft und des Staates. Seine eigentliche weltgeschichtliche Stelle hat der Zweikampf im Feudalsystem, welches ein rechtlicher Zustand seyn sollte, es aber nur in sehr geringem Grade war. Da wollte der Ritter, — was er auch begangen

279 haben mochte, — dafür gelten, sich nichts vergeben zu haben, vollkommen fleckenlos zu seyn. Dies sollte der Zweikampf beweisen. Obgleich das Faustrecht in gewisse Formen gebracht war, so hatte dasselbe doch die Selbstsucht zur absoluten Grundlage; durch seine Ausübung wurde daher nicht ein Beweis vernünftiger Freiheit und wahrhaft staatsbürgerlicher Ehre, sondern vielmehr ein Beweis von Rohheit und häufig von der Unverschämtheit eines — trotz seiner Schlechtigkeit — auf äußerliche Ehre Anspruch machenden Sinnes gegeben. Bei den antiken Völkern kommt der Zweikampf nicht vor; denn ihnen war der Formalismus der leeren Subjectivität, — das Geltenwollen des Subjects in seiner unmittelbaren Einzelnheit, — durchaus fremd; sie hatten ihre Ehre nur in ihrer gediegenen Einheit mit dem sittlichen Verhältniß, welches der Staat ist. In unseren modernen Staaten

and obeying the *universality* of the *law*, the *will* which is *in and for itself*. In doing so he behaves in a *universally valid* manner with regard to others, and acknowledges each as the recognizedly free person he wants to be himself. Within the state, the honour accorded to the citizen derives from 5 the position he holds, the trade he follows and any other work he does. This gives his reputation a substantial, universal, objective content, which is no longer dependent upon vacant subjectivity. There is as yet nothing of this in the state of nature, where individuals, whatever they may be and 10 whatever they may do, are bent on enforcing their recognition. +

What has just been said will however have made it apparent that this struggle for recognition, which constitutes a necessary moment in the development of the human spirit, 15 is in no way to be confused with the *duel*. Unlike this struggle, + the duel belongs not to men in the state of nature, but to a form of civil society and of the state which is more or less developed. The duel has its proper historical context in the feudal system, which was supposed to be a juridicial order, 20 but which was so to only a very limited extent. Irrespective of what he might have done, the knight wanted to pass as without blame and free from blemish. The duel was supposed to prove that he had done so. Although law in certain forms was maintained by the fist, its absolute basis was still 25 self-seeking. Consequently, the execution of it, rather than yielding proof of rational freedom and genuine civil respect, was a token of uncouthness, and more often than not of the impudence of an attitude claiming the trappings of honour in spite of its baseness. Duelling does not occur among the 30 + peoples of antiquity, for the formalism of vacant subjectivity, the assertiveness of the subject in its immediate singularity, was entirely alien to them. For them, honour resided only in their substantial unity with the ethical context constituting the state. Nevertheless, the duel in our modern states is 35 +

aber ist der Zweikampf kaum für etwas Anderes zu erklären, als für ein gemachtes Sichzurückversetzen in die Rohheit des Mittelalters. Allenfalls konnte bei dem ehemaligen Militär der Zweikampf einen leidlich vernünftigen Sinn haben, — nämlich den, — daß das Individuum beweisen wollte: es habe noch einen höheren Zweck, als sich um des Groschens willen todt schlagen zu lassen.

§. 433.

Indem das Leben so wesentlich als die Freiheit ist, so endigt sich der Kampf zunächst als einseitige Negation mit der Ungleichheit, daß das eine der Kämpfenden das Leben vorzieht, sich als einzelnes Selbstbewußtseyn erhält, sein Anerkanntseyn aber aufgiebt, das Andere aber an seiner Beziehung auf sich selbst hält und vom Ersten als dem Unterworfenen anerkannt wird: — das Verhältniß der Herrschaft und Knechtschaft.

Der Kampf des Anerkennens und die Unterwerfung unter einen Herren ist die Erscheinung, in welcher das Zusammenleben der Menschen als ein Beginnen der
280 **Staaten hervorgegangen ist. Die Gewalt, welche in dieser Erscheinung Grund ist, ist darum nicht Grund des Rechts, obgleich das nothwendige und berechtigte Moment im Uebergange des Zustandes des in die Begierde und Einzelnheit versenkten Selbstbewußtseyns in den Zustand des allgemeinen Selbstbewußtseyns. Es ist der äußerliche oder erscheinende Anfang der Staaten, nicht ihr substantielles Princip.**

Zusatz. Das Verhältniß der Herrschaft und Knechtschaft enthält nur ein relatives Aufheben des Widerspruchs zwischen der in sich reflectirten Besonderheit und der gegenseitigen Identität der unterschiedenen selbstbewußt enSubjecte. Denn in diesem Verhältniß wird die Unmittelbarkeit des besonderen Selbstbewußtseyns zunächst nur auf der Seite des Knechtes aufgehoben, dagegen auf der Seite des Herrn erhalten. Während die Natürlichkeit des Lebens auf diesen beiden Seiten be-

hardly to be explained as anything other than an *affected* reversion to the uncouthness of the middle ages. In the former + military set-up it may have had *some* sort of point, in that it enabled the individual to show that he had more to him than allowing himself to be struck dead for a shilling. 5 +

§ 433

Since life is as essential as freedom, the initial outcome of the struggle, **as a onesided negation,** is inequality. While one of the combatants prefers life, and gives up being recognized in order to preserve himself as a single self-consciousness, 10 the other **holds fast to his self-relation** and is recognized by the former as his superior. This is the *relationship* of *mastery* and *servitude*.

It is through the *appearance* of this struggle for recognition and submission to a master, 15 that *states* have been initiated out of the social life of men. Consequently, the *force* which is the foundation of this appearance is not the basis of *right*, although it does constitute the *necessary* and *justified* moment by which self- 20 consciousness makes the transition from the *condition* of being immersed in desire and singularity into that of its universality. **This transitional self-consciousness is not the sub- + stantial principle, but the external or appar- 25 ent beginning of states.** +

Addition. The relationship of mastery and servitude only contains a *relative* sublation of the contradiction between *intro-reflected particularity* and the *reciprocal identity* of various self-consciousness subjects, for in the first instance the im- 30 mediacy of particular self-consciousness is preserved in this relationship in the aspect of the master, and is sublated only in that of the servant. The naturality of life persists in both

stehen bleibt, gibt sich der Eigenwille des Knechtes an den Willen des Herren auf, — bekommt zu seinem Inhalte den Zweck des Gebieters, der seinestheils in sein Selbstbewußtseyn nicht den Willen des Knechtes, sondern bloß die Sorge für die Erhaltung der natürlichen Lebendigkeit desselben aufnimmt; dergestalt, daß in diesem Verhältniß die gesetzte Identität des Selbstbewußtseyns der aufeinander bezogenen Subjecte nur auf einseitige Weise zu Stande kommt.

Was das Geschichtliche des in Rede stehenden Verhältnisses betrifft, so kann hier bemerkt werden, daß die antiken Völker, — die Griechen und Römer, — sich noch nicht zum Begriff der absoluten Freiheit erhoben hatten, da sie nicht erkannten, daß der Mensch als solcher, — als dieses allgemeine Ich, — als vernünftiges Selbstbewußtseyn, — zur Freiheit berechtigt ist. Bei ihnen wurde vielmehr der Mensch nur dann für frei gehalten, wenn er als ein Freier geboren war. Die Freiheit hatte also bei ihnen noch die Bestimmung der Natürlichkeit. Deßhalb gab es in ihren Freistaaten Sclaverei, und entstanden bei den Römern blutige Kriege, in denen die Sclaven sich frei zu machen, — zur Anerkennung ihrer ewigen Menschenrechte zu gelangen suchten.

281

§. 434.

Diß Verhältniß ist einerseits, da das Mittel der Herrschaft, der Knecht, in seinem Leben gleichfalls erhalten werden muß, Gemeinsamkeit des Bedürfnisses und der Sorge für dessen Befriedigung. An die Stelle der rohen Zerstörung des unmittelbaren Objects tritt die Erwerbung, Erhaltung und Formiren desselben als des Vermittelnden, worin die beiden Extreme der Selbstständigkeit und Unselbstständigkeit sich zusammenschließen; — die Form der Allgemeinheit in Befriedigung des Bedürfnisses ist ein daurendes Mittel und eine die Zukunft berücksichtigende und sichernde Vorsorge.

* Der Rest des § erstmals 1830.

these aspects, but the self-will of the servant surrenders to the will of the master and adopts as its content the purpose of the lord. The lord for his part is self-consciously concerned not with the will of the servant, but simply with what is involved in his naturality, in keeping him alive. In this relationship therefore, the *posited* identity of the self-consciousness of mutually related subjects is only established in a *onesided* manner.

It can be observed here with regard to the historical aspect of the relationship under discussion, that the peoples of antiquity, the *Greeks* and the *Romans*, had not yet raised themselves to the Notion of *absolute* freedom, since they did not recognize that *man as such*, as this *universal ego*, as *rational* self-consciousness, is entitled to be free. Amongst these peoples man was only considered to be free if he was free-*born*, so that freedom among them still had the determination of *naturality*. This is why there was slavery in their free states, and why, among the Romans, there were bloody wars in which slaves attempted to free themselves, — to achieve recognition of their eternal human rights.

§ 434

Since the means of mastery, the servant, has also to be kept alive, one aspect of this relationship consists of *community* of need and concern for its satisfaction. Crude destruction of the immediate object is therefore replaced by the acquisition, conservation and formation of it, and the object is treated as the mediating factor within which the two extremes of independence and dependence unite themselves.* **The form of universality in the satisfying of need is a perpetuating means, a provision which takes the future into account and secures it.**

* Following sentence first published 1830.

§. 435.

Zweitens nach dem Unterschiede hat der Herr in dem Knechte und dessen Dienste die Anschauung des Geltens seines einzelnen Fürsichseyns; und zwar vermittelst der Aufhebung des unmittelbaren Fürsichseyns, welche aber in einen andern fällt. — Dieser, der Knecht, aber arbeitet sich im Dienste des Herrn seinen Einzel- und Eigenwillen ab, hebt die innere Unmittelbarkeit der Begierde auf, und macht in dieser Entäußerung und der Furcht des Herrn den Anfang der Weisheit, — den Uebergang zum allgemeinen Selbstbewußtseyn.

Zusatz. Indem der Knecht für den Herren, folglich nicht im ausschließlichen Interesse seiner eigenen Einzelnheit arbeitet, so erhält seine Begierde die Breite, nicht nur die Begierde eines Diesen zu seyn, sondern zugleich die eines Anderen in sich zu enthalten. Demnach erhebt sich der Knecht über die selbstische Einzelnheit seines natürlichen Willens und steht insofern, seinem Werthe nach, höher, als der in seiner Selbstsucht befangene, im Knechte nur seinen unmittelbaren Willen anschauende, von einem unfreien Bewußtseyn auf formelle Weise anerkannte Herr. Jene Unterwerfung der Selbstsucht des Knechtes bildet den Beginn der wahrhaften Freiheit des Menschen. Das Erzittern der Einzelnheit des Willens, — das Gefühl der Nichtigkeit der Selbstsucht, — die Gewohnheit des Gehorsams, — ist ein nothwendiges Moment in der Bildung jedes Menschen. Ohne diese, den Eigenwillen brechende Zucht erfahren zu haben, wird Niemand frei, vernünftig und zum Befehlen fähig. Um frei zu werden, — um die Fähigkeit zur Selbstregierung zu erlangen, haben daher alle Völker erst durch die strenge Zucht der Unterwürfigkeit unter einen Herren hindurchgehen müssen. So war es, zum Beispiel, nothwendig, daß, nachdem Solon den Atheniensern demokratische, freie Gesetze gegeben hatte, Pisistratus sich eine Gewalt verschaffte, durch welche er die Athenienser zwang, jenen Gesetzen zu gehorchen. Erst als dieser Gehorsam Wurzel gefaßt hatte, wurde die Herrschaft der Pisistratiden überflüssig. So mußte

282

§ 435

The second factor in the difference is that in the servant and his services the master has an intuition of the **supremacy** of his *single* being-for-self. **But although he certainly has this through** the sublation **of immediate being-for-self, it is a sublation** 5 which occurs **within** another. — The servant, on the contrary, works off the singularity and egoism of his will in the service of the master, sublates **the** inner immediacy **of desire,** and in this privation and fear of the Lord makes, — 10 and it is the beginning of wisdom, — the transition to *universal self-consciousness.* +

Addition. In that the servant works for the master, and not therefore exclusively in the interest of his own singularity, his desire acquires the *breadth* of not being confined to *him-* 15 *self*, but of also including that of *another.* It is thus that he raises himself above the selfish singularity of his natural will. To the extent that he does so, his worth is greater than that of the master, who is involved in his self-seeking, sees in the servant only his own immediate will, and is only recognized 20 in a formal manner by a consciousness lacking in freedom. + This subduing of the servant's self-seeking constitutes the *beginning* of the true freedom of man. The quaking of the singularity of the will, the feeling of the nullity of self-seeking, the habit of obedience, — this constitutes a necessary mo- 25 ment in the education of everyone. Without having experienced this breaking of his own will through discipline, no one will be free, rational and able to command. In order to + be free, in order to be capable of self-control, all peoples have therefore had first to undergo the strict discipline of 30 subjection to a master. After *Solon* had given the Athenians democratically free laws for example, *Pisistratus* necessarily assumed the power by which he forced the Athenians to obey them. It was only when this obedience had taken root that the rule of the *Pisistratids* became superfluous. Rome also 35 +

auch Rom die strenge Regierung der Könige durchleben, bevor durch Brechung der natürlichen Selbstsucht jene bewunderungswürdige römische Tugend der zu allen Opfern bereiten Vaterlandsliebe entstehen konnte. — Die Knechtschaft und die Tyrannei sind also in der Geschichte der Völker eine nothwendige Stufe und somit etwas beziehungsweise Berechtigtes. Denen, die Knechte bleiben, geschieht kein absolutes Unrecht; denn wer für die Erringung der Freiheit das Leben zu wagen den Muth nicht besitzt, — Der verdient, Sclave zu sein; — und wenn dagegen ein Volk frei seyn zu wollen sich nicht bloß einbildet, sondern wirklich den energischen Willen der Freiheit hat, wird keine menschliche Gewalt dasselbe in der Knechtschaft des bloß leidenden Regiertwerdens zurückzuhalten vermögen.

Jener knechtische Gehorsam bildet, — wie gesagt, — nur den Anfang der Freiheit, weil Dasjenige, welchem sich dabei die natürliche Einzelnheit des Selbstbewußtseyns unterwirft, nicht der an-und-für-sich-seyende, wahrhaft allgemeine, vernünftige Wille, sondern der einzelne, zufällige Wille eines anderen Subjectes ist. So tritt hier bloß das Eine Moment der Freiheit, — die Negativität der selbstsüchtigen Einzelnheit, — hervor; wogegen die positive Seite der Freiheit erst dann Wirklichkeit erhält, wenn — einerseits das knechtische Selbstbewußtseyn, ebensowohl von der Einzelnheit des Herren wie von seiner eigenen Einzelnheit sich losmachend, das an-und-für-sich-Vernünftige in dessen von der Besonderheit der Subjecte unabhängigen Allgemeinheit erfaßt, — und wenn andererseits das Selbstbewußtseyn des Herren durch die zwischen ihm und dem Knechte stattfindende Gemeinsamkeit des Bedürfnisses und der Sorge für die Befriedigung desselben, so wie durch die Anschauung der ihm im Knechte gegenständlichen Aufhebung des unmittelbaren einzelnen Willens dahin gebracht wird, diese Aufhebung auch in Bezug auf ihn selber, als das Wahrhafte zu erkennen und demnach seinen eigenen selbstischen Willen dem Gesetze des an-und-für-sich-seyenden Willens zu unterwerfen.

283

had to live out the strict government of the kings before the breaking of natural egoism could give rise to that admirable Roman virtue of a patriotism ready for any sacrifice. — Servitude and tyranny are therefore *to some extent* justified, since they constitute a necessary stage in the history of peoples. No absolute injustice is done to those who remain servants, for whoever lacks the courage to risk his life in order to obtain freedom deserves to remain a slave. What is more, once a people does not simply think of itself as wanting to be free, but actually possesses the energetic will of freedom, no human power will be able to hold it back in the servitude of its merely putting up with being governed.

As has been observed, this servile obedience forms only the *beginning* of freedom, for that to which the natural singularity of self-consciousness submits is not the truly *universal*, rational will which *is in and for itself*, but the *single*, *contingent* will of *another* subject. What emerges at this juncture is therefore only the *one* moment of freedom, the *negativity* of self-seeking singularity. The actualization of the *positive* aspect of freedom first occurs when, — on the one hand, servile self-consciousness frees itself from both the master's and its own singularity, and so grasps in its universality that which is *in and for itself rational*, a *universality* which is independent of the particularity of the subject; — and on the other hand, when the self-consciousness of the master is brought by the *community* of need existing between master and servant, the concern for the satisfaction of this need, and awareness of the sublation of the immediately singular will present in the servant, to recognize that this sublation is also what is true with regard to itself, and thus to submit its own self-seeking will to the law of the will which is in and for itself.

γ) Das allgemeine Selbstbewußtseyn.

§. 436.

Das allgemeine Selbstbewußtseyn ist das affirmative Wissen seiner selbst im andern Selbst, deren jedes als freie Einzelnheit absolute Selbstständigkeit hat, aber, vermöge der Negation seiner Unmittelbarkeit oder Begierde, sich nicht vom andern unterscheidet, allgemeines und objectiv ist und die reelle Allgemeinheit als Gegenseitigkeit so hat, als es im freien Andern sich anerkannt weiß, und diß weiß in sofern es das andere anerkennt und es frei weiß.

\+ Diß allgemeine Wiedererscheinen des Selbstbewußtseyns, der Begriff, der sich in seiner Objectivität als mit sich identische Subjectivität und darum allgemein weiß, ist die Form des Bewußtseyns der Substanz jeder wesentlichen Geistigkeit, der Familie, des Vaterlandes, des 284 Staats; so wie aller Tugenden, der Liebe, Freundschaft, * Tapferkeit, der Ehre, des Ruhms. Aber diß Erscheinen des Substantiellen kann auch vom Substantiellen getrennt und für sich in gehaltleerer Ehre, eitlem Ruhm, u. s. f. festgehalten werden.

Zusatz. Das durch den Begriff des Geistes herbeigeführte Resultat des Kampfes um Anerkennung ist das die dritte Stufe in dieser Sphäre bildende allgemeine Selbstbewußtseyn, — das heißt, — dasjenige freie Selbstbewußtseyn, für welches das ihm gegenständliche andere Selbstbewußtseyn nicht mehr, — wie auf der zweiten Stufe, — ein unfreies, sondern ein gleichfalls selbstständiges ist. Auf diesem Standpunkte haben sich also die auf einander bezogenen selbstbewußten Subjecte, durch Aufhebung ihrer ungleichen besonderen Einzelnheit, zu dem Bewußtseyn ihrer reellen Allgemeinheit, — ihrer Allen zukommenden Freiheit — und damit zur Anschauung ihrer bestimmten Identität mit einander erhoben. Der dem Knecht

* Der Rest der Anmerkung erstmals 1830.

γ) *Universal self-consciousness*

§ 436

Universal self-consciousness is the **affirmative** knowing of one's self in the other self. Each self has *absolute independence* as a free singularity, but **on account of** the negation of its immediacy **or desire,** does not differentiate itself from the other. Each is therefore universal and objective, and possesses the real nature of universality as **reciprocity,** in that it knows itself to be recognized by its free counterpart, and knows that it knows this in so far as it recognizes the other and knows it to be free.

+

5

10

This universal reflectedness of self-consciousness is the Notion, which since it knows itself to be in its objectivity as subjectivity identical with itself, knows itself to be universal. **This form of consciousness** constitutes not only the *substance* of all the essential spirituality of the family, the native country, the state, but also of all virtues, — of love, friendship, valour, honour, fame.* **However, this appearance of what is substantial may also be divorced from substantiality and cultivated for its own sake, as affected honour, idle fame etc.**

15

20

+

Addition. The result of the struggle for recognition brought about through the Notion of spirit is the *universal self-consciousness* forming the *third* stage of this sphere. This is the free self-consciousness which recognizes the other self-consciousness with which it is confronted as being as *independent as itself*, and no longer, as at the *second* stage, as *devoid of freedom.* It is therefore through the sublation of their *unequally particular singularity* that the interrelated self-conscious subjects have raised themselves to this standpoint, to consciousness of *the real nature* of their *universality*, of the *freedom* belonging to *all*, and so to intuition of their *determinately*

25

30

* Following sentence first published 1830.

gegenüberstehende Herr war noch nicht wahrhaft frei; denn er schaute im Anderen noch nicht durchaus sich selber an. Erst durch das Freiwerden des Knechtes wird folglich auch der Herr vollkommen frei. In dem Zustande dieser allgemeinen Freiheit bin ich, indem ich in mich reflectirt bin, unmittelbar in den Anderen reflectirt, und umgekehrt beziehe ich mich, indem ich mich auf den Anderen beziehe, unmittelbar auf mich selber. Wir haben daher hier die gewaltige Diremtion des Geistes in verschiedene Selbste, die an-und-für-sich und für einander vollkommen frei, selbstständig, absolut spröde, widerstandleistend, — und doch zugleich mit einander identisch, somit nicht selbstständig, nicht undurchdringlich, sondern gleichsam zusammengeflossen sind. Dies Verhältniß ist durchaus speculativer Art; und wenn man meint: das Speculative sei etwas Fernes und Unfaßbares, + so braucht man nur den Inhalt jenes Verhältnisses zu betrachten, um sich von der Grundlosigkeit jener Meinung zu überzeugen. Das Speculative oder Vernünftige und Wahre besteht in der 285 Einheit des Begriffs oder des Subjectiven und der Objectivität. Diese Einheit ist auf dem fraglichen Standpunkt offenbar vorhanden. Sie bildet die Substanz der Sittlichkeit, — namentlich der Familie, — der geschlechtlichen Liebe (da hat jene Einheit die Form der Besonderheit), — der Vaterlandsliebe, dieses Wollens der allgemeinen Zwecke und Interessen des Staats, — der Liebe zu Gott, — auch der Tapferkeit, wenn diese ein Daransetzen des Lebens an eine allgemeine Sache ist, — und endlich auch der Ehre, falls dieselbe nicht die gleichgültige Einzelnheit des Individuums, sondern etwas Substanzielles, wahrhaft Allgemeines, zu ihrem Inhalte hat.

§. 437.

Diese Einheit des Bewußtseyns und Selbstbewußtseyns enthält zunächst die Einzelnen als in einander scheinende. Aber ihr Unterschied ist in dieser Identität die ganz unbestimmte Verschiedenheit, oder vielmehr ein Unterschied, der keiner ist. Ihre Wahrheit ist daher die an und für sich

reciprocal identity. The master who confronted the servant was not yet truly free, for he was not yet fully aware of himself in the other. Consequently, the freeing of the servant also initiates the completion of the master's freedom. In this state of general freedom, in that I am *intro*-reflecting I am immediately reflected in the *other*. Conversely, by relating myself to the *other*, I immediately relate myself to *myself*. Here, therefore, we have the mighty diremption of spirit into various selves, which in and for themselves and for one another are completely free, independent, absolutely rigid, resistant, — but which are at the same time identical with one another, and hence not independent and impenetrable, but confluent as it were. This is a relationship of a thoroughly *speculative* kind. If one is of the opinion that what is speculative is somewhat distant and incomprehensible, one has only to consider the content of this relationship in order to convince oneself that this opinion is unfounded. What is speculative, or rational and true, subsists in the unity of the Notion, of what is subjective with objectivity, and this unity is clearly present at the standpoint in question. It constitutes the substance of what is ethical, that is to say, of the family, of sexual love, in which unity has the form of particularity, of patriotism, in which the general purposes and interests of the state are willed, of the love of God, as it does of valour, when this is a committing of life to a general cause, and finally also of honour, when this has as its content not the indifferent singularity of the individual, but something substantial and truly universal.

§ 437

Initially, it is as **they appear within each other** that these single beings **are held within** the unity of consciousness and self-consciousness. In this identity however, their difference is a wholly indeterminate variety, or rather a difference which is not a difference. Their truth is therefore

seyende Allgemeinheit und Objectivität des Selbstbewußtseyns, — die Vernunft.

Die Vernunft als die Idee (§. 213.) erscheint hier in der Bestimmung, daß der Gegensatz des Begriffs und der Realität überhaupt, deren Einheit sie ist, hier die nähere Form des für sich existirenden Begriffs, des Bewußtseyns und des demselben gegenüber äußerlich vorhandenen Objectes gehabt hat.

Zusatz. Was wir im vorigen Paragraphen das allgemeine Selbstbewußtseyn genannt haben, — Das ist in seiner Wahrheit der Begriff der Vernunft, — der Begriff, insofern er nicht als bloß logische Idee, sondern als die zum Selbstbewußtseyn entwickelte Idee existirt. Denn, wie wir aus der Logik wissen, besteht die Idee in der Einheit des Subjectiven oder des Begriffs und der Objectivität. Als solche Einheit hat sich uns aber das allgemeine Selbstbewußtseyn gezeigt, da wir gesehen haben, daß dasselbe, in seinem absoluten Unterschiede von seinem Anderen, doch zugleich absolut identisch mit demselben ist.

286

Diese Identität der Subjectivität und der Objectivität macht eben die jetzt vom Selbstbewußtseyn erreichte Allgemeinheit aus, welche über jene beiden Seiten oder Besonderheiten übergreift und in welche diese sich auflösen. Indem aber das Selbstbewußtseyn zu dieser Allgemeinheit gelangt, hört es auf, Selbstbewußtseyn im eigentlichen oder engeren Sinne des Wortes zu seyn, weil zum Selbstbewußtseyn als solchem gerade das Festhalten an der Besonderheit des Selbstes gehört. Durch das Aufgeben dieser Besonderheit wird das Selbstbewußtseyn zur Vernunft. Der Name „Vernunft" hat an dieser Stelle nur den Sinn der zunächst noch abstracten oder formellen Einheit des Selbstbewußtseyns mit seinem Object. Diese Einheit begründet Dasjenige, was man, im bestimmten Unterschiede von dem Wahrhaften, das bloß Richtige nennen muß. Richtig ist meine Vorstellung durch ihre bloße Uebereinstimmung mit dem Gegenstande, — auch wenn dieser seinem Begriffe äußerst wenig entspricht und somit fast gar keine Wahrheit hat. Erst, wenn mir

the being in and for self of the universality and objectivity of self-consciousness,—*reason*. +

As the Idea (§ 213), reason appears here in the determination of its constituting the unity of the general opposition between the Notion and reality, an opposition which at this juncture has had the preciser form in which the Notion exists for itself, i.e. in which consciousness is confronted externally by the object. 5 +

Addition. In its truth, that which in the preceding Paragraph we have called *universal self-consciousness*, is the *Notion* of *reason*. It is the *Notion* in so far as this exists not simply as the logical Idea, but as the Idea developed into self-consciousness, for as we know from the Logic, the Idea consists of the unity of what is subjective or of the Notion, and objectivity. Universal self-consciousness has however shown itself to be such a unity, for we have seen that though absolutely different from its other, it is at the same time absolutely identical with it. It is precisely this identity of subjectivity and objectivity that constitutes the *universality* now achieved by self-consciousness. This universality includes both these sides or *particularities*, which dissolve themselves within it. In that it achieves this universality however, self-consciousness ceases to be self-consciousness in the proper or strict sense of the word, for it is precisely adherence to the particularity of self that distinguishes self-consciousness as such. By giving up this particularity, self-consciousness becomes reason. At this juncture, the word '*reason*' merely signifies the unity of self-consciousness with its object. In the first instance, this unity is still *abstract* or *formal*; it is the foundation of what one has to call simple *correctness*, which is to be sharply distinguished from what is *true*. My presentation is correct in that it simply corresponds to the general object, even when this general object, on account of its being so inadequate to its Notion, is almost entirely devoid of 10 15 + + 20 25 30 35

der wahrhafte Inhalt gegenständlich wird, erhält meine Intelligenz in concretem Sinne die Bedeutung der Vernunft. In dieser Bedeutung wird die Vernunft am Schlusse der Entwicklung des theoretischen Geistes (§. 467) zu betrachten seyn, wo wir, von einem weiter, als bis jetzt, entwickelten Gegensatze des Subjectiven und Objectiven herkommend, die Vernunft als die inhaltsvolle Einheit dieses Gegensatzes erkennen werden.

c.

Die Vernunft.

§. 438.

Die an und für sich seyende Wahrheit, welche die Vernunft ist, ist die einfache Identität der Subjectivität des Begriffs und seiner Objectivität und Allgemeinheit. Die Allgemeinheit der Vernunft hat daher eben so sehr die Bedeutung des im Bewußtseyn als solchem nur gegebenen aber nun selbst allgemeinen das
287
Ich durchdringenden und befassenden Objects, als des reinen Ich, der über das Object übergreifenden und es in sich befassenden reinen Form.

§. 439.

Das Selbstbewußtseyn so die Gewißheit, daß seine Bestimmungen eben so sehr gegenständlich, Bestimmungen des Wesens der Dinge, als seine eigenen Gedanken sind, ist die Vernunft, welche als diese Identität nicht nur die absolute Substanz, sondern die Wahrheit als Wissen ist. Denn sie hat hier zur eigenthümlichen Bestimmtheit, zur immanenten Form den für sich selbst existirenden reinen Begriff, Ich, die Gewißheit seiner selbst als unendliche Allgemeinheit. — Die wissende Wahrheit ist der Geist.
+

truth. It is only when I am considering the *true* content that my intelligence assumes the significance of *reason* in a *concrete* sense. Reason of this kind will have to be considered at the end of the development of theoretical spirit (§ 467), where we shall advance from an opposition between the subjective and objective more developed than any here, into recognizing reason as the *containing* unity of this opposition. 5 +

c.

Reason +

§ 438

The truth constituted by reason is in and for itself, the simple *identity* of the *subjectivity* of the Notion with its *objectivity* and universality. Consequently, to the extent that the universality of reason signifies the object, **which is merely** given **as such** in consciousness, **but which, since it is itself universal, now pervades and encompasses the ego,** it also signifies **the pure** ***ego*****, the pure form which includes and encompasses the object within itself.** 10 15

§ 439

As the certainty **that its** determinations are not only its own thoughts, but to the same extent generally objective, determinations of the essence of things, self-consciousness constitutes reason, **which** as this identity, is **not only** the absolute *substance*, **but** *truth* **as knowledge. For at this juncture the** *peculiar determinateness*, **the immanent form of reason is the** pure Notion **existing for itself,** ego, self-certainty as infinite universality. — This knowing, this truth, is *spirit*. 20 25

288

C.

Psychologie.

Der Geist.

§. 440.

Der Geist hat sich zur Wahrheit der Seele und des Bewußtseyns bestimmt, jener einfachen unmittelbaren Totalität, und dieses Wissens, welches nun als unendliche Form von jenem Inhalt nicht beschränkt, nicht im Verhältnisse zu ihm als Gegenstand steht, sondern Wissen der substantiellen weder subjectiven noch objectiven Totalität ist. Der Geist fängt daher nur von seinem eigenen Seyn an und verhält sich nur zu seinen eigenen Bestimmungen.

Die Psychologie betrachtet daher die Vermögen oder allgemeine Thätigkeitsweisen des Geistes als solchen, Anschauen, Vorstellen, Erinnern u. s. f., Begierden u. s. f., theils ohne den Inhalt, der nach der Erscheinung sich im empirischen Vorstellen auch im Denken, wie in Begierde und Willen findet, theils ohne die Formen, in der Seele als Naturbestimmung, in dem Bewußtseyn selbst als ein für sich vorhandener Gegenstand desselben, zu seyn. Diß ist jedoch nicht eine willkührliche Abstraction; der Geist ist selbst diß, über die Natur und natürliche Bestimmtheit, wie über die Verwicklung mit einem äußerlichen Gegenstande, d. i. über das Materielle überhaupt erhoben zu seyn; wie sein Begriff sich ergeben hat. Er hat jetzt nur diß zu thun, diesen Begriff seiner Freiheit zu realisiren, d. i. nur die Form der Unmittelbarkeit, mit der es wieder anfängt, aufzuheben. Der Inhalt, der zu Anschauungen erhoben wird, sind seine Empfindungen, wie seine Anschauungen, welche in Vorstellungen, und sofort Vorstellungen, die in Gedanken verändert werden u. s. w.

289

C

Psychology +

Spirit

§ 440

Spirit has **determined** itself **into the truth** of the simple immediate totality of the soul and of consciousness. The latter is knowledge, which **is now infinite form; as such** it is not related **to the content as to a general object, and is therefore not limited by it,** for it is knowledge of the **substantial** totality, which is neither subjective nor objective. The beginning of spirit is therefore nothing but its own being, and it therefore relates itself only to its own determinations. +

5

10

Psychology is therefore concerned with the faculties or general modes of the activity of spirit as such, — intuiting, presenting, recollecting etc., desires etc. It is not concerned either with the content occurring after the appearance in empirical presenting and in thinking, in desiring and willing, nor is it concerned with the two forms here, that in which the soul is a natural determination, and that in which consciousness is itself present to consciousness as a general object which is for itself. Psychology is not an arbitrary abstraction however; the Notion of spirit has made it apparent that spirit is precisely this elevation above nature and natural determinateness, above involvement with a general external object, above material being in general. All it now has to do is to realize this Notion of its freedom, that is to say, sublate the form of immediacy with which it starts once again. The content, which is raised into intuitions, consists of its sensations, intuitions and so on changed into presentations, its presentations changed into thoughts etc. +

15

20

25

30

Zusatz. Der freie Geist oder der Geist als solcher ist die Vernunft, wie sich dieselbe einerseits in die reine, unendliche Form, in das schrankenlose Wissen — und andererseits in das mit diesem identische Object trennt. Dies Wissen hat hier noch keinen weiteren Inhalt, als sich selber, — mit der Bestimmung, daß dasselbe alle Objectivität in sich befasse, — daß folglich das Object nicht etwas von außen an den Geist Kommendes und ihm Unfaßbares sey. So ist der Geist die schlechthin allgemeine, durchaus gegensatzlose Gewißheit seiner selbst. Er besitzt daher die Zuversicht, daß er in der Welt sich selber finden werde, — daß diese ihm befreundet seyn müsse, — daß, — wie Adam von Eva sagt, sie sey Fleisch von seinem Fleische, — so er in der Welt Vernunft von seiner eigenen Vernunft zu suchen habe. Die Vernunft hat sich uns als die Einheit des Subjectiven und Objectiven, — des für sich selber existirenden Begriffs und der Realität, — ergeben. Indem daher der Geist absolute Gewißheit seiner selbst, — Wissen der Vernunft ist; so ist er Wissen der Einheit des Subjectiven und Objectiven, — Wissen, daß sein Object der Begriff, und der Begriff objectiv ist. Dadurch zeigt sich der freie Geist als die Einheit der im ersten und im zweiten Haupttheile der Lehre vom subjectiven Geiste betrachteten beiden allgemeinen Entwicklungsstufen, — nämlich der Seele, dieser einfachen geistigen Substanz oder des unmittelbaren Geistes, — und des Bewußtseyns, oder des erscheinenden Geistes, des Sichtrennens jener Substanz. Denn die Bestimmungen des freien Geistes haben mit den seelenhaften das Subjective, — mit denen des Bewußtseyns hingegen das Objective gemein. Das Princip des freien Geistes ist, — das Seyende des Bewußtseyns als ein Seelenhaftes zu setzen, — und umgekehrt das Seelenhafte zu einem Objectiven zu machen. Er steht, wie das Bewußtseyn, als Eine Seite dem Object gegenüber, und ist zugleich beide Seiten, also Totalität, wie die Seele. Während demnach die Seele die Wahrheit nur als unmittelbare, bewußtlose Totalität war, — und während dagegen im Bewußtseyn diese Totalität in das Ich

290

Addition. Free spirit or spirit *as such* is reason, reason separating itself into the pure and infinite form of unlimited knowledge and into the object which is identical with the latter. Although at this juncture this knowledge still has no other content than itself, it does have the determination of encompassing all objectivity within itself, so that the object is not something derived by spirit from without and incomprehensible to it. Since spirit is therefore *simply universal self-certainty, quite devoid* of any *opposition*, it possesses the assurance that it will find itself in the world, that the world must be reconciled with it, that just as Adam said of Eve that she was flesh of his flesh, so it has to seek in the world reason of its reason. Reason has yielded itself to us as the unity of the subjective and objective, of the Notion existing for itself and reality. Consequently, in that spirit is absolute self-certainty, knowledge of reason, it is knowledge of the unity of the subjective and the objective, knowledge that its *object* is the *Notion* and that the *Notion* is *objective.* It is because of this that free spirit displays itself as the unity of the two general stages of development considered in the *first two* main parts of the doctrine of subjective spirit; the *simple spiritual substance* or *unmediated spirit* of the *soul*, and this substance *separating itself* and *appearing* as *spirit* or *consciousness.* For the determinations of free spirit have the *subjective* in common with the determinations pertaining to the *soul*, and the *objective* in common with the determinations of *consciousness.* The principle of free spirit is that while it posits the *being* of consciousness as something pertaining to the *soul*, it counters this by making that which pertains to the soul an objectivity. Like *consciousness* it stands as *one* side over against the object, and like the *soul* it is at the same time *both sides* and therefore a *totality.* Thus, while the *soul* was truth only as an *immediate, unconscious totality*, and while in *con-*

und das ihm äußerliche Object getrennt wurde, das Wissen also dort noch keine Wahrheit hatte, — ist der freie Geist als die sich wissende Wahrheit zu erkennen.*)

Das Wissen der Wahrheit hat jedoch zunächst selber nicht die Form der Wahrheit; denn dasselbe ist auf der jetzt erreichten Entwicklungsstufe noch etwas Abstractes, — die formelle Identität des Subjectiven und Objectiven. Erst, wenn diese Identität zum wirklichen Unterschiede fortentwickelt ist und sich zur Identität ihrer selbst und ihres Unterschiedes gemacht hat, — wenn somit der Geist als bestimmt in sich unterschiedene Totalität hervortritt, — erst dann ist jene Gewißheit zu ihrer Bewahrheitung gekommen.

§. 441.

Die Seele ist endlich, in sofern sie unmittelbar oder
291 von Natur bestimmt ist; das Bewußtseyn, in sofern es einen Gegenstand hat; der Geist, in sofern er zwar nicht mehr einen Gegenstand aber eine Bestimmtheit in seinem Wissen hat, nämlich durch seine Unmittelbarkeit, und was dasselbe ist, dadurch daß er subjectiv oder als der Begriff ist. Und es ist gleichgültig, was als sein Begriff und was als dessen Realität bestimmt wird. Die schlechthin unendliche objective Vernunft als als sein Begriff gesetzt,
\+ so ist die Realität das Wissen oder die Intelligenz;

*) Wenn daher die Menschen behaupten: man könne die Wahrheit nicht erkennen, so ist Dies die äußerste Lästerung. Die Menschen wissen dabei nicht, was sie sagen. Wüßten sie es, so verdienten sie, daß ihnen die Wahrheit entzogen würde. Die moderne Verzweiflung an der Erkennbarkeit der Wahrheit ist aller speculativen Philosophie, wie aller echten Religiosität, fremd. Ein ebenso religiöser wie denkender Dichter, — Dante, drückt seinen Glauben an die Erkennbarkeit der Wahrheit auf eine so prägnante Weise aus, daß wir uns erlauben, seine Worte hier mitzutheilen. Er sagt im vierten Gesange des Paradieses, Vers 124—130:

Io veggio ben, che giammai non si sazia
  Nostro intelletto, se 'l Ver non lo illustra,
  Di fuor dal qual nessun vero si spazia.
Posasi in esso, come fera in lustra,
  Tosto che giunto l'ha; e giunger puollo; —
  Se non, ciascun disio sarebbe frustra.

sciousness this totality was divided into the *ego* and the *object external* to it, so that knowledge here still had no truth, *free* spirit is *to be recognized as self-knowing truth.**

In the first instance however, knowledge of truth does not have the form of truth, for at the stage of development now reached it is still an abstraction, the formal identity of the subjective and the objective. It is only when this identity has developed into *actual* difference and made itself the identity of itself and its difference, only when spirit emerges as a totality containing *determinate* difference, that this certainty achieves its *verification.*

§ 441

In so far as it is immediate or determined by nature, the soul is *finite*, as is consciousness in so far as it has a general object. Spirit is finite in so far as **its knowledge is that of** a determinateness **and no longer that of a general object, that is to say, on account of its immediacy and so on account of its being subjective, or as the Notion is. And it does not matter what is determined as its Notion and what as the reality of this Notion. If** completely infinite objective *reason* **is posited as** its *Notion*, the reality is *knowledge* or *intelligence*: **if knowledge**

* To assert, as people do, that one is unable to recognize truth, is therefore the height of blasphemy. Those who do this know not what they say, and if they knew they would deserve to be deprived of truth. The modern despair of recognizing truth is alien to all speculative philosophy, as it is to all genuine religiousness. *Dante*, a poet who is as religious as he is speculative, expresses his belief in the recognizability of truth in such a pregnant manner, that we shall take the liberty of quoting from canto four of the 'Paradise' (verses 124–130):

> I see well, that our intellectual craving
> Can only be allayed by the light of *truth*,
> That no truth can range beyond enlightenment.
> When once the intellect has *attained* to truth,
> And it *can* do so, or all desire were vain,
> 'Tis there it rests, like a wild beast in its lair.

oder das Wissen als der Begriff genommen, so ist dessen Realität diese Vernunft und die Realisirung des Wissens sich dieselbe anzueignen. Die Endlichkeit des Geistes besteht daher darin, daß das Wissen das An- und Fürsichseyn seiner Vernunft nicht erfaßt, oder eben so sehr daß diese sich nicht zur vollen Manifestation im Wissen gebracht hat. Die Vernunft ist zugleich nur in sofern die unendliche, als sie die absolute Freiheit ist, daher sich ihrem Wissen voraussetzt und sich dadurch verendlicht, und die ewige Bewegung ist, diese Unmittelbarkeit aufzuheben, sich selbst zu begreifen und Wissen der Vernunft zu seyn.

Zusatz. Der freie Geist ist, wie wir gesehen haben, seinem Begriffe nach, vollkommene Einheit des Subjectiven und Objectiven, der Form und des Inhalts, folglich absolute Totalität und somit unendlich, ewig. Wir haben ihn als Wissen der Vernunft erkannt. Weil er Dies ist, — weil er das Vernünftige zu seinem Gegenstande hat, muß er als das unendliche Fürsichseyn der Subjectivität bezeichnet werden. Zum Begriffe des Geistes gehört daher, daß in ihm die absolute Einheit des Subjectiven und Objectiven nicht bloß an sich, sondern auch für sich, also Gegenstand des Wissens sey. Wegen dieser zwischen dem Wissen und seinem Gegenstande, — zwischen der Form und dem Inhalte, — herrschenden, alle Trennung und damit alle Veränderung ausschließenden bewußten Harmonie kann man den Geist, seiner Wahrheit nach, das Ewige, wie das vollkommen Selige und Heilige nennen. Denn heilig darf nur Dasjenige genannt werden, was vernünftig ist und vom Vernünftigen weiß. Deßhalb hat weder die äußere Natur, noch die bloße Empfindung auf jenen Namen ein Recht. Die unmittelbare, nicht durch das vernünftige Wissen gereinigte Empfindung ist mit der Bestimmtheit des Natürlichen, Zufälligen, des Sich-selber-äußerlich-seyns, des Auseinanderfallens behaftet. An dem Inhalte der Empfindung und der natürlichen Dinge besteht daher die Unendlichkeit nur in etwas Formellem, Abstractem. Der Geist dagegen ist, — seinem Begriffe oder seiner Wahrheit nach, — unendlich oder ewig in diesem concreten und

292

is taken to be the Notion, the Notion's reality is this reason and the realization of knowledge the appropriating of it. Consequently, the finitude of spirit consists of the failure of knowledge to apprehend its reason **as that which is in and for itself, or to the same extent, of its reason's failure to make itself fully manifest in knowledge. At the same time,** it is only in so far as it is absolute freedom that reason is that which is infinite, that is to say, in so far as by rendering itself finite through taking itself to be the *presupposition* of its knowledge, it is the everlasting movement of sublating this immediacy, grasping itself **and constituting rational knowledge.**

Addition. We have seen that free spirit, in accordance with its *Notion*, is the perfect unity of the subjective and objective, of form and content, and that it is therefore *absolute totality* and hence *infinite*, *eternal*. We have cognized it as knowledge of reason, and it is because it is this, because it has what is rational as its general object, that it must be defined as the infinite being-for-self of subjectivity. The *Notion* of spirit therefore requires that spirit should be the absolute unity of the subjective and objective, not only *implicitly* but also *for itself*, and thus a general object of knowledge. On account of this predominant and conscious harmony between knowledge and its general object, between form and content, a harmony which excludes all *scission* and hence all *change*, spirit in its *truth* may be said to be that which is *eternal* as well as perfectly *blessed* and *holy*. For since only that which is *rational* and *knows* of what is *rational* may be called *holy*, neither external nature nor mere sensation has a right to the designation. Immediate sensation, unpurified by rational knowledge, is burdened with the determinateness of what is natural, contingent, self-external, incoherent. Consequently, in the content of sensation and of natural things, infinity consists only of an *abstract formality*. In accordance with its *Notion* or *truth* however, spirit is infinite or eternal in the

realen Sinne, daß er in seinem Unterschiede absolut mit sich identisch bleibt. Darum muß der Geist für das Ebenbild Gottes, — für die Göttlichkeit des Menschen erklärt werden.

In seiner Unmittelbarkeit, — denn auch der Geist als solcher giebt sich zunächst die Form der Unmittelbarkeit, — ist aber der Geist noch nicht wahrhaft Geist; — da steht vielmehr seine Existenz mit seinem Begriffe, mit dem göttlichen Urbilde, nicht in absoluter Uebereinstimmung, — da ist das Göttliche in ihm nur das erst zur vollkommenen Erscheinung herauszubildende Wesen. Unmittelbar hat folglich der Geist seinen Begriff noch nicht erfaßt, — ist er nur vernünftiges Wissen, — weiß sich aber noch nicht als solches. So ist der Geist, wie schon im Zusatze zum vorigen Paragraphen gesagt wurde, zunächst nur die unbestimmte Gewißheit der Vernunft, der Einheit des Subjectiven und Objectiven. Daher fehlt ihm hier noch die bestimmte Erkenntniß der Vernünftigkeit des Gegenstandes. Um zu dieser zu gelangen, muß der Geist den an sich vernünftigen Gegenstand von der demselben zunächst anklebenden Form der Zufälligkeit, Einzelnheit und Aeußerlichkeit befreien und dadurch sich selber von der Beziehung auf ein ihm Anderes frei machen. In den Weg dieser Befreiung fällt die Endlichkeit des Geistes. Denn, so lange dieser sein Ziel noch nicht erreicht hat, weiß er sich noch nicht absolut identisch mit seinem Gegenstande, sondern findet sich durch 293 denselben beschränkt.

Die Endlichkeit des Geistes darf aber nicht für etwas absolut Festes gehalten, sondern muß als eine Weise der Erscheinung des nichtsdestoweniger seinem Wesen nach unendlichen Geistes erkannt werden. Darin liegt, daß der endliche Geist unmittelber ein Widerspruch, ein Unwahres — und zugleich der Proceß ist, diese Unwahrheit aufzuheben. Dies Ringen mit dem Endlichen, das Ueberwinden der Schranke, macht das Gepräge des Göttlichen im menschlichen Geiste aus und bildet eine nothwendige Stufe des ewigen Geistes. Wenn man daher von den Schranken der Vernunft spricht, so ist Dies noch ärger, als ein Sprechen von hölzernem Eisen seyn würde. Es ist der unendliche Geist selber, der sich als Seele, wie als Bewußtseyn sich

concrete and *real* sense of remaining absolutely identical with itself in its difference. This is why spirit has to be considered the image of God, the divinity of man.

In its *immediacy* however, — for in the first instance spirit as such also assumes the form of immediacy, — spirit is not yet *truly* spirit, for its existence is not yet in absolute agreement with its Notion, with the divine archetype, what is divine being in it only as the *essence* which is to form forth the perfect appearance of itself. Spirit in its immediacy has not yet apprehended its Notion therefore, merely *being* rational knowledge, not yet *knowing* itself as such. Initially therefore, as has already been observed in the Addition to the preceding Paragraph, spirit is only the indeterminate certainty of reason, of the unity of the subjective and objective. That is why at this juncture it still lacks *determinate* cognition of the rationality of the general object. In order to attain it, spirit has to liberate the implicitly rational general object from the form of contingency, singularity and externality which clings to it in the first instance, and so free itself from being related to something other than itself. The *finitude* of spirit enters into the course of this liberation, for so long as it has not yet reached its goal, it does not yet know itself to be absolutely identical with its general object, but finds itself to be *limited* by it.

Rather than the finitude of spirit being regarded as something *absolutely fixed* however, it must be recognized as a mode of the appearance of spirit which in no way limits its essential infinitude. This implies that *finite* spirit is an immediate contradiction, an untruth, and at the same time the process whereby this untruth is to be sublated. This contesting of what is finite, the overcoming of the limitation, marks the divinity in the spirit of man and forms a necessary stage of eternal spirit. Consequently, one might do better to talk about wooden iron than about the limitations of reason. It is infinite spirit itself which, while making itself *finite* by *pre-*

selbst voraussetzt und dadurch verendlicht, aber ebenso diese selbstgemachte Voraussetzung, — diese Endlichkeit, — den an sich aufgehobenen Gegensatz des Bewußtseyns einerseits gegen die Seele und andererseits gegen ein äußerliches Object, — als aufgehoben setzt. Diese Aufhebung hat im freien Geiste eine andere Form, als im Bewußtseyn. Während für dieses die Fortbestimmung des Ich den Schein einer, von dessen Thätigkeit unabhängigen Veränderung des Objectes annimmt, — folglich die logische Betrachtung dieser Veränderung beim Bewußtseyn noch allein in uns fiel; — ist es für den freien Geist, daß er selber die sich entwickelnden und verändernden Bestimmungen des Objectes aus sich hervorbringt, — daß er selber die Objectivität subjectiv und die Subjectivität objectiv macht. Die von ihm gewußten Bestimmungen sind allerdings dem Objecte inwohnend, aber zugleich durch ihn gesetzt. Nichts ist in ihm ein nur Unmittelbares. Wenn man daher von „Thatsachen des Bewußtseyns" spricht, die für den Geist das Erste wären und ein Unvermitteltes, bloß Gegebenes für ihn bleiben müßten; so ist darüber zu bemerken, daß sich auf dem Standpunkte des Be-
294 wußtseyns allerdings vieles solches Gegebene findet, — daß aber der freie Geist diese Thatsachen nicht als ihm gegebene, selbstständige Sachen zu belassen, sondern als Thaten des Geistes, — als einen durch ihn gesetzten Inhalt, — zu erweisen und somit zu erklären hat.

§. 442.

Das Fortschreiten des Geistes ist Entwicklung, insofern seine Existenz, das Wissen, in sich selbst das an und für sich Bestimmtseyn d. i. das Vernünftige zum Gehalte und Zweck hat, also die Thätigkeit des Uebersetzens rein nur der formelle Uebergang in die Manifestation und
* darin Rückkehr in sich ist. In sofern das Wissen mit sei-

* 1827: In sofern das *Wissen* als die absolute Form ist, so ist dieses Uebersetzen im *Begriffe* die *Erschaffung* überhaupt. In sofern das Wissen nur erst *abstractes* oder *formelles* ist, so ist der Geist in ihm seinem Begriffe nicht gemäß, und sein Ziel ist, zugleich die absolute objective Erfüllung und die absolute Freiheit seines Wissens *hervorzubringen*.

supposing itself as *soul* and as consciousness, also posits as sublated this self-made presupposition or finitude of the implicitly sublated opposition between consciousness and the soul on the one hand and consciousness and an external object on the other. The form of this sublation in *free spirit* is not identical with that in *consciousness*. For consciousness, the progressive determination of the ego assumes the appearance of an alteration of the object which is independent of the ego's activity, so that in the case of consciousness the logical consideration of this alteration still fell in *us* alone. *For* free spirit however, it is free spirit itself which brings forth from itself the self-developing and altering determinations of the object, making objectivity subjective and subjectivity objective. The determinations of which it is conscious, while certainly dwelling within the object, are at the same time posited by itself. Nothing within it is a *mere immediacy*. Consequently, when the '*facts of consciousness*' are spoken of as if for spirit they were primary and must remain for it as an unmediated factor with which it is simply presented, it has to be observed that although a great deal of such presented material certainly occurs at the standpoint of *consciousness*, the function of free *spirit* is not to leave these facts as independent, presented *factors*, but to explain them by construing them as *acts* of spirit, as a content *posited by itself*.

§ 442

The progress of spirit is *development* in so far as its existence, which is *knowledge*, **has** within itself **as its content and purpose** the rational, the being which is determined in and for itself. **It is, therefore, the activity of** translation, being purely the formal transition into manifestation, **within which it is return into self.*** In so far as knowledge,

* 1827: In so far as *knowledge* has being as absolute form, this translation within the *Notion* is *creation* in general. In so far as in the first instance knowledge is merely *abstract* or *formal*, spirit does not conform to its Notion within it, and its goal is to *bring forth* the absolute objective fulfilment and the absolute freedom of its knowledge at one and the same time.

ner ersten Bestimmtheit behaftet, nur erst abstract oder formell ist, ist das Ziel des Geistes, die objective Erfüllung und damit zugleich die Freiheit seines Wissens hervorzubringen.

Es ist hiebei nicht an die mit der anthropologischen zusammenhängende Entwicklung des Individuums zu denken, nach welcher die Vermögen und Kräfte als nach einander hervortretend und in der Existenz sich äußernd betrachtend werden, — ein Fortgang, auf dessen Erkenntniß eine zeitlang (von der Condillac'schen Philosophie) ein großer Werth gelegt worden ist, als ob solches vermeintliches natürliches Hervorgehen das Entstehen dieser Vermögen aufstellen und dieselben erklären sollte. Es ist hierin die Richtung nicht zu verkennen, die mannichfaltigen Thätigkeitswesen des Geistes bei der Einheit desselben begreiflich zu machen, und einen Zusammenhang der Nothwendigkeit aufzuzeigen. Allein die dabei gebrauchten Kategorien sind überhaupt dürftiger Art. Vornehmlich ist die herrschende Bestimmung, daß das Sinnliche zwar mit Recht als das Erste, als anfangende Grundlage genommen wird, aber daß von diesem Ausgangspunkte die weitern Bestimmungen nur auf affirmative Weise hervorgehend erscheinen, und das Negative der Thätigkeit des Geistes, wodurch jener Stoff vergeistigt und als

295

Sinnliches aufgehoben wird, verkannt und übersehen ist. Das Sinnliche ist in jener Stellung nicht blos das empirische Erste, sondern bleibt so, daß es die wahrhaft substantielle Grundlage seyn solle.

Ebenso wenn die Thätigkeiten des Geistes nur als Aeußerungen, Kräfte überhaupt, etwa mit der Bestimmung von Nützlichkeit, d. h. als zweckmäßig für irgend ein anderes Interesse der Intelligenz oder des Gemüths betrachtet werden, so ist kein Endzweck vorhanden. Dieser kann nur der Begriff selbst seyn und die Thätigkeit des Begriffs nur ihn selbst zum Zwecke haben, die Form der Unmittelbarkeit oder der Subjectivität aufzuheben, sich zu erreichen und zu fassen, sich zu

burdened with its initial determinateness, is at first merely *abstract* or formal, **the goal of spirit is** to *bring forth* **the objective fulfilment and at the same time the** freedom of its knowledge.

In this context one is not to think of the development of the individual, for this is involved in what is anthropological, and in accordance with it faculties and powers are observed to emerge in succession and to express themselves in existence. On account of Condillac's philosophy, there was a time when great importance was attached to the comprehension of this progression, it being assumed that such a conjectured natural emergence might demonstrate how these faculties arise and explain them. Although it is not to be denied that such an approach holds some promise of grasping the unity of spirit's multifarious modes of activity and indicating a necessary connectedness, the kind of category it employs is entirely inadequate to this. The overriding determination is broadly justified in that the sensuous is regarded as primary, as the initial foundation. It is assumed however, that the appearance of the further determinations proceeds forth from this starting point in a merely affirmative manner, that which is negative in the activity of spirit, that whereby this material is spiritualized and its sensuousness sublated, being misconstrued and overlooked. The approach assumes that what is sensuous is not only the empirical prius but also persists as such, so constituting the true and substantial foundation. +

It is the same when the activities of spirit are considered merely as expressions, general powers, with perhaps the determination of utility, of their having a purpose through some kind of interest arising out of intelligence or disposition, for in this case also there is no final purpose present. This final purpose can only be the Notion itself, and the purpose of the activity of the Notion can only be itself, that is to say, to sublate the form of immediacy or subjectivity, to reach and grasp

sich selbst zu befreien. Auf diese Weise sind die sogenannten Vermögen des Geistes in ihrer Unterschiedenheit nur als Stufen dieser Befreiung zu betrachten. Und diß ist allein für die vernünftige Betrachtungsweise des Geistes und seiner verschiedenen Thätigkeiten zu halten.

Zusatz. Die Existenz des Geistes, das Wissen, ist die absolute Form, — das heißt, — die den Inhalt in sich selber habende Form, — oder der als Begriff existirende, seine Realität sich selber gebende Begriff. Daß der Inhalt oder Gegenstand dem Wissen ein gegebener, ein von außen an dasselbe kommender sey, ist daher nur ein Schein, durch dessen Aufhebung der Geist sich als Das erweist, was er an sich ist, — nämlich das absolute Sichselbstbestimmen, die unendliche Negativität des ihm- und sich selber Aeußerlichen, das alle Realität aus sich hervorbringende Ideelle. Das Fortschreiten des Geistes hat folglich nur den Sinn, daß jener Schein aufgehoben werde, — daß das Wissen sich als die allen Inhalt aus sich entwickelnde Form bewähre. Weit entfernt also, daß die Thätigkeit des Geistes auf ein bloßes Aufnehmen des Gegebenen beschränkt sey, hat man vielmehr dieselbe eine schaffende zu nennen, wenngleich die Productionen des Geistes, in- 296 sofern er nur der subjective ist, noch nicht die Form unmittelbarer Wirklichkeit erhalten, sondern mehr oder weniger ideelle bleiben.

§. 443.

* Wie das Bewußtseyn zu seinem Gegenstande die vorhergehende Stufe, die natürliche Seele hat (§. 413.), so hat oder macht vielmehr der Geist das Bewußtseyn zu seinem Gegenstande; d. i. indem dieses nur an sich die + Idealität des Ich mit seinem Andern ist (§. 415), so setzt sie der Geist für sich, daß nun Er sie wisse, diese concrete Einheit. Seine Productionen sind nach der Vernunftbestimmung, daß der Inhalt sowohl der an sich

* Dieser Paragraph (Wie das — zu setzen) 1830 zugefügt.

itself, to liberate itself unto itself. This will involve considering the so-called faculties of spirit, in their difference, as simply the stages of this liberation. And this is to be regarded as the only rational way of considering spirit and its various activities. +

Addition. To say that the existence of spirit, *knowledge*, is *absolute* form, is to say that it is form which has the content within itself, that it is the *Notion* existing *as Notion* and so deriving its reality from itself. The content or general object therefore only *appears* to come to knowledge *from without as* something *given.* By sublating this appearance spirit proves itself to be what it is *implicitly*, — that which is absolutely *self-determining*, the infinite negativity of that which is external to spirit and to itself, that which is *of an ideal nature* and brings forth all reality from *out of itself.* Consequently, the *progress* of spirit simply signifies the sublating of this *appearance*, knowledge proving itself to be the form which develops all content out of itself. The activity of spirit is therefore far from being restricted to *merely accepting* what is given, and it therefore has to be referred to as a *creativeness*, even though the productions of spirit, in so far as spirit is only the *subjective* factor, do not as yet assume the form of immediate actuality, but remain more or less as *of an ideal nature.* +

§ 443

*** Just as consciousness has the preceding stage of the natural soul (§ 413) as its general object, so spirit has consciousness as its general object, or rather makes it so; i.e. in that it is only implicitly that consciousness is the identity of the ego with its other (§ 415), spirit so posits their being-for-self that it now knows them to be this concrete unity. The productions of spirit accord with the rational determina-**

* The whole of the paragraph down to "as its own" first published 1830.

seyende, als nach der Freyheit der seinige seye. Somit, indem er in seinem Anfang bestimmt ist, ist diese Bestimmtheit die gedoppelte, die des seyenden und die des seinigen; nach jener etwas als seyend in sich zu finden, nach dieser es nur als das seinige zu setzen. Der Weg des Geistes ist daher:

a) theoretisch zu seyn, es mit dem Vernünftigen als seiner unmittelbaren Bestimmtheit zu thun zu haben und es nun als das Seinige zu setzen; oder das Wissen von der Voraussetzung und damit von seiner Abstraction zu befreien, und die Bestimmtheit subjectiv zu machen. Indem das Wissen so als in sich an und für sich bestimmt, die Bestimmtheit als die Seinige gesetzt, hiemit als freie Intelligenz ist, ist es

b) Wille, praktischer Geist, welcher zunächst gleichfalls formell ist, einen Inhalt als nur den seinigen hat, unmittelbar will und nun seine Willensbestimmung von ihrer Subjectivität als der einseitigen Form seines Inhalts befreit, so daß er

c) sich als freier Geist wird, in welchem jene gedoppelte Einseitigkeit aufgehoben ist.

Zusatz. Während man vom Bewußtseyn, — da dasselbe das Object unmittelbar hat, — nicht wohl sagen kann, daß es Trieb habe; muß dagegen der Geist als Trieb gefaßt werden, weil er wesentlich Thätigkeit, und zwar zunächst

297

1) diejenige Thätigkeit ist, durch welche das scheinbar fremde Object, statt der Gestalt eines Gegebenen, Vereinzelten und Zufälligen, die Form eines Erinnerten, Subjectiven, Allgemeinen, Nothwendigen und Vernünftigen erhält. Dadurch daß der Geist diese Veränderung mit dem Objecte vornimmt, reagirt er gegen die Einseitigkeit des auf die Objecte als auf unmittelbar seyende sich beziehenden, dieselben nicht als subjectiv wissenden Bewußtseyns, — und ist so theoretischer Geist. In diesem herrscht der Trieb des Wissens, — der Drang nach Kenntnissen. Vom Inhalt der Kenntnisse weiß ich, daß er ist, Objectivität hat, — und zugleich, daß er in mir, also subjectiv ist. Das Object hat also hier nicht mehr, — wie auf

tion that in that it is free, both the content and what is implicit belong to it. Consequently, in that spirit is initially determined, this is the dual determinateness of being and what belongs to it, in accordance with which it both finds something within itself as a being and posits it only as its own. The way of spirit is therefore:

a) that it is *theoretical* in that it is concerned **with the rational as** with its immediate determinateness, and **now has to posit it as** its *own;* that is to say, in that it has to liberate knowledge from its obstruction by freeing it from what is presupposed and render the determinateness subjective. Since knowledge **is therefore** ***free*** **intelligence, in that it is** *internally* determined as being in and for itself **and the determinateness is posited as pertaining to it, it is**

b) will or practical spirit, which in the first instance is also formal, possessing a content as being only its own. Although it wills immediately, the determination of its will is now freed from its subjectivity in that this constitutes the one-sided form of its content, so that it

c) confronts itself as free spirit, within which the duality of this one-sidedness is sublated.

Addition. Since *consciousness* is in *immediate* possession of the object, one cannot very well say that it possesses impulse. *Spirit* has to be grasped as *impulse* however, for it is essentially activity, and what is more, it is in the first instance

1) the activity by which the apparently *alien* object receives, instead of the shape of something given, singularized and contingent, the form of something recollected, subjective, universal, necessary and rational. By undertaking this alteration with the object, spirit reacts against the one-sidedness of *consciousness*, which rather than knowing objects, subjectively relates itself to them as to an *immediate being*. In this way it constitutes *theoretical* spirit, within which it is the impulse to *knowledge*, the drive toward *cognition* which is dominant. I know that the content of cognition has *being* or objectivity, and at the same time that it is *within me* and therefore *subjective*. This standpoint therefore differs from

dem Standpunkt des Bewußtseyns, — die Bestimmung eines Negativen gegen das Ich.

2) Der praktische Geist nimmt den umgekehrten Ausgangspunkt; er fängt nicht, — wie der theoretische Geist, — vom scheinbar selbstständigen Objecte, sondern von seinen Zwecken und Interessen, also von subjectiven Bestimmungen an, und schreitet erst dazu fort, dieselben zu einem Objectiven zu machen. Indem er Dies thut, reagirt er ebenso gegen die einseitige Subjectivität des in sich verschlossenen Selbstbewußtseyns, wie der theoretische Geist gegen das von einem gegebenen Gegenstand abhängige Bewußtseyn.

Der theoretische und der praktische Geist integriren sich daher gegenseitig, eben weil sie auf die angegebene Weise von einander unterschieden sind. Dieser Unterschied ist jedoch kein absoluter; denn auch der theoretische Geist hat es mit seinen eigenen Bestimmungen, mit Gedanken zu thun; und umgekehrt sind die Zwecke des vernünftigen Willens nicht etwas dem besondern Subject Angehöriges, sondern etwas An-und-für-sich-seyendes. Beide Weisen des Geistes sind Formen der Vernunft; denn sowohl im theoretischen wie im praktischen Geiste wird, — obgleich auf verschiedenen Wegen, — Dasjenige hervorgebracht, worin die Vernunft besteht, — eine Einheit des Subjectiven und Objectiven. — Zugleich haben jedoch jene doppelten Formen des subjectiven Geistes mit einander den Mangel gemein, daß in beiden von der scheinbaren Getrenntheit des Subjectiven und Objectiven ausgegangen wird und die Einheit dieser entgegengesetzten Bestimmungen erst hervorgebracht werden soll; — ein Mangel, der in der Natur des Geistes liegt, da dieser nicht ein Seyendes, unmittelbar Vollendetes, sondern vielmehr das Sichselbsthervorbringende, — die reine Thätigkeit, — Aufheben der an sich von ihm selbst gemachten Voraussetzung des Gegensatzes vom Subjectiven und Objectiven ist.

298

§. 444.

Der theoretische sowohl als praktische Geist sind noch in der Sphäre des subjectiven Geistes überhaupt.

that of consciousness in that the object is no longer determined as the *negative* of the ego.

2) *Practical* spirit has the opposite point of departure, for unlike theoretical spirit it starts not with the apparently independent object but with *subjective* determinations, with its own *purposes* and *interests*, and only then proceeds to objectify them. In doing so, it reacts against the one-sided subjectivity of self-enveloped *self-consciousness* to the same extent as theoretical spirit reacts against *consciousness*, which is dependent upon a given general object.

It is therefore precisely on account of their differing from one another in the manner indicated that there is a mutual integration of theoretical and practical spirit. The difference here is not absolute however, for *theoretical* spirit is also concerned with thoughts, with *its own* determinations; and, conversely, the purposes of the *rational will* are not something pertaining to the *particular subject*, but something which is *in and for itself*. Both modes of spirit are forms of reason, for both theoretical and practical spirit bring forth that which constitutes reason, a unity of the subjective and objective, although they do so in different ways. At the same time however, these dual forms of subjective spirit have *this* common deficiency, for the starting point in both is the apparent *separation* of the subjective and objective, the unity of these opposed determinations having first to be brought forth. This is a deficiency incident to the nature of spirit, for spirit is not a being, an immediate completedness, but rather that which brings itself forth as the pure activity of sublating that which it has itself made, — the implicit presupposition of the opposition between subjective and objective.

§ 444

Both theoretical and practical spirit are still within the general sphere of *subjective spirit*.

Sie sind nicht als passiv und activ zu unterscheiden. Der subjective Geist ist hervorbringend; aber seine Productionen sind formell. Nach innen ist die Production des theoretischen nur seine ideelle Welt und das Gewinnen der abstracten Selbstbestimmung in sich. Der praktische hat es zwar nur mit Selbstbestimmungen, seinem eigenen aber ebenfalls noch formellen Stoffe und damit beschränkten Inhalte zu thun, für den er die Form der Allgemeinheit gewinnt. Nach außen, indem der subjective Geist Einheit der Seele und des Bewußtseyns, hiemit auch seyende, n Einem anthropologische und dem Bewußtseyn gemäße Realität, ist, sind seine Producte im theoretischen das Wort, und im praktischen (noch nicht That und Handlung) Genuß.

Die Psychologie gehört, wie die Logik, zu denjenigen Wissenschaften, die in neuern Zeiten von der allgemeinern Bildung des Geistes und dem tiefern Begriffe der Vernunft noch am wenigsten Nutzen gezogen haben, 299 und befindet sich noch immer in einem höchst schlechten Zustande. Es ist ihr zwar durch die Wendung der Kantischen Philosophie eine größere Wichtigkeit beigelegt worden, sogar daß sie und zwar in ihrem empirischen Zustande die Grundlage der Metaphysik ausmachen solle, als welche Wissenschaft in nichts anderem bestehe, als die Thatsachen des menschlichen Bewußtseyns, und zwar als Thatsachen, wie sie gegeben sind, empirisch aufzufassen und sie zu zergliedern. Mit dieser Stellung der Psychologie, wobei sie mit Formen aus dem Standpunkte des Bewußtseyns und mit Anthropologie vermischt wird, hat sich für ihren Zustand selbst nichts verändert, sondern nur diß hinzugefügt, daß auch für die Metaphysik und die Philosophie überhaupt, wie für den Geist als solchen, auf die Erkenntniß der Nothwendigkeit dessen, was an und für sich ist, auf den Begriff und die Wahrheit Verzicht geleistet worden ist.

Zusatz. Nur die Seele ist passiv, — der freie Geist aber wesentlich activ, producirend. Man irrt daher, wenn

They are not to be distinguished as passive and active. Although subjective spirit is productive, its productions are formal. **Inwardly,** the production of the theoretical **is only the** ideal nature **of its world and the gaining of abstract inner self-determination.** The practical **is certainly concerned only with self-determinations, but although the** material **is its own, it is also still** formal, and **it is therefore concerned with a restricted** content, **which it endows with the form of universality. Outwardly, since subjective spirit is the unity of the soul and of consciousness, and therefore also the being of the one reality which is adequate to what is anthropological and to consciousness, its theoretical product is speech, while its practical product is not yet deed and action but enjoyment.**

Psychology, like logic, is one of those sciences which have profited least from the more general cultivation of spirit and the profounder Notion of reason distinguishing more recent times, and it is **still** in a highly deplorable condition. Although more importance has certainly been attached to it on account of the direction given to the Kantian philosophy, this has actually resulted in its being *proffered* as the basis of a metaphysics, even in its *empirical* condition, the science here consisting of nothing other than the *facts* of human *consciousness*, taken up *empirically* simply as facts, as they are *given*, and analyzed. Through being so assessed, psychology is mixed with forms from the standpoint of consciousness and with anthropology, nothing having changed in respect of its own condition. The outcome of this has simply been the abandonment of the *cognition of the necessity* of *that which* is *in and for itself*, of the *Notion* and *truth*, not only in respect of spirit as such, but also in respect of metaphysics and philosophy in general.

Addition. Theoretical is sometimes distinguished from practical spirit by characterizing the former as *passive* and

man mitunter den theoretischen Geist vom praktischen auf die Weise unterscheidet, daß man den ersteren als das Passive, den letzteren hingegen als das Active bezeichnet. Der Erscheinung nach, hat dieser Unterschied allerdings seine Richtigkeit. Der theoretische Geist scheint nur aufzunehmen, was vorhanden ist; wogegen der praktische Geist etwas noch nicht äußerlich Vorhandenes hervorbringen soll. In Wahrheit ist aber, wie schon im Zusatz zu §. 442 angedeutet wurde, der theoretische Geist nicht ein bloß passives Aufnehmen eines Anderen, eines gegebenen Objects, sondern zeigt sich als activ dadurch, daß er den an sich vernünftigen Inhalt des Gegenstandes aus der Form der Aeußerlichkeit und Einzelnheit in die Form der Vernunft erhebt. Umgekehrt hat aber auch der praktische Geist eine Seite der Passivität, da ihm sein Inhalt zunächst, — obschon nicht von außen, — doch innerlich gegeben, somit ein unmittelbarer, 300 nicht durch die Thätigkeit des vernünftigen Willens gesetzter ist und zu einem solchen Gesetzten erst vermittelst des denkenden Wissens, also vermittelst des theoretischen Geistes, gemacht werden soll.

Für nicht weniger unwahr, als die ebenbesprochene Unterscheidung des Theoretischen und Praktischen, muß die Unterscheidung erklärt werden, nach welcher die Intelligenz das Beschränkte, der Wille dagegen das Unbeschränkte seyn soll. Gerade umgekehrt kann der Wille für das Beschränktere erklärt werden, weil derselbe sich mit der äußerlichen, widerstandleistenden Materie, mit der ausschließenden Einzelnheit des Wirklichen, in Kampf einläßt und zugleich anderen menschlichen Willen sich gegenüber hat; während die Intelligenz als solche in ihrer Aeußerung nur bis zum Worte, — dieser flüchtigen, verschwindenden, in einem widerstandslosen Element erfolgenden, ganz ideellen Realisation, — fortgeht, also in ihrer Aeußerung vollkommen bei sich bleibt, — sich in sich selber befriedigt, — sich als Selbstzweck, als das Göttliche erweist, und — in der Form des begreifenden Erkennens — die unbeschränkte Freiheit und Versöhnung des Geistes mit sich selber zu Stande bringt.

Beide Weisen des subjectiven Geistes, — die Intelligenz

the latter as *active*. Since only the *soul* is *passive* however, *free* spirit being essentially *active* and *productive*, this is an erroneous distinction. It is certainly justified by appearance however, for theoretical spirit seems only to take up what is present, whereas practical spirit has to bring forth something 5 which is not yet present externally. As has already been indicated in the Addition to § 442 however, the truth of the matter is that theoretical spirit is not merely a passive taking up of an other, of a given object, and that it shows itself to be active by raising the implicitly rational content of the 10 general object out of the form of externality and singularity into that of reason. Conversely, practical spirit also has a passive side, since in the first instance it is *presented* with its content, *inwardly* if *not outwardly*. Consequently, this content is not posited by the activity of the rational will but is 15 immediate, and has first to be made into such a positedness by means of *thinking knowledge, theoretical* spirit.

The distinction according to which intelligence is supposed to be *limited* while the will is *unlimited* has to be regarded as as untenable as that just mentioned concerning 20 the difference between the theoretical and practical. One can indeed maintain the opposite, — that will is the more limited on account of its entering into conflict with external resistant matter, with the exclusive singularity of what is actual, and on account of its being confronted at the same 25 time by other human wills; conversely, that intelligence as such expresses itself only to the extent of the *word*, which is a fleeting, vanishing realization *of a* wholly *ideal nature*, taking place in an unresisting element, — and that in its expression + it therefore remains entirely with itself, satisfies itself inter- 30 nally, displays the divinity of being its own end, and in the form of *Notional cognition*, brings about unlimited freedom and spirit's reconciliation with itself.

In the first instance however, the truth of both modes of

sowohl wie der Wille, — haben indeß zunächst nur formelle Wahrheit. Denn in beiden entspricht der Inhalt nicht unmittelbar der unendlichen Form des Wissens, so daß also diese Form noch nicht wahrhaft erfüllt ist.

\+ Im Theoritischen wird der Gegenstand wohl einerseits subjectiv, andererseits bleibt aber zunächst noch ein Inhalt des Gegenstandes außerhalb der Einheit mit der Subjectivität zurück. Deßhalb bildet hier das Subjective nur eine das Object nicht absolut durchdringende Form und ist somit das Object nicht durch und durch ein vom Geiste Gesetztes. — In der praktischen Sphäre dagegen hat das Subjective unmittelbar noch keine wahrhafte Objectivität, da dasselbe in seiner Unmittelbarkeit nicht etwas absolut Allgemeines, An-und-für-sich-seyendes, sondern etwas der Einzelnheit des Individuums Angehöriges ist.

301

Wenn der Geist seinen eben dargestellten Mangel überwunden hat, — wenn also sein Inhalt nicht mehr mit seiner Form in Zwiespalt steht, — die Gewißheit der Vernunft, der Einheit des Subjectiven und Objectiven nicht mehr formell, vielmehr erfüllt ist, — wenn demnach die Idee den alleinigen Inhalt des Geistes bildet, — dann hat der subjective Geist sein Ziel erreicht und geht in den objectiven Geist über. Dieser weiß seine Freiheit, — erkennt, daß seine Subjectivität in ihrer Wahrheit die absolute Objectivität selbst ausmacht, — und erfaßt sich nicht bloß in sich als Idee, sondern bringt sich als eine äußerlich vorhandene Welt der Freiheit hervor.

a.

Der theoretische Geist.

\+ **445.**

Die Intelligenz findet sich bestimmt; diß ist ihr Schein, von dem sie in ihrer Unmittelbarkeit ausgeht, als Wissen aber ist sie diß, das Gefundene als ihr eigenes zu setzen. Ihre Thätigkeit hat es mit der leeren Form zu thun, die Vernunft zu finden und ihr Zweck ist, daß

subjective spirit, intelligence as well as will, is merely *formal*. This is because in neither is there a correspondence between the content and the infinite form of knowledge, so that this form is not yet *truly fulfilled*.

Although in what is theoretical the general object certainly becomes subjective in one respect, there is in the first instance another respect in which a certain content of the general object still remains outside the unity with subjectivity. At this juncture therefore, what is subjective only constitutes a form which fails to pervade the object absolutely, so that the object is not that which is thoroughly posited by spirit. In the practical sphere on the contrary, what is subjective, in its immediacy, still has no true objectivity, for as such it is something appertaining to the singularity of the individual, and is not the being in and for self of something absolutely universal.

When spirit has overcome the deficiency just indicated, its *content* being no longer at variance with its *form*, the certainty of reason, the unity of the subjective and objective is no longer *formal* but *fulfilled*, so that the *Idea* forms the sole content of spirit, — *subjective* spirit has reached its *goal* and passes over into *objective* spirit. Objective spirit knows its freedom in that it recognizes that the truth of its *subjectivity* constitutes *absolute objectivity* itself, — and it not only apprehends itself *internally* as Idea, but brings itself forth as the external *presence* of a *world* of freedom. +

a.

Theoretical spirit

§ 445

Intelligence *finds* itself *determined*, **and although in its immediacy it proceeds from this its apparency,** as knowledge it consists of **positing** that which is found as its own. **Its activity is concerned with** the empty form of *finding* reason, **and has as its purpose** +

ihr Begriff **für sie** sey, d. i. **für sich** Vernunft zu seyn, womit in Einem der **Inhalt** für sie vernünftig wird. Diese Thätigkeit ist **Erkennen**. Das formelle Wissen der Gewißheit erhebt sich, da die Vernunft concret ist, zum bestimmten und begriffgemäßen Wissen. Der Gang dieser Erhebung ist selbst vernünftig, und ein durch den Begriff bestimmter, nothwendiger Uebergang einer Bestimmung der intelligenten Thätigkeit (eines sogenannten **Ver-** + **mögens** des Geistes) die andere. Die Widerlegung des Scheins, das Vernünftige zu finden, die das Erkennen ist, geht von der Gewißheit, d. i. dem Glauben der Intelligenz an ihre Fähigkeit vernünftig zu wissen, an die Mög- 302 lichkeit, sich die Vernunft aneignen zu können, die sie und der Inhalt an sich ist.

Die Unterscheidung der **Intelligenz** von dem **Willen** hat oft den unrichtigen Sinn, daß beide als eine fixe von einander getrennte Existenz genommen werden, so daß das Wollen ohne Intelligenz, oder die Thä- * tigkeit der Intelligenz willenlos seyn könne. Die Möglichkeit, daß, wie es genannt wird, der **Verstand** ohne das **Herz** und das **Herz** ohne den **Verstand** gebildet werden könne, daß es auch einseitigerweise verstandlose Herzen, und herzlose Verstande gibt, zeigt auf allen Fall nur diß an, daß schlechte in sich unwahre Existenzen Statt haben, aber die Philosophie ist es nicht, welche solche Unwahrheiten des Daseyns und der Vorstellung für die Wahrheit, das Schlechte für die Natur der Sache, nehmen soll. — Eine Menge sonstiger Formen, die von der Intelligenz gebraucht werden, daß sie **Eindrücke** von Außen empfange, sie **aufnehme**, daß die Vorstellungen durch **Einwirkungen** äußerlicher Dinge als der Ursachen entstehen u. s. f. gehören einem Stand-

* 1827: Die trivialste Form solcher falschen Trennung ist die eingebildete Möglichkeit, daß, wie es genannt wird, der *Verstand* ohne das *Herz* und das *Herz* ohne den *Verstand* gebildet werden könne. Eine solche Meynung ist die Abstraction des betrachtenden Verstandes, wie einseitigerweise verstandlose Herzen, und herzlose Verstande wohl existiren; aber die Philosophie . . .

that its Notion should have being for it, i.e. that in that it is reason for itself, it should find the unity of the content to be reasonable. This activity is cognition. Since reason is concrete, the formal knowledge of certainty raises itself into knowledge which is determinate and in conformity with the Notion. The course of this raising is itself rational, and is a Notionally determinate and necessary transition of the one determination **of intelligent activity** (**a so-called spiritual faculty**) into the other. **Cognizing, which disproves the apparency of finding what is rational, proceeds forth from certainty, i.e. from intelligence having faith in its being capable of knowing rationally, in the possibility of its being able to appropriate the reason implicit in both itself and the content.**

The distinction between *intelligence* and *will* is often misinterpreted, in that each is taken to be a fixed existence, separate from the other, as if volition could be devoid of intelligence or the activity of intelligence could be devoid of will.* In any case, the possibility of what is called the *understanding's* being cultivated *heartlessly* and the *heart ununderstandingly*, **of the onesidedness of there being ununderstanding hearts and heartless understandings, is simply evidence of the occurrence of bad and radically imperfect existences.** And it is not for philosophy to take such imperfections of determinate being and presentation for truth, **to regard what is bad as the nature of the matter.** The numerous **other** forms employed with reference to intelligence, — it is said that it receives or *takes up impressions* from without, that the *operations* of external things cause the emergence of presentations etc., — belong to **a**

* 1827: The most trivial form of such a false separation is the imagined possibility of what is called the *understanding's* being cultivated *heartlessly* and the *heart understandingly*. Such an opinion of how it is that ununderstanding hearts and heartless understanding exist onesidedly is the abstraction of the understanding's consideration; philosophy however . . .

punkte von Kategorien an, der nicht der Standpunkt des Geistes und der philosophischen Betrachtung ist.

Eine beliebte Reflexionsform ist die der Kräfte und Vermögen der Seele, der Intelligenz oder des * Geistes. — Das Vermögen ist wie die Kraft die fixirte Bestimmtheit eines Inhalts, als Reflexion-in-sich vorgestellt. Die Kraft (§. 136.) ist zwar die Unendlichkeit der Form, des Innern und Aeussern, aber ihre wesentliche Endlichkeit enthält die Gleichgültigkeit des Inhalts gegen die Form (ebendas. Anm.). Hierin liegt das Vernunftlose, was durch diese Reflexions-Form und die Betrachtung des Geistes als einer Menge von Kräften in denselben so wie auch in die Natur, gebracht wird. Was an seiner Thätigkeit unterschieden werden kann, wird als eine 303 selbstständige Bestimmtheit festgehalten, und der Geist auf diese Weise zu einer verknöcherten, mechanischen Sammlung gemacht. Es macht dabei ganz und gar keinen Unterschied, ob statt der Vermögen und Kräfte der Ausdruck Thätigkeiten gebraucht wird. Das Isoliren der Thätigkeiten macht den Geist ebenso nur zu einem Aggregatwesen, und betrachtet das Verhältniß derselben als eine äußerliche, zufällige Beziehung.

† Das Thun der Intelligenz als theoretischen Geistes ist Erkennen genannt worden, nicht in dem Sinne, daß sie unter anderen auch erkennt, außerdem aber auch anschaue, vorstelle, sich erinnere, einbilde u. s. f. eine solche Stellung hängt zunächst mit dem so eben gerügten Isoliren der Geistesthätigkeiten, aber ferner hängt damit auch die große Frage neuerer Zeit zusammen, ob wahrhaftes Erkennen, d. i. die Erkenntniß der Wahrheit möglich sey; so daß wenn wir einsehen, sie sey nicht möglich, wir diß Bestreben aufzugeben haben. Die vielen Seiten, Gründe und Kategorien, womit eine äußerliche Reflexion den Um-

* 1817 (§ 368 Anm. S. 240): Was das *Vermögen* betrifft, so hat die *Dynamis*, bey *Aristoteles* eine ganz andere Bedeutung, — sie bezeichnet das *Ansichseyn* und wird von der *Entelechie*, als der Thätigkeit, dem Fürsichseyn, der Wirklichkeit, unterschieden.

† Der Rest der Anmerkung erstmals 1830.

standpoint **involving categories which do not pertain to the** standpoint **of** spirit **and of philosophic consideration.** +

One form favoured by reflection is that of the *powers* and *faculties* of the *soul*, intelligence 5 or spirit.* — Like *power*, *faculty* is represented as being the *fixed determinateness* of a *content*, as intro-reflection. Although *power* (§ 136) is + certainly *infinity* of form, of inner and outer, its essential *finitude* **involves** the *content's* being 10 *indifferent* to the form (ibid. Remark). In this + lies the irrationality which, by means of this reflectional form, is introduced into spirit when it is considered as a multitude of *powers*, as it is into nature through the concept of 15 forces. Whatever is *distinguishable* in the activity of spirit is defined as an *independent determinateness*, a procedure which results in spirit's being treated as an ossified and mechanical *agglomeration*. **And it makes no difference whatever** 20 **if activities are spoken of instead of faculties and powers, for the isolating of activities also involves treating spirit as nothing but an aggregation, and considering their relationship as an external and contingent relation.** 25

† What intelligence does as theoretical spirit has been given the name of cognition, but this does not mean that intelligence cognizes while also intuiting, presenting, recollecting, imagining etc. Although such an attitude to cognition derives 30 **initially from the isolating of spiritual activities which has just been censured, it also bears upon the great question of more recent times as to whether or not true cognition, that is, the cognition of truth, is possible. This, if answered in the negative, must** 35 **result in our giving up the attempt to attain it. The many aspects, reasons and categories with which**

* 1817 (§ 368 Rem. p. 240): With regard to the *faculty*, the *dynamis* of *Aristotle* has an entirely different meaning, — it signifies that which is *implicit*, and is distinguished from the *entelechy* as from the activity, the being-for-self, the actuality. +

† Rest of the Remark first published 1830.

+ fang dieser Frage anschwillt, finden ihre Entledigung an ihrem Orte; je äußerlicher der Verstand sich dabei verhält, desto diffuser wird ihm ein einfacher Gegenstand. Hier ist die Stelle des einfachen Begriffs des Erkennens, welcher dem ganz allgemeinen Gesichtspunkt jener Frage entgegentritt, nämlich dem, die Möglichkeit des wahrhaften Erkennens überhaupt in Frage zu stellen, und es für eine Möglichkeit und Willkühr auszugeben, das Erkennen zu treiben oder aber es zu unterlassen. Der Begriff des Erkennens hat sich als die Intelligenz selbst, als die Gewißheit der Vernunft ergeben; die Wirklichkeit der Intelligenz ist nun das Erkennen selbst. Es folgt daraus, daß es ungereimt ist, von der Intelligenz und doch zugleich von der Möglichkeit oder Willkühr des Erkennens zu sprechen. Wahrhaft aber ist das Erkennen, eben in sofern sie es verwirklicht, d. i. den Begriff desselben für

304 sich setzt. Diese formelle Bestimmung hat ihren concreten Sinn in demselben, worin das Erkennen ihn hat. Die Momente seiner realisirenden Thätigkeit sind Anschauen, Vorstellen, Erinnern u. s. f.; die Thätigkeiten haben keinen andern immanenten Sinn; ihr Zweck allein ist der Begriff des Erkennens (s. Anm. §. 445.). Nur wenn sie isolirt werden, so wird theils vorgestellt, daß sie für anderes als für das Erkennen nützlich seyn, theils die Befriedigung desselben für sich selbst gewähren, und es wird das Genußreiche des Anschauens, der Erinnerung des Phantasirens u. s. f. gerühmt. Auch isolirtes d. i. geistloses Anschauen, Phantasiren u. s. f. kann freylich Befriedigung gewähren; was in der physischen Natur die Grundbestimmtheit ist das Außersichseyn, die Momente der immanenten Vernunft außereinander darzustellen, das vermag in der Intelligenz theils die Willkühr, theils geschieht es ihr insofern sie selbst nur natürlich, ungebildet ist. Die wahre Befriedigung aber, giebt man zu, gewähre nur ein von Verstand und Geist durchdrungenes Anschauen, vernünftiges Vorstellen, von Vernunft durchdrungene, Ideen darstellende Productionen der Phantasie u. s. f., d. i. erkennendes Anschauen, Vorstellen u. s. f. Das Wahre, das solcher Befriedigung zugeschrieben

an external reflection swells out this question, are dealt with in their place; the more external the attitude of the understanding, the more diffuse it will make a simple general object. We have here the position of the simple Notion of cognition, which counters the wholly indeterminate point of view of this question, namely the general possibility of questioning true cognition, and the assertion that it is possible to will the exercise or cessation of cognizing. The Notion of cognition has yielded itself as intelligence itself, as the certainty of reason; the actuality of intelligence is now cognition itself. It follows from this that it is absurd to speak about intelligence and at the same time of the possibility or arbitrariness of cognition. However, cognition is truly cognition precisely in so far as intelligence actualizes it, i.e. posits for itself the Notion of cognition. This formal determination acquires its concrete meaning precisely where cognition acquires it. The moments of its realizing activity are intuiting, presenting, recollecting etc.; the activities having no other immanent significance; their only purpose being the Notion of cognition (see Rem. § 445). It is only when they are isolated that they are presented as being useful for something other than cognition, as affording cognitive satisfaction by themselves, so that a fuss is made about the delights of intuition, recollection, phantasy etc. It is true that even isolated or spiritless intuiting, phantasy etc. can afford satisfaction; in physical nature it is the basic determinateness of self-externality which exhibits the moments of immanent reason in extrinsicality, in intelligence it is wilfulness which is capable of doing this, and it is also brought about in so far as intelligence itself is merely natural and uncultivated. It will be admitted however, that true satisfaction is afforded only by an intuiting pervaded by understanding and spirit, by rational presentation, by productions of phantasy etc. pervaded by reason, exhibiting ideas, that is to say, by cognitive intuiting, presenting etc. The verity ascribed to

wird, liegt darin, daß das Anschauen, Vorstellen u. s. f. nicht isolirt, sondern nur als Moment der Totalität, des Erkennens selbst, vorhanden ist.

Zusatz. Wie schon im Zusatz zu Paragraph 441 bemerkt wurde, hat auch der durch die Negation der Seele und des Bewußtseyns vermittelte Geist selber zunächst noch die Form der Unmittelbarkeit, — folglich den Schein, sich äußerlich zu seyn, — sich, gleich dem Bewußtseyn, auf das Vernünftige als auf ein außer ihm Seyendes, nur Vorgefundenes, nicht durch ihn Vermitteltes zu beziehen. Durch Aufhebung jener ihm vorangegangenen beiden Hauptentwicklungsstufen, — dieser von ihm sich selber gemachten Voraussetzungen, —
305 hat sich uns aber der Geist bereits als das Sich-mit-sich-selbst-vermittelnde, — als das aus seinem Anderen sich in sich Zurücknehmende, — als Einheit des Subjectiven und des Objectiven gezeigt. Die Thätigkeit des zu sich selber gekommenen, das Object an sich schon als ein aufgehobenes in sich enthaltenden Geistes geht daher nothwendig darauf aus, auch jenen Schein der Unmittelbarkeit seiner selbst und seines Gegenstandes, — die Form des bloßen Findens des Objectes, — aufzuheben. — Zunächst erscheint sonach allerdings die Thätigkeit der Intelligenz als eine formelle, unerfüllte, — der Geist folglich als unwissend; und es handelt sich zuvörderst darum, diese Unwissenheit wegzubringen. Zu dem Ende erfüllt sich die Intelligenz mit dem ihr unmittelbar gegebenen Objecte, welches, — eben wegen seiner Unmittelbarkeit, — mit aller Zufälligkeit, Nichtigkeit und Unwahrheit des äußerlichen Daseyns behaftet ist. Bei dieser Aufnahme des unmittelbar sich darbietenden Inhaltes der Gegenstände bleibt aber die Intelligenz nicht stehen; sie reinigt vielmehr den Gegenstand von Dem, was an ihm als rein äußerlich, als zufällig und nichtig sich zeigt. Während also dem Bewußtseyn, wie wir gesehen haben, seine Fortbildung von der für sich erfolgenden Veränderung der Bestimmungen seines Objectes auszugehen scheint; — ist die Intelligenz dagegen als diejenige Form des Geistes gesetzt, in welcher er selber den Gegenstand verändert und durch die Entwicklung desselben auch sich

such satisfaction lies in the intuiting, the presenting etc. being not isolated, but present only as a moment of the totality, of cognizing itself. +

Addition. In the first instance, as has already been observed in § 441 Addition, even *spirit* which is itself mediated 5
by the negation of the *soul* and of *consciousness*, still has the form of *immediacy*, and consequently the *apparency* of being *self-external*, of being like consciousness in that it relates itself to the rational as to something *outside it* which it does not mediate but merely *finds*. However, through the sublation of 10
the two main stages of development preceding it, of these presuppositions made by itself, spirit has already displayed itself to us as *self-mediating*, as taking itself back into itself out of its other, as *unifying* the *subjective* and the *objective*. Consequently, the activity of spirit which has *come to itself*, which 15
already contains the object as implicitly sublated within itself, necessarily goes on to also sublate the *apparency* of its own and its general object's immediacy, the form of the object's simply being *found*. — Initially therefore, the activity +
of intelligence certainly appears to be *formal* and *unfulfilled*, 20
so that spirit appears to be *without knowledge*. The first task is the removal of this deficiency, and to this end intelligence fills itself with the object with which it is immediately confronted. This object, precisely on account of its immediacy, is loaded with all the contingency, nullity and untruth of 25
external determinate being. Yet intelligence does not confine itself to this taking up of the immediately presented content of objects, but purifies the general object of that within it which shows itself to be purely external, contingent and null. As we have seen therefore, whereas to *consciousness* it seems 30
that its progressive formation derives from the alteration ensuing of its own accord in the determinations of its object, +
intelligence is posited as that form of spirit in which spirit itself alters the general object, and through the development of this general object also makes the progress of developing 35

zur Wahrheit fortentwickelt. Indem die Intelligenz den Gegenstand von einem Aeußerlichen zu einem Innerlichen macht, verinnerlicht sie sich selbst. Dies Beides, — die Innerlichmachung des Gegenstandes und die Erinnerung des Geistes ist Ein und Dasselbe. Dasjenige, von welchem der Geist ein vernünftiges Wissen hat, wird somit eben dadurch, daß es auf vernünftige Weise gewußt wird, zu einem vernünftigen Inhalt. — Die Intelligenz streift also die Form der Zufälligkeit dem Gegenstande ab, erfaßt dessen vernünftige Natur, setzt dieselbe somit subjectiv, — und bildet dadurch zugleich umgekehrt die Subjectivität zur Form der objectiven Vernünftigkeit aus. — So wird das zuerst abstracte, formelle Wissen zum concreten, mit dem wahrhaften Inhalt angefüllten, also objectiven Wissen. Wenn die Intelligenz zu diesem, durch ihren Begriff ihr gesetzten Ziele gelangt, ist sie in Wahrheit Das, was sie zunächst nur seyn soll, — nämlich das Erkennen. Dasselbe muß vom bloßen Wissen wohl unterschieden werden. Denn schon das Bewußtseyn ist Wissen. Der freie Geist aber begnügt sich nicht mit dem einfachen Wissen; er will erkennen, — das heißt, — er will nicht nur wissen, daß ein Gegenstand ist und was derselbe überhaupt, so wie, seinen zufälligen, äußerlichen Bestimmungen nach ist, — sondern er will wissen, worin die bestimmte substanzielle Natur des Gegenstandes besteht. Dieser Unterschied des Wissens und des Erkennens ist etwas dem gebildeten Denken ganz Geläufiges. So sagt man, — zum Beispiel: Wir wissen zwar, daß Gott ist, aber wir vermögen ihn nicht zu erkennen. Der Sinn dieser Behauptung ist der, daß wir wohl eine unbestimmte Vorstellung von dem abstracten Wesen Gottes haben, dagegen dessen bestimmte, concrete Natur zu begreifen außer Stande seyn sollen. Diejenigen, die so sprechen, können — für ihre eigene Person — vollkommen Recht haben. Denn, obgleich auch diejenige Theologie, die Gott für unerkennbar erklärt, um denselben herum exegetisch, kritisch und historisch sich sehr viel zu schaffen macht, und sich auf diese Weise zu einer weitläuftigen Wissenschaft aufschwellt; so bringt sie es doch nur zu einem Wissen von Aeußer-

itself into truth. Intelligence recollects itself by making an *internality* of the *externality* of the general object. These two, the internalizing of the general object and the recollection of spirit, are one and the same. That of which spirit has rational knowledge, precisely on account of its being known in a rational manner, becomes a rational content. Intelligence therefore strips the general object of the form of contingency, and by apprehending its rational nature and so positing it subjectively, converts subjectivity into the form of objective rationality. — It is thus that knowledge which is initially abstract and formal becomes concretely objective by being endowed with a true content. When intelligence attains this goal set for it by its Notion, it is that in truth which initially it merely *ought to be*, namely *cognition*. Cognition must certainly be distinguished from *mere knowledge*, for even *consciousness* is knowledge. Free spirit is not content with simple knowledge however, for it wants to *cognize*, that is to say to know not merely *that* a general object *is*, and what it is *in general* in respect of its *contingent* and *external* determinations, but to know what it is that constitutes the *determinate substantiality* of the *nature* of this general object. This difference between knowledge and cognition is something with which cultured thinking is perfectly familiar. We are said, for example, to *know* that God is, but to be incapable of *cognizing* him. The meaning of this assertion is that although we certainly have an indeterminate conception of the *abstract* essence of God, we are incapable of grasping its *determinate*, *concrete* nature. Those who speak in this way may be perfectly justified in respect of themselves, for although theology which declares God to be uncognizable puffs itself up into an imposing science through the vast amount of exegetical, critical and historical work it undertakes on His account, it still gets no further than a knowledge of what is external,

lichem, — excernirt dagegen den substanziellen Inhalt ihres Gegenstandes als etwas für ihren schwachen Geist Unverdauliches, und verzichtet sonach auf die Erkenntniß Gottes, da, wie gesagt, zum Erkennen das Wissen von äußerlichen Bestimmtheiten nicht ausreicht, sondern dazu das Erfassen der substanziellen Bestimmtheit des Gegenstandes nothwendig ist. Solche

307 Wissenschaft, wie die eben genannte, steht auf dem Standpunkt des Bewußtseyns, — nicht auf dem der wahrhaften Intelligenz, die man mit Recht sonst auch Erkenntnißvermögen nannte; nur daß der Ausdruck Vermögen die schiefe Bedeutung einer bloßen Möglichkeit hat.

Behufs der Uebersichtlichkeit wollen wir jetzt versicherungsweise den formellen Gang der Entwickung der Intelligenz zum Erkennen im Voraus angeben. Derselbe ist folgender:

Zuerst hat die Intelligenz ein unmittelbares Object,

Dann zweitens einen in sich reflectirten, erinnerten Stoff,

Endlich drittens einen ebensowohl subjectiven wie objectiven Gegenstand.

So entstehen die drei Stufen:

α) des auf ein unmittelbar einzelnes Object bezogenen, stoffartigen Wissens, — oder der Anschauung,

β) der aus dem Verhältniß zur Einzelnheit des Objectes sich in sich zurücknehmenden und das Object auf ein Allgemeines beziehenden Intelligenz, — oder der Vorstellung,

γ) der das concret Allgemeine der Gegenstände begreifenden Intelligenz, — oder des Denkens in dem bestimmten Sinne, das Dasjenige, was wir denken, auch ist, — auch Objectivität hat.

α) Die Stufe der Anschauung,

des unmittelbaren Erkennens, oder des mit der Bestimmung der Vernünftigkeit gesetzten, von der Gewißheit des Geistes durchdrungenen Bewußtseyns zerfällt wieder in drei Unterabtheilungen:

since it excretes the substantial content of its general object as something which its delicate spirit is unable to digest. And by so doing it disclaims *cognition* of God, for as has been observed, knowledge of *external* determinatenesses does not constitute cognizing, which necessarily entails the appre- 5 hending of the *substantial* determinateness of the general object. A science such as the one just mentioned has as its + standpoint not *true intelligence*, but *consciousness*. True intelligence has rightly been called the *faculty of cognition*, although to speak of a *faculty* here, in that it suggests a mere possibility, 10 is misleading.

In order to provide an overall view, we shall now anticipate and give an assertorial presentation of the formal course of the development of intelligence to cognition. It is as follows: 15

In the *first* instance intelligence has an *immediate* object,

In the *second* a material which is *intro-reflected* or *recollected*,

And in the *third* a general object which is as *subjective* as it is *objective*.

20

This gives rise to the *three* stages of

α) *material* knowledge relating to an immediately *single* object, — or *intuition*;

β) intelligence *withdrawing into itself* from relationship with the *singularity* of the object and relating the object to a 25 *universal*, — or *presentation*;

γ) intelligence *grasping* the *concrete universal* of general objects, — or *thought*, in the *specific* sense of that which we *think* also *being*, or having *objectivity*.

α) The stage of *intuition*,

of *immediate* cognizing, or of *consciousness* posited with the 30 determination of *rationality* and pervaded by the *certainty* of *spirit*, falls in its turn into *three* subdivisions:

1) Die Intelligenz fängt hier von der Empfindung des unmittelbaren Stoffes an;

308

2) entwickelt sich dann zu der das Object ebenso von sich abtrennenden wie fixirenden Aufmerksamkeit,

3) und wird auf diesem Wege zu der das Object als ein Sich-selber-äußerliches setzenden eigentlichen Anschauung.

β) Die zweite Hauptstufe der Intelligenz aber, — die Vorstellung umfaßt die drei Stufen:

αα) der Erinnerung,

ββ) der Einbildungskraft,

γγ) des Gedächtnisses.

γ) Endlich die dritte Hauptstufe in dieser Sphäre, — das Denken hat zum Inhalt:

1) den Verstand,

2) das Urtheil und

3) die Vernunft.

α) Anschauung.

§. 446.

Der Geist, der als Seele natürlich bestimmt, als Bewußtseyn im Verhältniß zu dieser Bestimmtheit als zu einem äußern Objecte ist, als Intelligenz aber 1) sich selbst so bestimmt findet, ist sein dumpfes Weben in sich, worin er sich stoffartig ist und den ganzen Stoff seines Wissens hat. Um der Unmittelbarkeit willen, in welcher er so zunächst ist, ist er darin schlechthin nur als ein einzelner und gemein-subjectiver, und erscheint so als fühlender.

* Wenn schon früher (§. 399. ff.) das Gefühl als eine Existenzweise der Seele vorkam, so hat das Finden oder die Unmittelbarkeit daselbst wesentlich die Bestimmung des natürlichen Seyns oder der Leiblichkeit, hier aber nur abstract der Unmittelbarkeit überhaupt.

* Die Anmerkung 1830 zugefügt.

1) Intelligence begins here with the *sensation* of the immediate material;
2) subsequently develops itself into *attention*, which *fixes* the object to the same extent as it *separates* it from itself; 5
3) and in this way, positing the object as *self-external*, becomes *intuition proper*.

β) *Presentation*, which is the *second main stage* of intelligence, also contains three stages:
αα) *recollection*, 10
ββ) *imagination*,
γγ) *memory*.

γ) The *third* and last main stage in this sphere is *thought*, and has as its content:
1) *understanding*, 15
2) *judgement* and +
3) *reason*.

α) *Intuition*

§ 446

Spirit is *naturally* determined as soul, and as + *consciousness* is in relationship with this determinateness as with an *external* object. As intelli- 20 gence **however, 1) it finds itself so determined, is itself its** subdued internal stirring, within which + it is as its *material* and possesses the whole *material* of its knowledge. On account of the *immediacy* of that in which **it occurs initially, it is** 25 **within it** only as **a** *single* **and common** *subjectiveness*, **and so appears as** feeling spirit.

*** Feeling has already occurred earlier (§ 339ff.) as a mode of the soul's existence. In that case the essential determination of the finding or the** 30 **immediacy is natural being or corporeity. Here however it is merely abstract, immediacy in general.**

* Remark first published 1830.

Zusatz. Wir haben schon zweimal vom Gefühl zu sprechen gehabt; jedoch jedesmal in einer verschiedenen Beziehung. 309 Zuerst hatten wir dasselbe bei der Seele — und zwar näher da — zu betrachten, wo dieselbe, aus ihrem in sich verschlossenen Naturleben erwachend, die Inhaltsbestimmungen ihrer schlafenden Natur in sich selber findet und eben dadurch empfindend ist, durch Aufhebung der Beschränktheit der Empfindung aber zum Gefühl ihres Selbstes, ihrer Totalität gelangt und endlich, sich als Ich erfassend, zum Bewußtseyn erwacht. — Auf dem Standpunkte des Bewußtseyns wurde zum zweiten Male vom Gefühl gesprochen. Da waren aber die Gefühlsbestimmungen der von der Seele abgetrennte, in der Gestalt eines selbstständigen Objectes erscheinende Stoff des Bewußtseyns. — Jetzt endlich drittens hat das Gefühl die Bedeutung, diejenige Form zu seyn, welche der die Einheit und Wahrheit der Seele und des Bewußtseyns bildende Geist als solcher zunächst sich gibt. In diesem ist der Inhalt des Gefühls von der zwiefachen Einseitigkeit befreit, welche derselbe — einerseits auf dem Standpunkt der Seele und andererseits auf dem des Bewußtseyns — hatte. Denn nun hat jener Inhalt die Bestimmung, an sich ebensowohl objectiv wie subjectiv zu seyn; und die Thätigkeit des Geistes richtet sich jetzt nur darauf, ihn als Einheit des Subjectiven und des Objectiven zu setzen.

§. 447.

Die Form des Gefühls ist, daß es zwar eine bestimmte Affection, aber diese Bestimmtheit einfach * ist. Darum hat ein Gefühl, wenn sein Inhalt doch der gediegenste und wahrste ist, die Form zufälliger Particularität, außerdem daß der Inhalt eben sowohl der dürftigste und unwahrste seyn kann.

Daß der Geist in seinem Gefühle den Stoff seiner Vorstellungen hat, ist eine sehr allgemeine Voraussetzung,

* 1827: Es ist im Gefühl die Unterscheidung sowohl des Inhalts gegen andern Inhalt, als der Aeußerlichkeit desselben gegen die Subjectivität und diese darum als frei noch nicht gesetzt.

Addition. Although we have had to speak of *feeling* on two former occasions, in each case it was in a different relation. We had to consider it *first* in respect of the *soul*, and more precisely in respect of the soul's awakening from its self-enveloped natural life to find within itself the content-determinations of its sleeping nature. It is precisely through this that it is sentient. By sublating the restrictedness of sensation it comes to *feel* the *totality* of its *self* however, and finally awakens into *consciousness* by apprehending itself as *ego*. — At the standpoint of consciousness, mention was made of feeling a *second* time. There, however, the determinations of feeling were the material of consciousness, *separated* from the soul and appearing in the shape of an *independent object*. — Now, in the *third* and final instance, feeling has the significance of being the initial form assumed by *spirit as such*, which constitutes the unity and truth of the *soul* and of *consciousness*. In this form, the content of feeling is free of the dual one-sidedness it derived from the standpoints of the soul and of consciousness respectively, for it now has the implicit determination of being as *objective* as it is *subjective*, and the activity of spirit now directs itself solely towards positing it as the unity of the subjective and objective.

§ 447

Although the *form* of **feeling** is certainly a *determinate* affection, this **is** a simple *determinateness*.* **A feeling therefore, even when its content is of the richest and truest kind, has the form of a contingent particularity, and the content can just as well be extremely poor and lacking in truth.**

It is very generally assumed that spirit has the *material* of its presentations in its feelings, but the meaning attached to this proposition is

* 1827: There is in feeling the distinction not only of content from another content, but also of the content's being external to the subjectivity, which is therefore not yet posited as being free.

aber gewöhnlicher in dem entgegengesetzten Sinne von dem, den dieser Satz hier hat. Gegen die Einfachheit des Gefühls pflegt vielmehr das Urtheil überhaupt, die Unterscheidung des Bewußtseyns in ein Subject und Object, als das Ursprüngliche vorausgesetzt werden; so
310 wird dann die Bestimmtheit der Empfindung von einem selbstständigen äußerlichen oder innerlichen Gegenstande abgeleitet. Hier in der Wahrheit des Geistes ist dieser seinem Idealismus entgegengesetzte Standpunkt des Bewußtseyns untergegangen, und der Stoff des Gefühls
* vielmehr bereits als dem Geiste immanent gesetzt. In Betreff des Inhalts ist es gewöhnliches Vorurtheil, daß im Gefühl mehr sey, als im Denken; insbesondere wird diß in Ansehung der moralischen und religiösen Gefühle statuirt. Der Stoff, der sich der Geist als fühlend ist, hat sich auch hier als das an und für sich Bestimmtseyn der Vernunft ergeben; es tritt darum aller vernünftige und nähere auch aller geistige Inhalt in das Gefühl ein. Aber die Form der selbstischen Einzelnheit, die der Geist im Gefühle hat, ist die unterste und schlechteste, in der er nicht als freies, als unendliche Allgemeinheit, — sein Gehalt und Inhalt vielmehr als ein zufälliges, subjectives, particuläres ist. Gebildete, wahrhafte Empfindung ist die Empfindung eines gebildeten Geistes, der sich das Bewußtseyn von bestimmten Unterschieden, wesentlichen Verhältnissen, wahrhaften Bestimmungen u. s. f. erworben, und bei dem dieser berichtigte Stoff es ist, der in sein
\+ † Gefühl tritt, d. i. diese Form enthält. Das Gefühl ist die unmittelbare, gleichsam präsenteste Form, in der sich das Subject zu einem gegebenen Inhalte verhält; es reagirt zuerst mit seinem besondern Selbstgefühle dagegen,

* 1817 (§ 370 Anm. S. 242): Auch *Aristoteles* hat die Bestimmung der Empfindung erkannt, indem er das empfindende Subject und das empfundene Object, in welches das Bewußtseyn sie trennt, nur als das *Empfinden der Möglichkeit nach*, erkannte, von der Empfindung aber sagte, daß die *Entelechie* des Empfindenden und des Empfundenen Eine und dieselbe ist.
† Der folgende Satz erstmals 1830.

more usually the opposite of that attributed to it here. **It is more often assumed that what is original is not the simplicity of feeling but** *judgement* in general, the division of consciousness into a subject and object **i.e. that** the determinateness of sensation is derived from an *independent general object* which is either external or internal. Here in the **truth** of spirit, the standpoint at which consciousness is in opposition to this idealism **of spirit** is superseded, **and the material of** feeling **is already posited as inmanent within** spirit.* It is commonly assumed, **in respect of content,** *that there is more in feeling than there is in thought;* this is asserted of moral and religious feelings in particular. Since the material which spirit is for itself in that it feels has also **yielded** itself here as the determinedness, the being in and for self of reason, **all rational, and what is more all spiritual content enters into feeling.** However, the form **possessed by spirit in feeling** is the lowest and the worst, **that of selfhood and singularity,** within which spirit lacks the freedom of infinite universality, **its capacity and content** being contingent, subjective and particular. **True sensation is cultivated, it is the sensation of a cultured spirit which has acquired consciousness of specific differences, essential relationships, true determinations etc., and it is into the feeling of spirit such as this that this corrected material enters to receive this form.† It is in the form of feeling that the subject relates itself to a given content immediately, with the maximum of presence so to speak; it is with its particular self-awareness that it first reacts against it, and although this can certainly be sounder and**

* 1817 (§ 370 Rem. p. 242): *Aristotle* also recognized the determination of sensation, in that while he recognized the sentient subject and the sensed object into which it is divided by consciousness as only the *possibility of what sensing is*, he said of sensation that the *entelechy* of the sentient being and what is sensed are one and the same.

† Following sentence first published 1830.

welches wohl gediegener und umfassender seyn kann, als ein einseitiger Verstandesgesichtspunkt, aber eben so sehr auch beschränkt und schlecht; auf allen Fall ist es die Form des Particularen und Subjectiven. Wenn ein Mensch sich über Etwas nicht auf die Natur und den Begriff der Sache oder wenigstens auf Gründe, die Verstandesallgemeinheit, sondern auf sein Gefühl beruft, so ist nichts anders zu thun, als ihn stehen zu lassen, weil er sich dadurch der Gemeinschaft der Vernünftigkeit verweigert, sich in seine isolirte Subjectivität, die Particularität, abschließt.

311

Zusatz. In der Empfindung ist die ganze Vernunft, — der gesammte Stoff des Geistes vorhanden. Alle unsere Vorstellungen, Gedanken und Begriffe von der äußeren Natur, vom Rechtlichen, vom Sittlichen und vom Inhalt der Religion entwickeln sich aus unserer empfindenden Intelligenz; wie dieselben auch umgekehrt, nachdem sie ihre völlige Auslegung erhalten haben, in die einfache Form der Empfindung concentrirt werden. Mit Recht hat deshalb ein Alter gesagt, daß die Menschen aus ihren Empfindungen und Leidenschaften sich ihre Götter gebildet haben. Jene Entwicklung des Geistes aus der Empfindung heraus pflegt aber so verstanden zu werden, als ob die Intelligenz ursprünglich durchaus leer sey und daher allen Inhalt als einen ihr gänzlich fremden von außen empfange. Dies ist ein Irrthum. Denn Dasjenige, was die Intelligenz von außen aufzunehmen scheint, ist in Wahrheit nichts Anderes, als das Vernünftige, folglich mit dem Geiste identisch und ihm immanent. Die Thätigkeit des Geistes hat daher keinen anderen Zweck, als den, durch Aufhebung des scheinbaren Sich-selber-äußerlich-seyns des an sich vernünftigen Objectes auch den Schein zu widerlegen, als ob der Gegenstand ein dem Geiste äußerlicher sey.

§. 448.

2) In der Diremtion dieses unmittelbaren Findens ist das eine Moment die abstracte identische Richtung des

more comprehensive than a one-sided view taken by the understanding, it can just as well be limited and of little value; and its form is in any case that of the particular and subjective. If a person *refers* to his *feeling* in respect of something, rather than to the nature and Notion of the matter, or at least reasons, the general consensus, **the** only thing to do is to let him alone, since by doing this he opts out of the communion of rationality and shuts himself up in the *particularity* of his isolated subjectivity.

Addition. The *whole* of *reason*, the *entire material* of *spirit*, is present within *sensation*. All our presentations, thoughts and Notions, of external nature, of what is right, of the ethical, and of the content of religion, develop from our sentient intelligence; just as, conversely, they are also concentrated into the simple form of sensation after they have received their full explication. The ancient who observed that men have formed their gods out of their sensations and passions, was therefore justified. The *usual* interpretation of this + development of spirit from sensation is however, that since intelligence is originally entirely *empty*, all content is derived by it *from without* as something which is entirely *alien* to it. This is erroneous, for what intelligence appears to take up from without is in truth nothing other than that which is *rational*, and which is therefore *identical* with spirit and *immanent* within it. Consequently, the *sole* purpose of the activity of spirit is to sublate the apparent *self-externality* of the implicitly rational object, and so refute even the apparency of the general object's being external to *spirit*.

§ 448

2) The one moment in the diremption of this immediate finding is *attention*, the abstract *identical*

Geistes im Gefühle wie in allen andern seiner weitern Bestimmungen, die Aufmerksamkeit, ohne welche nichts für ihn ist; — die thätige Erinnerung, das Moment des Seinigen, aber als die noch formelle Selbstbestimmung der Intelligenz. Das andere Moment ist, daß sie gegen diese ihre Innerlichkeit die Gefühlsbestimmtheit als ein seyendes, aber als ein Negatives, als das abstracte Andersseyn seiner selbst setzt. Die Intelligenz bestimmt hiemit den Inhalt der Epmfindung als außer sich seyendes, wirft ihn in Raum und Zeit hinaus, welches die Formen sind, worin sie anschauend ist. Nach dem Bewußtseyn ist der Stoff nur Gegenstand desselben, relatives Anderes; von dem Geiste aber erhält er die vernünftige Bestimmung, das Andre seiner selbst zu seyn (vgl. §. 247. 254.)

312

Zusatz. Die in der Empfindung und im Gefühl vorhandene unmittelbare, also unentwickelte Einheit des Geistes mit dem Object ist noch geistlos. Die Intelligenz hebt daher die Einfachheit der Empfindung auf, — bestimmt das Empfundene als ein gegen sie Negatives, — trennt dasselbe somit von sich ab, — und setzt es in seiner Abgetrenntheit zugleich doch als das Ihrige. Erst durch diese doppelte Thätigkeit des Aufhebens und des Wiederherstellens der Einheit zwischen mir und dem Anderen komme ich dahin, den Inhalt der Empfindung zu erfassen. Dies geschieht zunächst in der Aufmerksamkeit. Ohne dieselbe ist daher kein Auffassen des Objectes möglich; erst durch sie wird der Geist in der Sache gegenwärtig, — erhält derselbe — zwar noch nicht Erkenntniß, — denn dazu gehört eine weitere Entwicklung des Geistes, — aber doch Kenntniß von der Sache. Die Aufmerksamkeit macht daher den Anfang der Bildung aus. Näher muß aber das Aufmerken so gefaßt werden, daß dasselbe ein Sicherfüllen mit einem Inhalte ist, welcher die Bestimmung hat, sowohl objectiv wie subjectiv zu seyn, — oder mit anderen Worten, — nicht nur für mich zu seyn, sondern auch selbstständiges Seyn zu haben. Bei der Aufmerksamkeit findet also nothwendig eine Trennung und eine Einheit des Subjectiven und des Ob-

direction of spirit in both **feeling** and all the rest of its further determinations, **without which nothing has being for it; — although this is active** *recollection*, **the moment of appropriation, it is so as the still formal self-determination of** intelligence. **The other moment consists of intelligence positing the determinateness of** feeling, **against this its inwardness, as a being; as a negative being however, as the abstract otherness of itself. It is thus that intelligence determines the content of sensation as being self-external, projecting it into the forms of** ***space*** **and** ***time*****, within which intelligence is intuitive. To consciousness, the material is simply the general object, the relative other, but spirit endows it with the rational determination of being the other of itself (cf. §§ 247, 254).** 5 + 10 15 +

Addition. The *immediate* and therefore *undeveloped* unity of spirit with the object which is present in sensation and feeling, is as yet spiritless. Consequently, by determining what is sensed as a *negative being* and so *separating* it *from* itself, while at the same time positing it in its *separateness* as its *own*, intelligence sublates the simplicity of sensation. It is only through this double activity of *sublating* and *re-establishing* the unity between myself and the other, that I come to *apprehend* the content of sensation. The initial occurrence of this is in *attention*, without which the taking up of the object is therefore impossible. It is through attention that spirit first becomes present in the matter, acquires it, by gaining *information* about it. It does not yet gain *cognition* of it however, for this requires a further development of spirit. It is therefore attention which constitutes the beginning of education. More precisely considered however, it has to be regarded as filling oneself with a content which has the determination of being both *objective* and *subjective*, that is to say, which is not only *for me* but which also has an *independent* being. Consequently attention necessarily involves both a *separation* and a *unity* of the subjective and objective, free 20 25 + 30 + 35

jectiven statt, — ein Sich-in-sich-reflectiren des freien Geistes und zugleich eine identische Richtung desselben auf den Gegenstand. Darin liegt schon, daß die Aufmerksamkeit etwas von meiner Willkür Abhangendes ist, — daß ich also nur dann aufmerksam bin, wenn ich es seyn will. Hieraus folgt aber
313 nicht, daß die Aufmerksamkeit etwas Leichtes sey. Sie erfordert vielmehr eine Anstrengung, da der Mensch, wenn er den Einen Gegenstand erfassen will, von allem Anderen, von allen den tausend in seinem Kopfe sich bewegenden Dingen, von seinen sonstigen Interessen, sogar von seiner eigenen Person abstrahiren — und, mit Unterdrückung seiner die Sache nicht zu Worte kommen lassenden, sondern vorschnell darüber aburtheilenden Eitelkeit, starr sich in die Sache vertiefen, dieselbe, — ohne mit seinen Reflexionen darein zu fahren, — in sich walten lassen oder sich auf sie fixiren muß. Die Aufmerksamkeit enthält also die Negation des eigenen Sichgeltendmachens und das Sich-Hingeben an die Sache; — zwei Momente, die zur Tüchtigkeit des Geistes ebenso nothwendig sind, wie dieselben für die sogenannte vornehme Bildung als unnöthig betrachtet zu werden pflegen, da zu dieser gerade das Fertigseyn mit Allem, — das Hinausseyn über Alles, — gehören soll. Dies Hinausseyn führt gewissermaßen zum Zustand der Wildheit zurück. Der Wilde ist fast auf Nichts aufmerksam; er läßt Alles an sich vorübergehen, ohne sich darauf zu fixiren. Erst durch die Bildung des Geistes bekommt die Aufmerksamkeit Stärke und Erfüllung. Der Botaniker, zum Beispiel, bemerkt an einer Pflanze in derselben Zeit unvergleichlich viel mehr, als ein in der Botanik unwissender Mensch. Dasselbe gilt natürlicherweise in Bezug auf alle übrigen Gegenstände des Wissens. Ein Mensch von großem Sinne und von großer Bildung hat sogleich eine vollständige Anschauung des Vorliegenden; bei ihm trägt die Empfindung durchgängig den Charakter der Erinnerung.

Wie wir im Obigen gesehen haben, findet in der Aufmerksamkeit eine Trennung und eine Einheit des Subjectiven und des Objectiven statt. Insofern jedoch die Aufmerksamkeit zunächst beim Gefühl hervortritt, ist in ihr die Einheit des Subjecti-

spirit's *reflecting itself into itself* while at the same time it is *directed identically* at the *general object.* Although this already involves attention's being dependent upon my *wilfulness*, and hence my only being attentive when I *want* to be, it does not mean that attention comes easily. It requires an effort, for if a person wants to apprehend one general object, he has to abstract from everything else, from all the thousand things going on in his head, from his other interests, even from his own person, and while suppressing the conceit which leads him into rashly prejudging the matter rather than allowing it to speak for itself, to work himself doggedly into it, to allow it free play, to fasten upon it without obtruding his own reflections. Attention therefore involves the *negation* of one's *self-assertiveness* and the *giving of oneself* to the *matter* in hand; — two moments which are as necessary to spiritual ability as they are generally deemed to be unnecessary to what is called a polite education, the precise mark of which is regarded as being finished and done with, above everything. To a certain extent, this being above leads back to the state of savagery. The savage pays attention to practically nothing, for he fixes upon nothing and allows everything to pass him by. It is only through the education of spirit that attention acquires strength and achieves fulfilment. A botanist, for example, will observe incomparably more in a plant in a given time than will a person who knows nothing of botany. The same is of course true of all other general objects of knowledge. A large-minded and well-educated person gets an all-round intuition of something as soon as he is confronted with it, for his sensation always has the character of recollection.

As we have seen above, there is in attention a separation and a unity of the subjective and objective. In so far as the initial emergence of attention is in *feeling* however, it is the *unity* of the subjective and the objective which predominates

ven und des Objectiven das Ueberwiegende, — der Unterschied dieser beiden Seiten daher noch etwas Unbestimmtes. Die

314

Intelligenz schreitet aber nothwendig dazu fort, diesen Unterschied zu entwickeln, — das Object auf bestimmte Weise vom Subject zu unterscheiden. Die erste Form, in welcher sie Dies thut, ist die Anschauung. In dieser überwiegt ebenso sehr der Unterschied des Subjectiven und des Objectiven, wie in der formellen Aufmerksamkeit die Einheit dieser entgegengesetzten Bestimmungen.

Die in der Anschauung erfolgende Objectivirung des Empfundenen haben wir hier nun näher zu erörtern. In dieser Beziehung sind sowohl die inneren wie die äußeren Empfindungen zu besprechen.

Was die ersteren betrifft, so gilt es besonders von ihnen, daß in der Empfindung der Mensch der Gewalt seiner Affectionen unterwürfig ist, — daß er sich aber dieser Gewalt entzieht, wenn er seine Empfindungen sich zur Anschauung zu bringen vermag. So wissen wir, zum Beispiel, daß, wenn Jemand im Stande ist, die ihn überwältigenden Gefühle der Freude oder des Schmerzes, etwa in einem Gedichte, sich anschaulich zu machen, er Das, was seinen Geist beengte, von sich abtrennt und sich dadurch Erleichterung oder völlige Freiheit verschafft. Denn, wiewohl er durch Betrachtung der vielen Seiten seiner Empfindungen die Gewalt derselben zu vermehren scheint; so vermindert er doch diese Gewalt in der That dadurch, daß er seine Empfindungen zu etwas ihm Gegenüberstehenden, — zu etwas ihm Aeußerlichwerdenden macht. Daher hat namentlich Göthe, besonders durch seinen Werther, sich selbst erleichtert, während er die Leser dieses Romans der Macht der Empfindung unterwarf. Der Gebildete fühlt, — da er das Empfundene nach allen sich dabei darbietenden Gesichtspunkten betrachtet, — tiefer, als der Ungebildete, — ist diesem aber zugleich in der Herrschaft über das Gefühl überlegen, weil er sich vorzugsweise in dem über die Beschränktheit der Empfindung erhabenen Elemente des vernünftigen Denkens bewegt.

315

Die inneren Empfindungen sind also, wie eben angedeutet,

within it, so that the difference between these two aspects is still *indeterminate*. Intelligence necessarily goes on to develop this difference however, to distinguish the object from the subject in a *determinate* manner. The *primary* form in which it does this is *intuition*, within which the *difference* between the subjective and the objective is just as predominant as is the *unity* of these opposed determinations in formal attention. 5 +

At this juncture, we now have to examine more closely the resultant objectification, within intuition, of what is sensed. This procedure involves reference to *internal* as well as to *external* sensations. 10

In the case of the *former* in particular, it is true to say that in sensation man is subject to the power of his affections but that he withdraws himself from this power if he is able to *intuite* his sensations. We know, for example, that if a person is capable of intuiting for himself overwhelming feelings of joy or sorrow, within a poem perhaps, he will, by *separating* from himself that which was oppressing his spirit, obtain relief or completely *free* himself of it. *Goethe* for instance, particularly by means of his *Werther*, has brought himself relief, while subjecting the readers of this romance to the force of sensation. Although the cultivated person feels more deeply than the uncultivated on account of his regarding what is sensed in all its various aspects, he is superior to him in mastering feeling, for he moves in the main within the element of rational thought, which is above the limitedness of sensation. 15 + 20 + 25

As has just been indicated, internal sensations are there-

je nach dem Grade der Stärke des reflectirenden und des vernünftigen Denkens mehr oder weniger abtrennlich von uns.

Bei den äußerlichen Empfindungen dagegen ist die Verschiedenheit ihrer Abtrennlichkeit von dem Umstande abhängig, ob sie sich auf das Object als auf ein bestehendes, oder als auf ein verschwindendes beziehen. Nach dieser Bestimmung ordnen sich die fünf Sinne dergestalt, daß auf der einen Seite der Geruch und der Geschmack, — auf der anderen dagegen das Gesicht und das Gefühl, in der Mitte aber das Gehör zu stehen kommt. — Der Geruch hat es mit der Verflüchtigung oder Verduftung, — der Geschmack mit der Verzehrung des Objectes zu thun. Diesen beiden Sinnen bietet sich also das Object in seiner ganzen Unselbstständigkeit, nur in seinem materiellen Verschwinden dar. Hier fällt daher die Anschauung in die Zeit und wird die Versetzung des Empfundenen aus dem Subjecte in das Object weniger leicht, als bei dem sich vornämlich auf das Widerstandleistende des Gegenstandes beziehenden Sinne des Gefühls, so wie bei dem eigentlichen Sinne der Anschauung, — beim Gesicht, das mit dem Objecte als einem überwiegend Selbstständigen, ideell und materiell Bestehenden sich beschäftigt, — zu ihm nur eine ideelle Beziehung hat, — nur dessen ideelle Seite, die Farbe, vermittelst des Lichtes empfindet, — die materielle Seite aber am Object unberührt läßt. — Für das Gehör endlich ist der Gegenstand ein materiell bestehender, jedoch ideell verschwindender; im Tone vernimmt das Ohr das Erzittern, — das heißt, — die nur ideelle, nicht reale Negation der Selbstständigkeit des Objectes. Daher zeigt sich beim Gehör die Abtrennlichkeit der Empfindung zwar geringer, als beim Gesicht, aber größer, als beim Geschmack und beim Geruch. Wir müssen den den Ton hören, weil derselbe vom Gegenstande sich ablösend auf uns eindringt, und wir weisen ihn ohne große Schwierigkeit an dieses oder jenes Object, weil dasselbe bei seinem Erzittern sich selbstständig erhält.

+ 316

Die Thätigkeit der Anschauung bringt sonach zunächst überhaupt ein Wegrücken der Empfindung von uns, — eine Umge-

fore more or less separable from us according to the degree of strength in our reflection and rational thinking.

In the case of *external* sensations on the contrary, their varying separability depends on the circumstance of their relating themselves to the object as to something *subsistent* or *transitory*. It is in accordance with this determination that the five senses range themselves so that *hearing* holds the middle, with *smell* and *taste* on the one side and *sight* and *feeling* on the other. — *Smell* is concerned with the object's *volatilization* or *evaporation*, *taste* with its *consumption*, the object rendering itself to these senses in its entire lack of independence, in nothing but its *material transience*. Here, therefore, intuition falls within time, and the transfer of what is sensed from the subject into the object is not so easy as it is with the sense of *feeling*, which relates principally to what is *resistant* in the general object, or with *sight*, which is the sense *proper* to intuition. Sight concerns itself with the object as with something which is predominantly *independent*, *of an ideal nature* and *materially subsistent*. Since the aspect it senses, by means of *light*, is its *colour*, which is *of an ideal nature*, its relation to it is merely *of an ideal nature*, and it leaves the *material* aspect of the object untouched. Finally, for *hearing*, the general object is a *material subsistence* and yet a *transience* which is *of an ideal nature*. In the case of *tone*, the ear perceives the vibration, that is to say, *not* the *real* negation but merely that negation of the object's independence which is *of an ideal nature*. In hearing therefore, the separability of sensation, though certainly less than in sight, is greater than in taste and smell. We must hear tone, since it releases itself from the general object and forces itself upon us, and since some object or another preserves its independence by vibrating, we connect the tone with it without any great difficulty. +

In the first instance therefore, the activity of intuition brings about a general shifting of sensation away from us, a

staltung des Empfundenen in ein außer uns vorhandenes Object hervor. Durch diese Veränderung wird der Inhalt der Empfindung nicht verändert; derselbe ist vielmehr hier im Geiste und + in äußeren Gegenstande nach Ein und derselbe; so daß also der Geist hier noch keinen ihm eigenthümlichen Inhalt hat, den er mit dem Inhalte der Anschauung vergleichen könnte. Was somit durch die Anschauung zu Stande kommt, ist bloß die Umwandlung der Form der Innerlichkeit in die Form der Aeußerlichkeit. Dies bildet die erste, selbst noch formelle Weise, wie die Intelligenz bestimmend wird. — Ueber die Bedeutung jener Aeußerlichkeit muß aber Zweierlei bemerkt werden; — erstens, daß das Empfundene, indem es zu einem der Innerlichkeit des Geistes äußerlichem Objecte wird, die Form eines Sich-selber-äußerlichen erhält, da das Geistige oder Vernünftige die eigene Natur der Gegenstände ausmacht. — Für's Zweite haben wir zu bemerken, daß, da jene Umgestaltung des Empfundenen vom Geiste als solchem ausgeht, das Empfundene dadurch eine geistige, — das heißt, — eine abstracte Aeußerlichkeit, — und durch dieselbe diejenige Allgemeinheit bekommt, welche dem Aeußerlichen unmittelbar zu Theil werden kann, — nämlich eine noch ganz formelle, inhaltslose Allgemeinheit. Die Form des Begriffs fällt aber in dieser abstracten Aeußerlichkeit selber auseinander. Die letztere hat daher die doppelte Form des Raumes und der Zeit. (Vergleiche §. 254—259.) Die Empfindungen werden also durch die Anschauung räumlich und zeitlich gesetzt. Das Räumliche stellt sich als die Form des gleichgültigen Nebeneinanderseyns und ruhigen Bestehens dar; — das Zeitliche dagegen als die Form der Unruhe, des in sich selbst Negativen, des 317 Nacheinanderseyns, des Entstehens und Verschwindens, so daß das Zeitliche ist, indem es nicht ist, und nicht ist, indem es ist. Beide Formen der abstracten Aeußerlichkeit sind aber darin mit einander identisch, daß sowohl die eine, wie die andere, in sich schlechthin discret und zugleich schlechthin continuirlich ist. Ihre, die absolute Discretion in sich schließende Continuität besteht eben in der vom Geiste kommenden abstracten,

transformation of what is sensed into an object which is present outside us. This alteration in no way alters the *content* of sensation, which here in spirit and in the general external object, is still one and the same. At this juncture therefore, spirit still has no content of its own which it might compare with the content of intuition. What occurs on account of intuition is therefore simply the changing of the form of *internality* into that of *externality*. This constitutes the *primary* and still *formal* mode of intelligence as a *determining* factor. — *Two* observations have to be made in respect of the significance of this externality however; *firstly*, since what is spiritual or rational constitutes the objects' *own* nature, what is sensed assumes the form of a *self-externality* in that it becomes an object external to the *internality of spirit*. *Secondly*, we have to note that since this transformation of what is sensed proceeds from *spirit as such*, what is sensed is endowed with a *spiritual*, that is to say with an *abstract* externality, and so acquires the same universality as that which can pertain *immediately* to what is external, a *universality* which is still entirely *formal* and *devoid of content*. In this abstract externality however, the form of the Notion itself falls apart, so that the externality has the dual form of *space* and of *time* (cf. §§ 254–259). By means of intuition therefore, sensations are posited spatially and temporally. What is *spatial* presents itself as the form of *indifferent collaterality* and *quiescent subsistence*. What is *temporal*, on the contrary, presents itself as the form of *restlessness*, of what is *in itself negative*, of *successiveness*, of *emerging* and *disappearing*, so that what is temporal *is* in that it *is not*, and *is not* in that it *is*. Both forms of abstract externality are however identical with one another, in that while they are both in themselves simply discrete, they are at the same time simply continuous. The precise nature of their continuity, which includes within itself absolute discretion, consists of the abstract *universality* of what is external. This universality

noch zu keiner wirklichen Vereinzelung entwickelten Allgemeinheit des Aeußerlichen.

Wenn wir aber gesagt haben, daß das Empfundene vom anschauenden Geiste die Form des Räumlichen und Zeitlichen erhalte; so darf dieser Satz nicht so verstanden werden, als ob Raum und Zeit nur subjective Formen seyen. Zu solchen hat Kant den Raum und die Zeit machen wollen. Die Dinge sind jedoch in Wahrheit selber räumlich und zeitlich; jene doppelte Form des Außereinander wird ihnen nicht einseitigerweise von unserer Anschauung angethan, sondern ist ihnen von dem an-sich-seyenden unendlichen Geiste, von der schöpferischen ewigen Idee, schon ursprünglich angeschaffen. Indem daher unser anschauender Geist den Bestimmungen der Empfindung die Ehre erweist, ihnen die abstracte Form des Raumes und der Zeit zu geben und sie dadurch ebenso sehr zu eigentlichen Gegenständen zu machen, wie dieselben sich zu assimiliren; so geschieht dabei durchaus nicht Dasjenige, was nach der Meinung des subjectiven Idealismus dabei geschieht, — daß wir nämlich nur die subjective Weise unseres Bestimmens und nicht dem Objecte selber eigene Bestimmungen erhielten. — Uebrigens aber muß Denen, welche der Frage nach der Realität des Raumes und der Zeit eine ganz absonderliche Wichtigkeit beizulegen die Bornirtheit haben, geantwortet werden; daß Raum und Zeit höchst dürftige und oberflächliche Bestimmungen sind, — daß daher die Dinge an diesen Formen sehr wenig haben, also auch durch deren Verlust, — wäre dieser anders möglich, — sehr wenig verlören. Das erkennende Denken hält sich bei jenen Formen nicht auf; es erfaßt die Dinge in ihrem, den Raum und die Zeit als ein Aufgehobenes in sich enthaltenden Begriffe. Wie in der äußeren Natur Raum und Zeit durch die ihnen immanente Dialektik des Begriffs sich selber zur Materie (§. 261) als ihrer Wahrheit aufheben; so ist die freie Intelligenz die für-sich-seyende Dialektik jener Formen des unmittelbaren Außereinander.

318

§. 449.

3) Die Intelligenz als diese concrete Einheit der beyden Momente, und zwar unmittelbar in diesem äußerlich-

derives from spirit, and has still not developed any *actual* singularization. +

If we have said that what is sensed derives the form of what is spatial and temporal from the *intuiting spirit* however, this statement must not be taken to mean that space 5 and time are *only subjective* forms, which is what *Kant* wanted to make of them. The truth is that the things in *themselves* are spatial and temporal, this dual form of extrinsicality not being onesidedly imparted to them by our intuition, but in origin already communicated to them by the implicit, 10 infinite spirit, by the eternally creative Idea. Our intuiting spirit therefore bestows upon the determinations of sensation the honour of endowing them with the abstract form of space and time and so assimilating as well as making proper general objects of them. What happens here is in no respect 15 what subjective idealism takes it to be however, for we do not receive only the *subjective* mode of our determining to the exclusion of the object's own determinations. — Inci- + dentally, it has to be observed for the benefit of those who are crass enough to attach a wholly incongruous importance 20 to the question of the *reality* of space and time, that they are extremely primitive and superficial determinations, forms, therefore, which are of very little significance to things, and through the forfeiting of which, if this were in any way possible, they would therefore lose very little. *Cognitive* 25 + thinking does not halt at these forms, but apprehends things in their Notion, which contains space and time as sublated within it. Just as in external nature space and time sublate themselves into *matter* as into their truth through the dialectic of the Notion immanent within them (§ 261), so free intelli- 30 gence is the being-for-self of the dialectic of these forms of immediate extrinsicality. +

§ 449

3) Intelligence, as this concrete unity of both moments, and in that in the external being of this

seyenden Stoffe in sich erinnert und in ihrer Erinnerung in sich in das Außersichseyn versenkt zu seyn, ist Anschauung.

Zusatz. Die Anschauung darf weder mit der erst später zu betrachtenden eigentlichen Vorstellung, noch mit dem bereits erörterten bloß phänomenologischen Bewußtseyn verwechselt werden.

Was zuvörderst das Verhältniß der Anschauung zur Vorstellung betrifft, so hat die Erstere mit der Letzteren nur Dies gemein, daß in beiden Geistesformen das Object sowohl von mir abgetrennt, wie zugleich das Meinige ist. Daß aber das Object den Charakter des Meinigen hat, — Dies ist in der Anschauung nur an sich vorhanden und wird erst in der Vorstellung gesetzt. In der Anschauung überwiegt die Gegenständlichkeit des Inhalts. Erst, wenn ich die Reflexion mache, daß ich es bin, der die Anschauung hat, — erst dann trete ich auf den Standpunkt der Vorstellung.

In Bezug aber auf das Verhältniß der Anschauung zum Bewußtseyn haben wir Folgendes zu bemerken. Im weitesten Sinne des Wortes könnte man allerdings schon dem §. 418 betrachteten unmittelbaren oder sinnlichen Bewußtseyn den Namen der Anschauung geben. Soll aber dieser Name, — wie er es denn vernünftigerweise muß, — in seiner eigentlichen Bedeutung genommen werden; so hat man zwischen jenem Bewußtseyn und der Anschauung den wesentlichen Unterschied zu machen, daß das Erstere in unvermittelter, ganz abstracter Gewißheit seiner selbst auf die unmittelbare, in mannigfache Seiten auseinanderfallende Einzelnheit des Objectes sich bezieht, — die Anschauung dagegen ein von der Gewißheit der Vernunft erfülltes Bewußtseyn ist, dessen Gegenstand die Bestimmung hat, ein Vernünftiges, folglich nicht ein in verschiedene Seiten auseinandergerissenes Einzelnes, sondern eine Totalität, eine zusammengehaltene Fülle von Bestimmungen zu seyn. In diesem Sinne sprach Schelling früherhin von intellectueller Anschauung. Geistlose Anschauung ist bloß sinnliches, dem Gegenstande äußerlich bleibendes Bewußtseyn.

319

material it is also immediately intro-recollected and immersed in its intro-recollectedness within self-externality, is intuition. +

Addition. Intuition is not to be confused either with *presentation* proper, which is first to be considered at a subsequent juncture, or with the merely *phenomenological consciousness* already discussed. +

With regard, firstly, to intuition's relationship to *presentation*, *all* that it has in common with it is that in both forms of spirit, while the object is mine, it is at the same time also separate from me. The object's having the character of being mine is only present within intuition implicitly however, and is first posited in presentation. In intuition it is the general objectivity of the content which predominates. It is not until I reflect that it is I who have the intuition, that I enter upon the standpoint of presentation. +

In respect of *intuition's* relationship to consciousness however, we have to observe that if one used the word 'intuition' in its broadest sense, one could of course apply it to the immediate or *sensuous consciousness* already considered in § 418. Rational procedure demands that the name should be given its *proper* meaning however, and one has therefore to draw the essential distinction between such consciousness and intuition. The former, in *unmediated* and *wholly abstract* certainty of itself, relates itself to the *immediate singularity* of the object, which *falls apart* into a multiplicity of aspects. Intuition, on the contrary, is a consciousness which is *filled* with the certainty of *reason*, its general object having the determination of being a *rationality*, and so of constituting not a *single being* torn apart into various aspects, but a *totality*, a *connected profusion* of determinations. It was this that *Schelling* used to refer to as *intellectual intuition*. Spiritless intuition is simply sensuous consciousness, consciousness

Geistvolle, wahrhafte Anschauung dagegen erfaßt die gediegene Substanz des Gegenstandes. Ein talentvoller Geschichtsschreiber, z. B., hat das Ganze der von ihm zu schildernden Zustände und Begebenheiten in lebendiger Anschauung vor sich; wer dagegen kein Talent zur Darstellung der Geschichte besitzt, — der bleibt bei Einzelnheiten stehen und übersieht darüber das Substanzielle. Mit Recht hat man daher in allen Zweigen des Wissens, — namentlich auch in der Philosophie, — darauf gedrungen, daß aus der Anschauung der Sache gesprochen werde. Dazu gehört, daß der Mensch mit Geist, mit Herz und Gemüth, — kurz in seiner Ganzheit, — sich zur Sache verhält, im Mittelpunkt derselben steht und sie gewähren läßt. Nur wenn die Anschauung der Substanz des Gegenstandes dem Denken fest zu Grunde liegt, kann man, — ohne daß man aus dem Wahren heraustritt, — zur Betrachtung des in jener Substanz wurzelnden, in der Abtrennung von derselben aber zu leerem Stroh werdenden Besonderen fortschreiten. Fehlt hingegen die gediegene Anschauung des Gegenstandes von Hause aus, oder verschwindet dieselbe wieder; dann verliert sich das reflectirende Denken in die Betrachtung der mannigfachen, an dem Objecte vorkommenden 320 vereinzelten Bestimmungen und Verhältnisse, — dann reißt der trennende Verstand den Gegenstand, — auch wenn dieser das Lebendige, eine Pflanze oder ein Thier ist, — durch seine einseitigen, endlichen Kategorien von Ursache und Wirkung, von äußerem Zweck und Mittel u. s. w. auseinander, und kommt auf diese Weise, trotz seiner vielen Gescheidtheiten nicht dazu, die concrete Natur des Gegenstandes zu begreifen, — das alle Einzelnheiten zusammenhaltende geistige Band zu erkennen.

Daß aber aus der bloßen Anschauung herausgetreten werden muß, — davon liegt die Nothwendigkeit darin, daß die Intelligenz ihrem Begriffe nach Erkennen, — die Anschauung dagegen noch nicht erkennendes Wissen ist, weil sie als solche nicht zur immanenten Entwicklung der Substanz des Gegenstandes gelangt, sondern sich vielmehr auf das Erfassen der noch mit dem Beiwesen des Aeußerlichen und Zufälligen umgebenen, unentfalteten Substanz beschränkt. Die An-

which remains external to the general object. True intuition is full of spirit however, and apprehends the *genuine substance* of the general object. A talented historian for example, when describing circumstances and events, has before him a lively intuition of them as a *whole*, whereas a person with no talent for the presentation of history overlooks the substance of it and gets no further than the details. It has therefore rightly been insisted upon that in all branches of knowledge and especially in philosophy, what is said should arise out of an intuition of the matter. In order that it may do so, a person has to engage the matter with the whole of his spirit, heart and disposition, give the whole of himself to it, get to the centre of it while allowing it free play. Only when thought is firmly based on the intuition of the substance of the general object can one avoid abandoning what is true when going on to consider the particular, which, though rooted in that substance, becomes mere chaff when separated from it. If genuine intuition of the general object is lacking from the outset however, or if it lapses, reflective thinking loses itself in consideration of the multitude of single determinations and relationships occurring in the object. By means of its tendency to separate, its onesided and finite categories of cause and effect, external purpose and means etc., the understanding then tears apart the general object, even when this is a living being such as a plant or an animal, and in spite of its extensive know-how, it therefore fails to grasp the concrete nature of the general object, to recognise the spiritual bond holding together all the singularities.

Mere intuition has to be *superseded* however, the necessity of this lying in intelligence conforming with its Notion as *cognition*. Intuition, however, is not yet *cognitive* knowledge, since *as such* it has not yet attained to the *immanent development* of the substance of the general object, but rather confines itself to apprehending the *unexplicated* substance, which is still enclosed within the *secondary essentiality* of what is *external* and *contingent*. Intuition is therefore only the *initiation*

schauung ist daher nur der Beginn des Erkennens. Auf diese ihre Stellung bezieht sich der Ausspruch des Aristoteles: Daß alle Erkenntniß von der Verwunderung anfange. Denn, da die subjective Vernunft als Anschauung die Gewißheit — aber auch nur die unbestimmte Gewißheit — hat, in dem zunächst mit der Form der Unvernunft behafteten Objecte sich selber wiederzufinden; so flößt ihr die Sache Verwunderung und Ehrfurcht ein. Das philosophische Denken aber muß sich über den Standpunkt der Verwunderung erheben. Es ist ein völliger Irrthum, zu meinen, daß man die Sache schon wahrhaft erkenne, wenn man von ihr eine unmittelbare Anschauung habe. Die vollendete Erkenntniß gehört nur dem reinen Denken der begreifenden Vernunft an; und nur Derjenige, welcher sich zu diesem Denken erhoben hat, besitzt eine vollkommen bestimmte wahrhafte Anschauung; bei ihm bildet die Anschauung bloß die gediegene Form, in welche seine vollständig entwickelte Erkenntniß sich wieder zusammendrängt. In der

321

unmittelbaren Anschauung habe ich zwar die ganze Sache vor mir; aber erst in der zur Form der einfachen Anschauung zurückkehrenden, allseitig entfalteten Erkenntniß steht die Sache als eine in sich gegliederte, systematische Totalität vor meinem Geiste. Ueberhaupt hat erst der gebildete Mensch eine, von der Masse des Zufälligen befreite, mit einer Fülle des Vernünftigen ausgerüstete Anschauung. Ein sinnvoller gebildeter Mensch kann, — wenn er auch nicht philosophirt, — das Wesentliche, den Mittelpunkt der Sache in einfacher Bestimmtheit erfassen. Dazu ist jedoch immer Nachdenken nothwendig. Man bildet sich oft ein, der Dichter, wie der Künstler überhaupt, müsse bloß anschauend verfahren. Dies ist durchaus nicht der Fall. Ein echter Dichter muß vielmehr vor und während der Ausführung seines Werkes nachsinnen und nachdenken; nur auf diesem Wege kann er hoffen, daß er das Herz oder die Seele der Sache aus allen sie verhüllenden Aeußerlichkeiten herausheben und eben dadurch seine Anschauung organisch entwickeln werde.

of cognition. *Aristotle* refers to its significance as such when he says that all knowledge has its beginning in *wonder.* + Initially, the object is still loaded with the form of the irrational, and it is because it is within this that subjective reason as intuition has the certainty, though only the *indeterminate* 5 *certainty*, of finding itself again, that its subject matter inspires it with wonder and awe. *Philosophic* thought has to raise itself about the standpoint of wonder however. There is no justification for the view that an *immediate* intuition of the matter already constitutes genuine cognition of it. *Completed* 10 cognition derives solely from the *pure thought of Notional reason*, and only he who has raised himself to such thinking is in possession of a consummately determinate and veracious intuition. In his case, intuition constitutes simply the integrated form within which his fully developed cognition 15 reassembles itself. In immediate intuition I certainly have the whole of the matter before me, but it is only in cognition returning into the form of simple intuition unfolded in all its aspects that the matter stands before my spirituality as an *inwardly articulated*, *systematic* totality. In general, it is only the 20 + cultured person, freed from the mass of contingent factors, who has an intuition in full possession of what is rational. A cultured and astute person is able, even if he is not philosophizing, to apprehend the core or essence of a matter in its simple determinateness. This necessarily and invariably in- 25 volves *thinking it over* however. People often imagine that the procedure of a *poet*, like that of the artist in general, is simply a matter of intuition. This is by no means the case however, for both before and during the execution of his work a genuine poet has to *consider* it and *think it over*, and it is only 30 by doing so that he can hope to develop his intuition *organically* by eliciting the *heart* or *soul* of the matter from all the externalities enshrouding it. +

§. 450.

Auf und gegen diß eigene Außersichseyn richtet die Intelligenz ebenso wesentlich ihre Aufmerksamkeit, und ist das Erwachen zu sich selbst in dieser ihrer Unmittelbarkeit, ihre Erinnerung in sich in derselben; so ist die Anschauung diß Concrete des Stoffs und ihrer selbst, das ihrige, so daß sie diese Unmittelbarkeit und das Finden des Inhalts
* nicht mehr nöthig hat. —

Zusatz. Auf dem Standpunkte der bloßen Anschauung sind wir außer uns, — in der Räumlichkeit und Zeitlichkeit, diesen beiden Formen des Außereinander. Die Intelligenz ist hier in den äußerlichen Stoff versenkt, — Eins mit ihm und hat keinen anderen Inhalt, als den des angeschauten Objectes. Daher können wir in der Anschauung höchst unfrei werden. Wie schon im Zusatz zu §. 448 bemerkt wurde, — ist aber die Intelligenz die für-sich-seyende Dialektik
322 jenes unmittelbaren Außereinander. Demnach setzt der Geist die Anschauung als die seinige, — durchdringt sie, — macht sie zu etwas Innerlichem, — erinnert sich in ihr, — wird sich in ihr gegenwärtig — und somit frei. Durch dies Insichgehen erhebt sich die Intelligenz auf die Stufe der Vorstellung. Der vorstellende Geist hat die Anschauung; dieselbe ist in ihm aufgehoben, — nicht verschwunden, nicht ein nur Vergangenes. Wenn von einer zur Vorstellung aufgehobenen Anschauung die Rede ist, sagt daher auch die Sprache durchaus richtig: ich habe Dies gesehen. Damit wird keine bloße Vergangenheit, vielmehr zugleich die Gegenwärtigkeit ausgedrückt; die Vergangenheit ist hierbei eine bloß relative, — sie findet nur statt im Vergleich der unmittelbaren Anschauung mit Dem, was wir jetzt in der Vorstellung haben. Das beim Perfectum gebrauchte Wort haben hat aber ganz eigentlich die Bedeutung der Gegenwärtigkeit; — was ich gesehen habe, ist Etwas,

* 1827: Aber die andere Seite der Diremtion ist, die Form als unendliche Reflexion in sich zu setzen, das Erwachen der Intelligenz zu sich selbst in diesem Stoff, ihre *Erinnerung in sich* in demselben; so ist er der *ihrige*, und sie hat dessen Unmittelbarkeit und Finden nicht mehr nöthig — das *Vorstellen.*

§ 450

It is equally essential that intelligence should direct the opposition of its attention at this its own self-externality, awakening to itself in this its immediacy, within which it constitutes its intro-recollectedness; in that it does so, intuition is this concretion of the material and of itself, of what pertains to it, so that intelligence no longer has any need for this immediacy and for the finding of the content.* 5 +

Addition. At the standpoint of mere *intuition* we are *outside ourselves* in the two forms of *extrinsicality*, — *spatiality* and *temporality*. Since intelligence is here *immersed* in and at one with the external material, having no other content than that of the intuited object, intuition can *limit* our *freedom* severely. It has already been observed however (§ 448 Addition), that intelligence is the *being-for-self* of the *dialectic* of this immediate extrinsicality. Spirit therefore posits intuition as its *own*, pervades it, makes something *inward* of it, *recollects itself within it*, becomes present to itself within it, and so becomes *free*. By thus passing into itself, intelligence raises itself to the stage of *presentation*. Spirit, by presenting, has intuition, which has neither *disappeared* nor *merely passed away*, but which is *sublated* within it. If I say, "I *have* seen this", when speaking of an intuition sublated into a presentation, language therefore has everything to be said for it. What is expressed here is not merely past but also presence, the past here being merely *relative*, since it occurs only in the *comparing* of the *immediate* intuition with what we now have within presentation. The wholly peculiar significance of the word '*have*' used in the perfect tense is however that of presence, for what I have seen is not merely something I had, but 10 15 20 25 30

* 1827: The other aspect of the diremption is however the positing of the form as infinite intro-reflection, intelligence's awakening to itself in this material, its *recollecting of itself* within it; here *intelligence* possesses the material and no longer requires the immediacy and the finding of it, — and this is *presenting*.

das ich nicht bloß hatte, sondern noch habe, — also etwas in mir Gegenwärtiges. Man kann in diesem Gebrauch des Wortes Haben ein allgemeines Zeichen der Innerlichkeit des modernen Geistes sehen, der nicht bloß darauf reflectirt, daß das Vergangene nach seiner Unmittelbarkeit vergangen, — sondern auch darauf, daß dasselbe im Geiste noch erhalten ist. —

β) Die Vorstellung.

§. 451.

Die Vorstellung ist als die erinnerte Anschauung die Mitte zwischen dem unmittelbaren Bestimmt-sich-finden der Intelligenz und zwischen derselben in ihrer Freiheit, dem Denken. Die Vorstellung ist das Ihrige der Intelligenz noch mit einseitiger Subjectivität, indem diß Ihrige noch bedingt durch die Unmittelbarkeit, nicht an ihm selbst das Seyn ist. Der Weg der Intelligenz in den Vorstellungen ist, die Unmittelbarkeit ebenso innerlich zu machen, sich in
323 sich selbst anschauend zu setzen, als die Subjectivität der Innerlichkeit aufzuheben und in ihr selbst ihrer sich zu ent-
* äußern, und in ihrer eigenen Aeußerlichkeit in sich zu seyn. Aber indem das Vorstellen von der Anschauung und deren gefundenem Stoffe anfängt, so ist diese Thätigkeit mit dieser Differenz noch behaftet und ihre concreten Productionen in ihr sind noch Synthesen, die erst
† im Denken zu der concreten Immanenz des Begriffes werden.

* Der Rest 1830 zugefügt.

† *Diktiert, Sommer 1818* ('Hegel-Studien' Bd. 5 S. 30, 1969): In der Architektonik des Vorstellens sind die drey Stufen enthalten 1) *Erinnerung*. Ich unterscheide eine gegenwärtige Anschauung von ihr als einem Bilde und gebe jener dieß Prädikat der meinigen. 2) *Einbildungskraft*. Ich unterscheide ein aus der Anschauung genommenes Bild von meiner bestimmten Vorstellung und synthesire jenes mit dieser, so daß es die äußerliche von dieser als der inneren und wesentlichen sey. 3) *Gedächtniß*. Ich gebe meiner Vorstellung aus mir selbst willkührlich eine äußerliche Anschauung die nicht sich selbst, sondern jene Vorstellung vorstellt, *Zeichen*, und habe an diesen vorgestellten Zeichen nun statt der Empfindungen und Anschauungen die Sachen vor mir.

something I still have, and which is therefore still present within me. This use of the *word* '*have*' may therefore be regarded as *a general sign* of the inwardness of the spirit of modern times, which reflects not merely upon what is past's having passed away in its immediacy, but also upon its be- 5 ing still preserved in spirit. +

β) *Presentation*

§ 451

As recollected intuition, presentation is the middle between the immediacy of intelligence finding itself determined, and the free intelligence of thought. + **Presentation still pertains to intelligence with one- 10 sided subjectivity, for what pertains here is still conditioned by immediacy and does not in itself constitute being. The course taken by intelligence in presentations is to render the immediacy internal, to posit itself as intuiting inwardly, while to the same 15 extent sublating the subjectivity of inwardness, and so in itself externalizing that which pertains to it* that it is in itself in its own externality. In that presenting begins with intuition and the material found by it however, the activity is still burdened 20 with this differentiation, the activity's concrete productions within the differentiation still being syntheses, which first become the concrete immanence of the Notion in thought.†** +

* Rest of the paragraph first published 1830.

† *Dictated, Summer 1818* ('Hegel–Studien' vol. 5, p. 30, 1969): Three stages are contained in the architectonic of presenting. 1) *Recollection.* I distinguish a present intuition from itself as an image and give it this predicate of what is mine. 2) *Imagination.* I distinguish an image, taken from intuition, from my determinate presentation, and synthesize the former with the latter, so that as what is internal and essential, the image is what is external to the presentation. 3) *Memory.* From out of myself, I arbitrarily give my presentation an external intuition, which presents not itself but this presentation, — *sign.* In these presented signs I now have the matters before me, instead of sensations and intuitions.

Zusatz. Die verschiedenen Formen des auf dem Standpunkt der *Vorstellung* stehenden Geistes pflegen noch mehr, als Dies bei der vorhergehenden Stufe der Intelligenz geschieht, — für vereinzelte, von einander unabhängige Kräfte oder Vermögen angesehen zu werden. Man spricht *neben* dem Vorstellungsvermögen überhaupt, von Einbildungskraft und von Gedächtnißkraft, und betrachtet dabei die gegenseitige Selbstständigkeit dieser Geistesformen als etwas völlig Ausgemachtes. Die wahrhaft philosophische Auffassung besteht aber gerade darin, daß der zwischen jenen Formen vorhandene vernünftige Zusammenhang begriffen, — die in ihnen erfolgende organische Entwicklung der Intelligenz erkannt wird.

Die Stufen dieser Entwicklung wollen wir hier nun, um die Uebersicht derselben zu erleichtern, auf allgemeine Weise im Voraus bezeichnen.

αα) Die *erste* dieser Stufen nennen wir die *Erinnerung im eigenthümlichen* Sinne des Wortes, wonach dieselbe in dem unwillkürlichen Hervorrufen eines Inhalts besteht, welcher bereits der *unsrige* ist. Die Erinnerung bildet die *abstracteste* Stufe der in Vorstellungen sich bethätigenden Intelligenz. Hier ist der *vorgestellte* Inhalt noch *derselbe*, wie in der *Anschauung*; er erhält an dieser seine *Bewährung*, wie umgekehrt der Inhalt der Anschauung sich an meiner Vorstellung bewährt. Wir haben folglich auf diesem Standpunkt einen Inhalt, 324 der nicht nur als *seyender angeschaut*, sondern zugleich *erinnert*, als der *meinige* gesetzt wird. So bestimmt, ist der Inhalt Dasjenige, was wir *Bild* heißen.

ββ) Die *zweite* Stufe in dieser Sphäre ist die *Einbildungskraft*. Hier tritt der *Gegensatz* zwischen meinem *subjectiven* oder *vorgestellten* Inhalte und dem *angeschauten* Inhalte der *Sache* ein. Die Einbildungskraft erarbeitet sich einen *ihr eigenthümlichen* Inhalt dadurch, daß sie sich gegen den angeschauten Gegenstand denkend verhält, — das *Allgemeine* desselben heraushebt, — und ihm Bestimmungen giebt, die dem Ich zukommen. Auf diese Weise hört die Einbildungskraft auf, bloß *formelle* Erinnerung zu seyn, und wird zu der den In-

Addition. At the standpoint of *presentation*, even more than at the preceding stage of intelligence, the various forms of of spirit tend to be regarded as singularized and mutually independent powers or faculties. One speaks not only of the general faculty of presentation, but *also* of the powers of imagination and memory, the mutual independence of these spiritual forms being taken entirely for granted. The precise nature of a truly philosophical comprehension consists however in the grasping of the rational connection present between these forms, in recognizing the sequence of the organic development of intelligence within them.

In order to facilitate the overall view of the stages of this development, we shall now anticipate and indicate their general outlines.

αα) We call the *first* of these stages *recollection*, the *proper significance* of which is the involuntary calling forth of a content which is already *ours*. Recollection constitutes the *most abstract* stage at which intelligence activates itself within presentations. Here the *presented* content is still the *same* as in *intuition*, within which it receives its *verification*, just as, conversely, the content of intuition confirms itself in my presentation. At this standpoint therefore, we have a content which is not only *intuited* as *being*, but at the same time *recollected*, posited as *mine*. So determined, the content is what we call *image*.

ββ) The *second* stage within this sphere is *imagination*. At this juncture there occurs the *opposition* between my *subjective* and *presented* content and the *intuited* content of the *matter*. Imagination works to gain for itself a content which is *peculiar to it*, in that while it relates itself thinkingly to the general object intuited, bringing out the *universality* of it, it endows it with determinations pertaining to the ego. In this way it ceases to be merely *formal* recollection, and becomes recollection which creates *universal* presentations by affecting

halt betreffenden, ihn **verallgemeinernden**, somit **allgemeine** Vorstellungen schaffenden Erinnerung. Weil auf diesem Standpunkt der Gegensatz des Subjectiven und Objectiven herrscht, kann die Einheit dieser Bestimmungen hier keine **unmittelbare**, — wie auf der Stufe der bloßen Erinnerung, — sondern nur eine **wiederhergestellte** seyn. Diese Wiederherstellung geschieht auf die Art, daß der **angeschaute äußerliche** Inhalt dem zur **Allgemeinheit** erhobenen **vorgestellten** Inhalte unterworfen, zu einem **Zeichen** des Letzteren herabgesetzt, dieser aber eben dadurch **objectiv**, **äußerlich** gemacht, **verbildlicht** wird.

$\gamma\gamma$) Das **Gedächtniß** ist die **dritte** Stufe der Vorstellung. Hier wird einerseits das **Zeichen** erinnert, in die Intelligenz aufgenommen, — andererseits dieser eben dadurch die Form eines **Aeußerlichen**, **Mechanischen** gegeben, — und auf diesem Wege eine Einheit des Subjectiven und Objectiven hervorgebracht, welche den Uebergang zum **Denken** als **solchem** bildet.

$\alpha\alpha$) Die Erinnerung.

§. 452.

Als die Anschauung zunächst erinnernd setzt die Intelligenz den Inhalt des **Gefühls** in ihre Innerlichkeit, in ihren **eigenen Raum** und ihre **eigene Zeit**. So ist 325 er 1) **Bild**, von seiner ersten Unmittelbarkeit und abstracten Einzelnheit gegen anderes befreit, als in die Allgemeinheit des Ich überhaupt, aufgenommen. Das Bild hat nicht mehr die vollständige Bestimmtheit, welche die Anschauung hat, und ist willkürlich oder zufällig, überhaupt isolirt von dem äußerlichen Orte, Zeit und dem unmittelbaren Zusammenhang, in dem sie stand

Zusatz. Da die Intelligenz, ihrem Begriffe nach, die fürsich-seyende unendliche Idealität oder Allgemeinheit ist, so ist der Raum und die Zeit der Intelligenz der **allgemeine** Raum und die **allgemeine** Zeit. Indem ich daher den Inhalt des Gefühls in die Innerlichkeit der Intelligenz setze und dadurch zur Vorstellung mache, hebe ich denselben aus der **Besonderheit**

the *content*, by *universalizing* it. Since the opposition of subjective and objective is dominant at this standpoint, the unity of these determinations cannot be *immediate*, as it is at the stage of mere recollection, but can only be a *restored* unity. This restoration takes place in that the *intuited external* content is subjugated to the *presented* content which has been raised to *universality*, is reduced to being its *sign*; through this however the presented content is *objectified, externalized, imaged.*

γγ) *Memory* is the *third* stage of presentation. Here, through the one aspect of the *sign's* being recollected, taken up into intelligence, there is the other aspect of intelligence being endowed with the form of an *external, mechanical* being, and in this way a unity of the subjective and objective is brought forth, constituting the transition to *thought as such.*

1) *Recollection*

§ 452

In its initial recollecting of intuition, intelligence posits the *content* of *feeling* within its inwardness, within its *own space* and its *own time*. This content is therefore αα) *image*, **being freed from its initial immediacy and abstract singularity in respect of anything else, in that it is taken up into the universality of the ego in general. This image no longer has the complete determinateness of intuition, and is arbitrary or contingent, being generally isolated from the external place, time and immediate context in which intuition was involved.**

Addition. Since in accordance with its Notion intelligence is the being-for-self of infinite ideality or universality, its space and time is *universal* space and *universal* time. Consequently, in that I posit the content of feeling within the inwardness of intelligence and so make a presentation of it, I lift it out of the *particularity* of time and of space, to which it

der Zeit und des Raumes heraus, an welche er selber in seiner Unmittelbarkeit gebunden ist und von welcher auch ich in der Empfindung und in der Anschauung abhängig bin. Daraus folgt erstens, daß, während zur Empfindung und Anschauung die unmittelbare Gegenwart der Sache nöthig ist, ich mir dagegen allenthalben, wo ich bin, Etwas, — auch das mir dem äußeren Raume und der äußeren Zeit nach Fernste, — vorstellen kann. Zweitens aber ergiebt sich aus dem oben Gesagten, daß Alles, was geschieht, erst durch seine Aufnahme in die vorstellende Intelligenz für uns Dauer erhält, — daß dagegen Begebenheiten, die von der Intelligenz dieser Aufnahme nicht gewürdigt worden sind, zu etwas völlig Vergangenem werden. — Das Vorgestellte gewinnt jedoch jene Unvergänglichkeit nur auf Kosten der Klarheit und Frische der unmittelbaren, nach allen Seiten fest bestimmten Einzelnheit des Angeschauten; die Anschauung verdunkelt und verwischt sich, indem sie zum Bilde wird.

Was die Zeit betrifft, so kann über den subjectiven Charakter, welchen dieselbe in der Vorstellung erhält, hier noch bemerkt werden, daß in der Anschauung die Zeit uns kurz wird, wenn wir Vieles anschauen, — lang dagegen, wenn der Mangel gegebenen Stoffes uns auf die Betrachtung unserer inhaltslosen Subjectivität hintreibt; — daß aber umgekehrt in der Vorstellung diejenigen Zeiten, in denen wir auf vielfache Weise beschäftigt gewesen sind, uns lang vorkommen, während diejenigen, wo wir wenig Beschäftigung gehabt haben, uns kurz zu seyn scheinen. Hier, — in der Erinnerung, — fassen wir unsere Subjectivität, unsere Innerlichkeit, in's Auge und bestimmen das Maaß der Zeit nach dem Interesse, welches dieselbe für uns gehabt hat. Dort, — in der Anschauung, — sind wir in die Betrachtung der Sache versenkt; da erscheint uns die Zeit kurz, wenn sie eine immer abwechselnde Erfüllung bekommt, — lang dagegen, wenn ihre Gleichförmigkeit durch Nichts unterbrochen wird.

326

§. 453.

2) Das Bild für sich ist vorübergehend, und die Intelligenz selbst ist als Aufmerksamkeit die Zeit und auch der

is itself bound in its immediacy, and on which I am also dependent in sensation and intuition. It follows from this, *firstly*, that whereas the *immediate presence* of the matter is necessary to *sensation* and *intuition*, I can *present* something to myself, even what is most distant from me in external space and time, wherever I am. *Secondly*, however, it is evident from what has been said above, that everything that happens acquires *permanence* for us only in that it is taken up into the presenting intelligence, and that happenings which intelligence does not deem worthy of being thus taken up become wholly of the past. Nevertheless, what is presented only gains this permanence by losing the *clarity* and *freshness* of the pervasive and firmly determined singularity of what is intuited; by becoming an image, intuition obscures and obliterates itself.

In respect of time, it can also be observed here of the subjective character it assumes in presentation, that in *intuition*, when we intuite a *great deal*, time *flies* for us, whereas when lack of given material compels us to dwell upon our empty subjectivity, it *drags*; — conversely however, that in *presentation*, periods in which we have been occupied in a *variety* of ways appear to us to *drag*, whereas those in which we have had *little* to do seem to *fly*. Here, in *recollection*, we keep our eye upon our subjectivity, our inwardness, and measure the course of time in accordance with the *interest* we have had in this *inwardness*. There, in intuition, we are immersed in consideration of *things*, time appearing to us to fly when it is filled in an ever-*changing* manner, and to drag when nothing interrupts its *uniformity*.

§ 453

ββ) The image by itself is transitory, and as attention, intelligence is itself both its time and its space,

Raum das Wann und Wo, desselben. Die Intelligenz ist aber nicht nur das Bewußtseyn und Daseyn, sondern als solche das Subject, und das Ansich ihrer Bestimmungen, in ihr erinnert ist das Bild nicht mehr existirend, bewußtlos aufbewahrt.

Die Intelligenz als diesen nächtlichen Schacht, in welchem eine Welt unendlich vieler Bilder und Vorstellungen aufbewahrt ist, ohne daß sie im Bewußtseyn wären, zu fassen, ist einerseits die allgemeine Forderung überhaupt, den Begriff als concret, wie den Keim z. B. so zu fassen, daß er alle Bestimmtheiten, welche in der Entwicklung des Baumes erst zur Existenz kommen, in * virtueller Möglichkeit, affirmativ enthält. Die Unfähigkeit, diß in sich concrete und doch einfach bleibende Allgemeine zu fassen, ist es, welche das Aufbewahren der besondern Vorstellungen in besondern Fibern' und Plätzen veranlaßt hat; das Verschiedene soll wesentlich nur eine auch vereinzelte räumliche Existenz haben. — Der Keim aber kommt aus den existirenden Bestimmtheiten nur in einem Andern, dem Keime der Frucht, zur Rückkehr in seine Einfachheit, wieder zur Existenz des Ansichseyns. (327) Aber die Intelligenz ist als solche die freye Existenz des in seiner Entwicklung sich in sich erinnernden Ansichseyns. † Es ist also andrerseits die Intelligenz als dieser bewußtlose Schacht, d. i. als das existirende Allmeine, in welchem das Verschiedene noch nicht als discret gesetzt ist, zu fassen. Und zwar ist dieses Ansich die erste Form der Allgemeinheit, die sich im Vorstellen darbietet.

Zusatz. Das Bild ist das Meinige, es gehört mir an; aber zunächst hat dasselbe noch weiter keine Homogeneität mit mir; denn es ist noch nicht gedacht, noch nicht in die Form der Vernünftigkeit erhoben; zwischen ihm und mir besteht vielmehr noch ein von dem Standpunkt der Anschauung herrührendes, nicht wahrhaft freies Verhältniß, nach welchem ich nur das Innerliche bin, das Bild aber das mir Aeußerliche ist.

* Der folgende Satz erstmals 1830.
† Die folgenden zwei Sätze erstmals 1830.

its when and its where. Intelligence is not, however, only the consciousness and the determinate being, but as such the subject and implicitness of its own determinations; recollected within it, the image is no longer existent, but is preserved unconsciously. 5

In one respect, to grasp intelligence as this night-like abyss within which a world of infinitely numerous images and presentations is preserved without being in consciousness, is the general and universal need to grasp the Notion in its concreteness, to grasp it, as it were, as the germ which contains affirmatively and as a virtual possibility, all the determinatenesses which first come into existence in the development of the tree.* It is the inability to grasp this intrinsically concrete and yet persistently simple universal, which has given rise to the view that particular presentations are preserved in particular fibres and localities, it being assumed that what is variegated ought to have essentially only one and only a singularized spatial existence. — Yet whereas it is only in another germ, that of the fruit, that the germ reverts from existent determinations into its simplicity, into the existence of implicit being, intelligence as such is the free existence of the implicit being which internally recollects itself in its development.† In another respect therefore, it is intelligence as this unconscious abyss, i.e. as the existing universal within which what is variegated is not yet posited as being discrete, that has to be grasped. And this implicitness is indeed the primary form of universality to render itself within presentation.

Addition. The image is mine, it belongs to me: initially however, this is the full extent of its homogeneity with me, for it is still not *thought*, not raised to the *form* of *rationality*, the relationship between it and myself still stemming from the standpoint of intuition, and being not free but a relationship according to which I am merely the *internality*, while the image is something *external* to me. Initially, therefore, I still

* Following sentence first published 1830.

† The two following sentences first published 1830.

Daher habe ich zunächst noch nicht die volle Macht über die im Schacht meiner Innerlichkeit schlafenden Bilder, — vermag noch nicht, dieselben willkürlich wiederhervorzurufen. Niemand weiß, welche unendliche Menge von Bildern der Vergangenheit in ihm schlummert; zufälligerweise erwachen sie wohl dann und wann; aber man kann sich, — wie man sagt, — nicht auf sie besinnen. So sind die Bilder nur auf formelle Weise das Unserige.

§. 454.

3) Solches abstrack aufbewahrte Bild bedarf zu seinem * Daseyn einer daseyenden Anschauung; die eigentliche sogenannte Erinnerung ist die Beziehung des Bildes auf eine Anschauung und zwar als Subsumtion der unmittelbaren einzelnen Anschauung unter das der Form nach Allgemeine, unter die Vorstellung, die derselbe Inhalt ist; so daß die Intelligenz in der bestimmten Empfindung und deren Anschauung sich innerlich ist, und sie als das bereits ihrige erkennt, so wie sie zugleich ihr zunächst nur inneres Bild, nun auch als unmittelbares der Anschauung, und 328 an solcher als bewährt weiß. — Das Bild, das im Schachte der Intelligenz nur ihr Eigenthum war, ist mit der Bestimmung der Aeußerlichkeit nun auch im Besitze der- + selben. Es ist damit zugleich unterscheidbar von der Anschauung und trennbar von der einfachen Nacht, in der es zunächst versenkt ist, gesetzt. Die Intelligenz ist so die Gewalt ihr Eigenthum äußern zu können, und für dessen Exi- † stenz in ihr nicht mehr der äußern Anschauung zu bedürfen. Diese Synthese des innerlichen Bildes mit dem erinnerten Daseyn ist die eigentliche Vorstellung; indem das innere nun auch an ihm die Bestimmung hat, vor die Intelligenz gestellt werden zu können, in ihr Daseyn zu haben.

* Dieser erste Satz erstmals 1830.
† Der folgende Satz erstmals 1830.

have an imperfect control of the images slumbering within the abyss of my inwardness, for I am unable to recall them *at will*. No one knows what an infinite host of images of the past slumbers within him. Although they certainly awaken by chance on various occasions, one cannot, — as it is said, — call them to mind. They are therefore only *ours* in a *formal* manner.

§ 454

γγ) **If such an abstractly preserved image is to have determinate being, it requires the determinate being of an intuition;* what is properly called** recollection is the relation **of the image to an intuition, and, what is more, as a** *subsumption* of the immediate single intuition under **that which has the** form of what is universal, **under** the identical content of the *presentation*. In recollection therefore, intelligence is within itself in the determinate sensation and its intuition, and **recognizes them as already its own, while at the same time it now knows its image, which in the first instance is merely internal, to be also confirmed in the immediacy of** the intuition. — **In the abyss of intelligence the image was merely the property of intelligence, but since it now has the determination of externality and is also possessed by intelligence, it is at the same time posited as distinguishable from intuition and separable from the mere night in which it is at first immersed. Intelligence is therefore the power of being able to express what it possesses, and no longer to require external intuition in order to have this possession existing within itself.† This synthesis of internal image and recollected determinate being is presentation proper, in that the inner being now has the determination of being able to be presented to intelligence, while also having determinate being within it.**

* Opening statement first published 1830.
† Following sentence first published 1830.

Zusatz. Zu unserem wirklichen Besitzthum werden die in der dunkelen Tiefe unseres Inneren verborgen liegenden Bilder der Vergangenheit dadurch, daß sie in der lichtvollen, plastischen Gestalt einer daseyenden Anschauung gleichen Inhalts vor die Intelligenz treten, und daß wir sie, mit Hülfe dieser gegenwärtigen Anschauung, als bereits von uns gehabte Anschauungen erkennen. So geschieht es, zum Beispiel, daß wir einen Menschen, dessen Bild sich in unserem Geiste schon völlig verdunkelt hat, unter Hunderttausenden herauserkennen, sobald er selber uns wieder zu Gesichte kommt. Wenn ich also Etwas in der Erinnerung behalten soll, so muß ich die Anschauung desselben wiederholentlich haben. Anfangs wird allerdings das Bild nicht sowohl durch mich selbst, als vielmehr durch die entsprechende unmittelbare Anschauung wiedererweckt. Durch öftere solche Wiederhervorrufung erhält aber das Bild in mir eine so große Lebendigkeit und Gegenwärtigkeit, daß ich der äußeren Anschauung nicht mehr bedarf, um mich desselben zu erinnern. Auf diesem Wege kommen die Kinder von der Anschauung zur Erinnerung. Je gebildeter ein Mensch ist, desto mehr lebt er nicht in der unmittelbaren Anschauung, sondern — bei allen seinen Anschauungen — zugleich in Erinnerungen; so daß er wenig
329 durchaus Neues sieht, der substanzielle Gehalt des meisten Neuen ihm vielmehr schon etwas Bekanntes ist. Ebenso begnügt sich ein gebildeter Mensch vornehmlich mit seinen Bildern, und fühlt selten das Bedürfniß der unmittelbaren Anschauung. Das neugierige Volk dagegen läuft immer wieder dahin, wo Etwas zu begaffen ist.

ββ) Die Einbildungskraft.

§. 455.

1) Die in diesem Besitz thätige Intelligenz ist die reproductive Einbildungskraft, das Hervorgehen der Bilder aus der eigenen Innerlichkeit des Ich, welches nunmehr deren Macht ist. Die nächste Beziehung der Bilder ist die ihres mit aufbewahrten äußerlichen unmittelbaren Raums und Zeit. — Aber das Bild hat im Sub-

Addition. The images of the past lying latent in the dark depth of our inner being become our *actual possession* in that they come before intelligence in the bright, plastic shape of an intuition, a *determinate being* of *equivalent* content, and we, helped by the *presence* of this intuition, recognize them as intuitions we have already had. This is why, for instance, when we catch sight of a person whose image has already faded completely from our mind, we at once recognize him from among many thousands of others. If I am to *preserve* something by recollecting it therefore, I must have the intuition of it *repeated.* In the first instance of course, the image is revived not so much by me as by the immediate intuition corresponding to it. By means of being thus frequently elicited, however, it acquires within me such a liveliness and presence, that I no longer need the external intuition in order to recollect it. It is in this way that *children* progress from *intuition* to *recollection.* The more cultured the person the less he lives in immediate intuition, in that in all his intuitions he lives at the same time in recollections; he sees little that is entirely new therefore, since he is already acquainted with the substantial content of most novelties. Consequently, a cultured person is generally content with his images and seldom feels the need for immediate intuition, whereas the inquisitive multitude is always hurrying to where there is something to gape at.

2) *Imagination*

§ 455

αα) The intelligence active within this possession is the *reproductive imagination*, the **issuing** *forth* of images from the ego's own inwardness, **it now being the ego which governs them.** The **initial** *relation* of the images is that of their external and immediate space and time, which is preserved with them. — It is however only within the subject, in which it is preserved, that the image

jecte, worin es aufbewahrt ist, allein die Individualität, in der die Bestimmungen seines Inhalts zusammengeknüpft sind, seine unmittelbare, d. i. zunächst nur räumliche und zeitliche Concretion, welche als Eines im Anschauen hat, ist dagegen aufgelöst. Der reproducirte Inhalt, als der mit sich identischen Einheit der Intelligenz angehörend, und aus deren allgemeinem Schachte hervorgestellt, hat eine allgemeine Vorstellung zur associirenden Beziehung der Bilder, der nach sonstigen Umständen mehr abstracten oder mehr concreten Vorstellungen.

Die sogenannten Gesetze der Ideen-Association haben besonders in der mit dem Verfall der Philosophie gleichzeitigen Blüthe der empirischen Psychologie ein großes Interesse gehabt. Fürs erste sind es keine Ideen, welche associirt werden. Fürs andere sind diese Beziehungsweisen keine Gesetze, eben darum schon, weil so viele Gesetze über dieselbe Sache sind, wodurch Willkühr und Zufälligkeit, das Gegentheil eines Gesetzes, vielmehr Statt hat; es ist zufällig, ob das Verknüpfende ein Bildliches oder eine Verstandes-Kategorie, Gleichheit und Ungleichheit, Grund und Folge u. s. f. ist. Das Fortgehen an Bildern und Vorstellungen nach der associirenden Einbildung ist überhaupt das Spiel eines gedankenlosen Vorstellens, in welchem die Bestimmung der Intelligenz noch formelle Allgemeinheit überhaupt, der Inhalt aber der in den Bildern gegebene ist. — Bild und Vorstellung sind, insofern von der angegebenen genauern Formbestimmung abgesehen wird, dem Inhalte nach dadurch unterschieden, daß jenes die sinnlich-concretere Vorstellung ist; Vorstellung, der Inhalt mag ein Bildliches oder Begriff und Idee seyn, hat überhaupt den Charakter, ob zwar ein der Intelligenz angehöriges doch ihrem Inhalte nach gegebenes und unmittelbares zu seyn. Das Seyn, das Sich-bestimmt-Finden der Intelligenz klebt der Vorstellung noch an, und die Allgemeinheit,

330

has the **individuality** in which **the determinations of its content are linked together, for its immediate i.e. its initially merely spatial and temporal** concretion, **its being a unit within intuition, is dissolved.** The content reproduced, belonging as it does to the self-identical unity of intelligence, and **excogitated as it is from the generality of this abyss,** possesses a *general* presentation **for the** *associative relation* of **images,** of presentations **which, in accordance with further circumstances, are more or less abstract or** concrete.

The so-called *laws of the association of ideas* have attracted a great deal of interest, particularly during the flourishing of empirical psychology which accompanied the decline of philosophy. Yet in the first place it is not *ideas* that are associated, and in the second place the modes of relation are not *laws*, the precise reason for this being that the same matter is subject to so *many* laws, that what occurs tends to be quite the opposite of a law in that it is capricious and contingent, — **it being a matter of chance whether the linking factor is an image or a category of the understanding such as equivalence and disparity, reason and consequence etc.** In general, the sequence of images and presentations in the associative imagination consists of the play of a thoughtless presenting in which the determination of intelligence **still constitutes** formal universality **in general,** while the content is what is rendered in the images. — **Leaving out of consideration the more precise determination of their form given above,** image and presentation **also** differ **in content.** The former is the more **sensuously** concrete presentation, while presentation, regardless of the content's being an image, or Notion and Idea, and in spite of its pertaining to intelligence, has the general character of being given and immediate in respect of content. **The being of intelligence, its finding itself to be determined, still clings to presentation, and it is**

welche jener Stoff durch das Vorstellen erhält, ist noch die abstracte. Die Vorstellung ist die Mitte in dem Schlusse der Erhebung der Intelligenz; die Verknüpfung der beiden Bedeutungen der Beziehung-auf-sich, nämlich des Seyns und der Allgemeinheit, die im Bewußtseyn als Object und Subject bestimmt sind. Die Intelligenz ergänzt das Gefundene durch die Bedeutung der Allgemeinheit, und das Eigne, Innere, durch die des aber von ihr gesetzten Seyns. — Ueber den Unterschied von Vorstellungen und Gedanken vergl. Einl. §. 20. Anm.

Die Abstraction, welche in der vorstellenden Thätigkeit Statt findet, wodurch allgemeine Vorstellungen producirt werden, und die Vorstellungen als solche haben schon die Form der Allgemeinheit an ihnen, wird häufig als ein Aufeinanderfallen vieler ähnlicher Bilder ausgedrückt und soll auf diese Weise begreiflich werden. Damit diß Aufeinanderfallen nicht ganz der Zufall, das Begrifflose sey, müßte eine Attractionskraft der ähnlichen Bilder oder desgleichen angenommen werden, welche zugleich die negative 331 Macht wäre, das noch Ungleiche derselben an einander abzureiben. Diese Kraft ist in der That die Intelligenz selbst, das mit sich identische Ich, welches durch seine Erinnerung ihnen unmittelbar Allgemeinheit gibt, und die einzelne Anschauung unter das bereits innerlich gemachte Bild subsumirt. (§. 453.).

Zusatz. Die zweite Entwickelungsstufe der Vorstellung ist, — wie wir im Zusatz zu §. 451 bereits im Voraus angegeben haben, — die Einbildungskraft. Zu dieser erhebt sich die erste Form des Vorstellens, — die Erinnerung, — dadurch, daß die Intelligenz aus ihrem abstracten In-sich-seyn in die Bestimmtheit heraustretend, die den Schatz ihrer Bilder verhüllende nächtliche Finsterniß zertheilt und durch die lichtvolle Klarheit der Gegenwärtigkeit verscheucht.

Die Einbildungskraft hat aber in sich selber wieder drei Formen, in denen sie sich entfaltet. Sie ist überhaupt das Bestimmende der Bilder.

still abstract universality which presentation imparts to this material. Presentation is the middle term in the syllogism of the elevation of intelligence, it is the linking of the dual significance of self-relation, of the being and universality which are determined in consciousness as object and subject. While it is with the significance of universality that intelligence supplements what is found, it is with the significance of the being posited by itself that it supplements what is its own, the inner being. — On the difference between presentations and thoughts, see Introd. § 20 Rem.

Abstraction, which **occurs** in the presentative activity as productive of *general presentations*, — **and presentations as such already have the form of generality within them,** — is **often** supposed to be made intelligible in that it is interpreted **as being** a *superposing* of many *similar* images. In order that this *superposing* may not be entirely *fortuitous* and Notionless, one has had to assume that between the similar images there is an *attractive force*, or something of the kind, which is at the same time the negative power eradicating that which still distinguishes them. In fact, this force is intelligence itself, the self-identical ego which gives the images immediate generality by means of its recollection, **and subsumes the single intuition under the already internalized image (§ 453).**

Addition. As we have already seen anticipatively in the Addition to § 451, presentation's *second* stage of development is *imagination. Recollection*, the *initial* form of presentation, raises itself to this stage in that intelligence emerges into *determinateness* from its *abstract being-in-self*, piercing the nocturnal gloom enveloping its wealth of images, and dispersing it with the bright clarity of what is present.

Imagination, moreover, also has within itself *three* forms, into which it unfolds. In *general* it is that which *determines* images.

Zuerst thut sie jedoch weiter Nichts, als daß sie die Bilder in's Daseyn zu treten bestimmt. So ist sie die nur reproductive Einbildungskraft. Diese hat den Charakter einer bloß formellen Thätigkeit.

Zweitens aber ruft die Einbildungskraft die in ihr vorhandenen Bilder nicht bloß wieder hervor, sondern bezieht dieselben aufeinander und erhebt sie auf diese Weise zu allgemeinen Vorstellungen. Auf dieser Stufe erscheint sonach die Einbildungskraft als die Thätigkeit des Associirens der Bilder.

Die dritte Stufe in dieser Sphäre ist diejenige, auf welcher die Intelligenz ihre allgemeinen Vorstellungen mit dem Besonderen des Bildes identisch setzt, somit ihnen ein bildliches Daseyn giebt. Dies sinnliche Daseyn hat die doppelte Form des Symbols und des Zeichens; so daß diese dritte Stufe die symbolisirende und die zeichenmachende Phantasie umfaßt, welche letztere den Uebergang zum Gedächtniß bildet.

332 Die reproductive Einbildungskraft.

Das Erste ist also das Formelle des Reproducirens der Bilder. Zwar können auch reine Gedanken reproducirt werden; die Einbildungskraft hat jedoch nicht mit ihnen, sondern nur mit Bildern zu thun. Die Reproduction der Bilder geschieht aber von Seiten der Einbildungskraft mit Willkür und ohne die Hüfe einer unmittelbaren Anschauung. Dadurch unterscheidet sich diese Form der vorstellenden Intelligenz von der bloßen Erinnerung, welche nicht dies Selbstthätige ist, sondern einer gegenwärtigen Anschauung bedarf und unwillkürlich die Bilder hervortreten läßt.

Die associirende Einbildungskraft.

Eine höhere Thätigkeit, als das bloße Reproduciren, ist das Beziehen der Bilder aufeinander. Der Inhalt der Bilder hat, wegen seiner Unmittelbarkeit oder Sinnlichkeit, die Form der Endlichkeit, der Beziehung auf Anderes. Indem ich nun hier überhaupt das Bestimmende oder Setzende bin, so setze ich auch diese Beziehung. Durch dieselbe giebt die Intelligenz den

Firstly, however, it does no more than determine them as entering into *determinate being*. In so doing it is only *reproductive* imagination, which has the character of being a merely *formal* activity.

Secondly, imagination does not merely recall the images present within it, but raises them into *general* presentations by *relating* them to *one another*. At this stage therefore, it appears as the activity of *associating* images.

The *third* stage in this sphere is that at which intelligence endows its *general* presentations with an *imaged determinate being* by positing them as identical with what is *particular* in the image. This sensuous determinate being has the dual form of *symbol* and *sign*, so that this third stage contains the *phantasy* which *symbolizes* and also *engenders signs*, the latter constituting the *transition* to *memory*.

The reproductive imagination

It is therefore the formal reproducing of images that is *primary*. Although pure thoughts can of course also be reproduced, imagination is not concerned with them but only with images. Through the aspect of the imagination however, the reproduction of images occurs *voluntarily* and without the help of an immediate intuition. It is thus that this form of presentative intelligence distinguishes itself from mere *recollection*, which is not self-activating, but requires the presence of an intuition and allows the images to emerge *involuntarily*.

The associative imagination

The *interrelating* of images is a higher activity than merely reproducing them. On account of its immediacy or sensuousness, the content of images has the form of *finitude*, of *relation to another*. In that at this juncture it is now I who am the general determining or positing factor, this relation is also posited by me. Through this positing, intelligence gives the

Bildern, statt ihres objectiven Bandes, ein subjectives Band. Das Letztere hat aber zum Theil noch die Gestalt der Aeußerlichkeit gegen das dadurch Verknüpfte. Ich habe, zum Beispiel, das Bild eines Gegenstandes vor mir; an dies Bild knüpft sich ganz äußerlich das Bild von Personen, mit denen ich über jenen Gegenstand gesprochen habe oder die denselben besitzen u. s. w. Oft ist nur der Raum und die Zeit Dasjenige, was die Bilder aneinanderreiht. Die gewöhnliche gesellschaftliche Unterhaltung spinnt sich meistentheils auf eine sehr äußerliche und zufällige Weise von der einen Vorstellung zur anderen fort. Nur, wenn man beim Gespräch einen bestimmten Zweck hat, bekommt die Unterhaltung festeren Zusammenhang. Die verschiedenen Gemüthsstimmungen geben allen Vorstellungen eine eigenthümliche Beziehung, — die heiteren eine heitere, — die traurigen eine traurige. Noch mehr gilt Dies von den Leidenschaften. 333 Auch das Maaß der Intelligenz bringt eine Verschiedenheit des Beziehens der Bilder hervor; geistreiche, witzige Menschen unterscheiden sich daher auch in dieser Beziehung von gewöhnlichen Menschen; ein geistreicher Mensch geht solchen Bildern nach, die etwas Gediegenes und Tiefes enthalten. Der Witz verbindet Vorstellungen, die, — obgleich weit auseinanderliegend, — dennoch in der That einen inneren Zusammenhang haben. Auch das Wortspiel ist in diese Sphäre zu rechnen; die tiefste Leidenschaft kann sich diesem Spiele hingeben; denn ein großer Geist weiß, — sogar in den unglücklichsten Verhältnissen, — Alles, was ihm begegnet, mit seiner Leidenschaft in Beziehung zu setzen.

§. 456.

Auch die Association der Vorstellungen ist daher als Subsumtion der Einzelnen unter eine Allgemeine, * welche deren Zusammenhang ausmacht, zu fassen. Die In-

* 1827: Diese Allgemeinheit ist zunächst *Form* der Intelligenz und der *Inhalt* der subsumirenden Vorstellung dem Vorgefundenen angehörig. Die Intelligenz aber (anticipirt genommen) als *in sich bestimmte*, *concrete* Subjectivität, hat ihren eigenen Inhalt, der ein Gedanke, Begriff oder Idee seyn kann. Sie ist nun die Macht . . .

images a *subjective* bond, replacing their *objective* one. With regard to that which is linked however, this subjective bond still has the shape of externality to some extent. For instance, if I have before me the image of a general object, the image of persons with whom I have discussed this object, or who own it etc., links itself to it in a completely external manner. It is often only space and time which juxtapose the images. In company, ordinary conversation for the most part rambles on from one presentation to another in an entirely external and fortuitous manner. It is only when one discusses with a definite purpose that there is more coherence in conversation. All presentations, and to an even greater extent the passions, derive a particular affiliation in respect of the various dispositional determinations such as gaiety or gloominess. Since it is also the degree of intelligence which elicits a variegated relation between images, spirited and witty people will also distinguish themselves from ordinary folk in this respect; a spirited person will respond to sound and suggestive images. Wit connects images which, in spite of their remoteness from one another, have in fact an inner connection. The *pun* also has to be included in this sphere; the deepest passion can indulge in such play, for a great mind knows how to set everything which confronts it in relation to its passion, even in the sorriest of circumstances.

§ 456

The association of presentations is therefore also to be grasped as a *subsumption* of singulars under a *universal* **which constitutes their connection.* In itself however, intelligence is not only a**

* 1827: Initially, this universality is the form of intelligence, and the *content* of the subsuming presentation belongs to what is found. Intelligence however, taken anticipatively as *inwardly determinate concrete* subjectivity, has its own content, which can be a thought, Notion or Idea. It is now the power . . .

telligenz ist aber, an ihr nicht nur allgemeine Form, sondern ihre Innerlichkeit ist in sich bestimmte, concrete Subjectivität von eigenem Gehalt, der aus irgend einem Interesse, ansichseyendem Begriffe oder Idee stammt, insofern von solchem Inhalte anticipirend gesprochen werden kann. Die Intelligenz ist die Macht über den Vorrath der ihr angehörigen Bilder und Vorstellungen, und so 2) freies Verknüpfen und Subsumiren dieses Vorraths unter den eigenthümlichen Inhalt. So ist sie in jenem in sich bestimmt erinnert, und ihn diesem ihrem Inhalt einbildend, — Phantasie, symbolisirende, allegorisirende oder dichtende Einbildungskraft. * Diese mehr oder weniger concreten, individualisirten Gebilde sind noch Synthesen, insofern der Stoff, in dem der subjective Gehalt ein Daseyn der Vorstellung gibt, + von dem Gefundenen der Anschauung herkommt.

Zusatz. Schon die Bilder sind allgemeiner, als die Anschauungen; sie haben indeß noch einen sinnlich-concreten Inhalt, dessen Beziehung auf anderen solchen Inhalt ich bin. [334] Indem ich nun aber meine Aufmerksamkeit auf diese Beziehung richte; so komme ich zu allgemeinen Vorstellungen — oder zu Vorstellungen im eigentlichen Sinne dieses Wortes. Denn Dasjenige, wodurch die einzelnen Bilder sich auf einander beziehen, besteht eben in dem ihnen Gemeinsamen. Dies Gemeinsame ist — entweder irgend eine in die Form der Allgemeinheit erhobene besondere Seite des Gegenstandes, wie, z. B., an der Rose die rothe Farbe, — oder das concret Allgemeine, die Gattung, z. B., an der Rose, die Pflanze, — in jedem Falle aber eine Vorstellung, die durch die von der Intelligenz ausgehende Auflösung des empirischen Zusammenhangs der mannigfaltigen Bestimmungen des Gegenstandes zu Stande kommt. Bei der Erzeugung der allgemeinen Vorstellungen verhält sich die Intelligenz also selbstthätig; es ist daher ein geistloser Irrthum, anzunehmen, die allgemeinen Vorstellungen entständen — ohne Zuthun des Geistes, — dadurch, daß viele

* Der folgende Satz erstmals 1830.

general form, for its inwardness is *internally determined concrete subjectivity*, **with** *a capacity* **of its own deriving, in so far as such a content can be spoken of in anticipation, from some interest, implicit Notion, or Idea. Since intelligence has power over the fund of images and presentations belonging to it, it ββ) freely links and subsumes this fund under the peculiar content.** Consequently, it is inwardly, and *specifically* recollected within this fund, and informs it with its content; — it is therefore *phantasy*, the *symbolizing*, *allegorizing* or *poetical* power of the imagination.* **These more or less concrete, individualized formations are still syntheses, in so far as the material, in which the subjective capacity gives itself the determinate being of a presentation, derives from what is furnished by intuition.**

Addition. Although they still have a *sensuously concrete* content, the relation of which to any other such content is myself, *images* are already more universal than *intuitions*. Now it is however in that I turn my attention to this relation that I arrive at *general* presentations, presentations in the *proper* sense of the word, for it is precisely what is common to them which constitutes that whereby the single images relate themselves to one another. What is *common* is either a certain *particular* aspect of the general object raised to the *form* of *universality*, such as the *red colour* of the rose for instance, or the *concrete universal*, the *genus*; in the case of the rose for instance, the *plant*. In any case, it is however a presentation, and is brought about through the *dissolution*, deriving from intelligence, of the empirical connectedness of the manifold determinations of the general object. Since intelligence is therefore *self-activating* in the generating of general presentations, it is crassly erroneous to suppose that these presentations might arise without the action of spirit through the

* Following sentence first published 1830.

ähnliche Bilder aufeinanderfielen, — daß, zum Beispiel, die rothe Farbe der Rose das Roth anderer in meinem Kopfe befindlicher Bilder aufsuchte und so — mir bloß Zusehendem — die allgemeine Vorstellung des Rothen beibrächte. Allerdings ist das dem Bilde angehörende Besondere ein Gegebenes; die Zerlegung der concreten Einzelnheit des Bildes und die dadurch entstehende Form der Allgemeinheit kommt aber, wie bemerkt, von mir her.

Abstracte Vorstellungen nennt man, — beiläufig gesagt, — häufig Begriffe. Die Friesische Philosophie besteht wesentlich aus solchen Vorstellungen. Wenn behauptet wird, daß man durch Dergleichen zur Erkenntniß der Wahrheit komme, so muß gesagt werden, daß gerade das Gegentheil stattfindet, und daß daher der sinnige Mensch, an dem Concreten der Bilder festhaltend, mit Recht solch leere Schulweisheit verwirft. Diesen Punkt haben wir jedoch hier nicht weiter zu erörtern. Ebenso wenig geht uns hier die nähere Beschaffenheit des — entweder vom Aeußerlichen, — oder vom Vernünftigen, dem Rechtlichen, Sittlichen und Religiösen herrührenden Inhaltes etwas an. Vielmehr handelt es sich hier nur überhaupt um die Allgemeinheit der Vorstellung. Von diesem Gesichtspunkt aus, haben wir Folgendes zu bemerken.

335

In der subjectiven Sphäre, in welcher wir uns hier befinden, ist die allgemeine Vorstellung das Innerliche, — das Bild hingegen das Aeußerliche. Diese beiden hier einander gegenüberstehenden Bestimmungen fallen zunächst noch auseinander, sind aber in ihrer Trennung etwas Einseitiges. Jener fehlt die Aeußerlichkeit, die Bildlichkeit, — diesem das Erhobenseyn zum Ausdruck eines bestimmten Allgemeinen. Die Wahrheit dieser beiden Seiten ist daher die Einheit derselben. Diese Einheit, — die Verbildlichung des Allgemeinen und die Verallgemeinerung des Bildes kommt näher dadurch zu Stande, daß die allgemeine Vorstellung sich nicht zu einem neutralen, — so zu sagen, — chemischen Producte mit dem Bilde vereinigt, sondern sich als die substanzielle Macht über das Bild bethätigt und bewährt, — dasselbe als ein Accidentelles sich unterwirft, — sich zu dessen Seele macht, — in ihm für

superposing of a number of similar images i.e. that the red colour of the rose searches out the red of other images within my head, and so conveys to me, a mere spectator, the general presentation of redness. That which is particular in the image is of course given, but as has been observed, the analysis of the concrete singularity of the image and the form of universality it gives rise to, derive from me.

It can be observed in passing that these *abstract presentations* are often called *Notions*, and that in essence the philosophy of *Fries* consists of them. When it is asserted that one attains to cognition of truth through such presentations, it has to be replied that what occurs is precisely the opposite, and that the level-headed person who holds fast to what is concrete in images is justified in rejecting such empty scholastic wisdom. At this juncture however, there is no need for us to labour this point any further, or to concern ourselves with the *more precise* nature of the content, whether this derives from what is *external*, or from *right*, *ethics* and *religion*, from what is *rational*. The primary concern here is simply the *general universality* of presentation, and from this point of view we have the following to observe.

In the subjective sphere in which we now find ourselves, the *general* presentation is the *internality*, while the *image* is the *externality*. In the first instance, although they are somewhat onesided in their separation, these two mutually opposed determinations still fall apart, for the former is wanting in outwardness or imagedness and the latter in being raised into expressing a determinate universal. The truth of these two aspects is therefore their unity. More precisely considered, this unity is the *imaging of* what is *universal* and the *universalization* of the *image*, and it comes about not through the general presentation's unifying itself with the image to form a *neutral* or so to speak *chemical* product, but by its activating and proving itself as the image's *substantial power*, by its subjugating it as an accidental, constituting its soul, —

sich wird, sich erinnert, sich selber manifestirt. Indem die Intelligenz diese Einheit des Allgemeinen und des Besonderen, — des Innerlichen und des Aeußerlichen, — der Vorstellung und der Anschauung hervorbringt und auf diese Weise die in der letzteren vorhandene Totalität als eine bewährte wiederherstellt; vollendet sich die vorstellende Thätigkeit in sich selber, insofern sie productive Einbildungskraft ist. Diese bildet das Formelle der Kunst; denn die Kunst stellt das wahrhaft Allgemeine oder die Idee in der Form des sinnlichen Daseyns, — des Bildes, — dar.

§. 457.

Die Intelligenz ist in der Phantasie zur Selbstanschauung in ihr in soweit vollendet, als ihr aus ihr selbst genommener Gehalt bildliche Existenz hat. * Diß Gebilde ihres Selbstanschauens ist subjectiv, das Moment des Seyenden fehlt noch. 336 Aber in dessen Einheit des innern Gehalts und des Stoffes, ist die Intelligenz ebenso zur identischen Beziehung auf sich als Unmittelbarkeit an sich zurückgekehrt. Wie sie als Vernunft davon ausgeht, sich das in sich gefundene Unmittelbare anzueignen (§. 445. Vgl. §. 455 Anm.), d. i. es als Allgemeines zu bestimmen, so ist ihr Thun als Vernunft (§. 438.) von dem nunmehrigen Punkte aus das in ihr zur concreten Selbstanschauung Vollendete als seyendes zu bestimmen, d. h. sich selbst zum Seyn, zur Sache zu machen. In dieser Bestimmung thätig, ist sie sich äußernd, Anschauung producirend, — 3) Zeichen machende Phantasie.

† Die Phantasie ist der Mittelpunkt, in welchem das Allgemeine und das Seyn, das Eigene und das Gefundenseyn, das Innere und Aeußere vollkommen in Eins geschaffen sind. Die vorhergehenden Synthesen, der Anschauung, Erinnerung u. s. f. sind Vereinigungen derselben Momente; aber es sind Synthesen; erst in der

* Das Folgende (Dies Gebilde — *Sache* zu machen) 1830 zugefügt.
† Diese Anmerkung erstmals 1830.

assuming *being-for-self*, recollecting, manifesting itself within it. In that intelligence brings forth this unity of the *universal* and the *particular* of *internal* and *external*, *presentation* and *intuition*, and in this way not only *restores* but also *proves* the *totality* present within intuition, the presenting activity, in so far as it is the *productive* power of the *imagination*, completes itself internally. This constitutes the formal aspect of *art*; for art displays the truly universal, or the *Idea*, in the form of the *sensously determinate being* of the *image*.

§ 457

In so far as the capacity it derives from itself has an imaged existence, intelligence is perfected **into intuition of itself** within phantasy.* **But although the moment of being is still lacking here, so that this formation of its intuition of itself is subjective, within the formation's unity of inner capacity and material, intelligence has also returned, as implicit immediacy, to the identity of self-relation. As reason, while its point of departure is the appropriation of the immediacy found within itself (§ 445, cf. § 455 Rem.) i.e. the determining of this immediacy as universal, its action (§ 438), at the present juncture, is its determining of that which is perfected within it as concrete intuition of itself, as being, i.e. its making a being or matter of itself. Active within this determination, it is self-expressive intuition producing, — γγ) the phantasy of sign making.**

† Phantasy is the central point in which the universal and being, one's own and what is appropriated, inner and outer being, are given the completeness of a unit. Although the preceding syntheses of intuition, recollection etc. are unifications of the same moments, they are syntheses,

* Rest of the paragraph, down to "*matter* of itself" first published 1830.
† Whole of the Remark first published 1830.

Phantasie ist die Intelligenz nicht als der unbestimmte Schacht und das Allgemeine, sondern als Einzelnheit, d. i. als concrete Subjectivität, in welcher die Beziehung auf sich eben so zum Seyn als zur Allgemeinheit bestimmt ist. Für solche Vereinigungen des Eigenen und Innern des Geistes, und des Anschaulichen werden die Gebilde der Phantasie allenthalben anerkannt; ihr weiter bestimmter Inhalt gehört andern Gebieten an. Hier ist diese innere Werkstätte nur nach jenen abstracten Momenten zu fassen. — Als die Thätigkeit dieser Einigung ist die Phantasie Vernunft, aber die formelle Vernunft nur, insofern der Gehalt der Phantasie als solcher gleichgültig ist, die Vernunft aber als solche auch den Inhalt zur Wahrheit bestimmt.

Es ist noch diß besonders herauszuheben, daß indem die Phantasie den innern Gehalt zum Bild und zur Anschauung bringt, und diß ausgedrückt wird, daß sie denselben als seyend bestimmt, der Ausdruck auch nicht auffallend scheinen muß, daß die Intelligenz sich seyend, sich zur Sache mache; denn ihr Gehalt ist sie selbst, und ebenso die ihm von ihr gegebene Bestimmung. Das von der Phantasie producirte Bild ist nur subjectiv anschaulich; im Zeichen fügt sie eigentliche Anschaulichkeit hinzu; im mechanischen Gedächtniß vollendet sie diese Form des Seyns an ihr.

337

Zusatz. Wie wir im Zusatz zum vorhergehenden Paragraphen gesehen haben, macht in der Phantasie die allgemeine Vorstellung das Subjective aus, das sich im Bilde Objectivität giebt und sich dadurch bewährt. Diese Bewährung ist jedoch unmittelbar selber noch eine subjective, insofern die Intelligenz den gegebenen Inhalt der Bilder zunächst noch respectirt, — sich bei der Verbildlichung ihrer allgemeinen Vorstellungen nach ihm richtet. Die auf diese Weise noch bedingte, nur relativ freie Thätigkeit der Intelligenz nennen wir die symbolisirende Phantasie. Diese wählt zum Ausdruck ihrer allgemeinen Vorstellungen keinen anderen sinnlichen Stoff, als denjenigen, dessen selbstständige Bedeutung dem bestimmten Inhalt des zu verbildlichenden Allgemeinen entspricht. So wird, zum Beispiel,

whereas in phantasy intelligence has being, for the first time, not as the indeterminate abyss and universal, but as singularity, i.e. as concrete subjectivity, in which the self-relation is determined in respect of being as well as universality. The formations of phantasy are recognized everywhere as such unifications of what is proper and internal to spirit with what is *intuitable*; their content in its further determinateness pertains to other contexts. Here, it is only these abstract features of this inner workshop that have to be grasped. — As the activity of this unification, phantasy is reason, but in so far as the *capacity* of phantasy as such is a matter of indifference, it is merely *formal* reason, whereas reason as such also determines the *truth* of the *content*.

What also requires particular notice is that in that phantasy brings inner capacity to the image and intuition, and this is expressed in that it determines them as having *being*, it must not be regarded as remarkable if intelligence gives itself *being*, makes *matter* of itself; for it is itself its capacity, as well as the determination it gives this capacity. The image produced by phantasy is only subjectively intuitable. In the *sign* phantasy adds proper intuitability, and in *mechanical* memory it completes this form of *being* within it.

Addition. As we have seen in the *Addition* to the preceding Paragraph, in phantasy general presentation constitutes the subjective factor which proves itself by giving itself objectivity in the image. In its immediacy however, this proof is itself still *subjective*, in so far as intelligence in the first instance still respects the given content of the images, still regulates itself in accordance with it in imaging its general presentations. It is the activity of intelligence which is still only *relatively free* in that it is *conditioned* in this way, that is known as the *symbolizing phantasy*. In order to express its general presentations, this phantasy selects only that sensuous material which has an *independent* significance *corresponding* to the specific content of the universal to be imaged. The

die Stärke Jupiters durch den Adler dargestellt, weil dieser dafür gilt, stark zu seyn. — Die **Allegorie** drückt mehr durch ein Ganzes von Einzelnheiten das Subjective aus. — Die **dichtende** Phantasie endlich gebraucht zwar den Stoff freier, als die bildenden Künste; doch darf auch sie nur solchen sinnlichen Stoff wählen, welcher dem Inhalt der darzustellenden Idee adäquat ist.

Von der im Symbol vorhandenen **subjectiven**, durch das **Bild vermittelten** Bewährung schreitet aber die Intelligenz nothwendig zur **objectiven, an- und für sich seyenden** Bewährung der allgemeinen Vorstellung fort. Denn, da der Inhalt der zu bewährenden allgemeinen Vorstellung in dem Inhalte des zum Symbol dienenden Bildes **sich** nur **mit sich**

338

selber zusammenschließt; so schlägt die Form des **Vermitteltseyns** jener Bewährung, — jener Einheit des Subjectiven und Objectiven, — in die Form der **Unmittelbarkeit** um. Durch diese dialektische Bewegung kommt somit die allgemeine Vorstellung dahin, zu ihrer Bewährung nicht mehr den Inhalt des Bildes nöthig zu haben, sondern an- und für sich selber bewährt zu seyn, also unmittelbar zu gelten. Indem nun die von dem Inhalte des Bildes freigewordene allgemeine Vorstellung sich in einem **willkürlich** von ihr gewählten äußerlichen Stoffe zu etwas Anschaubaren macht; so bringt sie Dasjenige hervor, was man, — im bestimmten Unterschiede vom Symbol, — **Zeichen** zu nennen hat. Das Zeichen muß für etwas Großes erklärt werden. Wenn die Intelligenz Etwas bezeichnet hat, so ist sie mit dem Inhalte der Anschauung fertig geworden und hat dem sinnlichen Stoff eine ihm **fremde** Bedeutung zur Seele gegeben. So bedeutet, zum Beispiel, eine **Cocarde** oder eine **Flagge** oder ein **Grabstein** etwas ganz Anderes, als Dasjenige, was sie unmittelbar anzeigen. Die hier hervortretende Willkürlichkeit der Verbindung des sinnlichen Stoffes mit einer allgemeinen Vorstellung hat zur nothwendigen Folge, daß man die Bedeutung der Zeichen erst lernen muß. Dies gilt namentlich von den Sprachzeichen.

strength of Jupiter, for example, is represented by the eagle, since the eagle is supposed to be strong. — It is rather by a coherence of details that *allegory* expresses what is subjective. — Finally, although *poetic* phantasy certainly uses material more freely than the plastic arts, it, also, is only able to select such sensuous material as is adequate to the idea to be represented.

Nevertheless, intelligence necessarily progresses from the *subjective* proof of the general presentation present within the symbol, through that *mediated* by means of the image, to its *objective being in and for self*. For since the content of the image serving as a symbol *only coincides with itself* in the content of the general presentation to be proved, the form of this proof's *being mediated*, this unity of subjective and objective, switches over into the form of *immediacy*. Through this dialectical motion, the general presentation, in that it is immediately valid, proved in and for itself, gets as far as no longer requiring the content of the image for its proof. Now in that the general presentation liberated from the content of the image makes itself into something intuitable within an external material *voluntarily* selected by itself, it brings forth what has to be called a *sign*, as specifically distinct from a symbol. The importance of the sign should not be overlooked. When intelligence has designated something, it is no longer concerned with the content of intuition, and has given to the sensuous material a significance which is *alien* to it, a soul. The significance of a *cockade*, a *flag* or a *gravestone* for example, is quite distinct from what these things indicate immediately. The arbitrary nature of the connection between sensuous material and a general presentation is apparent here, and necessarily gives rise to our first having to learn the significance of the sign. This is especially true of linguistic signs.

§. 458.

In dieser von der Intelligenz ausgehenden Einheit selbstständiger Vorstellung und einer Anschauung ist die Materie der letztern zunächst wohl ein aufgenommenes, etwas unmittelbares oder gegebenes (z. B. die Farbe der Cocarde u. dgl.). Die Anschauung gilt aber in dieser Identität nicht als positiv und sich selbst, sondern etwas anderes vorstellend. Sie ist ein Bild, das eine selbstständige Vorstellung der Intelligenz als Seele in sich empfangen hat, seine Bedeutung. Diese Anschauung ist das Zeichen.

339

Das Zeichen ist irgend eine unmittelbare Anschauung, die einen ganz anderen Inhalt vorstellt, als den sie für sich hat; — die Pyramide, in welche eine fremde Seele versetzt und aufbewahrt ist. Das Zeichen ist vom Symbol verschieden, einer Anschauung, deren eigene Bestimmtheit ihrem Wesen und Begriffe nach mehr oder weniger der Inhalt ist, den sie als Symbol ausdrückt; beim Zeichen als solchen hingegen geht der eigene Inhalt der Anschauung, und der, dessen Zeichen sie ist, einander nichts an. Als bezeichnend beweist daher die Intelligenz eine freiere Willkühr und Herrschaft im Gebrauch der Anschauung, denn als symbolisirend.

Gewöhnlich wird das Zeichen und die Sprache irgendwo als Anhang in der Psychologie oder auch in die Logik eingeschoben, ohne daß an ihre Nothwendigkeit und Zusammenhang in dem Systeme der Thätigkeit der Intelligenz gedacht würde. Die wahrhafte Stelle des Zeichens ist die aufgezeigte, daß die Intelligenz, welche als anschauend, die Form der Zeit und des Raums erzeugt, aber den sinnlichen Inhalt als aufnehmend und aus diesem Stoffe sich Vorstellungen bildend erscheint, nun ihren selbstständigen Vorstellungen ein bestimmtes Daseyn aus sich gibt, den erfüllten Raum und Zeit, die Anschauung als die ihrige gebraucht, deren unmittelbaren und eigenthümlichen Inhalt tilgt, und ihr einen

§ 458

Initially, it is certainly the case that in the unity deriving from intelligence, that of independent presentation and an intuition, the material of the intuition is something that is taken up, something immediate or given, such as the colour of the cockade 5
and so on. In this identity **however,** *intuition* is not effective positively and as presenting itself, but as presenting *something else*. It is an image, which has received into itself as its soul or *significance* an *independent* presentation of intelli- 10
gence. This intuition is the *sign*.

The *sign* is a certain immediate intuition, presenting a content which is wholly distinct from that which it has for itself;—it is the *pyramid* in which an alien soul is ensconced 15
and preserved. The *sign* is distinct from the + *symbol*, for whereas the symbol is an intuition the *very* determinateness of which is, in accordance with its essence and Notion, more or less the **content** it expresses as symbol, **in the case of** 20
the sign as such, the content proper to the intuition is irrelevant to what it signifies. In its use of intuition therefore, intelligence displays more wilfulness and sovereignty in *designating* than it does in symbolizing. 25

The *sign* and *language* are usually inserted as an *appendix* somewhere within psychology or even logic, and without any consideration being paid to their necessity and connectedness within the system of the activity of intel- 30
ligence. **The** proper place **for the sign** is that + indicated.—Although intelligence engenders **the form of** time and space **by intuiting, it appears as taking up the sensuous content and forming presentations for itself out of this material. From** 35
its own self, it then gives its independent presentations a definite determinate being, *treating* the filled space and time of the **intuition** *as its own*, **effacing** its immediate and proper **content,** and giving it the significance 40

andern Inhalt zur Bedeutung und Seele gibt. — Diese Zeichen erschaffende Thätigkeit kann das **productive** Gedächtniß (die zunächst abstracte Mnemosyne) vornemlich genannt werden, indem das Gedächtniß, das im gemeinen Leben oft mit Erinnerung, auch Vorstellung und Einbildungskraft verwechselt und gleichbedeutend gebraucht wird, es überhaupt nur mit Zeichen zu thun hat. *

§. 459.

Die Anschauung als unmittelbar zunächst ein gegebenes und räumliches erhält, insofern sie zu einem Zeichen gebraucht wird, die wesentliche Bestimmung, nur als aufgehobene zu seyn. Die Intelligenz ist diese ihre Negativität; so ist die wahrhaftere Gestalt der Anschauung, die ein Zeichen ist, ein Daseyn in der **Zeit**, — ein Verschwinden des Daseyns, indem es ist, und nach seiner weitern äußerlichen, psychischen Bestimmtheit ein von der Intelligenz aus ihrer (anthropologischen) eigenen Natürlichkeit hervorgehendes **Gesetztseyn**, — der **Ton**, die erfüllte Aeußerung der sich kund gebenden Innerlichkeit. Der für die bestimmten Vorstellungen sich weiter articulirende Ton, die **Rede** und ihr System, die **Sprache**, gibt den Empfindungen, Anschauungen, Vorstellungen ein zweites höheres, als ihr unmittelbares Daseyn, überhaupt eine Existenz, die im **Reiche des Vorstellens** gilt. 340

Die Sprache kommt hier nur nach der eigenthümlichen Bestimmtheit als das Product der Intelligenz, ihre Vorstellungen in einem äußerlichen Elemente zu manifestiren, in Betracht. Wenn von der Sprache auf concrete Weise gehandelt werden sollte, so wäre für das **Material** (das Lexicalische) derselben der anthropologische, näher der psychisch-physiologische (§. 401.) Standpunkt zurückzurufen, für die **Form** (die Grammatik)

* 1827 hatte einen weiteren Satz: Dieser Ausdruck wird jedoch in seiner nähern Bestimmung gewöhnlich für diejenige Thätigkeit gebraucht, welche zum Unterschied von dem Zeichen-Machen, *reproductives* Gedächtniß zu nennen wäre.

and soul of another. — This sign-creating activity **can be distinguished by calling it** the *productive* memory, **the initial abstraction of** Mnemosyne, for although in general usage memory is often taken to be interchangeable and synonymous with recollection, and even with presentation and imagination, it is never concerned with anything but signs.*

§ 459

Intuition, **in so far as it is employed as a sign in the initial immediacy of its being something given** and spatial, acquires **the essential determination of having being** only as a sublatedness. It is intelligence that thus constitutes its negativity. In its truer **shape, the intuition of a sign is therefore a determinate being** within *time*, — **determinate being** which disappears in that it has being, **while in accordance with its further external, psychical determinateness, it is the positedness of** the *tone*, **which intelligence furnishes from the anthropological resources of its own naturalness, the fulfilment** of the expressiveness by which inwardness makes itself known. On account of determinate presentations, tone articulates itself further as *speech* and as the system of *language*, and it is this that endows the sensations, intuitions and presentations with a second determinate being which is higher than the immediacy of their first, with **an existence** which is effective *within the realm of presentation*.

Language comes under consideration here only in the special determinateness of its being the product of intelligence manifesting its presentations in an external element. If language had to be handled in a concrete manner, the anthropological or rather the psycho-physiological (§ 401) standpoint would have to be referred back to for its lexical material,

* Added 1827: In its preciser determination however, this expression is usually employed for the activity which, in order to distinguish it from the making of signs, would be called *reproductive* memory.

ter des Verstandes zu anticipiren. Für das elementarische Material der Sprache hat sich einerseits die Vorstellung bloßer Zufälligkeit verloren, andererseits das Princip der Nachahmung auf seinen geringen Umfang, tönende Gegenstände, beschränkt. Doch kann man noch die deutsche Sprache über ihren Reichthum wegen der vielen besondern Ausdrücke rühmen hören, die sie für besondere Töne (Rauschen, Sausen, Knarren u. s. f., man hat deren vielleicht mehr als hundert gesammelt; die augenblickliche Laune erschafft deren, wenn es beliebt, neue) besitzt; ein solcher Ueberfluß im Sinnlichen und Unbedeutenden ist nicht zu dem zu rechnen, was den Reichthum einer gebildeten Sprache ausmachen soll. Das eigenthümlich Elementarische selbst beruht nicht sowohl auf einer auf äußere Objecte sich beziehenden, als auf innerer Symbo-
341 lik, nämlich der anthropologischen Articulation gleichsam
* als einer Gebehrde der leiblichen Sprech-Aeußerung. Man hat so für jeden Vocal und Consonanten, wie für deren abstractere Elemente (Lippengebehrde, Gaumen-Zungengebehrde), und dann ihre Zusammensetzungen die eigenthümliche Bedeutung gesucht. Aber diese bewußtlosen dumpfen Anfänge werden durch weitere so Aeußerlichkeiten als Bildungs-Bedürfnisse zur Unscheinbarkeit und Unbedeutenheit modificirt, wesentlich dadurch, daß sie als sinnliche Anschauungen selbst zu Zeichen herabgesetzt, und dadurch ihre eigene ursprüngliche Bedeutung verkümmert und ausgelöscht wird. Das Formelle der Sprache aber ist das Werk des Verstandes, der seine Kategorien in sie einbildet, dieser logische Instinkt bringt das Grammatische derselben hervor. Das Studium von ursprünglich gebliebenen Sprachen, die man in neuern Zeiten erst gründlich kennen zu lernen angefangen hat, hat hierüber gezeigt, daß sie eine sehr ins Einzelne ausgebildete Grammatik enthalten und Unterschiede ausdrücken,

* 1830 zugefügt: 'Man hat — Äußerlichkeiten als.

while the standpoint of the understanding would have to be anticipated for its form or grammar. For the elementary material of language, while on the one hand the presentation of mere contingency has extinguished itself, the principle of imitation has confined itself to its narrow range of sound-making objects. Yet one can still hear the German language praised for its wealth of particular expressions for particular sounds, — rustle, whiz, creak etc. Possibly a hundred or more of these have been collected, and new ones can be coined at will on the spur of the moment, but such a superabundance in respect of what is sensuous and insignificant ought not to be regarded as contributing to what constitutes the resources of a cultured language. What is properly elementary here rests less upon a symbolism relating itself to external objects, than upon inner symbolism, especially of anthropological articulation, this being as it were a gesture of the corporeal expression of speech.* The attempt has therefore been made to find the proper significance of each vowel and consonant, as well as of their more abstract elements such as the positioning, function and combinings of the lips, palate and tongue. These subdued and unconscious initiations are however modified into obscurity and insignificance by such subsequent externalities as educational requirements, the essence of this modification being that they themselves, as sensuous intuitions, are reduced to signs, so that their proper and original significance is diminished and eradicated. The formal factor in language is however the work of the understanding, which informs it with its categories, and it is this logical instinct that gives rise to what is grammatical. It is only latterly that we have become thoroughly acquainted with languages still in their original state, and the study of them has shown that they have a very elaborate grammar and express distinctions which are lacking or have

* Most of the next two sentences first published 1830.

die in Sprachen gebildeterer Völker mangeln oder verwischt worden sind; es scheint daß die Sprache der gebildetsten Völker die unvollkommnere Grammatik, und * dieselbe Sprache bey einem ungebildetern Zustande ihres Volkes eine vollkommnere als bey dem höher gebildeten hat. Vrgl. Hrn. W. v. Humboldt, über den Dualis J. 10. 11. +

Bei der Tonsprache, als der ursprünglichen, kann auch der Schriftsprache jedoch hier nur im Vorbeygehn erwähnt werden; sie ist nur eine weitere Fortbildung im besondern Gebiete der Sprache, welche eine äußerlich praktische Thätigkeit zu Hülfe nimmt. Die Schriftsprache geht zum Felde des unmittelbaren räumlichen Anschauens fort, in welchem sie die Zeichen (§. 454.) nimmt und hervorbringt. Näher bezeichnet die Hieroglyphenschrift die Vorstellungen durch räumliche Figuren, die Buchstabenschrift hingegen Töne, welche 342 selbst schon Zeichen sind. Diese besteht daher aus Zeichen der Zeichen, und so, daß sie die concreten Zeichen der Tonsprache, die Worte, in ihre einfachen Elemente auflöst, und diese Elemente bezeichnet. — Leibnitz hat sich durch seinen Verstand verführen lassen, eine vollständige Schriftsprache auf hieroglyphische Weise gebildet, was wohl partiell auch bei Buchstabenschrift (wie in unsern Zeichen der Zahlen, der Planeten, der chemischen Stoffe u. dgl.) Statt findet, als eine allgemeine Schriftsprache für den Verkehr der Völker und insbesondere der Gelehrten für sehr wünschenswerth zu halten. Man darf aber dafür halten, daß der Verkehr der Völker (was vielleicht in Phönicien der Fall war, und gegenwärtig in Canton geschieht — s. Macartney's Reise von Staunton) vielmehr das Bedürfniß der Buchstabenschrift und deren Entstehung herbeigeführt hat. Ohnehin ist nicht an eine umfassende fertige Hieroglyphen-Sprache zu denken; † sinnliche Gegenstände sind zwar festbleibender Zeichen fähig, aber für Zeichen von Geistigem führt der Fortgang

* Das Folgende (und dieselbe — I 10.11) 1830 zugefügt.
† 1827: scheinen.

been obliterated in the languages of more advanced peoples. It looks as though the language of the most advanced peoples has the more imperfect grammar,* and that the same language has a more perfect grammar when a people is in a more primitive than when it is in a more highly advanced state. Cf. Mr. W. v. *Humboldt* 'On the Dual' I. 10, 11.

In dealing here with the original or spoken language, the *written language* can also be mentioned, although only in passing. It is merely a further formation, within the *particular* department of language, which makes use of an external and practical activity. Written language progresses into the field of immediate spatial intuiting, within which it selects and brings forth signs (§ 454). More precisely, a *hieroglyphic script* designates *presentations* by spatial figures, while an *alphabetic script* designates *tones*, which are already signs. The latter therefore consists of signs for signs, in that it decomposes the words which constitute the concrete signs of the spoken language into simple elements, which it designates. — *Leibniz* allowed himself to be led astray by his understanding in that he considered a complete written language, formed in a hieroglyphic manner, such as that partially realized in an alphabetic script (as in our signs for numbers, the planets, chemical matters etc.), to be a highly desirable universal medium for intercourse between peoples and especially scholars. It looks however as though it is rather the intercourse between peoples which has brought about the need for and the emergence of alphabetic writing. This was probably the case in Phoenicia, and Staunton's account of *Macartney's* embassy shows that it is going on now in Canton. A comprehensive and *fixed* hieroglyphic language is in any case out of the question, for although general sensuous objects certainly† admit of permanent signs, in the case of signs for what is

* Rest of the paragraph first published 1830.

† 1827: certainly seem to admit . . .

der Gedankenbildung, die fortschreitende logische Entwicklung veränderte Ansichten über ihre innern Verhältnisse und damit über ihre Natur herbei, so daß damit auch eine andere hieroglyphische Bestimmung einträte. Geschieht diß doch schon bei sinnlichen Gegenständen, daß ihre Zeichen in der Tonsprache, ihre Namen häufig verändert werden, wie z. B. bei den chemischen auch mineralogischen. Seitdem man vergessen hat, was Namen als solche sind, nämlich für sich sinnlose Aeußerlichkeiten, die erst als Zeichen eine Bedeutung haben, seit man statt eigentlicher Namen den Ausdruck einer Art von Definition fordert und dieselbe sogar häufig auch wieder nach Willkühr und Zufall formirt, * ändert sich die Benennung, d. i. nur die Zusammensetzung aus Zeichen ihrer Gattungsbestimmung oder anderer charakteristisch seyn sollender Eigenschaften, nach der Verschiedenheit der Ansicht, die man von der Gattung oder sonst einer specifisch seyn sollenden Eigenschaft faßt. — Nur dem Statarischen der chinesichen Geistesbildung ist die hieroglyphische Schriftsprache dieses Volkes angemessen; diese Art von Schriftsprache kann ohnehin nur der Antheil des geringern Theils eines Volkes seyn, der sich in ausschließendem Besitze geistiger Cultur hält. † — Die Ausbildung der Tonsprache hängt zugleich aufs genaueste mit der Gewohnheit der Buchstabenschrift zusammen, durch welche die Tonsprache allein die Bestimmtheit und Reinheit ihrer Articulation gewinnt. Die Unvollkommenheit der chinesischen Tonsprache ist bekannt; eine Menge ihrer Worte hat mehrere ganz verschiedene Bedeutungen selbst bis auf zehn ja zwanzig, so daß im Sprechen der Unterschied blos durch die Betonung, Intensität, leiseres Sprechen oder Schreien bemerklich gemacht wird. ~~Europäer~~, welche anfangen chinesisch zu sprechen, ehe sie sich diese absurden Feinheiten der Accentuation zu eigen gemacht haben, fallen in die lächerlichsten Misverständnisse. Die Vollkommenheit besteht hier in dem Gegentheil von dem parler sans accent, was mit Recht in Europa für ein

343

* 1827: übrigens nach Zufall bei einigen Gegenständen, bei andern nicht...
† Ende des Satzes 1830 zugefügt.

spiritual, progress in the formulation of thought gives rise to the progressive logical development of changing views concerning their inner relationships and so of their nature, and so to the setting in of another hieroglyphic determination. Even in 5 **respect of general sensuous objects, the signs in the vocal language, their names, are often changed, as in the case of what is chemical and mineral for instance. Since it has been forgotten that names as such are for themselves senseless externalities,** 10 **which only have a meaning as signs, since the demand is made not for names properly so called but for the expression of a kind of definition,* while the formulation of this too is often carried out arbitrarily and fortuitously, designation alters in** 15 **accordance with one's varying view of the genus or of any other supposedly specific property, since it is simply the composition from signs of their generic determination or other supposedly characteristic properties. — The written hieroglyphic language** 20 + **of the Chinese is adapted only to the static nature of this people, and in any case this kind of written language can only be cultivated by the minority† which maintains its exclusive possession of a people's spiritual culture. — What is more, the** 25 + **elaboration of the spoken language is most intimately connected with the use of an alphabetic script, through which alone such language acquires determinateness and purity of articulation. Chinese is notoriously imperfect as a spoken language;** 30 **many of its words have several and sometimes as many as ten or twenty different meanings, so that in speech the difference between them is brought out solely by means of intonation, intensity, lowering or raising one's voice. Europeans who begin to** 35 **speak the language before they have mastered these absurd nuances of accentuation, become involved in misunderstandings of the most amusing kind. Perfection is here the opposite of the parler sans accent rightly required of educated speech in** 40

* 1827: and, moreover, fortuitously in the case of some general objects and not so in the case of others, . . .
† Rest of the sentence first published 1830.

gebildetes Sprechen gefordert wird. Es fehlt um der hieroglyphischen Schriftsprache willen der chinesischen Tonsprache an der objectiven Bestimmtheit, welche in der Articulation durch die Buchstabenschrift gewonnen wird.

* Die Buchstabenschrift ist an und für sich die intelligentere; in ihr ist das Wort, die der Intelligenz eigenthümliche würdigste Art der Aeußerung ihrer Vorstellungen, zum Bewußtseyn gebracht, zum Gegenstande der Reflexion gemacht. Es wird in dieser Beschäftigung der Intelligenz mit demselben analysirt, d. i. diß Zeichenmachen wird auf seine einfachen, wenigen Elemente (die Urgebehrden des Articulirens) reducirt; sie sind das Sinnliche der Rede auf die Form der Allgemeinheit gebracht, welches in dieser elementarischen Weise zugleich völlige Bestimmtheit und Reinheit erlangt. Die Buchstabenschrift behält damit auch den Vortheil der Tonsprache, 344 daß in ihr wie in dieser, die Vorstellungen eigentliche Namen haben; der Name ist das einfache Zeichen für die eigentliche, d. i. einfache, nicht in ihre Bestimmungen aufgelößte und aus ihnen zusammengesetzte Vorstellung. Die Hieroglyphensprache entsteht nicht aus der unmittelbaren Analyse der sinnlichen Zeichen, wie die Buchstabenschrife, sondern aus der voranzugehenden Analyse der Vorstellungen, woraus dann leicht der Gedanke gefaßt wird, daß alle Vorstellungen auf ihre Elemente, auf die einfachen logischen Bestimmungen zurückgeführt werden könnten, so daß aus den hiefür gewählten Elementarzeichen, (wie bey den chinesischen Koua der einfache gerade und der in zwey Theile gebrochene Strich) durch ihre Zusammensetzung die Hieroglyphensprache erzeugt würde. Dieser Umstand der analytischen Bezeichnung der Vorstellungen bey der hieroglyphischen Schrift, welcher Leibnitz verführt hat, diese für vorzüglicher gehalten, als die Buchstabenschrift, ist es vielmehr, der dem Grundbedürfnisse der Sprache überhaupt, dem Namen, widerspricht, für die unmittelbare Vorstellung, welche so reich ihr Inhaltin sich

* Das Folgende bis 188, 32, 1830 zugefügt.

Europe. The hieroglyphics of written Chinese prevent the spoken language from attaining the objective determinateness acquired through the articulation of an alphabetic script.

* Alphabetic writing is in and for itself the more intelligent form. The *word* is the worthiest way in which intelligence gives expression to its presentations, and in such writing it is consciously accounted for and made the general object of reflection. In that intelligence occupies itself with it, it is analysed, the sign-making being reduced to the few simple elements constituting the primary positionings of articulation. These constitute the sensuous aspect of speech, which is brought into the form of universality, and which at the same time attains to complete determinateness and purity in this elementary mode. It is thus that an alphabetic script also retains the advantage of the spoken language, in which presentations have proper names; the name being the simple sign for the proper presentation, i.e. the *simple* presentation which is not dissolved into and compounded out of its determinations. The language of hieroglyphs arises not like an alphabetic script from the immediate analysis of sensuous signs, but from the prior analysis of presentations, which then easily leads on to the thought that all presentations might be traced back to their elements, to simple logical determinations, that hieroglyphic language might be generated by combining the elementary signs selected, as in the case of the Chinese Koua, which consists of two strokes, one straight and one broken in two. It is moreover this analytical designation of presentations in a hieroglyphic script, a procedure which misled *Leibniz* into regarding such a script as preferable to an alphabet, which confounds the basic requirement of language in general, the name.

* Following, to 189, 36, first published 1830.

gefaßt werden möge, für den Geist im Namen einfach ist, auch ein einfaches unmittelbares Zeichen zu haben, das als ein Seyn für sich nichts zu denken gibt, nur die Bestimmung hat, die einfache Vorstellung als solche zu bedeuten und sinnlich vorzustellen. Nicht nur thut die vorstellende Intelligenz diß, sowohl bey der Einfachheit der Vorstellungen zu verweilen, als auch sie aus den abstracteren Momenten, in welche sie analysirt worden, wieder zusammen zu fassen, sondern auch das Denken resumirt den concreten Inhalt aus der Analyse, in welcher derselbe zu einer Verbindung vieler Bestimmungen geworden, in die Form eines einfachen Gedankens. Für beyde ist es Bedürfniß auch solche in Ansehung der Bedeutung einfache Zeichen, die aus mehrern Buchstaben oder Sylben bestehend und auch darein zergliedert doch nicht eine Verbindung
345
von mehrern Vorstellungen darstellen, zu haben. — Das Angeführte macht die Grundbestimmung für die Entscheidung über den Werth dieser Schriftsprachen aus. Alsdann ergiebt sich auch, daß bey der Hieroglyphenschrift die Beziehungen concreter geistiger Vorstellungen nothwendig verwickelt und verworren werden müssen, und ohnehin die Analyse derselben, deren nächste Producte ebenso wieder zu analysiren sind, auf die mannichfaltigste und abweichenste Weise möglich erscheint. Jede Abweichung in der Analyse brächte eine andere Bildung des Schriftnamens hervor, wie in neuern Zeiten, nach der vorhin gemachten Bemerkung sogar in dem sinnlichen Gebiete die Salzsäure auf mehrfache Weise ihren Namen verändert hat. Eine hieroglyphische Schriftsprache erforderte eine ebenso statarische Philosophie als es die Bildung der Chinesen überhaupt ist.

Es folgt noch aus dem Gesagten, daß Lesen- und Schreibenlernen einer Buchstabenschrift für ein nicht genug geschätztes, unendliches Bildungsmittel zu achten ist, indem es den Geist von dem sinnlich Concreten zu der Aufmerksamkeit auf das Formellere, das tönende Wort und dessen abstracte Elemente, bringt, und den Boden der Innerlich-

To spirit, the immediate presentation in the name is simple, regardless of the inner wealth of content that is grasped. In that it is named, this presentation also has a simple and immediate sign, and this as a being-for-self is not a matter for thought, since it merely has the determination of signifying and giving sensuous presentation to the simple presentation as such. It is not only the presentative intelligence which dwells upon the simplicity of presentations while also reconstituting them out of the more abstract moments into which they have been analysed, for thought also resumes the concrete content, from the analysis in which it has become a combination of various determinations, into the form of a simple thought. Both require signs which are simple in respect of their meaning and which, in spite of their consisting of several letters or syllables and even being broken down into them, do not exhibit a combination of several presentations. — The preceding exposition constitutes the basic determination for the evaluation of these written languages. It follows also, that in a hieroglyphic script the relations between concrete spiritual presentations are necessarily muddled and confused, and what is more that an analysis of them, the immediate products of which also have to be analysed, appears to be possible in the most various and divergent of ways. In the analysis, every divergence would give rise to the coining of another written name, and in recent times, as has already been noticed, it has done so even in the field of the sensuous. Muriatic acid, for example, has changed its name in various ways. A written hieroglyphic language would require a philosophy as static as is the general culture of the Chinese.

It also follows from what has been said, that learning to read and write an alphabetic script is to be regarded as an infinitely rewarding means of education, a means moreover, which has been insufficiently appreciated, for it leads spirit from what is sensuously concrete into awareness of the more formal nature of the spoken word and its abstract elements, and does what is essential in

keit im Subjecte zu begründen und rein zu machen ein wesentliches thut. — Die erlangte Gewohnheit tilgt auch später die Eigenthümlichkeit der Buchstabenschrift, im Interesse des Sehens als ein Umweg durch die Hörbarkeit zu den Vorstellungen zu erscheinen, und macht sie für uns zur Hieroglyphenschrift, so wir daß beim Gebrauche derselben die Vermittlung der Töne nicht im Bewußtseyn vor uns zu haben bedürfen; Leute dagegen, die eine geringe Gewohnheit des Lesens haben, sprechen das Gelesene laut vor, um es in seinem Tönen zu verstehen. Außerdem daß bey jener Fertigkeit, die die Buchstabenschrift in Hieroglyphen verwandelte, die durch jene erste Einübung gewonnene Abstractions-Fähigkeit bleibt, ist das hieroglyphische Lesen für sich selbst ein taubes Lesen und

346 * ein stummes Schreiben; das Hörbare oder Zeitliche und das Sichtbare oder Räumliche hat zwar jedes seine eigene Grundlage zunächst von gleichem Gelten mit der andern; bey der Buchstabenschrift aber ist nur Eine Grundlage und zwar in dem richtigen Verhältnisse, daß die sichtbare Sprache zu der tönenden nur als Zeichen sich verhält; die Intelligenz äußert sich unmittelbar und unbedingt durch Sprechen. — Die Vermittlung der Vorstellungen durch das Unsinnlichere der Töne zeigt sich weiter für den folgenden Uebergang von dem Vorstellen zum Denken, — das Gedächtniß, — in seiner eigenthümlichen Wesentlichkeit.

Zusatz. Das Zeichen wird als unmittelbare Äußerung gebraucht z.B. der Ton, aber die eigenthümliche Bestimmung des Tons ist daß es aus der Brust, der Leiblichkeit vermöge der Intelligenz gesetzt wird, dadurch wird den Vorstellungen ein zweites Dasein gegeben. Das erste ist als äußerliches Ding für's Bewußtsein, das zweite in dem Worte, in dem Namen. Die Sache ist das Ding, als äußerliches Dasein, das andere Dasein ist das Dasein als Name, es ist so der Gegenstand aufgenommen in das Reich der Intelligenz. Man sagt gewöhnlich die Sache sei die Hauptsache und der Name gleichgültig, in einem Sinn ist dieß wahr, im anderen Sinn unwahr, es ist wie die Intelligenz dem Namen das

* Die folgenden zwei Sätze erstmals 1830. Die ganze Anmerkung sorgfältig revidiert zwischen 1827 und 1830.

order to establish and purify the basis of inwardness within the subject. — The acquired habit of it subsequently removes the superfluous peculiarity on account of which, in the interest of its being visualised, alphabetic writing appears to the presentations by means of being heard. For us therefore it becomes a hieroglyphic script, and in using it we do not need to have the mediation of the tones consciously before us, whereas people who are less in the habit of reading will do it aloud in order to catch the meaning in the sound. Apart from the survival, within this facility which transformed alphabetic writing into hieroglyphs, of the capacity for abstraction acquired in the initial exercise, hieroglyphic reading is for itself a reading that is deaf and a writing that is dumb. *Although in the first instance both what is audible or temporal and what is visible or spatial certainly have their own equally valid bases, in the case of an alphabetic script, there is only one basis, which involves moreover the correct relationship of the visible relating itself to the spoken language only as a sign. Here, intelligence expresses itself immediately and unconditionally through speech. — The mediation of presentations by means of the less sensuous element of tones shows itself in its peculiar essentiality in memory, which constitutes the subsequent transition from presentation to thought.

Addition. The sign is used by intelligence as an immediate expression, for the tone for example. The proper determination of the tone is however that it is posited out of corporeity, out of the thorax, by virtue of intelligence, it being by means of this that presentations are endowed with a second determinate being. The first is as an external thing for consciousness, the second is in the word, the name. The matter is the thing as an external determinate being, the other determinate being has being as name, it being through this that the general object is taken up into the realm of intelligence. The matter is usually said to be the main thing and the name a matter of indifference, but although this is true in one sense it is not so in another, for the main thing is the way in

* Next two sentences first published 1830. Whole Remark carefully revised between 1827 and 1830.

\+ Dasein giebt. In der Bibel heißt es der Mensch habe den Dingen einen Namen gegeben, damit ist ausgedrückt daß der Mensch ihnen ein Dasein aus der Intelligenz gab und daß sie gelten in der Intelligenz, — dieß ist die Natur der Sprache. Man hat über die Erfindung der Sprache viel geschrieben und gedacht; vormals sagte man (357) Gott habe den Menschen die Sprache gegeben und auch *Jacobi* sagt sie sei nicht eine menschliche Erfindung und allerdings ist sie kein Mittel erfunden für einen Zweck, es ist die Vernünftigkeit, die Intelligenz die die Sprache erfindet, weil sie vernünftig ist, als Vorstellung sich ein Dasein geben muß, ein Dasein noch nicht auf praktische Weise, sie hat so ein Dasein als Vorstellung deren Dasein diese Idealität hat.

Was nun in Rücksicht auf die Sprache in Betracht käme, wäre die Angabe der Quellen der besonderen Sprachen, aber das Zeichen ist etwas willkührliches, so ist der Ton im allgemeinen willkührlich, zu unterschiedenen Vorstellungen werden verschiedene Töne gebraucht, — die Artikulation derselben. Die größte Thätigkeit der organisirten Leiblichkeit ist die dem Tone solche Modifikationen zu geben; ungeachtet aber für sich das Zeichen willkührlich ist, so ist doch der Anfang des Entstehens nicht solche Willkühr gewesen, sondern es ist ein natürlicher, in einem natürlichen Zusammenhang gegründeter und da ist dann die Aufgabe der Zusammenhang anzugeben, die Vorstellung, die Bedeutung. Wir wollen hierbei einige einzelne Momente herausheben.

Das erste Moment ist bloß Nachahmung, die Bildung von Worten welche solche Gegenstände ausdrücken sollen die Töne sind. Der subjektive Ton selbst welcher einen solchen Ton ausspricht ist der natürlichste. Eine weitere Quelle ist, daß das Symbolische der Sprache statt findet, sofern von Tönen ausgegangen wird, daß solche Zusammenstellungen als Symbole gebraucht wurden. Das Symbolisiren der Sprache geht noch sehr weit, indem sinnliche Ausdrücke für etwas entsprechendes Geistiges gebraucht werden, so in der deutschen Sprache z.B. Begriff, begreifen, von dem Natürlichen mit der Hand greifen. Ein weiterer sehr wichtiger Zusammenhang und Quelle, ist der Zusammenhang von den Modifikationen des Organs mit dem Gegenstande der Beziehung. Die Ge-(358)behrde des Arms, der Hand ist ausdrucksvoll und es ist nicht leicht zu sagen wie diese Gebehrde mit dem Ausdruck zusammenhängt, so kann man auch von einer Gebehrde des Tons sprechen nach den verschiedenen Modifikationen des Mundes, des Gaumens u.s.w. ein sinnreicher Geist kann da viel Zusammenkommendes und Ueberraschendes aufzeigen. Wie aber die Sprache einmal gebildet ist, so geht dieser Zusammenhang verloren und das Wort wird zum eigentlichen Zeichen, so daß der Zusammenhang selbst unkenntlich wird, es ist also auch in der Sprache nicht um diesen

which intelligence endows the name with determinate being. In the Bible, man is said to have given things a name, that is, given them determinate being from intelligence, so that they count for something in intelligence. This is the nature of language. Much has been written and thought about the invention of it. It used to be said (357) that it was bestowed upon men by God, and even Jacobi said that it is not a human invention. What is certain is that it is not a means invented for a purpose, for it is intelligence that invents language, and it does so on account of its rationality, because as presentation it has to give itself determinate being, although not yet in a practical manner. It is therefore as presentation that intelligence has such a determination, it being the determinate being of presentation which possesses this ideality.

A consideration of language would now require information concerning the sources of particular languages. The sign is something arbitrary however, as in general is the tone, various tones being used for different presentations, — of which they constitute the articulation. Organic corporeity's greatest activity consists of endowing the tone with such modifications. Although the sign for itself is arbitrary however, the primary origin of it was not arbitrary, for it is something natural, based in a natural context. The task is then to give the context, the presentation, the meaning. We shall now take up a few of the separate moments involved in this.

The first is that of mere imitation, of forming words intended to express such general objects as are already tones. The subjective tone which itself expresses such a tone is the most natural. The occurrence in language of what is symbolic is a further source, the move from tones being such that combinations of them are used as symbols. Language can be symbolised to a very great extent, sensuous expressions being used for something spiritual, to which they correspond. In German for example, the Notion, spiritual comprehension, corresponds to the natural procedure of grasping with the hand. A further very important context and source is the connection between the modifications of the organ, and the general object to which it relates. The (358) gestures of the arm and hand are expressive, but it is not easy to say how this gesturing connects with the expression. One can also speak of a tonal gesture according with the various modifications of the mouth, the palate etc. An ingenious treatment of this is able to indicate a great deal of surprising interconnectedness. Once a language is formed however, this is lost, and as the word becomes a proper sign, the connectedness itself becomes untraceable. In language also therefore, one is con-

Zusammenhang zu thun, sondern es ist ein rein willkührliches Zeichen das nur dient, durch den bestimmten Laut etwas zu bezeichnen. Gebildete Sprachen haben so diese Naturanfänge verwischt, wie dieß auch die Verschiedenheit der Sprachen zeigt, aber diese Verschiedenheit zeigt auch wie willkührlich mit solchen Lauten umgegangen ist. In dieser Rücksicht wird in einer Sprache das *Dramatische* und Syntactische besonders wichtig, dieß ist dann das Weitere, während jene Naturanfänge die Wurzellaute betreffen, diese gehören nicht hierher. Das *Dramatische* und Syntactische drückt die Verstandesbestimmungen aus wonach Zusammenhänge sich auf andere Zusammenhänge beziehen. Die allgemein logischen Bestimmungen die sich wichtig machen sind daß das Allgemeine, die Regel sich geltend machen muß, es gibt nun in jeder Sprache eine Menge Anomalien worin das Allgemeine sich nicht geltend macht z.B. das Einzelne zu bezeichnen und dann die Mehrheit Singular und Plural, dieß ist ein wesentlicher Unterschied und doch kann z.B. im Deutschen bei vielen Worten diese Bestimmung nicht angebracht werden, es ist eine Ohnmacht das Allgemeine geltend zu machen, so haben wir z.B. keinen Plural von Liebe, Blut u.s.w., im Plural hat es eine andere Bedeutung. — Daß das Allgemeine sich wesentlich geltend mache ist die Hauptsache, und es muß das Allgemeine das Uebergewicht erlangen. Ebenfalls sind auch bei dem *Casus* und den Zeitwörtern wesentliche Unterschiede, und (359) so ist unsere deutsche Sprache oft sehr zurück, selbst bei *Goethe* findet man Unklarheiten darüber und mit Unklarheiten der Art hat man es in jeder deutschen Schrift zu thun, dieß genirt den Leser, er weiß nicht gleich den Gegenstand der bezeichnet werden soll und muß den Satz wieder von vorn anfangen. — Noch zu erwähnen ist daß man in neuerer Zeit ganz neue Nomenclaturen erfunden hat, die zugleich das Genus und die näher unterscheidenden Bestimmtheiten bezeichnen sollen, der Name ist aber ein sinnlicher Ton, er soll keine Definition sein. So ist z.B. Vitriol der Name und Schwefelsaures Eisen soll die Definition sein, dieß ist aber ganz etwas Anderes, abgesehen noch davon daß wie sich die Ansicht von einer Sache ändert sich auch der Name ändern müßte. Es geschieht oft daß ein Name der etwas Allgemeines bezeichnet nur Namen von etwas Besonderen wird und dadurch daß er sinnlos ist ist er ein besonderer Name, an dem Namen Vitriol hat man gar nicht auszusetzen daß er bloß sinnlos ist, sondern er ist als Name das einmal richtig Bezeichnende.

Ueber den Unterschied von Ton und Schriftsprache ist zu bemerken, daß die Tonsprache die unmittelbare Spraehc ist, ihr Dasein kommt aus der Brust des Menschen, es ist ideell, indem es erschienen ist, ist es sogleich verschwunden. Die Schriftsprache macht das Hörbare auch sichtbar für das Auge und sie unterscheidet sich in hieroglyphische und

cerned not with this connectedness, but with a purely arbitrary sign, which only serves to signify something by means of the particular sound. Advanced languages have therefore shed these natural beginnings, as is also evident in the variety of languages, this variety also showing how arbitrarily such sounds have been treated. It is at this juncture that what is *dramatic* and syntactic in a language becomes particularly important. This is a further consideration on account of its being distinct from that of the natural beginnings and radical sounds. What is *dramatic* and syntactic expresses those determinations of the understanding whereby connections relate themselves to other connections. The universal logical determinations which assume importance are the universal, the rule which has to make itself prevail. Now in every language there are certain anomalies within which the universal does not prevail. For example, it is essential to designate the difference between what is single and what is multiple, between the singular and the plural, and yet with many German words for example, one is unable to make this universal prevail, since the determination is not forthcoming. We have, for instance, no plural for love, blood etc., which have a different meaning in the plural. — The main thing is the essential prevalence of the universal, which has to achieve predominance. In the case and the verbs there are further essential differences of this kind, and our (359) German language is often very backward in respect of them. Even in Goethe one finds obscurities deriving from this, and one encounters such in everything written in German. Since the reader is not immediately aware of the general object being referred to, he is perplexed, and has to start again at the beginning of the sentence. — It should also be observed, that of more recent times entirely new nomenclatures have been invented, with the object of designating the genus at the same time as the more precisely differentiated determinateness. The name is a sensuous tone however, and ought not to be a definition. Vitriol is the name for example, and sulphate of iron is supposed to be its definition. This, however, is something wholly different, quite apart from the name's having to alter if the view of the matter changes. It is often the case that a name designating something universal becomes merely the name of something that is particular, so that it is a particular name on account of its being senseless. The name vitriol is in no way whatever to be objected to as being merely senseless, on the contrary, as a name it is the one correct designation.

With regard to the difference between spoken and written language, it is to be observed that it is the former that is immediate. Its determinate being derives from the person's thorax; in that it has appeared it has immediately disappeared, and it is therefore of an ideal nature. The written language also makes what is audible apparent to the eye,

alphabetische, diese bezeichnet den Ton und der Buchstabe ist nur das Zeichen des Tons, der das Zeichen des Gegenstandes ist, jene bezeichnet unmittelbar für das Auge den Gegenstand. Es scheint diese die unmittelbarere zu sein als die alphabetische, die den Umweg nimmt durch den + Ton. Wenn ich lesen lerne, so lerne ich nur was dieß Zeichen für einen Ton ausdrücken soll und das Zweite ist erst daß ich auch die Bedeutung des Tons kenne, bei der hieroglyphischen Sprache dagegen lerne ich sogleich von welcher Vorstellung dieß ein Zeichen ist. Bekanntlich haben die alten Aegypter die hieroglyphische Schriftsprache gehabt, (360) man muß sich aber nicht vorstellen, daß die Gegenstände da gemahlt gewesen sind, es kann wohl sein, aber zugleich werden die Zeichen vereinfacht und dann werden sie symbolisch gebraucht. Wenn aber die Tonsprache dabei stehen bleiben müßte bloß Töne zu geben und die hieroglyphische bloß Zeichen zugeben, so würden beide sehr unvollkommen sein; auch unsere arabischen Zeilen sind Hieroglyphen, ebenso die Apothekerzeichen, viele astronomische und mathematische Zeichen u.s.w. Man kann nun fragen welche Vorzüge habe, die Tonsprache ist die erste und was gesprochen wird soll bezeichnet werden, das ist die Hauptsache, das Wort, der Ton ist zu bezeichnen.

Der Ton, weil er von Menschen produzirt ist, wird durch das Mittel der Sprache selbst verständiger, abstrakter, die Töne können vereinfacht werden und werden es durch die Abstraktion, so haben wir etwa einige zwanzig Buchstaben und diese drücken abstrakte Grundtöne aus, es ist ein sinniges Werk des Verstandes in einem Worte die einzelnen Laute heraus hören zu lassen, es ist eine Erfindung des sehr abstrahierenden Verstandes diese in ein Wort zusammengehen zu lassen. Durch diese Abstraktion nun ist es geschehen daß diese Laute auf eine so geringe Anzahl zurück geführt worden sind, die Sprache besteht dann aus der Zusammensetzung dieser Grundtöne und die weitere Mannigfaltigkeit wird durch ihre Verbindung hervorgebracht. Eine erstaunliche Menge von Zeichen ist dagegen bei der hieroglyphischen Sprache nöthig und diese Zeichen müssen wieder vielfach modifizirt werden. Die Chinesen sollen 70–80000 Zeichen haben, mit 5–6000 versteht man die gewöhnliche Schrift, aber das weitere Bücher Verständniß erfordert die Kenntniß jener Anzahl, damit hat man durch den schriftlichen Ausdruck der Vorstellung und das Verstehen der Vorstellung. Das Verstehen dessen was nur durch diesen schriftlichen Ausdruck mittheilbar ist, ist unendlich erschwert, das Volk bleibt deswegen weit zurück. Es (361) ist übrigens auch ganz ungegründet daß hinter den aegyptischen Hieroglyphen solche besondere Weisheit steckt. — Ein anderer Umstand ist daß durch die alphabetische Schriftsprache zugleich die Tonsprache eines Volks

and is either hieroglyphic or alphabetic. Alphabetic writing designates the tone, the letter being merely the sign for the tone, which is the sign for the general object. Hieroglyphic writing provides the eye with an immediate designation of the general object. It appears to be more immediate than alphabetic writing, which makes the detour through the tone. When I learn to read, I merely learn what tone the particular sign is supposed to express; it is only secondary that I also know the meaning of the tone. In the case of a hieroglyphic language however, I learn directly the presentation of which this is a sign. It is well known that the ancient Egyptians were in possession of a written hieroglyphic language, (360) but one must not imagine that it merely involved the depicting of general objects. Such writing can certainly do so, but the signs are at the same time simplified and then used symbolically. If spoken language were limited to rendering nothing but tones however, and hieroglyphic language to rendering only signs, both would be extremely imperfect. Our Arabic numerals are also hieroglyphics, as are apothecary signs and many of the signs used in astronomy and mathematics etc. One can now enquire into the respective merits of these languages. The spoken language is primary, the main thing being that what is spoken, the word, the tone, should be designated.

The tone, since it is produced by man, becomes more understandable and more abstract through the medium of language. Tones can be simplified, and this is done by means of abstraction. We have some twenty letters therefore, which express these abstract basic tones. The understanding performs an ingenious task in eliciting for the ear the single sounds in a word, and it is an invention of the very abstractive understanding to let all these coalesce into a word. Now it is through this abstraction that these sounds have been traced back to such a small number of sounds. Language consists, then, of the setting together of these basic tones, the further multifariousness of it being brought forth through the combining of them. Hieroglyphic language requires an astonishing number of signs however, which must also be variously modified. The Chinese are said to possess between seventy and eighty thousand of them. One understands the ordinary writing with five or six thousand, but a more extensive understanding of the literature requires a knowledge of such a number. It is in this way that the written expression and understanding of presentation, make the understanding of that which is only communicable by means of this written expression infinitely more difficult, the result being that the general population remains very backward. (361) Incidentally, there is also no foundation whatever for the belief that there is a particular wisdom lying concealed behind Egyptian hieroglyphics. — The written alphabetic language also gives simultaneous expression to a people's spoken language. Many

ausgedrückt ist. Die gemeine Sprachart hat eine Menge Töne die man gar nicht bezeichnen kann und die in einander fließen, die gebildete Sprache dagegen führt zum fixiren dieser Laute und so wird die Tonsprache dazu gebracht in ihren Tönen bestimmt zu sein, diese Bestimmtheit aber macht die Töne einfach, reduzirt sie auf ihre Elemente. Die Töne der gemeinen Sprachart sind unrein, eine Verschmelzung verschiedener Grundlaute in einander, mehr Bestimmtheit ist bei der gebildeten Sprache. Bei den Chinesen ist die Tonsprache äußerst unvollkommen so daß ein Wort oft 20 Bedeutungen hat, der Unterschied liegt dann im Accent oder ob das Wort schneller oder langsamer, tiefer oder höher, lauter oder leiser gesprochen wird, was natürlich schwierig zu unterscheiden ist und leicht Misverständnisse hervor bringt.*

§. 460.

Der Name als Verknüpfung der von der Intelligenz producirten Anschauung und seiner Bedeutung ist zunächst eine *einzelne* vorübergehende Production und die Verknüpfung der Vorstellung als eines innern mit der Anschauung als einem äußerlichen, ist selbst *äußerlich*. Die Erinnerung dieser Aeußerlichkeit ist das *Gedächtniß*.

γγ) Gedächtniß.

§. 461.

Die Intelligenz durchläuft als Gedächtniß gegen die Anschauung des Worts dieselben Thätigkeiten des Erinnerns, wie als Vorstellung überhaupt gegen die erste unmittelbare Anschauung §. 451 ff. — 1) Jene Verknüpfung, die das Zeichen ist, zu dem ihrigen machend, erhebt sie durch diese Erinnerung die *einzelne* Verknüpfung zu einer *allgemeinen*, d. i. bleibenden Verknüpfung, in welcher Name und Bedeutung objectiv für sie verbunden sind, und macht die Anschauung, welche der Name zunächst ist, zu einer *Vorstellung*, so daß der Inhalt, die Be-

* *Griesheim Ms.* SS. 356–361. Die entsprechenden Seiten des *Kehler Manuskriptes* sind verloren gegangen. *Boumann* hat nichts von diesem Material veröffentlicht.

of the tones of everyday speech are quite incapable of being designated, and merge into one another. The cultured language, on the contrary, tends to fix these sounds, and it is through this fixing that the spoken language is brought to determine its tones. This determinateness simplifies the tones however, reduces them to their elements. The tones 5 of everyday speech are lacking in purity, being a running together of various basic sounds, whereas there is more determinateness in the cultured language. Spoken Chinese is extremely imperfect, one word frequently having twenty meanings, which are to be distinguished by the accent, or by its being spoken more quickly or more slowly, in a deeper 10 or higher tone, more loudly or more softly. Misunderstandings occur readily, since it is, naturally, easy to overlook these differences.* +

§ 460

As a linking of its meaning with the intuition produced by intelligence, the name is initially a single transient production, while the linking of presentation 15 **as an internality with intuition as an externality is itself external. The internalizing of this externality in recollection constitutes memory.** +

3) *Memory*

§ 461

As memory, intelligence runs through the same + **recollecting activities with regard to the intuition of** 20 **the word, as it does as presentation in general with regard to the first immediate intuition (§ 451ff.) — αα) Through the recollection of appropriating the link which constitutes the sign, intelligence raises the single link to the permanence of a universality, in** 25 **which it has name and meaning objectively combined. In the first instance the name is an intuition, and since intelligence makes this into a presentation, the**

* *Griesheim Ms.* pp. 356–361. The corresponding pages in the *Kehler Ms.* are missing. *Boumann* did not publish any of this material.

deutung, und das Zeichen identificirt, Eine Vorstellung sind und das Vorstellen in seiner Innerlichkeit concret, der Inhalt als dessen Daseyn ist; — das Namen behaltende Gedächtniß.

347 **Zusatz.** Das Gedächtniß betrachten wir unter den drei Formen

erstens, des namenbehaltenden,
zweitens, des reproductiven
drittens, des mechanischen Gedächtnisses.

Das Erste ist hier also Dies, daß wir die Bedeutung der Namen behalten, — daß wir fähig werden, bei den Sprachzeichen uns der mit denselben objectiv verknüpften Vorstellungen zu erinnern. So wird uns beim Hören oder Sehen eines, einer fremden Sprache angehörenden Wortes wohl dessen Bedeutung gegenwärtig; aber wir vermögen deshalb noch nicht, umgekehrt für unsere Vorstellungen die entsprechenden Wortzeichen jener Sprache zu produciren; wir lernen das Sprechen und Schreiben einer Sprache später, als das Verstehen derselben.

§. 462.

Der Name ist so die Sache, wie sie im Reiche der Vorstellung vorhanden ist und Gültigkeit hat. Das 2) reproducirende Gedächtniß hat und erkennt im Namen die Sache, und mit der Sache den Namen, ohne Anschauung und Bild. *Der Name als Existenz des Inhalts in der Intelligenz ist die Aeußerlichkeit ihrer selbst in ihr, und die Erinnerung des Namens als der von ihr hervorgebrachten Anschauung ist zugleich die Entäußerung, in der sie innerhalb ihrer selbst sich setzt. Die Association der besondern Namen liegt in der Bedeutung der Bestimmungen der empfindenden, vorstellenden oder denkenden Intelligenz, von denen sie Reihen als empfindend u. s. f. in sich durchläuft.

* Der Rest des § erstmals 1830.

content, the meaning and the sign are identified and constitute a single presentation. The presenting is now concrete in its inwardness in that it has the content as its determinate being, — which is verbal memory. 5

Addition. Memory is to be considered in its *three* forms as

1. *verbal,*
2. *reproductive,*
3. *mechanical* memory. +

What is *primary* here is therefore our retention of the meaning of names, our being able to recollect from linguistic signs the presentations which are objectively linked to them. It is because of this that when we hear or see a word from a foreign language, although aware of its meaning, we may still be unable to reverse this into producing from that language the word-signs corresponding to our presentations. We learn to understand a language before we learn to speak and write it.

§ 462

It is **therefore** in the *name* that the *matter* is present *in the realm of presentation*, **and possesses validity. The ββ) reproductive memory, with neither intuition nor image, possesses and recognizes the matter in the name, and with the matter the name.* As the existence of the content within intelligence, the name is intelligence's internal self-externality, and as the intuition brought forth from intelligence, the recollection of the name is at the same time the externalization in which intelligence posits itself within its own self. The association of particular names lies in the meaning of the determinations of intelligence, which internally runs through series of them in that it is sentient, presentative or thinking.**

* Rest of the paragraph first published 1830.

Bei dem Namen Löwe bedürfen wir weder der Anschauung eines solchen Thieres, noch auch selbst des Bildes, sondern der Name, indem wir ihn verstehen, ist die bildlose einfache Vorstellung. Es ist in Namen, daß wir denken.

Die vor einiger Zeit wieder aufgewärmte und billig wieder vergessene Mnemonik der Alten besteht darin, 348 die Namen in Bilder zu verwandeln, und hiemit das Gedächtniß wieder zur Einbildungskraft herabzusetzen. Die Stelle der Kraft des Gedächtnisses vertritt ein in der Einbildungskraft befestigtes, bleibendes Tableau einer Reihe von Bildern, an welche dann der auswendig zu lernende Aufsatz, die Folge seiner Vorstellungen, angeknüpft wird. Bei der Heterogeneität des Inhalts dieser Vorstellungen und jener permanenten Bilder, wie auch wegen der Geschwindigkeit, in der es geschehen soll, muß diß Anknüpfen nicht anders als durch schaale, alberne, ganz zufällige Zusammenhänge geschehen. Nicht nur wird der Geist auf die Folter gesetzt, sich mit verrücktem Zeuge zu plagen, sondern das auf solche Weise auswendig gelernte ist eben deswegen schnell wieder vergessen, indem ohnehin dasselbe Tableau für das Auswendiglernen jeder andern Reihe von Vorstellungen gebraucht, und daher die vorher daran geknüpften wieder weggewischt werden. Das mnemonisch eingeprägte wird nicht wie das im Gedächtniß behaltene auswendig, d. h. eigentlich von Innen heraus, aus dem tiefen Schachte des Ich hervorgebracht und so hergesagt, sondern es wird von dem Tableau der Einbildungskraft, so zu sagen, abgelesen. — Die Mnemonik hängt mit den gewöhnlichen Vorurtheilen zusammen, die man von dem Gedächtniß im Verhältniß zur Einbildungskraft hat, als ob diese eine höhere, geistigere Thätigkeit wäre als das Gedächtniß. Vielmehr hat es das Gedächtniß nicht mehr mit dem Bilde zu thun, welches aus dem unmittelbaren, ungeistigen Bestimmtseyn der Intelligenz, aus der Anschauung, hergenommen ist, sondern mit einem Daseyn, welches das Product der Intelligenz selbst ist, — einem solchen Auswendigen, welches in das Inwen-

The name lion enables us to dispense with both the intuition of such an animal and even with the image of it, for in that we understand it, the name is the imageless and simple presentation. We think in names. 5 +

The mnemonic of the ancients, which has recently been rehashed and deservedly forgotten again, consists of transforming names into images and so lapsing into the reduction of memory to imagination. The power of memory is replaced by an unchanging tableau of a series of images fixed in the imagination, the sequence of presentations of whatever has to be learnt by rote being then linked on to this. This linking, on account of the heterogeneity of content within these presentations and permanent images, and the rapidity with which it has to be accomplished, can only be brought about by means of shallow, frivolous and wholly fortuitous connections. Not only is spirit put to the torment of being pestered with a deranged subject matter, but whatever is learnt by rote in this manner is as a matter of course soon forgotten again, for since the same tableau is also used for the rote learning of every other series of presentations, what was formerly linked to it is subsequently eradicated. What is mnemonically imprinted is as it were read off from the tableau of the imagination, it is not retained in the memory, learnt by heart, and so really brought forth from within, rehearsed from the deep abyss of the ego. — Mnemonic involves the common prejudices concerning the relationship between memory and imagination, the view that the latter is a higher and more spiritual activity than the former. Memory is however no longer concerned with the image, drawn as this is from intuition, from the immediate unspiritual determinedness of intelligence, but with a determinate being which is the product of intelligence itself, — with such an extroversion as remains enclosed within the introversion of intelligence, and 10 15 20 25 30 + 35 40 +

dige der Intelligenz eingeschlossen bleibt, und nur innerhalb ihrer selbst deren auswendige, existirende Seite ist.

Zusatz. Das Wort als tönendes verschwindet in der Zeit; diese erweist sich somit an jenem als abstracte, — das

349 heißt, — nur vernichtende Negativität. Die wahrhafte, concrete Negativität des Sprachzeichens ist aber die Intelligenz, weil durch dieselbe jenes aus einem Aeußerlichen in ein Innerliches verändert und in dieser umgestalteten Form aufbewahrt wird. So werden die Worte zu einem vom Gedanken belebten Daseyn. Dies Daseyn ist unseren Gedanken absolut nothwendig. Wir wissen von unseren Gedanken nur dann, — haben nur dann bestimmte, wirkliche Gedanken, wenn wir ihnen die Form der Gegenständlichkeit, des Unterschiedenseyns von unserer Innerlichkeit, — also die Gestalt der Aeußerlichkeit geben, — und zwar einer solchen Aeußerlichkeit, die zugleich das Gepräge der höchsten Innerlichkeit trägt. Ein so innerliches Aeußerliches ist allein der articulirte Ton, das Wort. Ohne Worte denken zu wollen, — wie Mesmer einmal versucht hat, — erscheint daher als eine Unvernunft, die jenen Mann, seiner Versicherung nach, beinahe

* zum Wahnsinn geführt hätte. Es ist aber auch lächerlich, das Gebundenseyn des Gedankens an das Wort für einen Mangel des Ersteren und für ein Unglück anzusehen; denn, obgleich man gewöhnlich meint, das Unaussprechliche sey gerade das Vortrefflichste, so hat diese von der Eitelkeit gehegte Meinung doch gar keinen Grund, da das Unaussprechliche in Wahrheit nur etwas Trübes, Gährendes ist, das erst, wenn es zu Worte zu kommen vermag, Klarheit gewinnt. Das Wort giebt demnach den Gedanken ihr würdigstes und wahrhaftestes Daseyn. Allerdings kann man sich auch, — ohne die Sache zu erfassen, — mit Worten herumschlagen. Dies ist aber nicht die Schuld des Wortes, sondern die eines mangelhaften, unbestimmten, gehalt-

* *Griesheim Ms.* S. 362: In Ansehung mehrerer Gegenstände wird man dieß auch bei sich selbst bemerken können, daß man z.B. um sich einen Gegenstand zu merken, ihn sich geschrieben vorstellt.

constitutes the extroversive and existing aspect of intelligence only within intelligence itself. +

Addition. Although the *spoken* word vanishes in time, and *time* therefore displays itself in the word as an *abstract* or merely *destructive* negativity, the *truly concrete* negativity of the linguistic sign is *intelligence*, since it is through intelligence that it is changed from an *externality* into an *internality*, and *preserved* in this altered form. It is thus that words become a determinate being animated by thought. This determinate being is absolutely necessary to our thoughts. We only know of our thoughts, only have thoughts which are determinate and actual, when we give them the *general* form of *objectivity*, of *being different* fron our *inwardness* i.e. the shape of *externality*, — and moreover of an externality which at the same time bears the stamp of supreme *inwardness*. It is only the *articulated tone* or *word* which constitutes such an internal externality, and it is therefore quite evidently irrational to attempt, as Mesmer once did, to think without words. Mesmer has assured us that this might well have driven him to the brink of insanity.* It is however equally absurd to regard thought as defective and handicapped on account of its being bound to the word, for although it is usually precisely the *inexpressible* that is regarded as most excellent, this is a vain and unfounded opinion, for the truth is that the inexpressible is merely a turbid fermentation, which only becomes clear when it is capable of verbalization. It is therefore the word which endows thoughts with their worthiest and truest determinate being. It is of course also possible to fling words about without dealing with the matter. The fault here derives not from the word however, but from the deficiency, indeterminateness and incapacity

* *Griesheim* Ms. p. 362: One can also notice of oneself for example, in respect of many general objects, that in order to mark such an object, one presents it to oneself as written.

losen Denkens. Wie der wahrhafte Gedanke die Sache ist, so auch das Wort, wenn es vom wahrhaften Denken gebraucht wird. Indem sich daher die Intelligenz mit dem Worte erfüllt, nimmt sie die Natur der Sache in sich auf. Diese Aufnahme hat aber zugleich den Sinn, daß sich die Intelligenz dadurch zu

350 einem Sächlichen macht; dergestalt daß die Subjectivität, — in ihrem Unterschiede von der Sache, — zu etwas ganz Leerem, zum geistlosen Behälter der Worte, — also zum mechanischen Gedächtniß wird. Auf diese Weise schlägt — so zu sagen — das Uebermaaß der Erinnerung des Wortes in die höchste Entäußerung der Intelligenz um. Je vertrauter ich mit der Bedeutung des Wortes werde, — je mehr dieses sich also mit meiner Innerlichkeit vereint, — desto mehr kann die Gegenständlichkeit und somit die Bestimmtheit der Bedeutung desselben verschwinden, — desto mehr folglich das Gedächtniß selber, mit dem Worte zugleich, zu etwas Geistverlassenem werden.

§. 463.

* 3) Insofern der Zusammenhang der Namen in der Bedeutung liegt, ist die Verknüpfung derselben mit dem Seyn als Namen noch eine Synthese und die Intelligenz in dieser ihrer Aeußerlichkeit nicht einfach in sich zurückgekehrt. Aber die Intelligenz ist das Allgemeine, die einfache Wahrheit ihrer besondern Entäußerungen und ihr durchgeführtes Aneignen ist das Aufheben jenes Unterschiedes der Bedeutung und des Namens; diese höchste Erinnerung des Vorstellens ist ihre höchste Entäußerung, in der sie sich als das Seyn, den allgemeinen Raum der Namen

* 1827: Der Name, als *Existenz* des Inhalts in der Intelligenz, ist die *Aeußerlichkeit* der Intelligenz selbst in ihr; die Erinnerung des Namens als der von ihr hervorgebrachten Anschauung ist zugleich die Entäußerung, in welcher der theoretische Geist innerlich seiner selbst sich setzt. Er ist so das *Seyn*, ein *Raum* der Namen als solcher, d.i. sinnloser Worte. Der Namen sind viele überhaupt, und als solche sind sie zufällige gegeneinander, und es ist in sofern hier nichts, als Ich und viele Worte. Ich ist aber nicht nur das allgemeine *Seyn* oder ihr Raum überhaupt, sondern als Subjectivität die Macht derselben, das leere *Band* . . .

of the thinking. The true *thought* is the *matter*, as is the *word* too when it is employed by true thinking, and by filling itself with the word, intelligence therefore takes up into itself the nature of the matter. At the same time however, this taking up also has the *further* significance of intelligence 5 making a *matter* of itself, so that subjectivity, in that it is different from the matter, becomes something that is quite empty, — the spiritless reservoir of words that constitutes *mechanical* memory. It is in this way that *excessive recollection* of the word may be said to switch over into the supreme 10 *externalization* of intelligence. The more familiar I become with the meaning of the word, the more the word unites itself with my inwardness, so much the more can there be a vanishing of its general objectivity and hence of its determinateness of meaning, — so much the more therefore can 15 memory itself, together with and at the same time as the word, become something which is deserted by spirit.

§ 463

*** γγ) In so far as it is meaning that sustains the connection between words, the linking of meaning with being as a name is still a synthesis, and intelli- 20 gence has not simply returned into itself in this its externality. Intelligence is however the universal, the simple truth of its particular externalizations, and its accomplished appropriation constitutes the sub- lation of the difference between meaning and name. 25 This, which is the height of presentative recollection, is the supreme externalization of intelligence, within which it posits itself as b e i n g, the universal space of**

* 1827: The name, as the content's *existence* within intelligence, is the *externality* of intelligence itself within existence; the recollection of the name as the intuition brought forth from intelligence is at the same time the externalization in which theoretical spirit posits itself within itself. This spirit is therefore *being*, a *space* of names as such, i.e. of senseless words. There is a general multiplicity of words, and in so far as they are as such mutually contingent, there is nothing here but ego and this multiplicity. Ego is not only the universal *being* however, nor is it their general space, but as subjectivity it is their power, the empty *bond* . . .

als solcher, d. i. sinnloser Worte setzt. Ich, welches diß abstracte Seyn ist, ist als Subjectivität zugleich die Macht der verschiedenen Namen, das leere **Band**, welches Reihen derselben in sich befestigt und in fester Ordnung behält. In sofern sie nur **seyend** sind, und die Intelligenz in sich hier selbst diß ihr Seyn ist, ist sie diese Macht als **ganz abstracte Subjectivität**, — das **Gedächtniß**, das um der gänzlichen Aeußerlichkeit willen, in der die Glieder solcher Reihen gegeneinander sind, und das selbst diese obgleich subjective Aeußerlichkeit ist, **mechanisch** (§, 195.) genannt wird.

Man weiß bekanntlich einen Aufsatz erst dann recht auswendig, wenn man keinen Sinn bei den Worten
351 hat; das Hersagen solches Auswendiggewußten wird darum von selbst accentlos. Der richtige Accent, der hineingebracht wird, geht auf den Sinn; die Bedeutung, Vorstellung, die herbeigerufen wird, stört dagegen den mechanischen Zusammenhang und verwirrt daher leicht das Hersagen. Das Vermögen, Reihen von Worten, in deren Zusammenhang kein Verstand ist, oder die schon für sich sinnlos sind (eine Reihe von Eigennamen) auswendig behalten zu können, ist darum so höchst wunderbar, weil der Geist wesentlich diß ist, **bei sich selbst** zu seyn, hier aber derselbe als **in ihm selbst** entäußert, seine Thätigkeit als ein Mechanismus ist. Der Geist aber ist nur **bei sich** als **Einheit** der **Subjectivität** und der **Objectivität**; und hier im Gedächtniß, nachdem er in der Anschauung zunächst als Aeußerliches so ist, daß er die Bestimmungen **findet**, und in der Vorstellung **dieses Gefundene** in sich erinnert und es zu dem Seinigen macht, macht er sich als Gedächtniß in ihm selbst zu einem Aeußerlichen, so daß das Seinige als ein Gefunden werdendes erscheint. Das eine der Momente des Denkens, die **Objectivität**, ist hier als Qualität der Intelligenz selbst in ihr gesetzt. — Es liegt nahe, das Gedächtniß als eine mechanische, als eine Thätigkeit des Sinnlosen zu fassen, wobey

names as such i.e. as senseless words. It is the ego that constitutes this abstract being, and as subjectivity it is at the same time the power over the different names, the empty bond which fixes series of them within itself and retains them in a stable order. In so far as they merely are, and intelligence in itself is their being at this juncture, intelligence constitutes this power as the wholly abstract subjectivity of memory. This is called *mechanical* (§ 195) memory, **on account of** the complete mutual externality of the members of such series, **and on account of its being itself an externality, although a subjective one.**

It is well known that one only knows something entirely by rote when one finds the sense of the words to be of no account; and it is therefore a matter of course that the recitation of what has been so learnt should be unaccentuated. Correct accentuation is introduced in order to elucidate the sense, but since the invocation of meaning or presentation disturbs the mechanics of the procedure, it can easily disrupt the recitation. The ability to retain by rote series of words the connectedness of which is devoid of understanding, or which by themselves are as senseless as a series of names might be, is therefore so truly remarkable on account of its being the essence of spirit to be with itself, whereas here it is as it were inwardly externalized, its activity seeming to be a mechanism. Spirit is with itself only as the unity of subjectivity and objectivity however; and here in memory, after being initially external and so finding determinations in intuition, and recollecting and appropriating what is found in presentation, it makes itself inwardly into an externality as memory, so that what it has appropriated appears as something found. Objectivity, which is one of the moments of thought, is here posited within intelligence itself as a quality pertaining to it. — This comes close to treating memory as being mechanical, as an activity of what is

es etwa nur durch seinen Nutzen, vielleicht seine Unentbehrlichkeit für andere Zwecke und Thätigkeiten des Geistes gerechtfertigt wird. Damit wird aber seine eigene Bedeutung, die es im Geiste hat, übersehen.

§. 464.

Das Seyende als Name bedarf eines Andern, der Bedeutung der vorstellenden Intelligenz, um die Sache, die wahre Objectivität, zu seyn. Die Intelligenz ist als mechanisches Gedächtniß in Einem jene äußerliche Objectivität selbst und die Bedeutung. Sie ist so als die Existenz dieser Identität gesetzt, d. i. sie ist für sich als solche Identität, welche sie als Vernunft an sich ist, thätig. Das Gedächtniß ist auf diese Weise der Uebergang in die Thätigkeit des Gedankens, der keine Be-352 deutung mehr hat, d. i. von dessen Objectivität nicht mehr das Subjective ein Verschiedenes ist, so wie diese Innerlichkeit an ihr selbst seyend ist.

Schon unsere Sprache gibt dem Gedächtniß, von dem es zum Vorurtheil geworden ist, verächtlich zu sprechen, die hohe Stellung der unmittelbaren Verwandtschaft mit dem Gedanken. — Die Jugend hat nicht zufälligerweise ein besseres Gedächtniß als die Alten, und ihr Gedächtniß wird nicht nur um der Nützlichkeit willen geübt, sondern sie hat das gute Gedächtniß, weil sie sich noch nicht nachdenkend verhält, und es wird absichtlich oder unabsichtlich darum geübt, um den Boden ihrer Innerlichkeit zum reinen Seyn, zum reinen Raume zu ebnen, in welchem die Sache, der an sich seyende Inhalt ohne den Gegensatz gegen eine subjective Innerlichkeit, gewähren und sich expliciren könne. Ein gründliches Talent pflegt mit einem guten Gedächtnisse in der Jugend verbunden zu seyn. Aber dergleichen empirische Angaben helfen nichts dazu, das zu erkennen, was das Gedächtniß an ihm selbst ist; es ist einer der bisher ganz unbeachteten und in der That der schwersten Punkte in der Lehre vom Geiste, in der Systematisirung der Intelli-

senseless, and maybe to justifying it only by its use, perhaps by its being indispensable for the other purposes and activities of spirit. In that this is done however, the peculiar significance it has within spirit is overlooked.

§ 464

As a *name*, what has being requires the *otherness* of the presentative intelligence's *meaning* in order to constitute the matter in its true objectivity. As mechanical memory, intelligence is the *meaning* and the external objectivity itself in one. As such it is *posited* as the *existence* of this identity, i.e. as such an identity it is active *for itself*, whereas as reason it is *implicitly* so. It is thus that *memory* constitutes the transition to the activity of *thought*. Thought, in that what is subjective no longer differs from its objectivity, and in that this inwardness has *being* within itself, no longer has a *meaning*.

Although it has become a common prejudice to speak disparagingly of *memory*, even our language gives it the high assessment of immediate affinity with thought. — It is not a matter of chance that the young have a better memory than the elderly, and it is not only for its utility that they make use of it. Their memory is good because they have not yet developed a thoughtful attitude, and by design or otherwise they exercise it in order to level the ground of their inwardness to the purity of the being or space in which the thing or implicit content may expatiate and explicate itself without having to oppose a subjective inwardness. In youth, a well-grounded talent generally goes together with a good memory. Empirical statements such as this are of no help in cognizing the implicit nature of memory itself however; to grasp the placing and significance of memory and to comprehend its organic connection with thought in the systematization of

genz die Stellung und Bedeutung des Gedächtnisses zu fassen, und dessen organischen Zusammenhang mit dem * Denken zu begreifen. Das Gedächtniß als solches ist selbst die nur äußerliche Weise, das einseitige Moment der Existenz des Denkens, der Uebergang ist für uns oder an sich die Ident tät der Vernunft und der Weise der Existenz; welche Identität macht, daß die Vernunft nun im Subjecte existirt, als seine Thätigkeit ist; so ist sie Denken.

\+ *Zusatz*. In der Erinnerung wird also vollbracht diese innige Vereinigung dieser beiden, der Vorstellung oder des Gedankens und ihres Daseins, das durch die Intelligenz selbst gesetzt ist, so bin ich im Besitz der Worte, wie ich an ihnen die Vorstellung reproduzire; es ist an sich schon darin die Identität des Seins und des Ichs, des Vorstellens oder Denkens, an sich ist diese Identität meiner Subjektivität darin vorhanden, aber sie ist nur erst auf empirische Weise vorhanden d.h. noch auf mannigfaltige Weise bestimmt, noch stoffartig, es ist noch nicht diese Identität rein für sich gesetzt, es ist aber darum zu thun d.h. daß abstrahirt werde, aufgehoben werde das Empirische, des Zeichens auf der einen Seite und auf der anderen Seite des Inhalts. Die Intelligenz ist noch nicht für sich Denken, sondern die Vorstellungen haben noch einen Inhalt, ihr Stoff kommt von der Anschauung, vom Bilde her, sie haben nicht die Form der Allgemeinheit. Die Worte sind bildlose Zeichen, sie sind insofern ein abstraktes Dasein, aber doch Dasein und noch mehr ist die bestimmte Vorstellung bestimmt und zwar so daß sie vom Gegebenen herkommt. Die Erinnerung ist eine formelle Erinnerung derselben Momente wie beim Uebergang der Anschauung, es ist die Befestigung der beiden Momente und das dritte ist die thätigere Erinnerung, die nicht bloß formell ist, sondern so daß die Thätigkeit sich auf diesen Gegenstand lenkt, diese Einheit selbst anbringt (*Kehler:* angreift) und dieß auf dieselbe Weise wie in Ansehung des Bildes. Die Intelligenz analysirt dasselbe, die Worte sind ein Band, ein Strauß von einzelnen Bestimmungen und die Seele dieser Momente ist die Bedeutung. Die Intelligenz analysirt das Bild, dieß ist die Einheit, dadurch daß die Intelligenz diesen Zusammenhalt aufhebt fallen die einzelnen Bestimmungen auseinander und eben dadurch fixirt die Intelligenz diesen Inhalt als einen allgemei(364)nen, so ist hier die Bedeutung eine einzelne Vorstellung oder eine Verbindung von Vorstellungen, das Konkrete ist eine solche Verbindung der Vorstellungen. Eine Periode ist ein sinnvolles Ganzes und die Thätigkeit der

* Der Rest der Anmerkung erstmals 1830.

intelligence, is one of the hitherto wholly unconsidered and in fact one of the most difficult points in the doctrine of the spirit.* In itself, memory as such is the merely external mode of thought, the onesided moment of its existence. For us, or implicitly, the transition here is the identity of reason with this mode of existence. On account of this identity, reason now exists in the subject as its activity, and as such is thought. 5

Addition. In recollection, therefore, there is the completion of the 10 intimate unification of presentation or thought with the determinate being of thought posited through intelligence itself. I am, therefore, in possession of words as I reproduce presentation within them, the identity of being and of the ego, of presenting or thinking, being already implicit here. Although this identity is implicitly present within my 15 subjectivity, at first it is so only in an empirical manner i.e. still multifariously determined, still as a material. Since this identity is not yet posited as pure being-for-self however, this has to be done by abstracting, the empirical factor of the sign being sublated on the one hand, and that of the content on the other. Intelligence is not yet thought 20 which is for itself, for the presentations still have a content; their material derives from intuition, from the image, they lack the form of universality. In so far as words are imageless signs, they are an abstract determinate being. They are, however, a determinate being, the determinate presentation being not only determined but determined as 25 deriving from what is given. The recollection here is formal, the same moment as in the transition of intuition, the stabilization of the two moments. The third moment is the more active recollection, which is not merely formal, but formal in such a way that the activity inclines to this general object. This recollection introduces (*Kehler:* attacks) this 30 unity itself, in the same way as it does in respect of the image. Intelligence analyses the image, the words being a bond, a bouquet of single determinations, and the meaning being the soul of these moments. The + image constitutes unity, and in that intelligence analyses it and so sublates this consistence, the single determinations fall apart. It is 35 + precisely by this means that intelligence fixes this content as being universal. (364) Here, therefore, meaning consists of a single presentation or a connecting of presentation, and what is presentatively concrete is just such a connection. A period is a meaningful whole, and the activity

* Rest of the Remark first published 1830.

Intelligenz geht darauf die Bedeutung zu vernichten, aufzuheben. Die Bedeutung ist einerseits überhaupt bestimmt, beschränkt und andererseits ist die Bedeutung noch nicht Eigenthum der Intelligenz, also als Intelligenz in dieser Erinnerung negirt sie die Bedeutung, diese Seele welche diese Wörter verbunden hat und setzt sich an die Stelle der Bedeutung, macht sich zum Zusammenhalt dieser Worte. Im Empfinden werden die einzelnen Bestimmungen vom Individuum getragen, so aber ist hier die Bedeutung der Halt der verschiedenen Bestimmungen, indem also die Intelligenz sich zum Halt macht, so sind es sinnlose Zeichen und die Intelligenz ist nur der Halt derselben aber ohne Bedeutung d.h. die abstrakte Intelligenz, d.h. das mechanische Gedächtniß.*

Das *mechanische* Gedächtniß, eine Reihe von Worten auswendig zu lernen, d.h. äußerlich haben, eine willkürliche Folge von Worten, die aber dadurch sinnlos sind; Reihe von Namen, Worte einer fremden Sprache, und dergleichen. Mechanisch, weil eben, was so nebeneinandersteht, nur äußerlich verbunden sind, jedes selbstständig ist, keine Subjectivität ist, die sie vereinigt, in Idealität bringt; wenn etwas ganz sinnlos ist, haben wir recht im Gedächtniß. Wenn Kinder etwas aufsagen hört man es der Melodie an, daß der Sinn keinen Accent hineinlege; wenn man an den Sinn dabei denkt, so verwirrt dies leicht in der Folge der Worte. — Was die Intelligenz hier thut, wovon das mechanische Gedächtniß die Erscheinung ist, ist, daß die Intelligenz sich zum reinen Raum, zum ganz abstracten Halte dieser Äußerlichkeit gemacht hat. Die Intelligenz hat sich die Bilder angeeignet, bestimmte Vorstellungen sich zu eigen gemacht, und diesen ein von ihr gesetztes Dasein gegeben, und die letzte Stufe ist, daß sie ganz sinnliches Sein wird, als Raum dieser Äußerlichkeit ist. Die Worte sind gerade so nebeneinander, wie die Dinge im Raum sind, gleichgültig, mechanisch nebeneinander, und die Intelligenz ist der abstrakte Raum, Halt, dieser Bestimmungen. Man spricht gewöhnlich schlecht vom mechanischen Gedächtniß, und dem Auswendiglernen, der Verstand leidet, (*Griesheim:* sinnlos sei) aber es ist der höchste Punkt des Vorstellens, wo die Intelligenz sich selbst zum Sein Raum macht; es ist die unendliche Kraft der Intelligenz sich so zum Sein zu machen, kein objectiver Zusammenhalt, es ist die absolute Entäußerung der Intelligenz, und ebenso dies, daß sie sich zum Sein, seiend macht. Diese Abstraction ist ebenso die tiefe Innerlichkeit der Intelligenz. (231) In den Worten ist sie bildlos, hat den Bildern entsagt; Caesar, Alexander, da habe ich die bestimmte Vorstellung, ohne daß ich ein Bild brauche; indem

* *Griesheim Ms.* SS. 363–364. Das Nachfolgende ist vom *Kehler Ms.* SS. 230–231 genommen. *Boumann* hat nichts von diesem Material veröffentlicht.

of intelligence is concerned with nullifying or sublating its meaning. While on the one hand the meaning is generally determined or limited, on the other it is not yet the property of intelligence. The intelligence active within this recollection therefore negates the meaning, the soul which has bound these words, and posits itself in the place of it, makes itself into the consistence of these words. However, just as in sensing the single determinations are sustained by the individual, so at this juncture the various determinations are supported by the meaning. The signs are therefore senseless in that intelligence makes itself into the support, and intelligence is without meaning in that it merely supports them. This is abstract intelligence, mechanical memory.*

Mechanical memory consists of learning a series of words by rote, of possessing externally words which are senseless on account of their constituting an arbitrary sequence, of learning series of names, the words of a foreign language and so on. This is mechanical precisely because what are here collateral are only connected externally, each word being independent on account of there being no subjectivity to unite them, to draw them into ideality. We can memorize correctly something that is entirely senseless. When children recite something, one hears in the intonation that the meaning is contributing nothing to the accentuation. The word sequence is easily disturbed if one thinks about the meaning.

Intelligence, which is appearing here as mechanical memory, has made itself into pure space, into the wholly abstract support of this externality. It has appropriated the images, made certain presentations its own, and given them a determinate being posited by itself. The final stage is its becoming wholly sensuous, as the space of this externality. Words are as collateral with regard to one another as are things in space, and they are indifferent and mechanically collateral, intelligence being the abstract space, the support of these determinations. Mechanical memory and learning by rote are usually given a low rating, for they are not congenial to the understanding (*Griesheim:* senseless). Yet memory is presentation's highest point, the point at which intelligence makes itself into being or space. It is intelligence's infinite power to make space of itself without objective consistence, and this is not only the absolute externalization of intelligence, but its making itself into being, giving itself being. This abstraction is likewise the deep inwardness of intelligence, (231) and in that it has dispensed with images, in words it is imageless. In words, in Caesar, Alexander, I have a determinate presentation without having to have an image. In +

* *Griesheim Ms.* pp. 363–364. What follows is taken from the *Kehler Ms.* pp. 230–231. *Boumann* did not publish any of this material.

der Zusammenhang, die Bedeutung der Worte aufgehoben ist, macht sich die Intelligenz inhaltslos, bestimmunglos, das ist die tiefe Erinnerung. Das Gedächtniß zu üben, da ist der wahre Nutzen, das Bildende in dem Auswendiglernen, die ganz abstracte Innerlichkeit in sich zu setzen. Die moderne Pädagogik (*Griesheim:* vor ungefähr 30–40 Jahren und noch heute) hat darin unendlichen Schaden gestiftet, hat eine Menge abgestellt, was einen unendlich tiefen Grund hatte. Die Beschäftigung mit den Buchstaben, der Abstraction, sich das Wort zum Gegenstand der Aufmerksamkeit zu machen, ist schon viel, und in dem Wort, diesem Ätherischen die Modifikationen des Lautes zu fixieren, und zu unterscheiden, ist die gründlichste Bildung der abstracten Vorstellung, und so ist Uebung des Gedächtnisses, das Bilden, zum Dasein bringen dieser ganz innerlichen Räumlichkeit. — Das ist die eine Seite, daß die Intelligenz sich von dem Beschränkten, das in ihr ist, reinigt; mit der Bedeutung werden auch die Zeichen und ihre Folgen gleichgültig, äußerliche sinnlose Worte hintereinander, oder sinnvolle; damit ist der Uebergang in das Denken gemacht, diese Reinheit der Intelligenz die der Bilder, der bestimmten Vorstellungen sich entschlagen hat, und die reine, unbestimmte Identität mit sich zugleich als seiend setzt. Das ist der Begriff des Denkens, in unserer Sprache macht auch Gedächtniß den Uebergang zum Denken, was nichts ist, als die Thätigkeit dessen, was wir gesehen haben, die Thätigkeit der reinen Identität, welche zugleich die Gewißheit hat, zu sein, daß das, was sie bestimmt, ist.

353 γ) Das Denken.

§. 465.

* **Die Intelligenz ist wieder; — sie erkennt erkennend eine Anschauung, in sofern sie schon die ihrige ist (§. 454); ferner im Namen die Sache (§. 462); nun aber ist für sie ihr Allgemeines in der gedoppelten Bedeutung des Allgemeinen als solchen und desselben als Unmittelbaren oder Seyenden, somit als das wahrhafte Allgemeine,**

* 1827: Durch die *Erinnerung* des unmittelbaren Bestimmtseyns der Intelligenz und die Entäußerung ihres subjectiven Bestimmens ist die Differenz, mit der das *Vorstellen* behaftet ist . . ., aufgehoben, und deren Einheit und Wahrheit geworden; der Gedanke. Der *Gedanke* ist die Sache; einfache Identität des Subjectiven und Objectiven. Was *gedacht* ist, *ist*; und was *ist*, ist nur, in sofern, es Gedanke ist.

that the context or significance of the word is sublated, intelligence makes itself into the deep recollection of being contentless, devoid of determination. The true use of exercising the memory is to posit the imaging involved in learning by rote, wholly abstract inwardness, within oneself. Modern pedagogics (*Griesheim:* thirty or forty years ago, and today,) has done no end of harm in that it has abandoned a great deal that had an infinitely profound basis. To have concerned oneself with the abstraction of letters, to have made the word the general object of attention, is already to have done much. To fix and distinguish the modifications of sound in the etheriality of the word is the most basic cultivation of abstract presentation, as is the exercising of memory, imaging, the drawing of this wholly internal spatiality into determinate being.

This then is the one aspect. Intelligence purifies itself of the limitedness within it; with the meaning, the signs and their sequences also become a matter of indifference, being either senseless or sensible words following one another externally. This constitutes the transition to thought, the being of this purity of intelligence, which has divested itself of images, of determinate presentations, and at the same time posited pure indeterminate self-identity as being. This is the Notion of thought. In our language, too, memory constitutes the transition to thought, which is nothing other than the activity of what we have considered, of the pure identity which has at the same time the certainty of being, the certainty that what it determines, is.

γ) *Thought*

§ 465

*** Intelligence is recognitive in that it cognizes an intuition in so far as it is already its own (§ 454), and the thing in the name (§ 462). For intelligence at this juncture however, its universal lies in the dual significance of the universal as such and as an immediacy or being i.e. in the true universal, which is**

* 1827: Through the *recollection* of the immediate determinedness of intelligence and the externalization of the subjective determining of this determinedness, the differentiation with which *presenting* is burdened . . . is sublated, and has become their unity and truth, — thought. The *thought* is the matter; simple identity of subjective and objective. What is *thought, is*; and what *is*, is only in so far as it is thought.

welches die übergreifende Einheit seiner selbst über sein Anderes, das Seyn, ist. So ist die Intelligenz für sich an ihr selbst erkennend; — an ihr selbst das Allgemeine, ihr Product, der Gedanke ist die Sache; einfache Identität des Subjectiven und Objectiven. Sie weiß, daß was gedacht ist, ist; und daß was ist, nur ist, in sofern es Gedanke ist; (vergl. §. 5. 21.) — für sich; das Denken der Intelligenz ist Gedanken haben; sie sind als ihr Inhalt und Gegenstand.

Zusatz. Das Denken ist die dritte und letzte Hauptentwicklungsstufe der Intelligenz; denn in ihm wird die in der Anschauung vorhandene, unmittelbare, an-sich-seyende Einheit des Subjectiven und Objectiven, aus dem in der Vorstellung erfolgenden Gegensatze dieser beiden Seiten, als eine um diesen Gegensatz bereicherte, somit an- und-für-sich-seyende wiederhergestellt, — dies Ende demnach in jenen Anfang zurückgebogen. Während also auf dem Standpunkte der Vorstellung die, — theils durch die Einbildungskraft, — theils durch das mechanische Gedächtniß bewirkte Einheit des Subjectiven und Objectiven, — obgleich ich bei der Letzteren meiner Subjectivität Gewalt anthue, — noch etwas Subjectives bleibt; so erhält dagegen im Denken jene Einheit die Form einer sowohl objectiven wie subjectiven Einheit, da dieses sich selber als die Natur der Sache weiß. Diejenigen, welche von der Philosophie nichts verstehen, schlagen zwar die Hände über den Kopf zusammen, wenn sie den Satz vernehmen: Das Denken ist das Seyn. Dennoch liegt allem unseren Thun die Voraussetzung der Einheit des Denkens und des Seyns zu Grunde. Diese Voraussetzung machen wir als vernünftige, als denkende Wesen. Es ist jedoch wohl zu unterscheiden, ob wir nur denkende sind, — oder ob wir uns als denkende auch wissen. Das Erstere sind wir unter allen Umständen; — das Letztere hingegen findet auf vollkommene Weise nur dann statt, wenn wir uns zum reinen Denken erhoben haben. Dieses erkennt, daß es selber allein, — und nicht die Empfindung oder die Vorstellung, — im Stande ist, die Wahrheit der

354

the inclusive unity of itself with its other, or being. It is thus that intelligence for itself is in itself cognitive, for being in itself the universal, its product, the *thought*, being the matter, it is the simple identity of subjective and objective. **It knows that what is thought is, and that** what *is* only *is* in that it is thought **(cf. §§ 5, 21), and it is therefore being-for-self. The thought of intelligence is to have thoughts, which are as its content and general object.** 5 + + 10

Addition. Thought is the *third* and *last* main stage in the development of intelligence, for it is within it that the *immediate, implicit* unity of subjective and objective present in *intuition* is reconstituted, out of the subsequent *opposition* of these two aspects in *presentation*, as a unity which is *in and for itself* through its being enriched by this opposition. The *end* therefore recurves to the *beginning*. At the standpoint of *presentation* therefore, something *subjective* still remains in the unity of the subjective and objective, which is effected partly through the power of the imagination and partly, although I violate my subjectivity by means of it, through mechanical memory. In *thought* on the contrary, this unity is endowed with the form of being both *subjective* and *objective*, since thought knows *itself* as the nature of the matter. Although those who understand nothing of philosophy will certainly clasp their foreheads when they hear it proposed that *thought* is *being*, everything we do is based on the presupposition of the unity of thought and being. We make this presupposition as rational thinking beings, although one certainly has to draw the distinction between our simply *being* thinkers and our *knowing* ourselves as such. We are always thinkers, but we only fully know ourselves as such when we have raised ourselves to *pure* thought. Pure thought recognizes that *it alone*, and neither *sensation* nor *presentation*, is able to grasp the truth of things, and that it is 15 + 20 25 + + 30 + 35

Dinge zu erfassen, — und daß daher die Behauptung **Epikur's**: das **Empfundene** sey das **Wahrhafte**, für eine völlige Verkehrung der Natur des Geistes erklärt werden muß. Freilich darf aber das Denken nicht **abstractes**, **formelles** Denken bleiben, — denn dieses zerreißt den Inhalt der Wahrheit, — sondern es muß sich zum **concreten** Denken, zum **begreifenden** Erkennen entwickeln.

§. 466.

* Das denkende Erkennen ist aber gleichfalls zunächst **formell**; die Allgemeinheit und ihr Seyn ist die einfache Subjectivität der Intelligenz. Die Gedanken sind so nicht als an und für sich bestimmt und die zum Denken erinnerten Vorstellungen in sofern noch der gegebene Inhalt.

Zusatz. Zunächst weiß das Denken die Einheit des Subjectiven und Objectiven als eine ganz **abstracte**, **unbestimmte**, nur **gewisse**, **nicht erfüllte**, **nicht bewährte**. Die **Bestimmtheit** des vernünftigen Inhalts ist daher dieser Einheit noch eine **äußerliche**, folglich eine **gegebene**, — und das Erkennen somit **formell**. Da aber **an sich** jene Bestimmtheit in dem denkenden Erkennen enthalten ist, so widerspricht demselben jener Formalismus und wird deswegen vom Denken aufgehoben.

355

§. 467.

† An diesem Inhalte ist es α) formell identischer **Verstand**, welcher die erinnerten Vorstellungen zu Gattungen, Arten, Gesetzen, Kräften u. s. f. überhaupt zu den Kate-

* 1827: Das *Denken* der Intelligenz ist *für sich*, es ist — *Gedanken haben*. Zunächst ist es *formell* . . .

† 1827: Das Denken aber als diese freie Allgemeinheit, welche mit dem Seyn identisch, und als diese Einheit in sich concret und reine Negativität ist, entwickelt *sich* an dem Inhalte, und ist somit nicht nur α) der formell identische *Verstand*, sondern β) wesentlich *Diremtion* und *Bestimmung*, — *Urtheil*, und γ) die aus dieser Besonderung sich selbst findende Identität, — *begreifendes* Denken, formelle *Vernunft*. Die *Intelligenz* hat als *begreifend* das

on account of this that *Epicurus*' assertion that what is *sensed* is what is *true* has to be shown to be a complete distortion of the nature of spirit. Thought must not of course remain *abstract*, *formal* thought, for this breaks up the content of truth, but must develop itself into *concrete* thought, into *comprehending* cognition. + 5

§ 466

* **In the first instance however, thinking cognition too is** *formal*, universality **and its being** being the simple subjectivity of intelligence. **In so far as thoughts are** therefore not determined as being in and for themselves, the presentations recollected as thought are still the **given** content. 10 +

Addition. In the first instance, thought knows the unity of the subjective and objective as wholly *abstract* and *indeterminate*, as merely a *certain* unity, which is neither *filled* nor *confirmed*. To this unity therefore, the *determinateness* of the rational content is still *external* and therefore *given*, — and cognition is therefore *formal*. Yet since this determinateness is *implicitly* contained in thinking cognition, this formalism contradicts it and is therefore sublated by thought. 15 20

§ 467

† **In respect of this content, thought is 1)** *understanding*, **which so works up the recollected presentations into the** formal identity **of the general categories of genera, species, laws, forces etc., that it is only in**

* 1827: Intelligence's *thought* is *for itself*, it is *having thoughts*. In the first instance it is *formal* . . .

† 1827: Thought however, as this free universality, which is identical with being and which as this unity is internally concrete and pure negativity, develops *itself* in the content, and is therefore not only a) formally identical *understanding*, but, b) is essentially *diremption* and *determination*, — *judgement*, and c) the identity which finds itself amid this particularizing, — *comprehending* thought, formal *reason*. In that it *comprehends*, *intelligence* has the

gorien verarbeitet, in dem Sinne, daß der Stoff erst in diesen Denkformen die Wahrheit seines Seyns habe. Als in sich unendliche Negativität ist das Denken β) **wesentlich Diremtion, — Urtheil, das den Begriff jedoch** nicht mehr **in den vorigen Gegensatz von Allgemeinheit** und Seyn auflöst, sondern **nach den eigenthümlichen** Zusammenhängen des Begriffs unterscheidet, und γ) **hebt das** Denken die Formbestimmung **auf und setzt zugleich die** Identität der Unterschiede; — formelle Vernunft, schließender Verstand. — **Die Intelligenz erkennt** als denkend; und zwar erklärt α) **der Verstand das Einzelne** aus seinen Allgemeinheiten (**den** Kategorien), **so heißt** er sich begreifend; β) **erklärt er** dasselbe **für ein** Allgemeines (Gattung, Art), im **Urtheil**; in **diesen Formen** erscheint der Inhalt als gegeben; δ) **im** Schlusse aber bestimmt er aus sich Inhalt, **indem er jenen** Formunterschied aufhebt. In der Einsicht in die **Nothwendigkeit** ist die letzte Unmittelbarkeit, die dem **formellen** Denken noch anhängt, verschwunden.

+

In der Logik ist das Denken, wie es erst **an sich** ist, und sich die Vernunft in diesem gegensatzlosen Elemente entwickelt. Im Bewußtseyn kommt es gleichfalls als eine Stufe vor (s. § 437. Anm.). Hier ist die Vernunft als die Wahrheit des Gegensatzes, wie er sich innerhalb des Geistes selbst bestimmt hatte. — Das Denken tritt in diesen verschiedenen Theilen der Wissenschaft deswegen immer wieder hervor, weil diese Theile nur durch das Element und die Form des Gegensatzes verschieden, das Denken aber dieses eine und dasselbe Centrum ist, in welches als in ihre Wahrheit die Gegensätze zurückgehen.

Bestimmtseyn, welches in ihrer Empfindung zunächst unmittelbarer *Stoff* ist, in sich selbst als ihr schlechthin eigenes. In der Einsicht der Nothwendigkeit des dem Denken selbst zunächst gegebenen Inhalts, ist für sie der Gang ihrer eigenen Thätigkeit identisch mit dem *an sich seyenden* Bestimmtseyn des Inhalts; sie ist für sich als *Bestimmen.*

these thought-forms that the material possesses the truth of its being. Thought is 2) essentially *diremption* or *judgement*, **in that it is in itself infinite negativity. In judgement however, rather than the Notion being dissolved into the former opposition between universality and being, there is a distinguishing in accordance with the connections peculiar to the Notion. 3) Thought sublates the determination of form and at the same time posits the identity of differences, so constituting formal reason or the syllogizing understanding. — Intelligence cognizes in that it thinks; and indeed if the understanding 1) explains the singular by means of its own universalities or categories, it may be said to be comprehending itself; 2) if in the judgement it explains it as the universal form of a genus or species the content appears as given; 3) while in the syllogism it is the understanding itself that determines the content by sublating this difference of form, and with insight into necessity, there is the disappearance of the last immediacy still attaching to formal thought.**

Thought is in its primary *implicitness* in the *logic*, **and develops reason for itself within this oppositionless element. It also occurs within consciousness as a stage (see § 437 Rem.). At this juncture it is as the truth of opposition, as this had determined itself within spirit itself. —** It is because these various departments of science only differ on account of the element and form of the opposition, that thought comes to the fore recurrently within them, being the one and the same centre into which the opposites return as into their truth.

---

determinedness which in its sensation is at first an immediate *material*, in itself as simply its own. In the insight into the necessity of the content first given to thought itself, the course of its own activity is, for intelligence, identical with the *implicit being* of the determinedness of the content, — intelligence being for itself as it *determines*.

Zusatz. Vor Kant hat man bei uns keinen bestimmten
356 Unterschied zwischen Verstand und Vernunft gemacht. Will man aber nicht in das die unterschiedenen Formen des reinen Denkens plumperweise verwischende vulgäre Bewußtseyn heruntersinken; so muß zwischen Verstand und Vernunft der Unterschied festgesetzt werden, daß für die Letztere der Gegenstand das An- und-für-sich-bestimmte, Identität des Inhalts und der Form, des Allgemeinen und des Besonderen ist, — für den Ersteren hingegen in die Form und den Inhalt, in das Allgemeine und das Besondere, in ein leeres An-sich und in die von außen an dieses herankommende Bestimmtheit zerfällt, — daß also im verständigen Denken der Inhalt gegen seine Form gleichgültig ist, während er im vernünftigen oder begreifenden Erkennen aus sich selber seine Form hervorbringt.

Obgleich aber der Verstand den eben angegebenen Mangel an sich hat, so ist er doch ein nothwendiges Moment des vernünftigen Denkens. Seine Thätigkeit besteht überhaupt im Abstrahiren. Trennt er nun das Zufällige vom Wesentlichen ab, so ist er durchaus in seinem Rechte und erscheint als Das, was er in Wahrheit seyn soll. Daher nennt man Denjenigen, welcher einen wesentlichen Zweck verfolgt, einen Mann von Verstand. Ohne Verstand ist auch keine Charakterfestigkeit möglich, da zu dieser gehört, daß der Mensch an seiner individuellen Wesenheit festhält. Jedoch kann der Verstand auch umgekehrt einer einseitigen Bestimmung die Form der Allgemeinheit geben und dadurch das Gegentheil des mit dem Sinn für das Wesentliche begabten, gesunden Menschenverstandes werden.

Das zweite Moment des reinen Denkens ist das Urtheilen. Die Intelligenz, welche als Verstand die verschiedenen, in der concreten Einzelnheit des Gegenstandes unmittelbar vereinten abstracten Bestimmungen auseinander reißt und vom Gegenstande abtrennt, geht nothwendig zunächst dazu fort, den Gegenstand auf diese allgemeinen Denk-
357 bestimmungen zu beziehen, — ihn somit als Verhältniß, — als einen objectiven Zusammenhang, — als eine Totalität zu betrachten. Diese Thätigkeit der Intelligenz nennt man häufig

Addition. Kant was the first of us to make a definite distinction between *understanding* and *reason.* However, if we are to avoid sinking into the vulgar consciousness which crudely obliterates the variegated forms of pure thought, the distinction between understanding and reason that has to be firmly established is that whereas for the *latter* the general object is *determined in and for itself*, being the *identity* of *content* and *form*, of *universal* and *particular*, for the *former* it falls apart into form and content, universal and particular, into an empty *implicitness* and the *determinateness* which comes to this from without, — that in the thought of the *understanding* the *content* is *indifferent* to its *form*, whereas in *rational* or *Notional* cognition it *brings forth* its form *from within itself.*

Yet although the *understanding* is implicitly deficient in the manner just indicated, it is nevertheless a necessary moment of rational thinking. Its general activity consists of *abstracting.* It is wholly within its right and appears as what it ought truly to be, when it separates the *contingent* from the *essential.* That is why a person who pursues an essential purpose is said to be a man of understanding. Firmness of character is impossible without understanding, for it involves a person's having a firm grasp of what is essential to him as an individual. On the other hand however, understanding can also endow a onesided determination with the form of universality, and so become the opposite of that *soundness of human understanding* which possesses a sense of what is essential.

Judging constitutes the *second* moment of pure thought. In the *first* instance the intelligence, which as *understanding tears apart* the *abstract determinations* immediately united in the concrete singularity of the *general object* and *separates* them from it, necessarily proceeds into *relating* the general object to these *universal thought forms*, and so into treating it as a *relationship*, an objective connectedness, a totality. It is common enough to say that this activity of intelligence is already

schon Begreifen, — aber mit Unrecht. Denn auf diesem Standpunkt wird der Gegenstand noch als ein Gegebenes, — als etwas von einem Anderen Abhängiges, durch dasselbe Bedingtes gefaßt. Die Umstände, welche eine Erscheinung bedingen, gelten hier noch für selbstständige Existenzen. Somit ist die Identität der aufeinander bezogenen Erscheinungen noch eine bloß innere und eben deshalb bloß äußerliche. Der Begriff zeigt sich daher hier noch nicht in seiner eigenen Gestalt, sondern in der Form der begriffslosen Nothwendigkeit.

Erst auf der dritten Stufe des reinen Denkens wird der Begriff als solcher erkannt. Diese Stufe stellt also das eigentliche Begreifen dar. Hier wird das Allgemeine als sich selber besondernd und aus der Besonderung zur Einzelnheit zusammennehmend erkannt, — oder, — was Dasselbe ist, — das Besondere aus seiner Selbstständigkeit zu einem Momente des Begriffs herabgesetzt. Demnach ist hier das Allgemeine nicht mehr eine dem Inhalt äußerliche, sondern die wahrhafte, aus sich selber den Inhalt hervorbringende Form, — der sich selber entwickelnde Begriff der Sache. Das Denken hat folglich auf diesem Standpunkte keinen anderen Inhalt, als sich selber, — als seine eigenen, den immanenten Inhalt der Form bildenden Bestimmungen; es sucht und findet im Gegenstande nur sich selbst. Der Gegenstand ist daher hier vom Denken nur dadurch unterschieden, daß er die Form des Seyns, des Für-sich-Bestehens hat. Somit steht das Denken hier zum Object in einem vollkommen freien Verhältnisse.

In diesem, mit seinem Gegenstande identischen Denken erreicht die Intelligenz ihre Vollendung, ihr Ziel; denn nun ist sie in der That Das, was sie in ihrer Unmittelbarkeit nur seyn sollte, — die sich wissende Wahrheit, die sich selbst

358

erkennende Vernunft. Das Wissen macht jetzt die Subjectivität der Vernunft aus, und die objective Vernunft ist als Wissen gesetzt. Dies gegenseitige Sichdurchdringen der denkenden Subjectivität und der objectiven Vernunft ist das Endresultat der Entwicklung des theoretischen Geistes durch die dem reinen Denken vorangehenden Stufen der Anschauung und der Vorstellung hindurch.

comprehension, but this is unjustified, for at this standpoint the general object is still grasped as something *given*, as something *dependent upon* and *conditioned* by something *else*. At this juncture, the circumstances conditioning an appearance still pass for independent existences, so that the identity of the interrelated appearances, precisely on account of its being *merely internal*, is still *merely external*. At this juncture therefore, the Notion still displays itself not in its own shape, but in the form of *Notionless necessity*.

It is only at the *third* stage of pure thought that there is cognition of the *Notion as such*, and it is therefore this stage that displays *comprehension proper*. At this juncture, the universal is cognized as self-particularizing and as gathering itself together out of the particularization into singularity, which is as much as to say that the particular is reduced from the state of independence to being a moment of the Notion. Here, therefore, the universal is no longer a form external to the content, but is the true form which brings the content forth from itself, the self-developing Notion of the matter. At this standpoint therefore, thought has no other content than itself, than its own determinations, which constitute the immanent content of the form. In the general object it seeks and finds only itself. At this juncture therefore, the general object is only distinguished from thought through its having the form of *being*, of *subsisting for itself*, so that thinking stands in a completely free relationship with the object.

Intelligence reaches its *consummation*, its *goal*, in this identity of thought with its general object, for it *is* now in *fact* what in its immediacy it merely *ought* to be, — *self-knowing truth*, *self-recognizing reason*. *Knowledge* now constitutes the *subjectivity* of reason, and *objective* reason is posited as *knowledge*. This mutual self-penetration of thinking subjectivity and objective reason is the final result of the development of theoretical spirit through the stages of intuition and presentation which precede pure thought.

§. 468.

Die Intelligenz, die als theoretische sich die unmittelbare Bestimmtheit aneignet, ist nach vollendeter **Besitznahme** nun in ihrem **Eigenthume**; durch die letzte Negation der Unmittelbarkeit ist an sich gesetzt, daß **für sie** der Inhalt durch sie bestimmt ist. * Das Denken, als der freie Begriff, ist nun auch dem **Inhalte** nach frei. † Die Intelligenz sich wissend als das Bestimmende des Inhalts, der ebenso der ihrige, als er als seyend bestimmt ist, ist **Wille**.

Zusatz. Das reine Denken ist zunächst ein unbefangenes, in die Sache versenktes Verhalten. Dies Thun wird aber nothwendig auch **sich selbst gegenständlich**. Da das begreifende Erkennen im Gegenstande absolut **bei sich selber** ist, so muß es erkennen, daß **seine** Bestimmungen Bestimmungen der **Sache**, und daß umgekehrt die **objectiv** giltigen, **seyenden** Bestimmungen **seine** Bestimmungen sind. Durch diese **Erinnerung**, — durch dies **In-sich-gehen** der Intelligenz wird dieselbe zum **Willen**. Für das gewöhnliche Bewußtseyn ist dieser Uebergang allerdings nicht vorhanden; der Vorstellung fallen vielmehr das Denken und der Wille auseinander. In Wahrheit aber ist, wie wir so eben gesehen haben, das **Denken** das sich selbst zum Willen **Bestimmende**, und bleibt das **Erstere** die **Substanz** des Letzteren; so daß ohne Denken kein Wille seyn kann und auch der ungebildeteste Mensch nur insofern Wille ist, als er gedacht hat, — das Thier dagegen, weil es nicht denkt, auch keinen Willen zu haben vermag.

* Der § beginnt hier 1827.
† 1827: . . . die *Bestimmtheit* der Vernunft ist an sich die eigene der subjectiven Intelligenz, und der Inhalt heißt nichts anders, als eben die Bestimmtheit, welche das begreifende Denken aus sich entwickelt. Die Intelligenz sich wissend . . .

§ 468

Theoretical intelligence appropriates the immediate determinateness, and in that it has now completed the acquisition, it is within its possession, it being posited implicitly, through the last negation of immediacy, that for intelligence the content is 5
determined through intelligence.* **As** the free Notion, thought is **now** also free in respect of *content*.† +
Intelligence, knowing itself to be the determinant of the content, which is determined as its own no less than as being, is will. 10

Addition. In the first instance, pure thought is an impartial relatedness immersed within the thing; an accomplishment which of necessity also becomes its *own general object*. Comprehending cognition is absolute in its being *with itself* in the general object, so that it necessarily recognizes that *its* deter- 15
minations are determinations of the *matter*, and conversely that the determinations which have *objective* validity and *being* are its *own*. It is through this its *recollection* or *withdrawal into itself*, that intelligence becomes *will*. This transition is not of course present for ordinary consciousness; for presenta- 20
tion it being rather the case that thought and will fall apart. As we have just seen however, the truth is that *thought* is that which *determines itself into will*, *of which* it remains the *substance*. Without thought there can therefore be no will, and whereas even the crudest of persons only wills in so far as he has 25
thought, an animal, since it does not think, is also incapable +
of willing. +

* The paragraph began here in 1827.

† 1827: . . . the *determinateness* of reason pertains implicitly to subjective intelligence, and the content signifies nothing other than precisely the determinateness which comprehending thought develops out of itself. Intelligence, knowing itself . . .

359 **b.**

Der praktische Geist.

§. 469.

Der Geist als Wille weiß sich als sich in sich beschließend, und sich aus sich erfüllend. Diß erfüllte Fürsichseyn oder Einzelnheit macht die Seite der Existenz oder Realität von der Idee des Geistes aus; als Wille tritt der Geist in Wirklichkeit, als Wissen ist er in dem Boden der Allgemeinheit des Begriffs. — Als sich selbst den Inhalt gebend ist der Wille bei sich, frey überhaupt; diß ist sein bestimmter Begriff. — Seine Endlichkeit besteht in dessen Formalismus, daß sein durch sich Erfülltseyn die abstracte Bestimmtheit, die seinige überhaupt, mit der entwickelten Vernunft nicht identificirt ist. Die Bestimmung des an sich seyenden Willens ist, die Freiheit in dem formellen Willen zur Existenz zu bringen, und damit der Zweck des letztern, sich mit seinem Begriffe zu erfüllen, d. i. die Freiheit zu seiner Bestimmtheit, zu seinem Inhalte und Zwecke wie zu seinem Daseyn zu machen. Dieser Begriff, die Freiheit, ist wesentlich nur als Denken; der Weg des Willens, sich zum objectiven Geiste zu machen, ist sich zum denkenden Willen zu erheben, — sich den Inhalt zu geben, den er nur als sich denkendes haben kann. +

Die wahre Freiheit ist als Sittlichkeit diß, daß der Wille nicht subjective, d. i. eigensüchtige, sondern allgemeinen Inhalt zu seinen Zwecken hat; solcher Inhalt ist aber nur im Denken und durchs Denken; es ist nichts geringeres als absurd, aus der Sittlichkeit, Religiosität, Rechtlichkeit u. s. f. das Denken ausschließen zu wollen.

Zusatz. Die Intelligenz hat sich uns als der aus dem Objecte in sich gehende, in ihm sich erinnernde und seine Innerlichkeit für das Objective erkennende Geist erwiesen. Umgekehrt geht nun der Wille auf die Objectivirung seiner
360 noch mit der Form der Subjectivität behafteten Innerlichkeit aus.

b.

Practical spirit

§ 469

Spirit, as **will, knows itself as deciding in itself and fulfilling itself from out of itself. From** the *Idea* of spirit, this fulfilled *being-for-self* or *singularity* constitutes the aspect of existence or *reality*. **As will, spirit enters into actuality; as knowledge, it is within the foundation of the universality of the Notion. — In that it supplies itself with content, the will is with itself and generally free, and it is this that constitutes its determinate Notion. — Its finitude consists of the formalism of its self-fulfilment i.e. the abstract determinateness which pertains to it generally, not being identified with developed reason. The determination of the implicit being of the will is to bring freedom into existence within the formal will and so to fulfill the purpose of the latter, this purpose being to fulfill itself with its Notion, that is to make freedom its determinateness i.e. its content and purpose as well as its determinate being. Essentially, this Notion, which is freedom, only has being as thought; the will makes itself into objective spirit by means of raising itself to thinking will, by endowing itself with the content it can only have as self-thinking will.**

As what is ethical, true freedom consists in the will's not being subjective or selfish, but in its having the universal content as its purpose; such purpose only has being in and through thought however, it being nothing less than absurd to want to exclude thought from what is ethical, religious, right etc.

Addition. Intelligence has shown itself to us as spirit *going into itself* from out of the object, *recollecting itself* within the object and recognizing its *inwardness* to be what is *objective*. Now, conversely, *will* goes out into the *objectification* of its inwardness, which is still burdened with the form of subjectivity. Here in the sphere of *subjective* spirit however, we

Wir haben diese Aeußerlichmachung jedoch hier, — in der Sphäre des subjectiven Geistes, — nur bis zu dem Punkte zu verfolgen, wo die wollende Intelligenz zum objectiven Geiste wird, — das heißt, — bis dahin, wo das Product des Willens aufhört, bloß der Genuß zu seyn, und anfängt, That und Handlung zu werden.

Der Entwicklungsgang des praktischen Geistes ist nun im Allgemeinen folgender.

Zunächst erscheint der Wille in der Form der Unmittelbarkeit; er hat sich noch nicht als frei und objectiv bestimmende Intelligenz gesetzt, sondern findet sich nur als solches objectives Bestimmen. So ist er 1) praktisches Gefühl, hat einen einzelnen Inhalt und ist selbst unmittelbar einzelner, subjectiver Wille, der sich zwar, wie so eben gesagt, als objectiv bestimmend fühlt, aber des von der Form der Subjectivität befreiten, wahrhaft objectiven, an- und für sich allgemeinen Inhalts noch entbehrt. Deshalb ist der Wille zunächst nur an sich oder seinem Begriffe nach, frei. Zur Idee der Freiheit gehört dagegen, daß der Wille seinen Begriff, — die Freiheit selber, — zu seinem Inhalte oder Zwecke macht. Wenn er Dies thut, wird er objectiver Geist, baut sich eine Welt seiner Freiheit auf und giebt somit seinem wahrhaften Inhalte ein selbstständiges Daseyn. Zu diesem Ziele gelangt aber der Wille nur dadurch, daß er seine Einzelnheit abarbeitet, — daß er seine in dieser nur an sich seyende Allgemeinheit zum an- und für sich allgemeinen Inhalte entwickelt.

Den nächsten Schritt auf diesem Wege thut der Wille, indem er 2) als Trieb dazu fortgeht, die im Gefühl nur gegebene Uebereinstimmung seiner innerlichen Bestimmtheit mit der Objectivität zu einer solchen zu machen, die erst durch ihn gesetzt werden soll.

Das Weitere besteht 3) darin, daß die besonderen Triebe einem Allgemeinen, — der Glückseligkeit, — untergeordnet werden. Da dies Allgemeine aber nur eine Reflexions-Allgemeinheit ist, — so bleibt dasselbe etwas dem Besonderen der Triebe Aeußerliches und wird nur durch den ganz

361

have to pursue this externalizing only to the point at which volitional intelligence becomes *objective spirit*, that is, to where the product of will ceases merely to be *enjoyment*, and begins to constitute *deed* and *action*.

Now the general course of the development of practical spirit is as follows. 5

In the first instance will appears in the form of *immediacy*; having not yet *posited* itself as free and objectively determining intelligence, it *finds* itself merely as such objective determining. As such, it is 1) *practical feeling*, has a *single* 10 content, and is itself an *immediate, single, subjective* will. Although as has just been observed, this will certainly feels itself to be determining objectively, it is still lacking in content which is freed from the form of subjectivity, *truly objective, universal in and for itself*. This is why in the first instance 15 the will is only *implicitly* free, only free according to its *Notion*. Yet the *Idea* of freedom entails the will's making its *Notion*, which is *freedom itself*, into its content or purpose. When it does this it becomes *objective spirit*, and by building up a world of its freedom for itself, gives independent and 20 determinate being to its true content. The will only reaches this goal in that it works off its singularity however, — in that it develops what is here the simply *implicit* being of its universality into the being *in and for self* of the universal content. 25

Will takes the *next* step along this path in that 2) as *impulse* it progresses into making the correspondence of its inner determinateness with objectivity, which is merely *given* in feeling, into one which at first *ought* to be *posited* by will. 30

The subsequent step consists 3) in the *particular* impulses being subordinated to a *universal* — *happiness*. Since this is however only a *universal* of *reflection*, it remains somewhat external to what is particular in the impulses, and is only

abstract einzelnen Willen, — durch die Willkür, — auf jenes Besondere bezogen.

Sowohl das unbestimmte Allgemeine der Glückseligkeit, wie die unmittelbare Besonderheit der Triebe und die abstracte Einzelnheit der Willkür sind in ihrer gegenseitigen Aeußerlichkeit etwas Unwahres, und gehen deshalb in den, das + conret Allgemeine, den Begriff der Freiheit, wollenden Willen zusammen, welcher, wie schon bemerkt, das Ziel der Entwicklung des praktischen Geistes bildet.

§. 470.

Der praktische Geist enthält zunächst als formeller oder unmittelbarer Wille ein gedoppeltes Sollen, 1) in dem Gegensatze der aus ihm gesetzten Bestimmtheit gegen das damit wieder eintretende unmittelbare Bestimmtseyn, gegen sein Daseyn und Zustand, was im Bewußtseyn sich zugleich im Verhältnisse gegen äußere Objecte entwikkelt. 2) Jene erste Selbstbestimmung ist als selbst unmittelbare zunächst nicht in die Allgemeinheit des Denkens erhoben, welche daher an sich das Sollen gegen jene sowohl der Form nach ausmacht, als dem Inhalte nach ausmachen kann; — ein Gegensatz, der zunächst nur für uns ist.

α) Das praktische Gefühl.

§. 471.

Der praktische Geist hat seine Selbstbestimmung in ihm zuerst auf unmittelbare Weise, damit formell, so daß er sich findet als in seiner innerlichen Natur bestimmte Einzelnheit. Er ist so praktisches Gefühl. * Darin hat er, da er an sich mit der Vernunft einfach

* 1827: Der Wille ist diese Natur des Geistes als *an sich* mit der Vernunft einfach identische und dadurch *selbst allgemeine* Subjectivität; er hat daher in der *unmittelbaren* Einzelnheit des praktischen Gefühls wohl den Inhalt der Vernunft . . .

related to this particularity by means of the wholly abstract and single will of *wilfulness*.

Since, in their mutual externality, the *indeterminate universal* of happiness, the *immediate particularity* of impulses and the *abstract singularity* of wilfulness are somewhat lacking in truth, they draw together in the will which wills the *concrete universal*, the Notion of freedom. As has already been observed, it is this will that shapes the goal of the development of practical spirit.

§ 470

As initially formal or immediate will, practical spirit contains a duality of what it *ought* to be. It contains this 1) in the determinateness which it posits out of itself being in opposition to the *immediate* determinedness which sets in again in conjunction with this determinateness i.e. its *determinate being* and *condition*. In consciousness this opposition develops itself at the same time in the relationship to external objects. 2) In that it is itself immediate, this initial self-determination is not at first raised into the universality of thought. In the face of the self-determination therefore, this universality, both *implicitly* and in respect of form and possibly also of content, constitutes that which *ought* to be. In the first instance this is an opposition which only has being for us.

α) *Practical feeling*

§ 471

Since in the first instance practical spirit has its self-determination within itself in a manner which is immediate and therefore *formal*, such spirit *finds itself* as a *singularity* which is determined in its inner nature. As such it is *practical feeling*.* Within this it certainly contains reason, since im-

* 1827: The will is this nature of spirit as subjectivity which is *implicitly* and simply identical with reason, and so *itself universal*; in the *immediate* singularity of practical feeling therefore, it certainly contains reason . . .

identische Subjectivität ist, wohl den Inhalt der Vernunft aber als unmittelbar einzelnen, hiemit auch als na-
362 türlichen, zufälligen und subjectiven Inhalt der eben sowohl aus der Particularität des Bedürfnisses, des Meynens u. s. f., und aus der gegen das Allgemeine sich für sich setzenden Subjectivität sich bestimmt, als er an sich der Vernunft angemessen seyn kann.

Wenn an das Gefühl von Recht und Moralität, wie von Religion, das der Mensch in sich habe, an seine wohlwollenden Neigungen u. s. f an sein Herz überhaupt, d. i. an das Subject, in sofern in ihm alle die verschiedenen praktischen Gefühle vereinigt sind, appellirt wird, so hat diß 1) den richtigen Sinn, daß diese Bestimmungen seine eigenen immanenten sind, 2) und dann, in sofern das Gefühl dem Verstande entgegengesetzt wird, daß es gegen dessen einseitige Abstractionen die Totalität seyn kann. Aber ebenso kann das Gefühl einseitig, unwesentlich, schlecht seyn. Das Vernünftige, das in der Gestalt der Vernünftigkeit als Gedachtes ist, ist derselbe Inhalt, den das gute praktische Gefühl hat, aber in seiner Allgemeinheit und Nothwendigkeit, in seiner Objectivität und Wahrheit.

Deswegen ist es einerseits thöricht, zu meynen, als ob im Uebergange vom Gefühl zum Recht und der Pflicht an Inhalt und Vortrefflichkeit verloren werde; dieser Uebergang bringt erst das Gefühl zu seiner Wahrheit. Eben so thöricht ist es, die Intelligenz dem Gefühle, Herzen und Willen für überflüssig, ja schädlich zu halten; die Wahrheit und was dasselbe ist, die wirkliche Vernünftigkeit des Herzens und Willens kann allein in der Allgemeinheit der Intelligenz, nicht in der Einzelnheit des Gefühles als solchen Statt finden. Wenn die Gefühle wahrhafter Art sind, sind sie es durch ihre Bestimmtheit, d. i. ihren Inhalt, und dieser ist wahrhaft nur, in sofern er in sich allgemein ist, d. h. den denkenden Geist zu seiner Quelle hat. Die Schwierigkeit besteht für den Verstand darin, sich von der Trennung, die er sich einmal zwischen den Seelenvermögen,

plicitly it constitutes with reason the simple identity of subjectivity, but **it holds it** as an *immediately singular* **and therefore also natural,** *contingent and subjective* **content. This, although it can be in implicit conformity with reason, determines itself to the same extent out of the particularity of need and opinion etc., as well as out of the subjectivity which posits itself in opposition to the universal.** +

5

When an appeal is made to man's postulated *feeling* for right, morality or religion, to his being benevolently inclined etc., to his *heart* in general, i.e. to the subject in so far as all the various practical feelings are united within it, this is justified 1) in that these are the subject's *own, immanent* determinations, and 2) in so far as feeling is so set in opposition to the *understanding* that it *can* constitute *totality* in the face of the latter's onesided abstractions. But feeling *can* also be *onesided*, inessential, bad. That which is *rational* and has the shape of rationality in that it is thought, constitutes the same content as that possessed by *good* practical feeling, but it constitutes it in its universality and necessity, its objectivity and truth. 10 + 15 20 25

In one respect therefore, it is *silly* to suppose that content and excellence are lost in the transition from feeling to law and duty; it is this transition which first brings feeling into its truth. **It is equally** silly to regard intelligence as being superfluous or even detrimental to feeling, the heart and the will, for the truth, the actual rationality of the heart and will, can occur only in the *universality* of intelligence, not in the singularity of feeling as such. **If there are feelings true in kind, they are true on account of their determinateness or content, and this is true only in so far as it is universal, that is to say, in so far as it has its source in thinking spirit. For the understanding, the difficulty consists in ridding itself of the arbitrary distinction between the faculties of the soul, feeling and** 30 35 40

363 dem Gefühle, dem denkenden Geiste willkührlich gemacht hat, loszumachen und zu der Vorstellung zu kommen, daß im Menschen nur Eine Vernunft, im Gefühl, Wollen und Denken ist. Damit zusammenhängend wird eine Schwierigkeit darin gefunden, daß die Ideen, die allein dem denkenden Geiste angehören, Gott, Recht, Sittlichkeit auch gefühlt werden können. Das Gefühl ist aber nichts anderes, als die Form der unmittelbaren eigenthümlichen Einzelnheit des Subjects, in die jener Inhalt, wie jeder andere objective Inhalt, dem das Bewußtseyn auch Gegenständlichkeit zuschreibt, gesetzt werden kann.

Andererseits ist es verdächtig, und sehr wohl mehr als diß, am Gefühle und Herzen gegen die gedachte Vernünftigkeit, Recht, Pflicht, Gesetz, festzuhalten, weil das, was Mehr in jenen als in dieser ist, nur die besondere Subjectivität, das Eitle und die Willkühr, ist. — Aus demselben Grunde ist es ungeschickt, sich bei der wissenschaftlichen Betrachtung der Gefühle auf mehr, als auf ihre Form einzulassen, und ihren Inhalt zu betrachten, da dieser als gedacht, vielmehr die Selbstbestimmungen des Geistes in ihrer Allgemeinheit und Nothwendigkeit, * die Rechte und Pflichten, ausmacht. Für die eigenthümliche Betrachtung der praktischen Gefühle wie der Neigungen blieben nur die selbstsüchtigen, schlechten und bösen; denn nur sie gehören der sich gegen das Allgemeine festhaltenden Einzelnheit; ihr Inhalt ist das Gegentheil gegen den der Rechte und Pflichten, eben damit erhalten sie aber nur im Gegensatze gegen diese ihre nähere Bestimmtheit.

§. 472.

Das praktische Gefühl enthält das Sollen, seine Selbstbestimmung als an sich seyend, bezogen auf eine seyende Einzelnheit, die nur in der Angemessenheit zu je-

* Der Rest der Anmerkung erstmals 1830.

thinking spirit, which it has already fabricated for itself, and in realizing that in the feeling, volition and thought of man there is only one reason. That Ideas of God, right, ethics, pertaining as they do solely to thinking spirit, may also be felt, gives rise to the postulation of a related problem. Yet feeling is nothing other than the form of the immediate and peculiar singularity of the subject, in which this content, like every other objective content to which consciousness also ascribes general objectivity, may be posited.

On the other hand, to cling to feeling and the heart in the face of rationality, **right, duty law,** is to do something more than merely set oneself in a *bad light*, for the former have the advantage of the latter *only* in respect of the vanity and wilfulness of the particular subjectivity.—It is for the same reason that it is out of place in the **scientific** consideration of the feelings to concern oneself with more than their *form* and to deal with their content, for in that this content is thought it does not constitute feelings, but rights and duties, the self-determinations of spirit in their universality and necessity.* **Consequently, only feelings that are self-seeking, bad and evil come under consideration in the treatment of practical feelings and dispositions, for the singularity which maintains itself in the face of what is universal possesses no others. The content here is the reverse of that of rights and duties, it being precisely in the face of the latter, although only in opposition, that they derive their more precise determinateness.**

§ 472

The self-determination of practical feeling **as an implicit being is what** it *ought* to be, **and it contains this ought as related to a single being, which has validity as such only in its conforming to it.**

* Rest of the Remark first published 1830.

ner als gültig sey. Da beiden in dieser Unmittelbarkeit noch objective Bestimmung fehlt, so ist diese Beziehung des
364
Bedürfnisses auf das Daseyn das ganz subjective und oberflächliche **Gefühl** des **Angenehmen** oder **Unangenehmen**.

Vergnügen, Freude, Schmerz u. s. f., Scham, Reue, Zufriedenheit u. s. w. sind theils nur Modificationen des formellen praktischen Gefühls überhaupt, theils aber durch ihren Inhalt, der die Bestimmtheit des Sollens ausmacht, verschieden.

Die berühmte Frage nach dem **Ursprunge des Uebels** in der Welt, tritt, wenigstens in sofern unter dem Uebel zunächst nur das Unangenehme und der **Schmerz** verstanden wird, auf diesem Standpunkte des formellen Praktischen ein. Das Uebel ist nichts anders als die Unangemessenheit des **Seyns** zu dem **Sollen**. Dieses Sollen hat viele Bedeutungen, und da die zufälligen **Zwecke** gleichfalls die Form des Sollens haben, unendlich viele. In Ansehung ihrer ist das Uebel nur das Recht, das an der Eitelkeit und Nichtigkeit ihrer Einbildung ausgeübt wird. Sie selbst sind schon das Uebel. — * Die Endlichkeit des Lebens und des Geistes fällt in ihr **Urtheil**, in welchem sie das von ihnen abgesonderte Andere zugleich als ihr Negatives in ihnen haben, so als der Widerspruch sind, der das Uebel heißt. Im Todten ist kein Uebel noch Schmerz, weil der Begriff in der unorganischen Natur seinem Daseyn nicht gegenüber tritt, und nicht in dem Unterschiede zugleich dessen Subject bleibt. Im Leben schon und noch mehr im Geiste ist diese immanente Unterscheidung vorhanden,

* 1827: Daß es solche und alle andere der Idee unangemessene Einzelnheiten gibt, liegt in dem Urtheil des Begriffs in sich (lebendige Seele, Geist, Vernunft u.s.f.) und in das Seyn, und in seiner *Gleichgültigkeit* gegen das *unmittelbare* Seyn überhaupt, welches durch ihn selbst zur freien Wirklichkeit entlassen, ebenso auf ihn bezogen bleibt, und als für sich seyend ihm nicht angemessen, gegen ihn und hiemit *an sich* das Nichtige ist; — ein Widerspruch, der das Uebel heißt.

In this immediacy however, **both are lacking in objective determination, so that this relating of need to determinate being constitutes the wholly subjective and superficial** *feeling* of what is *pleasant* or *unpleasant*. 5 +

In part, pleasure, joy, pain and so on, shame, repentance, contentment etc., are only modifications of formal, practical feeling in general, although they do in part differ from it on account of their content, which constitutes the 10 determinateness of what ought to be.

It is at this standpoint of what is formally practical that there arises the celebrated question *of the origin of evil* in the world, at least in so far as evil is initially understood merely as 15 that which is unpleasant plus *pain*. Evil is nothing other than the nonconformity of that which *is* to that which *ought* to be. This ought to be has various meanings, and an infinity of meanings in that the contingent *purposes* also 20 have the form of what ought to be. In respect of these purposes, evil is merely the right exercised over the vanity and nullity of their being imagined. They themselves are already what is evil.* — **The finitude of life and spirit** 25 + **falls within their judgement, within which life** + **and spirit are as** the contradiction of what is called evil, **since at the same time they have the other which is separated from them within themselves as their negative.** There is neither evil 30 nor pain in what is dead, since in inorganic nature the Notion does not enter into opposition with its determinate being, **and the difference does not at the same time remain the subject of the difference.** With this **immanent** distinction, 35

* 1827: That there should be such singularities, as well as others which do not conform to the Idea, lies in the internal judgement of the Notion (living soul, spirit, reason etc.) and in being, and in the Notion's *indifference* to *immediate* being in general, which, while released through the Notion itself into free actuality, remains to an equal extent related to it, and as a being-for-self which does not conform to it, is, in that it is opposed to it, *implicitly* what is null; — a contradiction which is called evil. +

und tritt hiemit ein Sollen ein; und diese Negativität, Subjectivität, Ich, die Freiheit, sind die Principien des Uebels und des Schmerzens. — Jacob Böhm hat die Ichheit als die Pein und Qual und als die Quelle der Natur und des Geistes gefaßt.

Zusatz. Obgleich im praktischen Gefühl der Wille die Form der einfachen Identität mit sich selber hat; so ist in dieser Identität doch schon die Differenz vorhanden; denn das praktische Gefühl weiß sich zwar einerseits als objectivgültiges Selbstbestimmen, als ein An-und-für-sich-bestimmtes, zugleich aber andererseits als unmittelbar oder von außen bestimmt, als der ihm fremden Bestimmtheit der Affectionen unterworfen. Der fühlende Wille ist daher das Vergleichen seines von außen kommenden, unmittelbaren Bestimmtseyns, mit seinem durch seine eigene Natur gesetzten Bestimmtseyn. Da das Letztere die Bedeutung Dessen hat, was seyn soll; so macht der Wille an die Affection die Forderung, mit jenem übereinzustimmen. Diese Uebereinstimmung ist das Angenehme, — die Nichtübereinstimmung das Unangenehme.

365

Weil aber jene innere Bestimmtheit, auf welche die Affection bezogen wird, eine selbst noch unmittelbare, meiner natürlichen Einzelnheit angehörige, noch subjective, nur gefühlte ist; so kann das durch jene Beziehung zu Stande kommende Urtheil nur ein ganz oberflächliches und zufälliges seyn. Bei wichtigen Dingen erscheint daher der Umstand, daß mir Etwas angenehm oder unangenehm ist, als höchst gleichgültig.

Das praktische Gefühl erhält jedoch noch weitere Bestimmungen, als die eben besprochenen oberflächlichen.

Es giebt nämlich zweitens Gefühle, welche, — da ihr Inhalt von der Anschauung oder von der Vorstellung herkommt, — das Gefühl des Angenehmen oder Unangenehmen an Bestimmtheit übertreffen. Zu dieser Klasse von Gefühlen gehört, zum Beispiel, das Vergnügen, die Freude, die Hoffnung, die Furcht, die Angst, der Schmerz u. s. w. — Die Freude besteht in dem Gefühl des einzelnen Zustimmens meines An-

already present as it is in life and to an even greater extent in spirit, **there enters an ought to be,** negativity, subjectivity, ego, freedom, constituting the principles of evil and of pain. + —Jacob *Boehme* conceived of *egoity* as *agony* 5 and *torment*, and as the *source* of nature and of spirit. +

Addition. Although in practical feeling the will has the form of *simple* self-*identity*, *differentiation* is already present within this identity, for while on the one hand practical 10 feeling certainly knows itself as *objectively valid self-determining* in that it is *determined in and for itself*, on the other hand and at the same time it knows itself as *immediate or determined from without*, as subject to *affections* the determinateness of which is *alien* to it. The *feeling* will consists therefore of the com- 15 + paring of its immediate determinedness, which comes to it from without, with that of its determinedness which is posited through its own nature. Since the latter has the significance of *that* which *ought* to be, will demands of the affection that it should agree with it. This agreement is 20 what is *pleasant*; disagreement is *unpleasant*.

This inner determinateness to which the affection is related is however itself still *immediate*, since it belongs to my *natural singularity* and is still *subjective*, merely *felt*. Consequently, the *judgement* which comes about on account of this 25 relation can only be an entirely *superficial* and *contingent* one, so that in the case of *important* things it is a matter of complete indifference to me whether something is *pleasant* or *unpleasant*.

Practical feeling receives *further* determination however, 30 not only the superficial one just mentioned.

There are, namely, feelings of a *second* kind, which supersede the feeling of what is pleasant or unpleasant in respect of determinateness in that their content derives from *intuition* or *presentation*. This class of feelings includes *pleasure*, 35 + *joy*, *hope*, *fear*, *anxiety*, *pain* etc. —*Joy* consists of the feeling of a single accord between me determined in and for myself

und-für-sich-bestimmtseyns zu einer einzelnen Begebenheit, einer Sache oder Person. — Die Zufriedenheit dagegen ist mehr eine dauernde, ruhige Zustimmung ohne Intensität. — In der Heiterkeit zeigt sich ein lebhafteres Zustimmen. — Die Furcht ist das Gefühl meines Selbstes und zugleich eines, mein
366 Selbstgefühl zu zerstörenden drohenden Uebels. — Im Schrekken empfinde ich die plötzliche Nichtübereinstimmung eines Aeußerlichen mit meinem positiven Selbstgefühl.

Alle diese Gefühle haben keinen ihnen immanenten, zu ihrer eigenthümlichen Natur gehörenden Inhalt; derselbe kommt in sie von außen.

Endlich entsteht eine dritte Art von Gefühlen dadurch, daß auch der aus dem Denken stammende, substanzielle Inhalt des Rechtlichen, Moralischen, Sittlichen und Religiösen in den fühlenden Willen aufgenommen wird. Indem Dies geschieht, bekommen wir mit Gefühlen zu thun, die sich durch den, ihnen eigenthümlichen Inhalt von einander unterscheiden und durch diesen ihre Berechtigung erhalten. — Zu dieser Klasse gehört auch die Scham und die Reue; denn beide haben in der Regel eine sittliche Grundlage. — Die Reue ist das Gefühl der Nichtübereinstimmung meines Thuns mit meiner Pflicht oder auch nur mit meinem Vortheil, — in jedem Falle also, — mit etwas An-und-für-sich-bestimmtem.

Wenn wir aber gesagt haben, daß die zuletzt besprochenen Gefühle einen, ihnen eigenthümlichen Inhalt haben; so darf Dies nicht so verstanden werden, als ob der rechtliche, sittliche und religiöse Inhalt nothwendig im Gefühle wäre. Daß jener Inhalt mit dem Gefühle nicht unzertrennlich verwachsen ist, — Das sieht man empirischerweise daraus, daß selbst über eine gute That Reue empfunden werden kann. Es ist auch durchaus nicht absolut nothwendig, daß ich bei der Beziehung meiner Handlung auf die Pflicht in die Unruhe und Hitze des Gefühls gerathe; ich kann vielmehr jene Beziehung auch im vorstellenden Bewußtseyn abmachen und somit bei der ruhigen Betrachtung die Sache bewenden lassen.

Ebenso wenig braucht bei der oben besprochenen zweiten

and a single event, thing or person. — *Contentment* on the contrary is more of a *lasting* and *composed* accord, and is lacking in intensity. — The accord which appears in *gaiety* is livelier. — In *fear* I am aware of myself and at the same time of an evil which is threatening to destroy my self-awareness. — When I am *frightened* I have a *sudden* sense of the discord between something external and my positive self-awareness.

All these feelings are devoid of an *immanent* content pertaining to their *peculiar* nature, since they derive their *content* from *without*.

There are, finally, feelings of a *third* kind, which arise in that which derives from *thought*, the substantial content of what is *right*, *moral*, *ethical* and *religious*, is also received into the feeling will. In that this occurs, we are concerned with feelings which distinguish themselves from one another through their *peculiar content*, from which they derive their justification. — *Shame* and *remorse* also belong to this class, for as a rule both of them have an ethical basis. — *Remorse* is the feeling that what I do does not accord with my *duty*, or perhaps simply with my *advantage*, — in both cases therefore, with something that is determined in and for itself.

When it was said of the feelings just discussed that they have a content which is peculiar to them, this is not to be taken to imply that content which is a matter of right, ethics and religion is *necessarily* a matter of feeling. It can be confirmed empirically that such a content is not inseparably involved with feeling in that even a good deed can give rise to a sense of remorse. What is more, it is by no means absolutely necessary that in relating what I do to duty I should fall into the flurry and heat of feeling, for I am also perfectly capable of contenting myself with a calm consideration of the matter and settling this relation within my presentative consciousness.

In feelings of the second kind mentioned above, the con-

Art von Gefühlen der Inhalt in das Gefühl einzudringen. Ein besonnener Mensch, -- ein großer Charakter, — kann Etwas seinem Willen gemäß finden, ohne in das Gefühl der Freude auszubrechen, — und umgekehrt ein Unglück erleiden, ohne dem Gefühl des Schmerzes sich hinzugeben. Wer solchen Gefühlen anheimfällt, Der ist mehr oder weniger in der Eitelkeit befangen, eine besondere Wichtigkeit darauf zu legen, daß gerade Er, — dieses besondere Ich, — entweder ein Glück oder ein Unglück erfährt.

367

* *β)* Die Triebe und die Willkühr.

§. 473.

Das praktische Sollen ist reelles Urtheil. Die unmittelbare nur vorgefundene Angemessenheit der seyenden Bestimmtheit zum Bedürfniß ist für die Selbstbestimmung des Willens, eine Negation und ihr unangemessen. Daß der Wille, d. i. die an sich seyende Einheit der Allgemeinheit und der Bestimmtheit, sich befriedige d. i. für sich sey, soll die Angemessenheit seiner innern Bestimmung und des Daseyns durch ihn gesetzt seyn. Der Wille ist der Form des Inhalts nach zunächst noch natürlicher Wille unmittelbar identisch mit seiner Bestimmtheit, — Trieb und Neigung, insofern die Totalität des praktischen Geistes sich in eine einzelne der mit dem Gegensatze überhaupt gesetzten vielen beschränkten Bestimmungen legt, Leidenschaft.

Zusatz. Im praktischen Gefühl ist es zufällig, ob die unmittelbare Affection mit der inneren Bestimmtheit des Willens übereinstimmt oder nicht. Diese Zufälligkeit, — dies Abhängigseyn von einer äußeren Objectivität, — widerspricht dem sich als das An-und-für-sich-bestimmte erkennenden, die Objectivität in seiner Subjectivität enthalten wissenden Willen. Dieser kann deshalb nicht dabei stehen bleiben, seine immanente Bestimmtheit mit einem Aeußerlichen zu vergleichen und die

* 1830: und die Willkühr: zugefügt.

tent has just as little need to enter into feeling. A self-possessed person, a man with the necessary character, can encounter something conforming to his will without breaking out into the feeling of joy, while conversely he can suffer misfortune without abandoning himself to the feeling of pain. If a person gives way to such feelings, he is more or less involved in the vanity of attaching particular importance to his particular ego, — to the fact that he in particular is experiencing happiness or sorrow.

β) *Impulses and wilfulness**

§ 473

In practice, that which *ought* to be is a judgement *of a real nature*. For the *self*-determination of the will there is negation **and lack of conformity in the being of the determinateness which conforms to need in an** *immediate* **and merely encountered manner.** The will **is the implicit unity of universality and determinateness, and if it is to assume the** being-*for-self* **of satisfying itself, its inner determination's conforming to the determinate being ought to be posited through it. As regards the form of its content the will is at first** still *natural* **and immediately identical with its determinateness,** — *impulse* and *inclination*. **In so far as** the totality of practical spirit interferes with any one of the *many limited* determinations **posited within the general opposition, it is** *passion*.

Addition. In practical feeling, it is a matter of contingency whether the immediate affection corresponds to the inner determinateness of the will or not. This *contingency*, this *dependence* upon an *external* objectivity, is in contradiction of will cognizing itself as determined in and for itself, knowing objectivity to be contained in its subjectivity. Consequently, will cannot stop at *comparing* its immanent determinateness with an externality and simply *discovering* the agreement

* Added 1830: and wilfulness.

Uebereinstimmung dieser beiden Seiten nur zu finden, — sondern er muß dazu fortschreiten, die Objectivität als ein Moment seiner Selbstbestimmung zu setzen, jene Uebereinstimmung, — seine Befriedigung, — also selber hervorzubringen. Dadurch entwickelt sich die wollende Intelligenz zum Triebe. Dieser ist eine subjective Willensbestimmung, die sich selber ihre Objectivität giebt.

368

Der Trieb muß von der bloßen Begierde unterschieden werden. Die Letztere gehört, wie wir §. 426 gesehen haben, dem Selbstbewußtseyn an und steht somit auf dem Standpunkt des noch nicht überwundenen Gegensatzes zwischen dem Subjectiven und dem Objectiven. Sie ist etwas Einzelnes und sucht nur das Einzelne zu einer einzelnen, augenblicklichen Befriedigung. Der Trieb hingegen, — da er eine Form der wollenden Intelligenz ist, — geht von dem aufgehobenen Gegensatze des Subjectiven und des Objectiven aus, und umfaßt eine Reihe von Befriedigungen, — somit etwas Ganzes, Allgemeines. Zugleich ist jedoch der Trieb, — als von der Einzelnheit des praktischen Gefühls herkommend und nur die erste Negation derselben bildend, — noch etwas Besonderes. Deshalb erscheint der Mensch, — insofern er in die Triebe versunken ist, — als unfrei.

§. 474.

Die Neigungen und Leidenschaften haben dieselben Bestimmungen zu ihrem Inhalte, als die praktischen Gefühle, * und gleichfalls die vernünftige Natur des Geistes einerseits zu ihrer Grundlage, andererseits aber sind sie als dem noch subjectiven, einzelnen Willen angehörig mit Zufälligkeit behaftet, und erscheinen als besondere zum Individuum wie zu einander sich äußerlich und hiemit nach unfreyer Nothwendigkeit sich zu verhalten.

* 1827: Weil die einen wie die andern unmittelbare Selbstbestimmungen sind, welche die *Form* der Vernünftigkeit noch nicht haben, so sind sie *mannichfaltige besondere*. Sie haben die vernünftige Natur . . .

between these two aspects, but must progress into *positing* objectivity as a *moment* of its self-determination, and so into itself *bringing forth* this agreement, which constitutes its satisfaction. It is thus that volitional intelligence develops itself into *impulse*, into a subjective determination of the will which provides itself with its objectivity. 5

A distinction has to be drawn between impulse and mere *desire*. In § 426 we have seen that as *desire* belongs to *self-consciousness*, it occupies the standpoint of the as yet *unresolved* opposition between what is subjective and what is objective. 10 It is something *single*, and only seeks what is *single*, for a single, momentary satisfaction. *Impulse* on the contrary, since it is a form of *volitional intelligence*, goes forth from the + *sublated* opposition of what is subjective and what is objective, and as it embraces a *series* of satisfactions, is something of a 15 *whole*, a *universal*. At the same time, however, impulse is still something *particular*, since it derives from the *singularity* of practical feeling and only constitutes the *initial* negation of it. This is why man is manifestly unfree in so far as he is at the mercy of impulses. 20 +

§ 474

Inclinations and passions have as their content the same determinations as practical feelings.* **What is more,** while on the one hand, they also have their foundation in the rational nature of spirit, on the other hand **they are,** as pertaining 25 + to the still subjective and single will, burdened with contingency, **and appear as regulating themselves, in that they are as particular** in respect of the individual **as they are** external **to one another,** in accordance with a necessity that lacks freedom. 30

* 1827: Since one is like the other in that they are all immediate self-determinations, still devoid of the *form* of rationality, they constitute a *multiple particularity*. They have the rational nature . . .

* Die Leidenschaft enthält in ihrer Bestimmung, daß sie auf eine Besonderheit der Willensbestimmung beschränkt ist, in welcher sich die ganze Subjectivität des Individuums versenkt, der Gehalt jener Bestimmung mag sonst seyn, welcher er will. Um dieses Formellen 369 willen aber ist die Leidenschaft weder gut noch böse; diese Form drückt nur diß aus, daß ein Subject das ganze lebendige Interesse seines Geistes, Talentes, Charakters, Genusses in einen Inhalt gelegt habe. Es ist nichts Großes ohne Leidenschaft vollbracht worden, noch kann es ohne solche vollbracht werden. Es ist nur eine todte, ja zu oft heuchlerische Moralität, welche gegen die Form der Leidenschaft als solche loszieht.

Aber von den Neigungen wird unmittelbar die Frage gemacht, welche gut und böse, ingleichen bis zu welchem Grade die Guten gut bleiben, und, da sie Besondere gegen einander und ihrer Viele sind, wie sie, da sie sich doch + in Einem Subjecte befinden und sich nach der Erfahrung nicht wohl alle befriedigen lassen, gegen einander wenigstens einschränken müssen. Es hat mit diesen vielen Trieben und Neigungen zunächst dieselbe Bewandniß, wie mit den Seelenkräften, deren Sammlung der theoretische Geist seyn soll; — eine Sammlung, welche nun mit der Menge von Trieben vermehrt wird. Die formelle Vernünftigkeit des Triebes und der Neigung besteht nur in ihrem allgemeinen Triebe, nicht als Subjectives zu seyn, sondern durch die Thätigkeit des Subjects selbst die Subjectivität aufzuheben, realisirt zu werden. Ihre wahrhafte Vernünftigkeit kann sich nicht in einer Betrachtung der äußern Reflexion ergeben, welche selbstständige Naturbestimmungen und unmittelbare Triebe voraussetzt, und damit des Einen Princips und Endzwecks für dieselbe ermangelt. Es ist aber die immanente Reflexion des Geistes selbst, über ihre Besonderheit wie über ihre natürliche Unmittelbarkeit hinauszugehen, und ihrem

* 1827: Von den *Neigungen* gilt ganz dasselbe, was von den Gefühlen; sie sind Selbstbestimmungen des *an sich* freien Willens, der aber noch nicht im *Inhalte* seiner Selbstbestimmung als Intelligenz *für sich* frei, noch nicht allgemein und objectiv ist.

*The determination of *passion* involves its being restricted to a *particularity* of volitional determination, **within which and regardless of its ulterior value, the whole subjectivity of the individual immerses itself. On account of this formal factor however, passion is neither good nor bad, for the form merely expresses a subject's having cast the whole of his spirit, talent, character, enjoyment into a content. Nothing great has been, nor can it be accomplished without passion. It is only a dead morality, and all too often a hypocritical one, which inveighs against the form of passion as such.**

The **immediate** question raised in respect of inclinations is however which are *good* and which are *bad*, and if not the *degree* to which the good remain so, then at least how they have to restrict **themselves** on account of there being a particularized plurality of them, their occurring in a single subject, and it being quite evident from experience that they cannot all be gratified. The primary state of these various impulses and inclinations has been taken to be the same as that of the aggregate of psychic powers supposed to constitute theoretical spirit;—i.e. a collection, augmented now by a *number* of impulses. The *formal* rationality of impulse and inclination consists only of their general impulse, not to have being as what is subjective, but to be realized in that they themselves **sublate subjectivity through the activity of the subject.** Their true rationality cannot reveal itself through their being considered by means of *external* reflection, **since this misses their single principle and purpose by presupposing** *independent* natural determinations and *immediate* impulses. The immanent reflection of spirit itself **is however** to overcome **their particularity as well as their natural** *immediacy*, **and to endow their content with**

* 1827: Precisely what is true of feelings is also true of *inclinations*; they are self-determinations of will which is *implicitly* free, but which is not yet free *for itself* in the *content* of its self-determination as intelligence, not yet universal and objective.

Inhalte Vernünftigkeit und Objectivität zu geben, worin sie als nothwendige Verhältnisse, Rechte und Pflichten sind. Diese Objectivirung ist es denn, welche ihren Gehalt, so wie ihr Verhältniß zu einander, überhaupt ihre Wahrheit aufzeigt; wie Plato, was die Gerechtigkeit an und für sich sey mit wahrhaftem Sinne, auch in sofern er unter dem Rechte des Geistes seine ganze Natur befaßte, nur in der objectiven Gestalt der Gerechtigkeit, nämlich der Construction des Staates, als des sittlichen Lebens darstellen zu können zeigte.

370

Welches also die guten, vernünftigen Neigungen und deren Unterordnung sey, verwandelt sich in die Darstellung, welche Verhältnisse der Geist hervorbringt, indem er als objectiver Geist sich entwickelt; — eine Entwicklung, in welcher der Inhalt der Selbstbestimmung die Zufälligkeit oder Willkühr verliert. Die Abhandlung der Triebe, Neigungen und Leidenschaften nach ihrem wahrhaften Gehalte ist daher wesentlich die Lehre von den rechtlichen, moralischen und sittlichen Pflichten.

§. 475

Das Subject ist die Thätigkeit der Befriedigung der Triebe, der formellen Vernünftigkeit, nämlich der Uebersetzung aus der Subjectivität des Inhalts, der in sofern Zweck ist, in die Objectivität, in welcher es sich mit sich selbst zusammenschließt. Daß, in sofern der Inhalt des Triebes als Sache von dieser seiner Thätigkeit unterschieden wird, die Sache, welche zu Stande gekommen ist, das Moment der subjectiven Einzelnheit und deren Thätigkeit enthält, ist das Interesse. Es kommt daher nichts ohne Interesse zu Stande.

Eine Handlung ist ein Zweck des Subjects und ebenso ist sie seine Thätigkeit, welche diesen Zweck ausführt; nur durch diß, daß das Subject auf diese Weise in der uneigennützigsten Handlung ist, d. h. durch sein Interesse, ist ein Handeln überhaupt. — Den Trieben und Leiden-

rationality and objectivity, within which they have being as *necessary* relationships, *rights* and *duties*. It is, then, this objectification which displays not only their capacity, but also their mutual relationship, their general truth. *Plato* sensed the truth of the matter therefore, not only in so far as he included the whole nature of spirit under *the justice of spirituality*, but also in that he showed that what *justice* is in and for itself can only be exhibited in the *objective* shape of justice, that is to say in the construction of the *state* as *ethical* living. 5 10 +

Consequently, enquiry into the definition and grading of *good* and rational inclinations resolves itself into exhibiting whichever relationships spirit brings forth in that it **develops itself as objective spirit; — a development** in which **the** self-determining **content** sheds contingency or wilfulness. **The treatment of impulses, inclinations and passions in accordance with their true capacity is therefore essentially the doctrine of legal, moral and ethical duties.** 15 20 +

§ 475

The subject is the *activity* **of the** formal rationality **of** satisfying **impulses,** that is, of translating from the subjectivity **of content which constitutes purpose hitherto,** into the objectivity **within which the subject joins up with itself. In so far as** the content **of impulse has being as something which differs from this its activity,** whatever matter is brought about contains the moment **and the activity of** subjective singularity, and it is this that constitutes *interest*. **Consequently,** nothing is brought about without interest. + 25 30 +

An action is not only the subject's purpose, but also the activity with which it carries out this purpose, and it is only through the subject's being in even the most disinterested action in this way, that there is any acting at all. — On the one hand, impulses and 35

schaften setzt man einerseits die schaale Träumerei eines Naturglücks gegenüber, durch welches die Bedürfnisse ohne die Thätigkeit des Subjects, die Angemessenheit der unmittelbaren Existenz und seiner innern Bestimmungen
371 hervorzubringen, ihre Befriedigung finden sollen. Andererseits wird ihnen ganz überhaupt, die Pflicht um der Pflicht willen, die Moralität entgegengesetzt. Aber Trieb und Leidenschaft ist nichts anderes als die Lebendigkeit des Subjects, nach welcher es selbst in seinem Zwecke und dessen Ausführung ist. Das Sittliche betrifft den Inhalt, der als solcher das *Allgemeine*, ein Unthätiges, ist, und an dem Subjecte sein Bethätigendes hat; diß, daß er diesem immanent ist, ist das Interesse, und die ganze wirksame Subjectivität in Anspruch nehmend, die Leidenschaft.

Zusatz. Selbst im reinsten rechtlichen, sittlichen und religiösen Willen, der nur seinen *Begriff*, die *Freiheit*, zu seinem Inhalte hat, liegt zugleich die Vereinzelung zu einem *Diesen*, zu einem *Natürlichen*. Dies Moment der *Einzelnheit* muß in der Ausführung auch der objectivesten Zwecke seine Befriedigung erhalten; ich als dieses Individuum will und soll in der Ausführung des Zwecks nicht zu Grunde gehen. Dies ist mein *Interesse*. Dasselbe darf mit der *Selbstsucht* nicht verwechselt werden; denn diese *zieht* ihren besonderen Inhalt dem objectiven Inhalte *vor*.

Zusatz 2. Das Verhältnis des Selbstbewußtseins ist dies, denn der praktische Geist verhält sich nicht als äußerliche Objectivität, hat es nicht mit der Beziehung darauf zu thun, sondern er ist vielmehr dies, für sich zu sein gegen das Selbstbewußtsein, gegen diese Verhältnisse seiner Beziehungen auf äußerliche Subjectivität; oder: der Geist als die Gewißheit, daß seine Subjectivität objectiv ist, verhält sich auch so zu den äußerlichen Objecten, wie das Selbstbewußtsein, aber zur äußerlichen Objectivität als einer erinnerten, als schon der seinigen; eben im Geist ist die Gewißheit, und diese Objectivität ist nicht mehr als die negative seiner, als eine äußerliche gesetzt, sondern als seine eigene. Das ist das *Interesse*. Es kommt nichts ohne Interesse zu Stande, daß etwas für mich gilt, dazu gehört mein Interesse; man nimmt es gewöhnlich im schlechten Sinn eines particularen Zwecks, etwas Selbstsüchtiges,

passions are contrasted with the idle version of a natural welfare by means of which the needs of the subject are supposed to be satisfied without its acting in order to produce conformity between the immediate existence and its inner determinations. On the other hand, they are contrasted in a wholly general way with the morality of duty for duty's sake. Impulse and passion constitute nothing other than the liveliness of the subject however, in accordance with which it is itself involved in its purpose and in the carrying out of the same. What is ethical concerns the content, which as such is the universal, an inactive factor deriving its motivation from the subject. This motivation constitutes interest in that it is immanent within the content, and passion in that it involves the whole of active subjectivity.

Addition 1. Even in righteous, ethical and religious will of the purest kind, will which has as its content only the *freedom* of its *Notion*, there resides at the same time the singularization of being *constituted* as this *natural* being. Even in the carrying out of the most objective purposes this moment of *singularity* must be satisfied, and in that it is as this individual that I carry out the purpose, I neither want to nor should I perish. This is my *interest*, and it should not be confused with *self-seeking*, which *puts* its particular content *before* the objective one.

Addition 2. This is the relationship of self-consciousness. Practical spirit does not relate itself as an external objectivity, not being concerned with the relation; for it is, rather, that which is for itself in the face of self-consciousness, in the face of the relationships of these its relations with external subjectivity. Precisely considered, it is spirit as certain that its subjectivity is objective, and although it also relates itself to external objects as does self-consciousness, it does so to external objectivity as to what is recollected, what is already its own. It is precisely in spirit that this certainty has being; this objectivity no longer has being as the negative of what pertains to it, as a posited externality, but as pertaining to itself. This is *interest.* Nothing is brought about without interest, my interest being involved in anything that concerns me. Interest is usually understood in the bad sense of its being a

etwas, das nur mich betrifft, im Gegensatz gegen Recht, (238) Pflicht, allgemeine Bestimmungen. Man sagt daher, der Mensch solle ohne Interesse handeln, das hat den guten Sinn, daß der particulare Zweck, der entgegen wäre der Pflicht, Interesse wäre, aber das andere ist, daß Interesse ist *interest mea causa*, daß es mein Wille ist, das meinige darin liegt, mein Wille gehört wesentlich dazu, der vernünftige Wille der an und für sich freie Wille, aber daß das Gute vollbracht werde, dazu gehört das eine einzelne Subject, weil der Wille sich gegenüber hat äußerliche Realität ist er einzelner, Ich, und das Ich muß Interesse haben. Der Mensch hat aber auch seine besondere Subjectivität geltend zu machen, als besonderes Subject, nicht als abstractes Dieses, sich zu befriedigen, und das Größte ist, im Staate, daß die besonderen Zwecke mit dem allgemeinen harmonieren.*

† §. 476.

Der Wille als denkend und an sich frey, unterscheidet sich selbst von der Besonderheit der Triebe und stellt sich als einfache Subjectivität des Denkens über deren mannichfaltigen Inhalt; so ist er reflectirender Wille.

§. 477.

Eine solche Besonderheit des Triebs ist auf diese Weise nicht mehr unmittelbar, sondern erst die seinige, indem er sich mit ihr zusammenschließt und sich dadurch bestimmte Einzelnheit und Wirklichkeit gibt. Er ist auf dem Standpunkt, zwischen Neigungen zu wählen, und ist Willkühr.

* *Kehler Ms.* SS. 237–238; vgl. *Griesheim Ms.* SS. 375–376.

† 1827 (§ 477): Das Interesse und der Trieb oder Neigung haben einen vom Willen bestimmten, *besondern* Inhalt. Die *einfache* Subjectivität des Willens steht zugleich über diesem seinem mannichfaltigen Inhalt und dem Widerspruch der Triebe. Sie ist so als *denkender*, und indem das Denken nur jenen mannichfaltigen Inhalt vor sich hat, als *reflectirender* Wille, und damit als *Willkühr* bestimmt. Indem diese gegen die beschränkte Besonderheit der Triebe deren Allgemeinheit sich zum Zwecke macht, ist sie der Trieb nach *Glückseligkeit*.

particular purpose, self-seeking, something which bears only upon me, as opposed to what is right, (238) to duty, to general determinations. It is said, therefore, that one ought to act disinterestedly, and this is a laudible sentiment in that if the particular purpose were the interest, it would be opposed to duty. The other aspect of it is, however, that interest is *interest mea causa*, it is my will, it contains what is mine, my will being essentially involved in it. Although rational will is will that is free in and for itself, the one single subject is indispensable to the doing of good, for since will has external reality over against itself, it is the singularity of the ego, and the ego must have interest. A person also has to make his particular subjectivity effective however, to satisfy himself not as a subjective being but as a particular subject. The state is at its greatest when within it, particular purposes harmonize with the universal.*

§ 476†

In that it is thinking and implicitly free, the will distinguishes itself from the particularity of impulses, **and places itself above their multiple content** as the simple subjectivity of **thought. In doing so it constitutes** the *reflecting will*.

§ 477

It is in this way that such a particularity of impulse is no longer immediate but first pertains to the *will*, the will joining up with it and so endowing itself with determinate singularity and actuality. It is thus that will assumes the standpoint of *choosing* between inclinations, and constitutes *wilfulness*.

* *Kehler Ms.* pp. 237–238; cf. *Griesheim Ms.* pp. 375–376.

† 1827 (§ 477): Interest and impulse or inclination have a *particular* content, which is determined by the will. At the same time, the *simple* subjectivity of the will stands above this its multiple content and the contradiction of impulses. It does so in that it *thinks*, and, in that thought has before itself only this multiple content, determined as *reflecting* will and therefore as *wilfulness*. In that wilfulness makes a purpose of itself as the universality of the limited particularity of impulses, it constitutes the impulse toward *happiness*.

§. 478.

372 **Der Wille ist als Willkühr für sich frei, indem er als die Negativität seines nur unmittelbaren Selbstbestimmens in sich reflectirt ist. Jedoch in sofern der Inhalt, in welchem sich diese seine formelle Allgemeinheit zur Wirklichkeit beschließt, noch kein anderer als der der Triebe und Neigungen ist, ist er nur als subjectiver und zufälliger Wille wirklich. Als der Widerspruch, sich in einer Besonderheit zu verwirklichen, welche zugleich für ihn eine Nichtigkeit ist, und eine Befriedigung in ihr zu haben, aus der er zugleich heraus ist, ist er zunächst der Proceß der Zerstreuung und des Aufhebens einer Neigung oder Genusses durch eine Andere und der Befriedigung, die diß eben so sehr nicht ist, durch eine andere ins Unendliche. Aber die Wahrheit der besondern Befriedigungen ist die allgemeine, die der denkende Wille als Glückseligkeit sich zum Zwecke macht.**

Zusatz. Indem die Gegenstände so bestimmt als solche, die Interesse für mich haben, so sind sie so bestimmt durch einen Trieb, Neigung, subjective Bestimmtheit in mir, und so tritt in mir ein Unterschied ein in Bezug auf die Objecte, dies Selbstbewußtsein über die Objecte ist mir Gegenstand; ich unterscheide zwischen Objecten, die interessant sind und nicht interessant sind, bin die Wahl, ob sie practische Objecte sind, in denen mein Trieb sich erinnert findet, ob sie Material sind, durch die ich meinen Trieb befriedigen kann. Das Interesse entspricht der Aufmerksamkeit überhaupt, die Richtung des Erkennens, ganz unbestimmt nach außen, der practische Geist als in sich bestimmt, richtet sich als Selbstbewußtsein nach außen, aber nicht mit unbestimmter Aufmerksamkeit, sondern mit bestimmter Aufmerksamkeit. Das Interesse, der Trieb darin (239) hat eine Umsicht auf die Gegenstände, reflectirt. Es ist darin die Hemmung der bloßen Befriedigung enthalten, das Ansichhalten, Beobachten, Beurtheilen, Brechen der Gegenständlichkeit. Das Interesse drückt also die Bestimmung aus, wie wir die Triebe haben im Unterschied vom Selbstbewußtsein.

Indem die Gegenstände solche sind, die Interesse haben, und das Subject des in sich reflectierten ist, das über dieser Gegenständlichkeit, so daß es weiter bestimmt als das Reflectierende über die Gegenstände seines Interesses, sofern sie ihm interessant sind, d.h. über seine

§ 478

As wilfulness, will *for itself* is free, for as the negativity of its **merely** immediate **self-determining,** it is intro-reflected. However, in so far as the content within which this **its formal universality** *resolves* itself into actuality **is still none other than that of impulses and inclinations, it is only actual as subjective and contingent will.** As the *contradiction* of actualizing itself within a particularity which is at the same time a nullity for it, and of possessing in this particularity a satisfaction which it has at the same time emerged from, will is initially the *unending process* of diversion, of sublating one inclination **or enjoyment by means of another, and** of being as satisfied as it is dissatisfied by further satisfaction. The truth of *particular* **satisfactions is** however **the universal, which the thinking** will **makes into its** purpose **as happiness.**

Addition. In that general objects so determined are of interest to me, they are determined through an impulse, an inclination, a subjective determinateness within me, and a difference therefore arises within me in respect of objects. This self-consciousness in respect of objects is a general object to me, for I distinguish between objects which are of interest and those that are not, I decide whether or not they are practical objects within which my impulse finds itself recollected, whether they constitute material by means of which I can satisfy my impulse. Interest corresponds to attention in general, the wholly indeterminate directing of cognition outwards. In that it is internally determined, practical spirit directs itself outwards as self-consciousness, although the attention with which it does so is determinate rather than indeterminate. Interest or impulse is here (239) circumspect in respect of the general objects. It reflects, and this involves the checking of mere satisfaction, keeping to oneself, observing, judging, the dismembering of general objectivity. It is interest, therefore, which expresses the determination distinguishing our having impulses, from self-consciousness having drives.

In that the general objects are such as to have interests, and the subject, since it is the intro-reflected being over this general objectivity, is further determined as that which reflects upon the general objects of its interest in so far as they are interesting to it, i.e. upon its interests,

Interessen überhaupt, über seine Triebe und Neigungen überhaupt; der praktische Geist ist heraus aus der blinden Richtung auf die Gegenständlichkeit und Befriedigung überhaupt; er steht aber ebenso über seinen interessanten Gegenständen, und damit über seinem Interesse selbst, als in sich reflectirtes Subject. Dies ist die Reflexion des Geistes in sich, die zu der Bestimmung der Glückseligkeit führt.

Triebe, Neigungen, Interessen sind bestimmte, beschränkte; diese Triebe, dieser Inhalt, diese Neigungen, und der Geist für sich die Totalität, zunächst des subjectiven und objectiven, wie wir es bestimmt haben; näher aber die Einheit dieser beiden, bestimmt sich als Allgemeinheit. Leidenschaft sagen wir von einem Triebe in diesem Sinn, sofern das Subject in seiner empirischen Totalität darein versunken ist, und nicht daraus heraus ist, befangen in dieser Beschränktheit, da ist der Mensch ohnmächtig, die Leidenschaft ist Macht über den Willen, sofern er nicht darüber hinausgeht, ist er dieser Leidenschaft hingegeben. Aber wie wir von den Bildern gesehen (240) haben, daß die theoretische Intelligenz die Bilder zu abstracten Vorstellungen bestimmt, das Concrete aufhebt, auflöst, auseinanderfallen läßt, und das Allgemeine dem Concreten, Empirischen in den Bildern gegenüber setzt. So ist der praktische Geist ebenso dies Fortgehen. Der practische Geist ist Totalität, aber als dies für sich allgemeine, identische der Subjectivität und Objectivität, setzt er sich über diesen Inhalt der besonderen Triebe, Neigungen, Leidenschaften und fragt sich dann, was seine Bestimmung ist, was das Allgemeine ist, in das er seine Befriedigung zu setzen hat. Es ist insofern ein Allgemeines, dies, daß er befriedigt werden solle als ein Allgemeines, und es wird verlangt, gesucht eine allgemeine Befriedigung. Die Form nun, in der sich diese Forderung präsentiert, ist die Forderung der Glückseligkeit; das System des *Eudämonismus:* die Triebe sollen befriedigt werden, bleiben der Gehalt, aber in der Form der Allgemeinheit. Die Triebe gehen auf dies, jenes Interesse, der Geist aber steht über den Interessen, diese sind als vielfache bestimmt, mannigfaltig, der Geist verlangt aber ein einzelnes Interesse und dessen Befriedigung. Die Glückseligkeit ist Befriedigung der Triebe, aber ... *aller* Triebe ...*

† γ) **Die Glückseligkeit.**

§. 479.

In dieser durch das reflectirende Denken hervorgebrachten Vorstellung einer allgemeinen Befriedigung sind

* *Kehler Ms.* SS. 238–240; vgl. *Griesheim Ms.* SS. 377–378. *Boumann* hat nichts von diesem Material veröffentlicht.

† 1827: *Die Willkühr und die Glückseligkeit.*

impulses and inclinations in general, practical spirit has done with blindly directing itself at objectivity in general, with unspecified satisfaction. As such, however, it stands to the same extent above its interesting general objects, and, therefore, above its own interest as an intro-reflected subject. This is the reflection of spirit into itself, and leads on to the determination of happiness.

Impulses, inclinations, interests are determined, limited, there being these impulses, this content, these inclinations, and spirit for itself as the totality, initially the totality of the subjective and objective as we have determined it. The unity of these two determines itself more closely as universality however. In so far as the subject in its empirical totality is immersed in an impulse, and so caught up in this limitedness that it has not risen above it, impulse may be said to constitute passion. The person is impotent in passion, for the passion has power over his will, and in so far as he does not rise above it, he has abandoned himself to it. We have seen in the case of images however, (240) that they are determined by theoretical intelligence into abstract presentations, what is concrete being sublated, dissolved, allowed to fall apart, and the universal being posited over against what is concrete and empirical in them. The procedure is the same in practical spirit. Practical spirit is totality, but as the being-for-self of this general identity of subjectivity and objectivity, it sets itself above this content of particular impulses, inclinations and passions, and then asks itself what its determination is, what the universal is in which it has to posit its satisfaction. To this extent it is a universal, that of its having to be satisfied as a universal, and a universal satisfaction is demanded and sought. The form in which this question now presents itself is that of happiness, the system of *eudemonism*: impulses, which have to be satisfied, still constitute the capacity, although they do so in the form of universality. They pursue this and that interest, whereas spirit stands above interests, and while these are variously determined and multiple, demands a single interest and the satisfying of it. This satisfying of *all* impulses is happiness.*

γ) *Happiness* †

§ 479

Reflecting thought has brought forth this presentation **of a universal satisfaction in which** impulses **in**

* *Kehler Ms.* pp. 238–240; cf. *Griesheim Ms.* pp. 377–378. *Boumann* did not publish any of this material.
† 1827: *Wilfulness and happiness.*

die Triebe nach ihrer Besonderheit als **negativ** gesetzt, und sollen theils einer dem andern zum Behufe jenes Zwecks, theils direct demselben ganz oder zum Theil aufgeopfert werden. Ihre Begränzung durch einander ist einerseits eine Vermischung von qualitativer und quantitativer Bestimmung, andererseits da die Glückseligkeit den **affirmativen** Inhalt allein in den Trieben hat, liegt in ihnen die Entscheidung, und es ist das subjective Gefühl und Belieben, was den Ausschlag geben muß, worein * es die Glückseligkeit setze.

§. 480.

Die Glückseligkeit ist die nur vorgestellte, abstracte **Allgemeinheit** des Inhalts, welche nur seyn **soll**. Die Wahrheit aber der **besondern** Bestimmtheit, welche eben so sehr **ist**, als **aufgehoben** ist, und der **abstracten** 373 **Einzelnheit**, der Willkühr, welche sich in der Glückseligkeit eben so sehr einen Zweck gibt als nicht gibt, ist die **allgemeine** Bestimmtheit des Willens an ihm selbst, d. i. sein Selbstbestimmen selbst, **die Freiheit**. Die Willkühr ist auf diese Weise der Wille nur als die reine Subjectivität, welche dadurch rein und concret zugleich ist, daß sie zu ihrem Inhalt und Zweck nur jene unendliche Bestimmtheit, die Freiheit selbst, hat. † In dieser Wahrheit seiner Selbstbestimmung, worin Begriff und Gegenstand identisch ist, ist der Wille, — **wirklich freier Wille**.

Zusatz. Die Glückseligkeit ist die Befriedigung der Triebe, aber die verworrene Vorstellung der Befriedigung aller Triebe, so daß die mannigfaltigen Interessen schlechterdings nicht leiden, sondern allen gesetzt werde. Darin ist aber sogleich weiter enthalten daß ein Trieb dem anderen aufgeopfert oder vorgegangen werden soll, die Triebe sollen als Triebe noch befriedigt werden. Auch kann die höhere Freiheit oder der unendliche Wille vorgestellt werden als Ausrottung

* § 478 in 1827. § 479 anfängt: Der Wille ist in dem allgemeinen Zwecke der Glückseligkeit von der Vereinzelung befreit, in der er befangen, als ein besonderer Trieb oder Leidenschaft ist: und schließt ab mit 1830 § 477.

† 1827: Der Geist in dieser Wahrheit seiner Selbstbestimmung, worin Begriff und Gegenstand identisch ist, ist objectiver Wille, *objectiver* Geist überhaupt.

their particularity are posited as being negative, and as having to be either wholly or partially sacrificed **partly** to one another **and partly directly, on behalf of this purpose.** On the one hand, **their** limiting one another is a mixture of qualitative and quantitative determination; on the other hand, since **happiness has affirmative content only in impulses,** it is **they that arbitrate, and** subjective feeling and whim which have to decide **where happiness is to be posited.***

§ 480

Happiness is the merely presented, abstract universality of the content, it is only what ought to be. However, the particular determinateness, **which** *is* to the same extent as it is *sublated,* and the *abstract singularity* of wilfulness, **which gives to the same extent as it denies itself a purpose in happiness, have their** truth **in the universal determinateness of the will in itself, i.e. in its very self-determining, in freedom. In this way wilfulness is will only as pure subjectivity, which is at the same time both pure and concrete, since it has as its sole content and purpose the infinite determinateness of freedom itself.**† In this truth of its self-determination **there is identity of Notion and general object, will being actually free will.**

Addition. Happiness is the satisfaction of impulses. Since it is however the complex presentation of the satisfaction of all impulses, the multiple interests, rather than suffering in any way, are all posited. The further direct implication of this is however, that while one impulse ought to be sacrificed to or take precedence over the other, impulses still have to be satisfied as impulses. Although the higher freedom or the infinite will

* § 478 in 1827, when § 479 began: In the universal purpose of happiness, the will is freed from the singularization within which it is implicated as a particular impulse or passion. — It concluded with the § 477 of 1830.
† 1827: In this, the truth of its self-determination, within which Notion and general object are identical, spirit is objective will, *objective* spirit in general.

der Triebe, aber das Richtige ist daß allerdings die Form der Triebe aufgehoben wird, jedoch die vernünftige Gestalt der Triebe im sittlichen System des Ganzen bleibt und in seiner wahrhaften Bestimmung, Unterordnung unter einander. Hier werden sie zurückgesetzt gegen einander, sie bleiben als solche affirmative Gestalten und zugleich als negirte, sie sollen also durch einander bezwungen werden, da ist es dann das subjektive Gefühl und Belieben was den Ausschlag geben muß.

Wenn man von der Glückseligkeit spricht und sie zum Zweck macht, so enthält sie keine Bestimmung an und für sich, der Eine setzt sie darin, (379) der Andere hierin, aber es liegt darin wenigstens die Form der Allgemeinheit, diese ist wenigstens in der Forderung enthalten und es ist dann der Wille, die Willkühr die dieß oder jenes vorziehen kann. Die wahrhafte Allgemeinheit aber des Willens ist seine Freiheit, sein Begriff selbst, den wir gehabt haben, dieß ist die absolute oder undendliche Bestimmtheit, welche der Geist hat und sein eigener Begriff ist und dieß kann in der Bestimmung von frei zusammengefaßt werden. Diese sich auf sich beziehende Allgemeinheit ist das Denken, das Erkennen, und dann der Geist, als sich selbst denkend, weiß sich als frei und dieß ist sein Interesse daß er seine Freiheit will; daß er diese dann aber auch objectivirt, dieß ist der Begriff des objectiven Geistes.*

c.

† **Der freie Geist.**

§. 481.

‡ **Der wirkliche freie Wille ist die Einheit des theoretischen und praktischen Geistes; freier Wille, der für sich als freier Wille ist, indem der Formalismus, Zufälligkeit und Beschränktheit des bisherigen praktischen Inhalts sich aufgehoben hat. Durch das Aufheben der Vermittlung, die darin enthalten war, ist er die durch sich gesetzte unmittelbare Einzelnheit, welche aber ebenso zur allgemeinen Bestimmung, der Freiheit selbst, gerei-**

* *Griesheim Ms.* SS. 378–379; vgl. *Kehler Ms.* SS. 240–241. Boumann hat nichts von diesem Material veröffentlicht.

† 1827: *Zweite Abtheilung der Philosophie des Geistes. Der objective Geist.*

‡ 1827: (§ 482): Der objective Geist ist die Einheit des theoretischen und praktischen; *freier Wille* . . .

can be presented as the extermination of impulses, the correct presentation is undoubtedly that of the sublation of the form of the impulses. In any case, in the ethical system of the whole, the rational shape of impulses remains in its true determination of their being graded in respect of one another. At this juncture they are pushed into the background for one another, persisting as such affirmative shapes and at the same time as negated. They have therefore to be coerced by means of one another, and it is then subjective feeling and whim which must give rise to the outcome. 5

Happiness does not derive any determination in and for itself on account of our talking about and making a purpose of it, for one person will posit it here (379) and another there. This diversity does at least involve the form of universality however, for this, at least, is contained within this craving, and it is then the will, wilfulness, which can prefer this or that. The true universality of the will is however its freedom, and we have seized the very Notion of this: — it is the absolute or infinite determinateness possessed by spirit, spirit's own Notion, and can be summarized in the determination of being free. This self-relating universality is thought, cognizing, and then thought as self-thinking knowing itself as being free. Its interest is then its willing of its freedom, and that it should then also objectify this is the Notion of objective spirit.* 10 15 20

c.

Free spirit†

§ 481

Will which is actually free is the unity of theoretical and practical **spirit;**‡ it is *free will* which, in that the formalism, contingency and **limitedness of the preceding** practical **content** has sublated itself, has being *for itself as free will.* Through the sublation **of the** mediation **involved in this content,** it is *immediate*, self-positing *singularity*, which is **however to the same extent purified into the** *universal* **deter-** + 25 30

* *Griesheim Ms.* pp. 378–379; cf. *Kehler Ms.* pp. 240–241. *Boumann* did not publish any of this material.

† 1827: *Section two of the Philosophy of Spirit. Objective Spirit.*

‡ 1827: (§ 482): Objective spirit is the unity of theoretical and practical spirit, it is *free will* . . .

* nigt ist. Diese **allgemeine** Bestimmung hat der Wille nur als seinen Gegenstand und Zweck, indem er sich **denkt**, diesen seinen Begriff weiß, **Wille** als freie **Intelligenz** ist.

§. 482.

Der Geist, der sich als frei weiß und sich als diesen seinen Gegenstand will, d. i. sein Wesen zur Bestimmung und zum Zwecke hat, ist zunächst **überhaupt** der vernünftige Wille, oder **an sich** die Idee, darum nur der **Begriff** des absoluten Geistes. Als **abstracte** Idee ist sie wieder nur im **unmittelbaren** Willen existirend, ist die Seite des **Daseyns** der Vernunft, der **einzelne** Wille als Wissen jener seiner Bestimmung, die seinen Inhalt und Zweck ausmacht und deren nur formelle Thätig-

374 † keit er ist. Die Idee erscheint so nur im Willen, der ein endlicher, aber die **Thätigkeit** ist, sie zu entwickeln und ihren sich entfaltenden Inhalt als Daseyn, welches als Daseyn der Idee **Wirklichkeit** ist, zu setzen, **objectiver Geist**.

Ueber keine Idee weiß man es so allgemein, daß sie unbestimmt, vieldeutig und der größten Mißverständnisse fähig und ihnen deßwegen wirklich unterworfen ist als die Idee der **Freiheit**, und keine ist mit so wenigem Bewußtseyn geläufig. Indem der freye Geist der **wirkliche** Geist ist, so sind die Mißverständnisse über denselben so sehr von den ungeheuersten praktischen Folgen, als nichts anders, wenn die Individuen und Völker den abstracten Begriff der für sich seyenden Freyheit einmal in ihre Vorstellung gefaßt haben, diese unbezwingliche Stärke hat, eben weil sie das eigene Wesen des Geistes und zwar als seine Wirklichkeit selbst ist. Ganze Welttheile, Africa und der Orient, haben diese Idee nie gehabt und haben sie noch nicht; die Griechen und Römer, Plato und Aristote-

* 1827: Diese allgemeine Bestimmung hat er nur, indem er sich *denkt*, *Wille* als freie *Intelligenz* ist.

† Der Rest des § und Anmerkung 1830 zugefügt.

mination of freedom itself.* It is only in that it *thinks* itself, **knows this determination to be its Notion,** is will as free *intelligence*, **that** will **has this universal determination as its general object and purpose.** 5 +

§ 482

At first, spirit **which knows itself as being free and whose general object is willing itself as such, i.e. spirit which has its essence as its determination and purpose, is the rational will in general or the Idea implicitly, and is therefore only** the *Notion* of absolute 10 spirit. **As abstract Idea, this implicit Idea is again existent only in immediate will, it is** the aspect of *determinate being* pertaining to reason, the single will as aware **of this its determination, a determination which constitutes the will's content** 15 **and purpose, and of which this will is only the formal activity.**† **The Idea only appears thus in will which, while it is finite, constitutes the activity of developing it and positing its self-unfolding content as determinate being, which as the determinate being of the** 20 **Idea is actuality, — i.e. in** *objective spirit.*

No Idea more than that of freedom is so generally known to be indeterminate and multiple in meaning, and to invite and therefore actually be subject to the grossest of misunderstandings, and 25 **none is bandied about with as little discernment. Since free spirit is actual spirit, misunderstandings of it are unparalleled in the utter vastness of their practical consequences. Once individuals and peoples have grasped in their presentative faculty** 30 **the abstract Notion of freedom which is for itself, the strength of this is unconquerable, precisely because freedom is the proper essence of spirit, and is so indeed as its very actuality. Whole continents, Africa and the Orient, have never had this Idea and** 35 **are still without it; the Greeks and Romans, Plato**

* 1827: It only has this universal determination in that it *thinks* itself, in that it is *will* as free *intelligence*.

† Rest of the paragraph and Remark first published 1830.

les, auch die Stoiker haben sie nicht gehabt; sie wußten im Gegentheil nur, daß der Mensch durch Geburt (als athenienſiſcher, ſpartaniſcher u. ſ. f. Bürger) oder Charakterſtärke, Bildung durch Philoſophie (der Weiſe iſt auch als Sklave und in Ketten frey) wirklich frey ſey. Dieſe Idee iſt durch das Chriſtenthum in die Welt gekommen, nach welchem das Individuum als ſolches einen unendlichen Werth hat, indem es Gegenſtand und Zweck der Liebe Gottes, dazu beſtimmt iſt, zu Gott als Geiſt ſein abſolutes Verhältniß, dieſen Geiſt in ſich wohnen zu haben, d. i. daß der Menſch an ſich zur höchſten Freiheit beſtimmt iſt. Wenn in der Religion als ſolcher der Menſch das Verhältniß zum abſoluten Geiſte als ſein Weſen weiß, ſo hat er weiterhin den göttlichen Geiſt auch als in die Sphäre der weltlichen Exiſtenz tretend gegenwärtig, als die Subſtanz des Staats, der Familie u. ſ. f. Dieſe Verhältniſſe werden

375 durch jenen Geiſt eben ſo ausgebildet und ihm angemeſſen conſtituirt, als dem Einzelnen durch ſolche Exiſtenz die Geſinnung der Sittlichkeit inwohnend wird, und er dann in dieſer Sphäre der beſondern Exiſtenz, des gegenwärtigen Empfindens und Wollens wirklich frei iſt.

Wenn das Wiſſen von der Idee, d. i. von dem Wiſſen der Menſchen, daß ihr Weſen, Zweck und Gegenſtand die Freiheit iſt, ſpeculativ iſt, ſo iſt dieſe Idee ſelbſt als ſolche die Wirklichkeit der Menſchen, nicht die ſie darum haben, ſondern ſie ſind. Das Chriſtenthum hat es in ſeinen Anhängern zu ihrer Wirklichkeit gemacht, z. B. nicht Sclave zu ſeyn; wenn ſie zu Sclaven gemacht, wenn die Entſcheidung über ihr Eigenthum in das Belieben, nicht in Geſetze und Gerichte gelegt würde, ſo fänden ſie die Subſtanz ihres Daſeyns verletzt. Es iſt diß Wollen der Freiheit nicht mehr ein Trieb, der ſeine Befriedigung fodert, ſondern der Charakter, — das zum triebloſen Seyn gewordene geiſtige Bewußtſeyn. — Aber dieſe Freiheit, die der Inhalt und Zweck der Freiheit hat, iſt ſelbſt zunächſt nur Begriff, Princip des Geiſtes und Herzens und ſich zur Gegenſtändlichkeit zu entwickeln beſtimmt, zur rechtlichen, ſittlichen und religiöſen, wie wiſſenſchaftlichen Wirklichkeit.

and Aristotle, even the Stoics never had it; on the contrary, they knew only that man is actually free through being born a citizen of Athens or Sparta, or by virtue of character, education, philosophy, — the sage being free even when enslaved and enchained. It is through Christianity that this Idea has come into the world; according to Christianity the individual as such has an *infinite* value, in that as the general object and purpose of God's love, it is destined to have its absolute relationship to God as spirit, to having this spirit dwelling within it, i.e. man is *implicitly* destined for supreme freedom. When man, in religion as such, knows the relationship to absolute spirit as his essence, even as he enters into the sphere of *secular existence* he still has the divine spirit present as the substance of the state, the family etc. It is as these relationships are formulated by means of that spirit and constituted in accordance with it, that such existence so infuses the individual with the conviction of what is ethical, that it is then *actually free* within this sphere of particular existence, of what is currently sensed and willed.

Knowledge of the Idea is knowledge of men's knowledge that their essence, purpose and general object is freedom, and when this is speculative knowledge, this Idea as such is itself the actuality of men, it being not what they *have* but what they *are*. Christianity has made it the actuality of its adherents not to be slaves for example; they would consider the substance of their determinate being to be violated if they were enslaved, if reaching decision in respect of their property were a matter of whim rather than of laws and judgements. This willing of freedom is no longer an impulse demanding its satisfaction, but character, — spiritual consciousness which has shed impulse in assuming *being*. — In the first instance, however, this freedom, which has the content and purpose of freedom, is itself only Notion, only a principle of the spirit and of the heart, and it determines itself as developing into general objectivity, into legal, ethical and religious as well as scientific actuality.

ANHANG

+ Die Phänomenologie des Geistes
(*Sommer Semester, 1825*)

B.

Das Bewußtsein.

§ 329. „Das Bewußtsein macht die Stufe der Reflexion oder des + Verhältnisses des Geistes, seiner als Erscheinung, aus. Ich ist die unendliche Beziehung des Geistes auf sich, aber als subjektive, als Gewißheit seiner selbst." Ich ist nun diese Subjektivität, diese unendliche Beziehung auf sich, aber darin liegt, nämlich in dieser Subjektivität, die negative Beziehung auf sich, die Diremtion, das Unterscheiden, das Urtheil. Ich urtheilt, dieß macht dasselbe zum Bewußtsein, stößt sich von sich ab, dieß ist eine logische Bestimmung. Sich auf sich beziehende Negativität ist Allgemeinheit, aber in dieser negativen Beziehung auf sich ist die Besonderung ebenso darin enthalten, dieß ist so gesetzt daß es wesentlich sei, die Einzelnheit als Subjektivität und die Besonderung.

Wir haben nun zunächst zu betrachten wie sich in ihm die beiden Seiten gegen einander bestimmen. Ich ist das Fürsichsein, indem es sich besondert stößt es sich von sich selbst ab, setzt das Negative seiner, in seiner unendlichen Negativität ist es die Negation seiner. Wir müssen uns gleichsam einen Augenblick bei dieser Negation aufhalten, Ich ist Fürsichseiendes, negiert sich, setzt sich als Negatives d.h. es setzt ein Anderes seiner und dies ist ebenso als Fürsichseiendes, dieß ist frei gesetzt von dem Ich. Ich ist für sich, das Andere ist auch für sich, so ist es undurchdringlich, selbstständig gegen das Fürsichseiende, ist aber drittens zugleich bezogen auf das Ich. Die unmittelbare Identität des Ich mit sich selbst wird ebenso wieder aufgehoben durch seine Repulsion, das andere Insichsein ist aber ebenso ideell gesetzt, unmittelbar (264) darin daß es selbstständig gesetzt ist, ist das Andere auch ideell gesetzt, es ist für das Ich und im Ich ideell, welches Subjekt ist. „Als diese absolute Negativität ist die unendliche Beziehung des Geistes auf sich die Identität in ihrem Anderssein; Ich ist es selbst und greift über das Objekt über, ist eine Seite des Verhältnisses und das ganze Verhältniß; — das Licht, das sich und noch Anderes manifestirt." Das Ich greift auch über das Subjektive, setzt es als ideell, so daß es nur Moment des Ichs ist, Ich ist die eine Seite, das Objekt die andere, aber Ich ist auch das ganze Verhältniß. Das Thun des Allgemeinen ist sich herabzusetzen zu einer Seite, dieß ist die Diremtion,

APPENDIX

The Phenomenology of Spirit
(*Summer Term, 1825*)

B.

Consciousness

§ 329. "Consciousness constitutes spirit at the stage of reflection or relationship, that is, as appearance. Although ego is spirit's infinite self-relation, it is so in that it is subjective self-certainty." Ego is now this sub- +
jectivity, this infinite self-relation. Lying within this however, namely 5
within this subjectivity, is negative self-relation, diremption, distinction, judgement. Ego judges, and it is this that makes consciousness of it; it repels itself from itself, which is a logical determination. Self- +
relating negativity is universality, but particularization is also contained within this negative self-relation, being so posited that it is 10
essential, the singularity as subjectivity, and the particularization.

We now have to begin by observing how both sides determine one another within it. Ego is being-for-self, and in that it particularizes itself, it repels itself from itself, posits the negative of itself, being the negation of itself in its infinite negativity. For a while, as it were, we 15
must now concern ourselves with this negation. Ego is for itself, negates itself, posits itself as negative being, that is to say that it posits a being other than itself, and that this also has being as a being-for-self, is freely posited by the ego. Ego is for itself, and since the other is also for itself, it is impenetrable, independent of this being-for-self. In the third 20
instance however, it is at the same time related to the ego. While the immediate self-identity of the ego is also sublated once again through its repulsion, the other being-in-self too, is posited as of an ideal nature. The immediate (264) implication of the other's being posited as independent, is that it is also posited as of an ideal nature, and it is of an 25
ideal nature for and in the ego, which is the subject. "As this absolute negativity, the infinite self-relation of spirit is identity within its otherness; it is itself ego and it invades the object, it is one aspect of the relationship and the whole relationship, — the light which manifests another as well 30
as itself." The ego also invades what is subjective, posits it as of an +
ideal nature, so that it is only a moment of the ego. Ego is the one aspect, the object the other, although ego is also the whole relationship. The act of the universal is to reduce itself to an aspect, and this is dirdiremp-

das Urtheil aber wie wir im Urtheil sagen die Rose ist roth und die Rose es ist die roth ist, so ist auch das Subjekt unterschieden, aber ebenso bleibt Ich das Ganze in welchem dieß nur als Moment erscheint. So haben wir das Ich als die Welt so das Bewußtsein als ein Ich welches eine Welt in sich hat und davon weiß. Zunächst haben wir hier keine Seele mehr, die Leiblichkeit ist abgethan, indem die Realität des Allgemeinen selbst das Allgemeine ist,* Ich bleibt Ich, die unendliche Beziehung desselben auf sich. Alsdann haben wir bisher die Seele gesetzt mit allgemeinen Qualitäten oder Bestimmungen, etwa als Weltseele, Seele einer Nation, u.s.w. sie hat sich aber nun auch als Subjektivität bestimmt, aber so daß sie innerhalb ihrer selbst bleibt. Die Individualität ist in eine Leiblichkeit eingeschlossen und die fühlende Seele verhält sich nun in dieser geschlossenen Leiblichkeit. Wir haben Empfindungen gehabt, beim Somnambulismus, bei der Verrücktheit haben wir zwar auch von Bewußtsein gesprochen aber nicht gleichsam *ex professo*, sondern anticipirend insofern das Seelenhafte als Zustand erscheint am Bewußtsein, überhaupt haben wir die fühlende Seele gehabt, sie hat Empfindung, Gefühl, sagen wir man fühle etwas, so nehmen wir schon ein Objekt draußen an, dieß (265) ist aber schon vom Standpunkte des Bewußtseins genommen, die fühlende Seele ist auch in der Leiblichkeit und Gestalt verschlossen, erst das Bewußtsein + tritt in die Objektivität, erst da haben wir den Unterschied in einer äußeren Welt. Dies liegt in dem Gesagten daß Ich nur als das Fürsichseiende sich dirimirt, besondert und unterscheidet. Dadurch daß es das unendliche Fürsichsein ist, ist das Unterschiedene, das Negative auch Fürsichseiendes, als gleichgültiges, freies Objekt bestimmt. Freies nun kann Freies ertragen, hier ist es das freie Ich welches sich unterscheidet und im Unterscheiden sich die Bestimmung der Freiheit giebt. Dieß ist die Bestimmung dieser beiden Seiten. In dieser Bestimmung ist nun das Weitere, daß Ich auch die Beziehung ist und zwar die Totalität, die Einheit dieser beiden, aber zunächst nur als Beziehung wesentlich darum weil die Subjektivität die unendliche Beziehung auf sich ist. Zunächst haben wir also zwei gegeneinander gleichgültige,

* *Kehler Ms.* S. 185: Eben das Thun des Allgemeinen ist dies, sich herabzusetzen zu dieser Seite, und das Besondere sich gegenüber zu setzen, und so ist es selbst eine Seite. Die Rose ist roth, das Subject bleibt, das Roth gehört der Rose an, das Object wird unterschieden, und es bleibt das Ganze, an welchem dies als Moment erscheint. Das Bewußtsein und eine Welt vor jene, die es auf sich bezieht und von der es weiß. Erst hier haben wir Subject, wir haben keine Seele mehr, die Leiblichkeit ist abgethan, indem das Allgemeine für sich selbst ist, indem die Realität der Seele selbst das Allgemeine ist.

tion, judgment. However, just as in the judgment we say that the rose is red and that it is the rose that is red, so, while the subject is different, + the ego also remains the whole within which the subject appears only as a moment. Since we have the ego as the world therefore, we have consciousness as an ego which has a world within itself and knows of it. 5 From the very beginning, we no longer have soul at this juncture, for in that the reality of the universal is itself the universal, corporeity is done away with.* Ego remains ego, infinite in its self-relatedness. Hitherto, we have posited the soul as having general qualities or determinations, as world-soul, as the soul of a nation etc. It has now also determined 10 + itself as subjectivity however, although in such a way as to remain within itself. Individuality is enclosed within a corporeity, and the feeling soul now relates itself within this closed corporeity. Although we have had sensations in somnambulism, and have certainly also spoken of consciousness in respect of derangement, we have done so by 15 anticipation and not *ex professo* as it were, in so far as what is soul-like appears in consciousness as a state. We have dealt in general with the feeling soul, which has sensation, feeling. If we say that something is felt by someone, we already assume an object out there, and this assumption (265) is already made from the standpoint of consciousness. 20 The feeling soul is also confined within corporeity and shape however, + and it is consciousness which first enters into objectivity, which first presents us with difference within an external world. It is implicit in what has been said, that the ego only dirempts, particularizes and distinguishes itself as a being-for-self. In that the ego is infinite being- 25 for-self, what is distinct or negative also has being-for-self, and is determined as an indifferent and free object. What is free can now endure what is free, it being the free ego which distinguishes itself and gives itself the determination of freedom within the distinguishing. This is the determination of these two aspects, and it involves the further 30 determination of the ego's also constituting the relation, as well as the totality, the unity of them both. Initially however, it only does so as a relation, the essential reason being that subjectivity is infinite self-relation. In the first instance therefore, we have two mutually indif-

* *Kehler Ms.* p. 185: The precise act of the universal is to reduce itself to this aspect and to posit the particular over against itself. Through this it is itself an aspect. The rose is red, the subject remains, the red belongs to the rose, the object is distinguished, and it remains the whole, on which this appears as a moment. Consciousness and a world before it to which it relates itself and of which it knows. Here for the first time we have subject, we no longer have soul, in that the universal is for itself, in that the reality of the soul is itself the universal, corporeity is done away with.

diese sind so aufeinander bezogen, daß das Eine Subjekt ist, in welchem das Andere nur Ideelles ist.

§ 330 „Die Identität ist nur die formelle, der Geist, der als Seele in der Form substantieller Allgemeinheit, der in sich seienden Schwere ist, ist als die subjektive Reflexion in sich auf ein Dunkles bezogen, nämlich auf ein anderes Starres, Selbstständiges, und das Bewußtsein ist, wie das Verhältniß überhaupt, der Widerspruch der Selbstständigkeit der Seiten, und ihrer Identität, in welcher sie aufgehoben sind." Der Standpunkt des Bewußtseins ist der des Widerspruchs und der nur formellen Lösung desselben; das Bewußtsein ist beides, wir haben eine Welt außer uns, sie ist fest für sich und zugleich indem ich Bewußtsein bin, so weiß ich von diesem Gegenstand, ist er als ideell gesetzt, er ist so nicht selbstständig, sondern als aufgehoben, dieß sind die zwei Widersprechenden, das Selbstständige und die Idealität der objektiven Seite. Das Bewußtsein ist nur dieser Widerspruch und die Fortbewegung (266) des Bewußtseins ist die Auflösung desselben.

Zu bemerken ist hierbei daß wir die Beziehung, daß nämlich das selbstständige Objekt als aufgehoben gesetzt ist, Wissen heißen. Wir sagen Bewußtsein, ich weiß u.s.w. das Bewußtsein ist daß ich weiß, Wissen heißt nichts Anderes als daß ein Objekt in seiner Idealität gesetzt ist, dadurch daß es in mir gesetzt ist. Wenn etwas in den Punkt des Ichs gehen soll, so muß es gleichsam zerquetscht ganz wirklichkeitslos gesetzt werden, so daß es gar keine Selbstständigkeit für sich behält und dieß in uns gehen, nennen wir wissen, der Inhalt ist so, der meinige. Ich und das Meinige und dies bestimmt sich auf irgend eine Weise d.h. ich weiß es. Die Seele dagegen weiß noch nicht, es ist Bestimmung in ihr, aber sie weiß noch nicht, daß aber im Ich ein Inhalt gesetzt ist, ist Wissen. Das Wissen kann verschiedene Formen haben, ein Wissen das ein Glauben ist oder ein Wissen aus Ueberzeugung, aber es ist abgeschmackt einen Gegensatz von Glauben und Wissen zu behaupten, was ich glaube weiß ich; ein Anderes aber ist das Glauben als Wissen und ein anderes ist das Wissen als wissenschaftliches Wissen, als vernünftiges Wissen, dieß ist kein Glauben. Wissenschaft und Glauben kann man entgegensetzen, wenn ich etwas weiß auch seinen Zusammenhang, so ist dieß nicht bloß glauben sondern Wissen. Dies ist etwas sehr Einfaches, aber man muß damit Bescheid wissen um sich nicht in solchen leeren Formen herumzutreiben; es werden viele Bücher geschrieben über das Wissen, ohne daß man weiß was das Wissen ist.* — Wenn man nun sagt: „Ich weiß", und man reflektirt

* *Kehler Ms.* S. 187: Die fühlende Seele weiß noch nicht, weil sie noch nicht als Ich bestimmt ist, nur Ich weiß, und das heißen wir eben Wissen, daß im Ich irgend ein Inhalt gesetzt ist. Dies Wissen ist nur Wissen überhaupt, das verschiedene Form annehmen kann, ein Glauben, und durch Einsicht,

ferent factors, so related to one another that the one is a subject in which the other is merely of an ideal nature.

§ 330. "The identity is only formal. Spirit, as soul, has the form of substantial universality, of the being-in-self of gravity, as subjective intro-reflection it is related to a darkness, that is to say, to something else, which is rigid and independent. Consciousness, like relationship in general, constitutes the contradiction of the independence of the aspects and the identity in which they are sublated." The standpoint of consciousness is that of contradiction, and of the merely formal resolution of the same. Consciousness constitutes both, — we have a world which is exterior to us and which is firmly for itself, and at the same time, in that I am consciousness, I know of this general object, it is posited as of an ideal nature, and has being therefore not as what is independent but as what is sublated. The two contradictory aspects are, therefore, what is independent, and the ideality of the objective aspect. Consciousness is simply this contradiction, (266) the resolution of which constitutes the progression of consciousness.

It is to be noticed that this relation, in which the independent object is posited as being sublated, is what we call knowledge. We are consciousness, I know etc., consciousness being my knowing, knowing being nothing other than an object's being posited in its ideality in that it is posited in me. If anything is to pass into the point of the ego it has to be crushed so to speak, posited as being wholly devoid of actuality, so that it retains no trace of its own independence. This passing into us, by means of which the content is mine, is what we call knowing. I know something in that there is a self-determining of the ego, of what is mine and of this something. The soul on the other hand still does not know, contains determination without yet knowing. Knowledge, however, is the positing of a content in the ego, and since it can be a matter of belief or of conviction, it can have various forms. It is absurd, however, to maintain that belief and knowledge are opposed, for what I believe, I know. Belief as knowledge is something different however, as is knowledge which is scientific knowledge, for this is not belief. Opposition between science and belief may be posited, but if I know something as well as its connectedness, this is knowledge and not merely belief. Knowledge is something very simple, but one has to know thoroughly if one is to avoid floundering about in such empty forms; many books are written about knowledge without knowing what knowledge is.* — Now

* *Kehler Ms.* p. 187: The feeling soul still does not know, for it is not yet determined as ego. Only the ego knows, the precise definition of knowledge being that a certain content is posited in the ego. This is only knowledge in general, and it can assume various forms, — it can be a belief, and by means

darauf daß irgend ein Inhalt so mein, in meinem Ich ist, so kann es sein daß man dies Gewißheit nennt. Ich weiß etwas und habe Gewißheit davon, beides muß aber unterschieden werden; Wissen ist überhaupt in meinem Bewußtsein, aber die Gewißheit drückt die Identität des Inhalts von meinem Ich aus, mit mir als dem Wissenden, die Gewißheit meiner selbst ist die allergewisseste, ich bin mir Gegenstand, habe die Gewißheit meiner selbst (267) bin Gegenstand meines Bewußtseins, da ist beides unmittelbar identisch und sofern ich diese unmittelbare Identität ausspreche habe ich die Gewißheit, es ist dasselbe Subjekt was Gegenstand ist und diesen Gegenstand hat. Aber aller Inhalt ist trennbar von mir als Ich, ich bin das allgemeine Subjekt, die vollkommene Abstraktion in der nichts selbstständig, nichts fest ist, in der Festes vielmehr zur Verrücktheit führen würde. Die Gewißheit spricht nun aus daß solcher Inhalt identisch mit mir ist, als eine Qualität meiner, eine Bestimmung meines gegenständlichen Ichs, meiner Realität, es ist das meinige, was ich höre, sehe, glaube u.s.w. dessen bin ich gewiß, es ist fest in mir, es ist in meinem Ich, es mag nun Vernunft, unmittelbares Bewußtsein, Anschauung u.s.w. sein, in meinem Ich ist das ungetrennt, aber untrennbar ist es nicht, denn Ich ist die reine Abstraktion, kann es wieder los lassen, kann von Allem abstrahieren, ich kann mich um das Leben bringen, mich von Allem los machen. Aller solcher Inhalt ist daher vom Ich auch trennbar und dieß macht den weiteren Unterschied der Gewißheit und Wahrheit aus. Die Menschen sind vollkommen gewiß gewesen daß die Sonne sich um die Erde bewegt, davon konnten sie nicht abstrahiren, aber trennbar ist es doch, heutigen Tages hat man andere Ansichten, der Mensch findet dann daß er sich getäuscht hat, giebt es auf, ist von der Unwahrheit seiner Gewißheit überzeugt. Gewißheit findet in Allem statt, wo etwas auch in Überlegung ist da ist es auch ungewiß, beschließen heißt dann es befestigen, es zusammenschließen mit mir. Man sagt die Gewißheit ist das Höchste, dieß ist in diesem Sinne hier ganz richtig, aber es ist nur das Formelle, die Frage ist wovon man gewiß ist oder die Gewißheit ist nur subjektiv, es ist nur meine Bestimmung, nur formelle Identität, sie ist nicht das Höchste, sie ist für sich einseitig, die abstrakte Subjektivität. Die

---

Ueberzeugung; auf Gründe, wissenschaftlich, Räsonnement, mit dem Begriff, vernünftiges Wissen, das ist dann kein Glauben, ist weiter. Glauben ist auch Wissen, Wissenschaft und Glauben kann man entgegen setzen; der Glauben kann auch vernünftig sein, aber die Form ist anders. Wissen ist sehr einfache Bestimmung, aber darüber muß man Bescheid wissen, um sich mit solchen leeren Gegensätzen nicht herumzutreiben; es ist mir vorausgesetzt, was Wissen sei und wenn man so etwas voraussetzt als etwas Bekanntes, ist anzunehmen, weil man nicht weiß, was es ist.

if one says, "I know", and reflects that this implies that a certain content is mine, is within my ego, one may call this certainty, although a distinction has to be drawn between my knowing something and my being certain of it. Although my consciousness contains knowledge in a general manner, certainty expresses the identity of the content of my ego. In the case of my knowing, the certainty of my self is what is most certain. Since I am a general object to myself, am certain of myself (267) am the general object of my consciousness, there is an immediate identity of both aspects. I have certainty in so far as I express this immediate identity, the subject which is being the same as that which has this general object. All content is separable from me as ego however, since I am the general subject, the complete abstraction within which nothing is independent, nothing fixed, and in which anything fixed would rather give rise to derangement. Certainty now expresses such a content's being identical with me as a quality of what I am, a determination of my ego's general objectivity, my reality. It is what is mine, what I hear, see, believe etc., that of which I am certain. It is fixed within me, it is in my ego, be it reason, immediate consciousness, intuition etc., and it is unseparated although not inseparable in my ego, since ego is the pure abstraction and can discard it once again, abstract from everything. I can take my own life, free myself from everything. All such content is also separable from the ego therefore, and it is this that constitutes the further difference between certainty and truth. People have been completely certain that the Sun moves about the Earth. Although they were unable to abstract from it, this is separable, and people today have other views. Man finds that he has deceived himself therefore, and abandons a view, is convinced of the untruth of his certainty. Everything gives rise to certainty, although if something is also being considered it is also uncertain, and deciding is then a matter of fixing it, uniting it with myself. Certainty is said to be what is highest, and the remark is perfectly justified in the context under consideration. It is also what is merely formal however, the point at issue being what one is certain of. Certainty is merely subjective, merely my determination, merely formal identity. It is not what is highest, but for itself onesided, abstract subjectivity. It is the formal factor in conscious-

---

of insight, conviction; it can be based on reasons, scientific, a matter of facile reasoning or of the Notion, rational knowledge. That is not belief, but an advance. Belief is also knowledge. Science and belief may be set in opposition; belief can also be rational, but the form is not the same. Knowledge is a very simple determination, but one has to know it thoroughly in order not to be floundering about with such empty antitheses. I presuppose what knowledge is, and when in this manner one presupposes something as something known, it is to be accepted, for one does not know what it is.

Gewißheit ist das Formelle des Bewußtseins, das ganz abstrakt, inhaltsloses Bewußtsein und so dem (268) Begriff nicht gemäß ist, viel weniger der Idee, es kann darin jeder Inhalt sein und jeder ist trennbar von der Gewißheit, den wahren Inhalt aber verschlechtert es nicht ob ich seiner gewiß bin oder nicht, Wahrheit ist auch etwas anderes als Gewißheit und (*Kehler:* § 332) diesen Uebergang haben wir nachher auch näher anzugeben.

Die Kantische Philosophie kann am bestimmtesten so betrachtet werden, daß sie den Geist als Bewußtsein aufgefaßt hat und ganz nur Bestimmungen der Phänomenologie, nicht der Philosophie desselben, enthält. Das Bewußtsein ist der Standpunkt der Kantischen und Fichteschen Philosophie. Kant hat angestellt eine Kritik des Erkenntnißvermögens, der Vernunft und was dann von der Vernunft übrig bleibt, nicht weg kritisirt ist, ist die unbestimmte Vernunft, das Selbstbewußtsein, das Ich, die Identität Ich = Ich und er hat so die reinen Verstandes Bestimmungen an die Stelle der Vernunft gesetzt, Denken hat bei ihm nur den Sinn des abstrakten Denkens des Verstandes, es ist noch nicht als konkret. In diesem kritischen Verfahren werden Kathegorien angegeben, die Bestimmung des Denkens, das Erkennen d.h. einen Gegenstand bestimmt Denken, ist damit ausgemertzt.* Es scheint daß in der Bestimmung der praktischen Vernunft in der Kantschen Philosophie sich die Vernunft auf konkretere Weise auf thut. Ich soll das Bestimmen des Willens sein; Ich das sich selbst Gesetze giebt und die sittlich praktischen Gesetze sollen nur gelten in so fern das Ich sie sich giebt. Im Theoretischen kann die Vernunft nicht bestimmen, da sehen wir nur Ich gleich Ich, die abstrakte Identität, so daß die Vernunft in nichts Anderem besteht als im Ordnen des Stoffes, Stoff heißt der bestimmte Inhalt, der kommt nicht der Vernunft zu, hingegen im Praktischen ist das Ich bestimmend. Wir wissen nur nicht wie das Theoretische dazu kommt das Ich zu setzen und wie das Ich mit einem Male dazu kommt sich zu bestimmen wenn das Bestimmen nicht dem Ich angehört und so kann Theoretisches und Praktisches keinen Unterschied machen. (269) Es bleibt abgesehen hiervon bei der Abstraktion des Sichselbstbestimmens, denn das Gesetz für den Willen soll wieder kein anderes sein als die Uebereinstimmung mit sich selbst, kein Widerspruch, dieß heißt wieder nichts anderes als die abstrakte Identität, die des leeren Verstandes, so daß die praktische Vernunft Gesetze giebt deren Prinzip die abstrakte Identität, das Inhalt-

* *Kehler Ms.* S. 189: In dem kritischen Verfahren werden die Kategorien was die Bestimmung des Denkens ist, alles Erkennen, d.h. bestimmtes Denken, ausgemerzt.

ness, consciousness which is wholly abstract, contentless, and it is therefore inadequate to the (268) Notion and even more so to the Idea. It can have any content, and all content is separable from it, although a true content is no less true on account of my being certain of it or not. Truth, moreover, is something other than certainty, and we shall subsequently (*Kehler:* § 332) have to expound this transition more precisely.

The Kantian philosophy is most accurately assessed in that it is considered as having grasped spirit as consciousness, and as containing throughout not the philosophy of spirit, but merely determinations of its phenomenology. The standpoint of the Kantian and Fichtean philosophy is consciousness. Kant has instituted a critique of the faculty of cognition, of reason, and what is then left of reason, what is not criticized away, is indeterminate reason, self-consciousness, the ego, the identity of ego = ego. It is thus that he has replaced reason with the pure determinations of the understanding; thinking, for him, is nothing more than the abstract thinking of the understanding, it is not yet concrete. In this critical procedure categories are propounded, the determination of thinking, cognizing i.e. a general object, thought determinately, is eradicated.* In the Kantian philosophy, it is apparently the case that reason reveals itself in a more concrete mode in the determination of practical reason. It is supposed to be the ego which determines the will, which enjoins laws upon itself, and the laws of practical ethics are supposed to have validity only in so far as the ego prescribes them for itself. Since reason cannot determine in what is theoretical, where we see only one ego like the other, abstract identity, reason consists in nothing other than the ordering of the material, the material being the determinate content, which does not come within the scope of reason. In what is practical on the contrary, the ego is the determining factor. We do not know, however, how what is theoretical comes to posit the ego, and how the ego suddenly becomes self-determining if the determining does not pertain to it. How, then, can what is theoretical and what is practical constitute a difference? (269). There is, moreover, no progression here beyond the abstraction of self-determination, since for the will law is supposed to be still nothing other than self-conformity, not to involve contradiction i.e. to be still nothing other than the abstract identity of the empty understanding, so that practical reason gives laws which have as their principle abstract identity, the lack of

* *Kehler Ms.* p. 189: In the critical procedure the categories become what the determination of thought is, all cognizing i.e. determinate thinking, is eradicated.

slose, das in der That Inhaltslose ist. Es bleibt beim Bestimmen überhaupt, es kommt aber auf den Inhalt an was das Bestimmen sei, und da ist denn hier die Identität mit sich wieder die Bestimmung des Princips; man kommt also bei dem Begriff der Vernunft nicht über den Verstand hinaus.* — Die Fichtesche Philosophie ist eine consequentere Darstellung der Kantischen. Ich ist die Vernunft und Fichte stellt es mit Kraft an die Spitze und hat dann gesucht davon weiter zu gehen. Die Fichtesche Philosophie hat so den Bestimmungen von denen Kant überhaupt empirisch spricht, als Kathegorien, Denkbestimmungen, verworfen und ihnen den Werth für das Erkennen abzusprechen, dagegen versucht diese Bestimmungen aus dem Ich selbst abzuleiten. Diese Kathegorien sind nicht die Weise wie das Wesen erkannt werden kann, sie sind nicht vernünftig aufgefaßt. — Diese Gewißheit seiner selbst ist also der Standpunkt der Kantschen und Fichteschen Philosophie und das Nähere ist dann für die Erfüllung des Ichs, daß wie im Bewußtsein die Gewißheit, das Abstraktum für sich ist, das Wissen, das zu seiner Bedingung ein Ding, ein Nichtich, ein Anderes hat, das Ich hat so als Abstraktum die Bestimmung außer ihm. Vorhanden ist alles was die Vernunft fordert, die Bestimmung des Abstrakten ist auch vorhanden aber außerhalb des Ich, so ist die Kantische und Fichtesche Philosophie behaftet mit einem solchen Jenseits und bleibt damit behaftet. Es ist ein consequentes Verstehen auf dieser Seite, es ist das Bedürfniß eines systematischen und nothwendigen Inhalts, aber das System dieser Denkbestimmungen bleibt mit dem Jenseits behaftet, das Ding an sich bleibt ein unendlicher Anstoß. Beide Philosophien zeigen daß sie nicht zum Begriff, nicht (270) zum Geist gekommen sind.

Hier müssen wir eine Reflexion auf eine anscheinende Verwicklung machen, die sich unmittelbar hervorthut bei unserer wissenschaftlichen

* *Kehler Ms.* S. 189 Im Theoretischen könne der Verstand nichts erkennen; die Vernunft bestehe nur im Ordnen des Stoffes, der aber komme ihr nicht zu, die Vernunft sei bestimmt in sich selbst. Im Praktischen aber sei das Ich bestimmt. Man weiß nicht, wie das Ich nach dieser Seite sich bestimmen solle, wenn der Natur des Ich das Bestimmen immanent ist, so kann Theoretisches und Praktisches keinen Unterschied machen; aber es bleibt auch im Praktischen bei der Abstraktion des Sichselbstbestimmens, denn das Gesetz für den Willen soll kein anderes sein, als die Uebereinstimmung seiner mit sich selbst, daß kein Widerspruch sei in seiner Bestimmung, d.h. nichts anderes, als die abstrakte Identität, die Identität des leeren Verstandes. Ich bestimmt sich, dabei bleibt es, beim Bestimmen überhaupt, aber es kommt darauf an, was das Bestimmen sei, und für dies Bestimmte sei die Identität das Prinzip, die Uebereinstimmung mit sich; damit kommt man also auch wieder nicht über den Verstand hinaus.

content which does in fact lack content. There is no progression beyond determining in general, although what the determining is depends on the content. Here once again therefore, self-identity constitutes the determination of the principle, and in the Notion of reason one gets no further than the understanding.* — The Fichtean philosophy is a more consistent exposition of the Kantian. Ego is reason, and placing it forthrightly at the apex, Fichte has then attempted to go beyond it. The determinations of which Kant speaks in a generally empirical manner have therefore been rejected by the Fichtean philosophy as categories and thought-determinations, and while their worth for cognition has been denied, the attempt has been made to derive these determinations from the ego itself. These categories are not the mode in which the essence may be cognized, for they are not rationally apprehended. — This self-certainty is, then, the standpoint of the Kantian and Fichtean philosophy. With regard to the filling of the ego therefore, the more precise determination is that as in consciousness, the certainty or abstraction is what is for itself, while knowledge has a thing, a non-ego, an other as its condition. As an abstraction therefore, the ego derives determination from without. All that reason requires is present, the determination of the abstraction also being present, although outside the ego. The Kantian and Fichtean philosophy is therefore burdened with such a beyond, and remains so. It constitutes a consistent understanding of this aspect, the need for a systematic and necessary content. The system of these thought-determinations remains burdened with the beyond however, the thing-in-itself remaining an infinite impediment. Both philosophies make it evident that they have not attained to the Notion, have not (270) reached spirit.

At this juncture an apparent complication becomes immediately evident in the course of our scientific consideration, and has to be

* *Kehler Ms.* p. 189: The understanding could then cognize nothing in what is theoretical; reason would consist only of the ordering of the material, which would not come within its scope however, reason being determined within itself. In what is practical however, the ego is determined. One does not know how the ego should determine itself from this aspect. If the nature of the ego is immanent within the determining, what is theoretical and what is practical cannot constitute difference. In what is practical however, there is no progression beyond the abstraction of self-determination, since for the will law is supposed to be nothing but self-conformity, there being no contradiction in its determination i.e. to be nothing but abstract identity, the identity of the empty understanding. Ego determines itself, and it gets no further than determining in general; it depends on what the determining is however, and for this determinate being identity is the principle, the self-conformity; once again therefore, one gets no further than the understanding.

Betrachtung. Die Gewißheit ist ein Bewußtsein auch mit einem Objekte behaftet d.h. das Bewußtsein ist Beziehung auf ein Objekt, das für das Wissen auch ein jenseitiges ist, ein Nichtich. Dieser Gegensatz kommt auch an uns in anderer Gestalt in Beziehung auf die wissenschaftliche Betrachtung. Wir haben Wissen, Gewißheit und Objekt, in diesem Gegensatze ist das Objekt das Bewußtlose, wir haben ein Moment des Bewußtseins als solches und ein anderes Moment, die Bewußtlosigkeit gegen das Bewußtsein, dieß kommt nun also wie gesagt in Beziehung auf die wissenschaftliche Betrachtung mit einer Schwierigkeit vor. Wenn wir vom Bewußtsein sprechen, so sprechen wir vom Bewußtsein eines jeden als solchen und was vom Bewußtsein gesagt wird ist ein Wissen überhaupt so verlangen wir daß er dieß in seinem Wissen findet, er dazu berechtigt ist. Dieß ist auch ganz wichtig, eine Seite muß jeder in seinem Wissen finden. Aber die andere Seite ist die bewußtlose Seite, diese ist näher der Begriff. Wir begreifen das Bewußtsein, wir wissen davon, haben den Begriff davon vor uns, wir sprechen so von Bewußtsein und haben Bestimmungen des Bewußtseins vor uns, die das Bewußtsein als solches, als empirisches nicht hat, nicht weiß, das was im Begriff des Bewußtseins liegt kommt nicht dem Bewußtsein als solchen zu, nicht im empirischen Bewußtsein vor, nicht im Bewußtsein wie es steht und geht. Es ist eine gewöhnliche Einwendung, daß jeder in seinem empirischen Bewußtsein das finden will, was aus dem Begriff des Bewußtseins hervorgeht, und man hat dieß auch so ausgedrückt, man könne nicht hinter das Bewußtsein kommen, es sei das Höchste, noch erkennen was hinter ihm liegt, Fichte wolle nun das Bewußtsein selbst begreifen, aber hinter dasselbe darüber hinaus könne man nicht kommen, es sei das Höchste. Dieß heißt nun (271) nichts Anderes als das Bewußtsein könne man nicht begreifen, aber über das empirische, reflektierende Bewußtsein ist allerdings das begreifende Bewußtsein, und was wir vom Bewußtsein begreifen muß sich allerdings in jedem begreifenden Bewußtsein finden. Wenn so daß empirische Bewußtsein eine Einwende macht gegen das begreifende Bewußtsein, so ist die Widerlegung unmittelbar im Bewußtsein selbst, das gewöhnliche Bewußtsein hat so etwas was über ihm ist, dieß ist das Objekt, das Negative seiner, jenseits, hinter oder drüber, es ist ein Negatives, ein Anderes als das Bewußtsein. Für uns ist das Bewußtsein selbst Objekt, und ist begriffen, in unserem begreifendem Bewußtsein ist so mehr als in dem empirischen Bewußtsein und wir kommen so hinter dasselbe. Es ist das was wir von demselben begreifen das Bewußtsein, aber darum ist es zu thun daß der Mensch wisse was er ist und dieß ist auch Anderes, als daß er es bloß ist.

Wir haben zunächst betrachtet das Wissen für sich und sind dann über gegangen zum Objekt dieß ist ein Anderes gegen das Bewußtsein

reflected upon. In consciousness, certainty is also burdened with an object i.e. consciousness consists of relation to an object which is also a beyond for knowledge, a non-ego, — an opposition which also occurs in us in another shape, in respect of scientific consideration. We have knowledge, certainty and object, and in this opposition the object is 5 what is unconscious. We have a moment of consciousness as such, and another moment, consisting of what is unconscious opposed to consciousness. As has been observed, this gives rise to a difficulty in respect of scientific consideration. When we speak of consciousness, we speak of the consciousness of each as such, and what is said of consciousness is a 10 general knowledge. We require, therefore, that each should discover consciousness in his knowledge, for each is justified in doing so. It is of utmost importance, that each must discover one aspect in his knowledge. The other aspect is the unconscious one however, which more precisely considered is the Notion. We comprehend consciousness, we 15 know of it, have the Notion of it before us, and it is thus that we speak of it with its determinations before us. Consciousness as such, as what is empirical, does not have these determinations before it, does not know of them. That which lies in the Notion of consciousness does not pertain to consciousness as such, to empirical or everyday consciousness. 20 + It is commonly asserted that each will find in his empirical consciousness what proceeds forth from the Notion of consciousness, and this has also given rise to the dicta that one cannot get behind consciousness, that it is the highest, that one cannot cognize what lies behind it, that Fichte wanted to comprehend consciousness itself, but that since it is 25 the highest, one is unable to get over and beyond it. Although this clearly implies (271) that consciousness cannot be comprehended, comprehending consciousness is certainly superior to empirical, reflecting consciousness, and what we comprehend of consciousness must certainly find itself in every comprehending consciousness. Con- 30 sequently, when empirical consciousness objects to comprehending consciousness, the immediate refutation of the objection is in consciousness itself. Ordinary consciousness therefore has something which is superior to it, and this is the object, the negative of it, the beyond, the behind, the above, — which is a negative, an other than consciousness. 35 For us, consciousness itself is object, is comprehended within our comprehending consciousness, and since it is therefore more than it is in empirical consciousness, we do get behind it. Consciousness is what we comprehend of it. This is why man must be brought to know what he is, and this too is something other than his simply being it. 40

In the first instance we considered knowledge for itself, and we then passed over to the object, which is an other, opposed to consciousness,

und ist hier so gefaßt daß darunter verstanden wird der Begriff des Bewußtseins.* Die nächste Frage ist nun, was ist der Inhalt des Objekts? Das Objekt haben wir bestimmen müssen beim Bewußtsein, es ist das Andere des Ichs, aber was ist nun der Inhalt des Objekts? Was macht Ich sich zum Gegenstand? Es ist nun keine andere Bestimmung für das Objekt vorhanden, als das was wir schon hatten in der natürlichen Seele, in der Empfindung, im Gefühl, diese Empfindung mag innerlich oder äußerlich sein, so ist nur das Bewußtsein daß die Seele als allgemein für sich ist, sich herausgezogen hat aus der Leiblichkeit und diese, das Fühlen, Finden u.s.w. aus sich abtrennt, hinaus wirft. Ich, das Allgemeine, die Seele für sich, dieß kommt nirgend anderswoher als aus der Gefühlssphäre, dadurch ist es bedingt, dieß ist das Andere für das Ich, nur sein Gefühl ist sein Anderes, bestimmt sich so, nur die Form, die Weise des Gefühls (272) ist es durch deren Negation das Ich für sich selbst ist, Ich ist nur für sich als Negation seines Gefühls, seine Empfindungsbestimmungen, es ist sofern es sie als das Negative seiner setzt, es ist nur indem es sich auf ein Objekt bezieht und dieß ist der Gefühlsinhalt selbst, der Inhalt ist das unendliche Urtheil des Subjekts wodurch es das was es zunächst ist als das Negative seiner setzt, seine Gefühlsbestimmungen aus sich hinaus wirft, als Objekt, als Welt vor sich hat. Was im Bewußtsein ist ist im Gefühl, alles muß empfunden werden, dieß giebt man leicht zu, diese Empfindungsbestimmungen haben jetzt die Form einer Außenwelt für das Subjekt, die Welt muß vorher draußen sein ehe sie Eindruck auf uns macht. Die Wahrheit, die Objektivität, die wahrhafte Objektivität der Welt ist eine weitere Seite, der Inhalt des Bewußtseins sind hier Empfindungsbestimmungen, wo diese herkommen das ist etwas Anderes, davon haben wir hier zu abstrahiren. Es sind Empfindungsbestimmungen die Welt war eine subjektive Empfindungswelt und hier ist es Bewußtsein von einer Welt, es sind die von sich abgetrennten, hinausgeworfenen Empfindungsbestimmungen. Ich empfinde Hartes, ich bin es selbst der das Harte hat und unterscheide dann zwei, mich und das Harte, das Objekt.

* *Kehler Ms.* SS. 190–191: Ohnehin, wenn das gewöhnliche Bewußtsein einen Mißverstand aufbringt gegen das begreifende Bewußtsein, so ist die Widerlegung im Bewußtsein unmittelbar vorhanden, denn das Bewußtsein hat hinter sich oder vor sich das Objekt, das negative seiner. In unserem begreifenden Bewußtsein ist ohne Zweifel mehr, als im nicht begreifenden Bewußtsein, so kommen wir hinter dasselbe, und wissen mehr davon, als es von sich selbst weiß. Daß der Geist wisse was er ist, darauf kommt es an. (191) Das Wissen für sich betrachteten wir, dann gingen wir über zum Objekt, daß es ein anderes gegen das Bewußtsein wäre, und dies andere haben wir so gefaßt, inwiefern darunter auch der Begriff des Bewußtseins verstanden wird.

and which is grasped here as being understood to be the Notion of consciousness.* The question that now presents itself is that of the object. We have had to determine the object in respect of consciousness as the other of the ego, but what is the content of the object? What does ego take to be its general object? No other determination for the object is present, than that we have already had in the natural soul, in sensation, in feeling. Regardless of this sensation's being internal or external, consciousness is merely the soul's having general being for itself, having drawn itself forth from corporeity, having separated off and expelled itself from feeling, finding etc. Ego, the universal, the being-for-self of the soul, proceeds from nowhere but the sphere of feeling. It is by this that it is conditioned, this is the ego's other, its feeling only, and it determines itself as such, it being only through the negation of the form or mode of feeling (272) that the ego is for itself. Ego is for itself only as negation of its feelings, the determinations of its sensation. It has being in so far as it posits them as the negative of itself. It is only in that it relates itself to an object, and this object is the feeling it contains. The content is the infinite judgement of the subject, whereby it posits what it is initially as the negative of itself, expels the determinations of its feeling from out of itself, and has them before itself as an object or world. What is in consciousness is in feeling, it being readily admitted that everything has to be sensed. For the subject, these determinations of sensation now have the form of an external world. The world must previously be outside us, before it makes an impression upon us. The truth, the objectivity, the true objectivity of the world, is a further aspect; at this juncture, the content of consciousness consists of determinations of sensation. Where they come from is another matter, which at this juncture we do not have to enter into. Determinations of sensation are given; the world was a subjective world of sensation, and here it is consciousness of a world, this world being the determinations of sensation which have been separated and expelled from oneself. When I have sensation of hardness, I myself am what possesses the hardness, and I then distinguish the two, myself and the hardness, the object.

* *Kehler Ms.* pp. 190–191: Nevertheless, when ordinary consciousness applies a perverted understanding to comprehending consciousness, the immediate refutation of this is present in consciousness itself, for consciousness has the object, its negative, behind or before it. There can be no doubt that there is more in our comprehending consciousness than in uncomprehending consciousness, so that we do get behind it, and know more of it than it knows of itself. Spirit must know itself, this is the crux. (191) We considered knowledge for itself, then we passed over to the object, as if it were an other, opposed to consciousness, and we have grasped this other in so far as it is also understood to be the Notion of consciousness.

Der Geist ist Idealität der Natur, dieß gehört zu seiner Natur zu seiner Wirklichkeit selbst und seine natürliche Bestimmung ist der Mikrocosmus diese Totalität die er ist und die ihm aufgeht in der Empfindung, was ihm im Gefühl manifestirt wird ist die gegenständliche Welt.

Das dritte was zumerken ist, in Rücksicht auf das Objekt, ist daß der Inhalt der Empfindung das ist wozu Ich sich wissend verhält. Wie verhalte ich mich dazu und was ist die nähere Bestimmung meiner als Bewußtsein mich zu dieser Gegenständlichkeit verhaltend? Der Gegenstand ist Objekt, draußen für sich, unmittelbar gesetzt, vorgefunden, als ob er nicht gesetzt wäre. (273) Das fürsichseiende Allgemeine hat seinen Inhalt, seine Totalität von Bestimmungen von sich frei entlassen, die für das Subjekt nun sind, gegeben sind, ein nicht durch mich Gesetztes. Dieß ist die allgemeine Bestimmung. Aber die Frage wie ich mich verhalte zum Objekt ist hierin auch nicht enthalten und um dieß zu bestimmen ist zu sehen wie Ich, das Bewußtsein näher ist. Es ist das Allgemeine das sich zu sich selbst verhält, das Subjekt in seiner vollkommenen Allgemeinheit, ich verhalte mich also als das allgemeine Fürsichsein zur Welt d.h. denkend, Denken ist die Allgemeinheit die für sich ist, diese ist thätig, Ich ist nicht ein ruhendes Atom, es ist unruhig, thätig, es ist die unendliche Negativität, überhaupt Thätigkeit und das Thätige hat die Bestimmung der Allgemeinheit, dieß ist denkend. Das Ich, das Bewußtsein verhält sich also zum Objekt negativ aber auch affirmativ, es ist dieser Widerspruch einerseits Negation und zugleich Beziehung, diese affirmative Beziehung meiner auf das Objekt ist weil Ich eben Ich bin, denkende Thätigkeit, ich verhalte mich denkend. Ich heißt ein Jeder d.h. als Ich ist er denkend und sofern das Ich sich verhält, verhält es sich denkend. Dieß versteht sich von sich selbst wenn man weiß was denken ist; denken ist die Thätigkeit des Allgemeinen und Ich ist das Allgemeine das für sich ist. Ich ist also im Bewußtsein thätig als denkend, dieß kann paradox scheinen, aber man kann mancherlei meinen, vermuthen, aber von Vermuthungen kann hier nicht weiter die Rede sein. — Wie verhält sich nun das Denken eines Objekts, das bestimmt ist als das Andere seiner selbst? Es denkt also das Objekt und die Denkbestimmungen sind Bestimmungen des Objekts oder die Denkbestimmungen erscheinen ihm nicht als seine Thätigkeit, Thun, sondern erscheinen dem Ich als Bestimmungen des Objekts, oder das Subjekt ist nur für uns denkend, dem Bewußtsein erscheinen die Denkbestimmungen als gegeben, vorgefunden, die Denkbestimmungen haben die (274) Form von äußerlichen und dieß ist die bewußtlose Seite die für uns vorhanden ist, nicht für den Begriff selbst, für ihn sind die Bestimmungen als vom Objekt gegeben. Das Bewußtsein ist die denkende Seele, der

It pertains to the nature, the very actuality of spirit, to be the ideality of nature, and its natural determination is that of the microcosm of this totality, which it is, and which dawns before it in sensation. What is made manifest to it in feeling, is the general objectivity of the world.

Thirdly, it has to be observed in respect of the object, that it is the content of sensation to which the ego relates itself in knowing. How do I relate myself to it, and what is my preciser determination as consciousness in relating myself to this general objectivity? The general object is an object, out there for itself, posited immediately, encountered, as if it were not posited. (273) The universal which is for itself has freely released its content, it totality of determinations from itself, and these now have being for the subject, are given as something not posited through me. This is the general determination. The question as to how I relate myself to the object is not contained here either however, and in order to define it, the ego or consciousness has to be looked at more closely. Since the ego or consciousness is the self-relating universal, the subject in its complete universality, I relate myself to the world as universal being-for-self i.e. thinkingly. Thinking is the universality which is for itself, it is what is active. The ego is not a quiescent atom, but restless, active, — it is infinite negativity, activity in general. What is active has the determination of universality, and it is this that thinks. Although the ego or consciousness therefore relates itself negatively to the object, it also does so affirmatively, being the contradiction of being negation on the one side, and at the same time relation. This affirmative relation of myself to the object has being precisely because I am ego, thinking activity, because I relate myself thinkingly. Ego is each one of us i.e. as ego each is thinking, and in so far as the ego relates itself, it does so thinkingly. This is self-evident if one knows what thinking is, for it is the activity of the universal, and ego is the universal which is for itself. Ego is therefore active in consciousness as thinking. This can appear to be a paradox, but although all kinds of opinions and suppositions are possible, this is not the place to say any more about them. — How then does thinking relate itself to an object determined as being its own other? We can say then that it thinks the object, and that the thought-determinations are determinations of the object, or that the thought-determinations appear to the ego not as its activity or act, but as determinations of the object, or that it is only for us that the subject is thinking, to consciousness the thought-determinations appear to be given, encountered. The thought-determinations have the (274) form of being external, and this is the unconscious aspect present for us. It is not present for the Notion however, for which the determinations are as rendered by the object. Consciousness is the thinking soul. Spirit is

Geist ist vernünftig und die Realisation des Bewußtseins ist es sich zu erheben vom abstrakten Denken zur Vernünftigkeit.

Im Bewußtsein ist der Geist als Ich bestimmt, dieß ist also als denkend und die Bestimmungen des Bewußtseins sind also Bestimmungen des Denkens, aber indem das Bewußtsein Verhältniß ist, so erscheinen die Bestimmungen als das Andere, als das Negative des Ich, als Äußerlichkeit, Gegebenes, Vorgefundenes. Wir haben gesagt daß einerseits der Inhalt dem Gefühl angehört, daß es die Empfindungen sind die herausgesetzt werden als Anderes und hierzu verhält sich der Geist denkend, denkt diesen Inhalt. Als objektiv gesetzt sind die Gefühle einerseits Gefühlsinhalt andererseits wie er durchs Denken gesetzt ist. Es ist der Standpunkt des subjektiven Idealismus,* wir sind es die den Inhalt denkend bestimmen, so daß beide Momente desselben uns angehören. Dabei muß man wissen, daß dieser subjektive Idealismus nur eine Seite der Philosophie, des wahrhaften Idealismus ist. Wir werfen den Inhalt aus unserer Empfindung dieß ist unsere Thätigkeit, aber es wird nicht behauptet daß es nur unsere Thätigkeit ist, dieß wäre ebenso unvernünftig als die Behauptung daß es nur gegeben ist, als ob wir unthätig dabei sind, unser Wissen ist unsere Thätigkeit, dieß ist aber nur eine Seite, die Bestimmungen müssen produzirt werden, sonst hätten wir sie nicht; das Denken ist Einheit der Subjektivität und Objektivität, was für den Geist ist, ist auch, die Objektivität ist die Allgemeinheit, Identität des Subjekts und dessen was ihm gegenüber gesetzt ist. Der subjektive Idealismus ist durch die Behauptung, (275) daß alles nur durch unsere Thätigkeit ist, nicht wahrer Idealismus, die Thätigkeit ist wesentliches Moment, aber nur eine Seite. Wenn man nun nach dem subjektiven Idealismus sagt, die Vorstellung von Raum, Geruch, Farbe u.s.w. kommen nur uns zu, die Dinge seien etwas besseres, wir thun den Dingen erst diese Endlichkeit, Äußerlichkeit an, u.s.w. so ist richtig daß indem wir uns zu ihnen verhalten wir uns sinnlich verhalten und selbst beim Denken auch das sinnliche Moment an uns haben. Allein die Dinge sind nicht besser als wir, sie sind ebenso sinnlich, endlich, es ist beides ein und dieselbe Sphäre. Diese Subjektivität die den Inhalt der Vorstellung oder dessen was das Bewußtsein vor sich hat auspricht ist ein untergeordneter Stoff, es ist dieß allerdings Schuld des Denkens, des Subjekts, aber es kommt nicht diese Schuld ihm allein zu, sondern die Dinge haben ebenso eine endliche Weise der Existenz, wie das Denken, das sich auf der niederen, endlichen, sinnlichen Sphäre verhält. Diese Bemerkung haben wir in Beziehung auf den Idealisms machen wollen, insofern diese Art als letzte Form ver-

* *Kehler Ms.* S. 192: . . . der Kantischen und Fichtischen Philosophie, subjektiver Idealismus; . . .

rational, and consciousness realizes itself in that it raises itself from abstract thinking to rationality.

In consciousness, spirit is determined as ego, that is to say as thinking, and the determinations of consciousness are therefore determinations of thinking. In that consciousness is relationship however, the determinations appear as the other, as the negative of the ego, as externality, as what is given or encountered. We have observed that one aspect of the content pertains to feeling, that it is the sensations which are projected outwards as an other, and that it is to this that spirit relates itself thinkingly, in that it thinks this content. Posited as being objective, one aspect of the feelings is the content of feeling, while the other is the way in which this content is posited through thinking. This is the standpoint of subjective idealism.* It is we who determine the content thinkingly, so that both moments of it belong to us. It has to be realized however, that this subjective idealism is only one aspect of philosophy, of true idealism. We expel the content from out of our sensation, this is our activity, but it will not be asserted that this is solely our activity. This would be just as irrational as the assertion that it is merely given, as if we were inactive in the matter. Our knowledge is our activity; this is only one aspect however, the determinations have to be produced, otherwise we should not have them. Thinking constitutes the unity of subjectivity and objectivity. What has being for spirit also has being, the objectivity is the universality, the identity of the subject and of that which is posited over against it. On account of its assertion (275) that everything only has being through our activity, subjective idealism is not true idealism. The activity is an essential moment, but only one aspect. If one follows subjective idealism and says that the presentations of space, smell, colour etc. simply come to us, that things are something better, that we initiate this finitude, externality in things, the truth here is that in that we relate ourselves to them we do so sensuously, and that even in thinking we are still involved in the moment of sensuousness. But things, in that they are just as sensuous and finite, are no better than we are, so that both aspects constitute one and the same sphere. This subjectivity, which expresses the content of presentation, of what consciousness has before itself, is a subordinate matter. It is, it is true, the fault in thinking, in the subject, but this is not the only origin of this fault, for things also have a finite mode of existence, and so resemble such thinking as relates itself to the lower, finite, sensuous sphere. We have thought it advisable to make this observation in respect of idealism,

* *Kehler Ms.* p. 192: . . . of the Kantian and Fichtean philosophy, subjective idealism.

standen wird, daß wir thätig sind, Zeitlichkeit, Räumlichkeit, aus uns hinausgeworfen als ob diese äußere Thätigkeit das Ganze dessen wäre, was vorhanden ist. Unsere Thätigkeit ist eine Seite, aber ebenso ist auch die andere Seite daß der Gegenstand auch ist. Was die Objektivität anbetrifft so hat sie den Sinn eines Negativen des Bewußtseins und zweitens der Identität des Gegenstandes und des Subjekts, beide sind bestimmt, aber gleich wie das Eine bestimmt ist, so ist auch das Andere, sie ist das Allgemeine, diese Einheit beider, so daß es weder nur darum zu thun ist solche Bestimmung zu setzen, noch ebenso wenig nach realistischer Weise nur Einwirkung des Objekts zu setzen.*

(276) Die Objektivität hat aber auch drittens den Sinn der Allgemeinheit des Subjektiven des Bewußtseins. Ich bin einzeln, es sind viele solcher Einzeln und Objektivität ist dann die Allgemeinheit dieser Vielen. Nach diesem Sinn ist das was Gegenstand ist für mich als für diesen Besonderen, auch Gegenstand für die Anderen, so wie es für mich ist, so ist es auch für die Anderen. Ich als Bewußtsein verhalte mich als dieser und zugleich als denkend, ich bin verschieden von den Andern, insofern ich mich von den anderen Besonderen unterscheide, aber sie sind auch denkendes Bewußtsein und so sind wir gleich. Diese Allgemeinheit heißt auch Objektivität. Abweichungen giebt es hier zwar auch, aber besonderes nur in der Gefühlswelt, aber sonst hat die Objektivität auch den Sinn daß der Gegenstand wie er für mich ist auch für die Andern ist.

§ 332 „Da Ich nicht als der Begriff, sondern als formelle Identität ist, so ist die dialektische Bewegung des Bewußtseins ihm nicht als seine Thätigkeit, sondern sie ist an sich d.h. für dasselbe Veränderung des Objekts. Das Bewußtsein erscheint daher verschieden nach der Verschiedenheit des gegebenen Gegenstandes, und seine Fortbildung als eine Fortbildung des Objekts; die Betrachtung von dessen nothwendigen Veränderung aber, der Begriff, fällt, weil er noch als solcher innerlich ist, in uns.“ Unser gewöhnliches Bewußtsein hat nicht den Begriff seiner selbst, es weiß von den Gegenständen, den Objekten, aber nicht von sich selbst, diese Veränderung geht also bewußtlos für dasselbe vor es ist Veränderung des Objekts, aber diese ist auch Veränderung des Subjekts.

* *Kehler Ms.* S. 193: Die Objektivität hat diesen Sinn, ein negatives des Bewußtseins, zweitens ist sie die Identität des Gegenstandes und des Subjekts, das was als Subjekt bestimmt ist, ist auch Gegenstand, und was als Objekt ist, ist auch als Subjekt; daß es weder nur unser Thun ist, die Bestimmung zu setzen, und ebenso wenig nur Einwirkung von dem Objekt, daß wir diese Vorstellung haben.

in so far as this form of it, in which we are active, and project temporality, spatiality out of ourselves as if this external activity were the whole of what is present, is taken to be final. Our activity is one aspect, + but there is also the other aspect of there also being the general object. Objectivity has the significance of being a negative in respect of con- 5 sciousness, and, secondly, in respect of the identity of the general object and of the subject. Both are determined, but the one is deter- + mined just as the other is, and the objectivity is the universal, this unity of both. Consequently, what has to be done is not simply to posit such a determination, nor simply to posit the effect of the object in a realistic 10 manner.*

(276) Thirdly, however, objectivity has the significance of being the universality of the subjective being of consciousness. I am a singular, there are many such singulars, and objectivity is, then, the universality of this many. In this sense, that which is a general object for me as this 15 particular, is also a general object for the others. As it is for me, so is it also for the others. As consciousness, I relate myself as this particular, and at the same time as a thinking being. I differ from the others in so far as I distinguish myself from other particular beings, but they are also thinking consciousness, and in this respect we are equal. This uni- 20 versality is also called objectivity, and although there are certain deviations here too, they are particularly prominent only in the world of feeling. Apart from this however, objectivity also has the significance of the general object's being for me what it also is for the others. +

§ 332. "Since the ego has being not as the Notion, but 25 + as formal identity, it has the dialectical motion of consciousness not as its own activity, but as implicit, i.e. for the ego it is an alteration of the object. Consequently, consciousness appears to differ according to the variety of the general object given, and its progressive formation 30 to be a progressive formation of the object; the Notion however, the consideration of its necessary alteration, since as such it is still internal, falls within us." Our ordinary consciousness does not possess the Notion of itself. It knows of general objects, or objects, but not of itself, so that this alteration pro- 35 ceeds unconsciously for it. Although this is an alteration of the object, it is also an alteration of the subject.

* *Kehler Ms.* p. 193: Objectivity has the significance of being a negative in respect of consciousness; secondly, it is the identity of the general object and of the subject, — what is determined as subject also being a general object, and what has being as object, also having being as subject; that we have this presentation is not simply the act of our positing the determination, any more than it is simply the effect of the object.

(277) § 333. „Das Ziel des Geistes als Bewußtsein, ist diese seine Erscheinung mit seinem Wesen identisch zu machen, die Gewißheit seiner selbst zur Wahrheit zu erheben.“ Das Bewußtsein ist in der Identität mit seinem Gegenstand Gewißheit, aber es ist darum zu thun diese zur Wahrheit zu erheben oder das Ich, welches hier anfängt objektives Denken zu sein, zum Geiste zu erheben. „ Die Existenz, die er im Bewußtsein hat, ist die formelle oder allgemeine als solche; weil das Objekt nur abstrakt als das Seinige bestimmt ist oder er in demselben nur in sich als abstraktes Ich reflektirt ist, so hat diese Existenz noch einen Inhalt, der nicht als der Seinige ist.“ Jede Bewegung des Bewußtseins dieß Anderssein zu vernichten, darum ist es zu thun, damit das Ich konkret und so geistig wird.

§ 334. Bewußtsein haben wir von etwas, von einem Gegenstande überhaupt, von unmittelbaren Gegenständen d.h. von sinnlichen, seienden Gegenständen, oder es wird von der Unmittelbarkeit angefangen und die erste Form des Bewußtseins ist a) das sinnliche Bewußtsein überhaupt, welches einen Gegenstand als solchen hat, weil aber das Ich denkend ist, so ist das sinnliche Bewußtsein Denkbestimmung, es ist das ärmlichste Denken, wenn es sich auch für das reichste hält.* Die zweite Form ist b) das Selbstbewußtsein für welches Ich der Gegenstand ist, so daß der Gegenstand aufgehoben wird nach seiner Äußerlichkeit, negirt, verwandelt in mich, daß ich frei werde, es ist nicht mehr ein Anderes mein Gegenstand, sondern ich selbst, es ist so Freiheit des Bewußtseins, ich bin nicht mehr abhängig. Wie die zweite Stufe immer den Sinn hat die Wahrheit der ersten zu sein, so ist hier das Bewußtsein ein Abstraktum, man hat kein Bewußtsein (278) ohne Selbstbewußtsein, es ist wesentlich Selbstbewußtsein, obgleich es nicht als solches erscheint. Die dritte Form ist c) die Einheit des Bewußtseins und Selbstbewußtseins, daß wovon das Bewußtsein weiß, daß dieß ein Gegenständliches ist und zugleich identisch mit dem Bewußtsein, dieß ist das allgemeine Bewußtsein, daß der Geist den Inhalt des Gegenstands als sich selbst und sich selbst als an und für sich bestimmt anschaut; — Vernunft, der Begriff des Geistes. Der Geist ist vernünftig und hält sich so und es ist nun sein Interesse seine Vernünftigkeit zu
\+ seinem Gegenstand zu machen.

a. *Das Bewußtsein, als solches.*

\+ Im Bewußtsein als solchem sind drei Formen enthalten 1) das unmittelbare sinnliche Bewußtsein, 2) die Wahrnehmung des Bewußtseins des Sinnlichen, so daß zugleich das Sinnliche in Beziehung

* *Kehler Ms.* S. 194: . . . das concreteste und reichste . . .

(277) § 333. "The goal of spirit, as consciousness, is to make this its appearance identical with its essence, to raise its self-certainty into truth." In the identity with its general object, consciousness is certainty; this has to be raised to truth however, or rather the ego, which here begins to be objective thinking, has to be raised to spirit. "In consciousness, spirit's existence is formal or general existence as such; since the object is only abstractly determined as belonging, spirit only being intro-reflected within it as an abstract ego, this existence still has an unappropriated content." The objective of each movement of consciousness is to annihilate this otherness, so that the ego may become concrete and therefore spiritual. + 5 10

§ 334. We are conscious of something, of a general object, of immediate general objects i.e. of the sensuous being of general objects. Alternatively, one begins with the immediacy, in which case the first form of consciousness is a) sensuous consciousness in general, which has a general object as such. Since the ego thinks however, sensuous consciousness is a thought-determination, it is the poorest kind of thinking, although it regards itself as being the richest.* The second form is b) self-consciousness, for which ego is the general object. Here the general object is sublated in respect of its externality, negated, so transformed into me, that I become free. My general object is no longer an other, but myself. This is the freedom of consciousness, for I am no longer dependent. The second stage always has the significance of being the truth of the first, and here consciousness is an abstraction, there is no consciousness (278) without self-consciousness, consciousness being essentially self-consciousness, although it does not appear as such. The third form is c) the unity of consciousness and self-consciousness, that which consciousness knows to be a general objectivity and at the same time identical with consciousness. This is the universal consciousness of spirit's intuiting the content of the general object as its self, and itself as determined in and for itself; — reason, the Notion of spirit. Spirit is rational, and conducts itself as such, and its interest is now to make its rationality into its general object. + 15 20 25 30

a. *Consciousness as such*

Consciousness as such contains three forms: 1) immediate sensuous consciousness; 2) perceptive consciousness of what is sensuous, in which what is sensuous is simultaneously set in relation to thoughts, acquires 35

* *Kehler Ms.* p. 194: . . . the most concrete and richest . . .

auf den Gedanken gesetzt wird, die Form der Allgemeinheit erhält* 3) daß für das Bewußtsein der Gedanke selbst zum Gegenstand wird, der konkrete Gedanke, der selbst äußerliche Gedanke und dieß ist in seiner näheren Bestimmung die Lebendigkeit. Was wir in diesem + Ganzen vor uns haben ist die Construktion des Objekts und zwar des gedachten Objekts, denn Ich verhält sich als denkend, der Anfang ist sinnlich und das Denken bestimmt sich so als äußerlich indem es sich dazu verhält und der Gedanke ist als objektiv der Gedanke der Äußerlichkeit, das objektiv Sinnliche, das Allgemeine des Sinnlichen. Aber eben die Fortbewegung ist Fortbestimmung des Gedankens, des Objekts durch das Denken, es ist die Construktion des Objekts durch das Denken, es ist der Gedanke der sich bestimmt, der sich konkret macht, die Sinnlichkeit geht nicht weiter fort, (279) es ist der Gedanke. Die Kantsche und Fichtesche Philosophie fängt vom Ich an, dieß unterscheidet sich, setzt das Nichtich sich gegenüber und daran entwickeln sich die weiteren Bestimmungen dieses Verhältnisses und es ist dieß die Entwicklung dessen was das Objekt ist; dieser Versuch ist von Grund aus einseitig und in der Fichteschen Darstellung sind die Gedankenbestimmungen der Fortbildung des Objekts nicht bloß objektiv ausgedrückt, sondern sie sind in der Form subjektiver Thätigkeit. Wir haben es nicht nöthig diese Thätigkeit als besondere auszuzeichnen, und der subjektiven Weise besondere Namen zu geben, es ist das Denken überhaupt, welches bestimmt und in seinen Bestimmungen fortgeht und die absolute Bestimmung des Objekts ist daß die Bestimmungen des Subjektiven und Objektiven identisch sind, betrachten wir daher die Bestimmungen des Objekts, so betrachten wir auch die des Subjekts, wir brauchen sie nicht zu scheiden, sie sind dieselben. Wenn wir dann von der Einbildungskraft sprechen, so ist dieß die Bestimmung des Geistes als solches, ist subjektive Thätigkeit selbst, es ist nicht ein Bestimmen des Objekts, sondern ein Bestimmen des Geistes in ihm selbst, es ist geistige Thätigkeit, der Geist als solcher verhält sich nicht mehr zum Gegenstand, zum Negativen seiner sondern wesentlich zu sich selbst, er fängt zwar von der unmittelbaren Bestimmtheit an, aber seine Thätigkeit ist sein eigenthümliches Thun das nicht ein Fortbestimmen des Objekts ist. Insofern haben wir hier die Reihe der logischen Entwicklungen vor uns, diese müssen aber vorausgesetzt werden und wir haben nur in den Hauptmomenten uns darauf einzulassen, daran zu erinnern.†

* *Kehler Ms.* S. 195: Die Wahrnehmung, das Bewußtsein des Sinnlichen, so daß das Sinnliche zugleich in Beziehung des Gedankens versetzt wird, Form der Allgemeinheit erhält; . . .

† *Kehler Ms.* S. 196: Indem wir das Objekt, es sich entwickeln lassen, so haben wir die Reihe des Logischen vor uns; diese sind vorausgesetzt, und

the form of universality;* 3) that of thought itself becoming the general object of thought, — concrete and self-external thought, which in its more precise determination is animation. We have before us in this whole the construction of the object, and indeed of the object thought, for the ego relates itself thinkingly. The beginning is sensuous, and thought therefore determines itself as being external in that it relates itself to it. In that it is objective, the thought is that of externality, the objective sensuous being, the universal of what is sensuous. The progressive movement is, however, precisely the progressive determination of thought, of the object, through thought. This is the construction of the object through thought, it being thought which determines itself, makes itself concrete. Although the sensuousness does not progress any further (279), the thought does. The Kantian and Fichtean philosophy begins with the ego, which differentiates itself, posits the non-ego over against itself. The further determinations of this relationship develop themselves from this, and are the development of what constitutes the object. This attempt is basically onesided. In the Fichtean exposition, the thought-determinations of the progressive formation of the object are not merely expressed objectively, but in the form of subjective activity. It is not necessary for us to distinguish this activity as a particularity, and to give particular names to the subjective mode; it is thought in general which determines and progresses in its determinations, the absolute determination of the object being that the determinations of what is subjective and what is objective are identical. If we observe the determinations of the object therefore, we are also observing those of the subject; we do not need to distinguish them, for they are the same. If we then speak of the imagination, this is the determination of spirit as such, subjective activity itself, — not a determining of the object, but a determining of spirit in itself, spiritual activity. Spirit itself no longer relates itself to the general object, to the negation of itself, but essentially to itself. It certainly begins from the immediate determinateness, but its activity is its own act, which is not a progressive determining of the object. To this extent, we have before us here the series of logical developments; these have to be presupposed however, and we only have to concern ourselves with the main moments to be remembered.†

* *Kehler Ms.* p. 195: Perception, the consciousness of what is sensuous, in which what is sensuous, simultaneously transposed in the thought-relation, acquires the form of universality, . . .

† *Kehler Ms.* p. 196: In that we allow the object to develop itself, we have before us the series of what is logical; the members of this are presupposed

\+ Im Bewußtsein als solchem sind also diese drei Stufen 1) das sinnliche Objekt, 2) das reflektirte Objekt, 3) das Objekt als ein sich selbst innerliches, als Lebendiges. Am Bewußtsein des Lebens zündet sich das Selbstbewußtsein an, das Leben ist die Idealität des Äußerlichen, des Außereinander, diese Idealität selbst als Objekt ist das Leben, es ist also darin jene Identität des Objektiven und Subjektiven, (280) jener Allgemeinheit.*

Bewußtsein ist in Allem, in Sittlichen, Rechtlichen, Religiösen, hier betrachten wir nur was Bewußtsein, und das Verhältniß des Bewußtseins ist und was nöthig ist daß es sich zum Geist fortbewegen kann. Das Geistige hat wieder das Verhältniß des Bewußtseins an ihm. In der Phänomenologie sind dann auch die konkreten Gestaltungen des Geistes entwickelt, um zu zeigen was das Bewußtsein an ihm ist und damit ist dann auch zugleich der Inhalt entwickelt, hier haben wir uns jedoch streng nur mit dem Bewußtsein und seinen Formen zu beschäftigen.

§ 335. 1) *Das sinnliche Bewußtsein.* „Das Bewußtsein ist zunächst das unmittelbare, seine Beziehung auf den Gegenstand daher die einfache und unvermittelte Gewißheit desselben; der Gegenstand selbst ist als seiender, aber als in sich reflektirter, weiter als unmittelbar Einzelner bestimmt; — sinnliches Bewußtsein.“ — Der Gegenstand ist, es ist ein Anderes gegen mich, was er in Beziehung auf mich ist, ist er, er ist aber ein Anderes an ihm selbst, dieß ist er auch was er ist, er ist also das sich selbst Äußerliche, das Andere seiner selbst. Dieß ist die erste Bestimmung des Gegenstandes, beides aber ist verbunden, daß er ist unabhängig von mir, auf sich selbst sich beziehend und auch nicht auf sich beziehend, dieß macht ihn zum unmittelbar einzelnen, er ist das Andere seiner selbst, ein Mannigfaltiges an ihm, dieß sind die Bestimmungen des sinnlichen Gegenstandes. Was das Sinnliche als solches betrifft so ist nun die Frage was ist das was in der Weise des Empfindens ist? Der

---

wir haben uns nicht auf das nähere, entwickeltere einzulassen, sondern nur die Hauptmomente anzugeben.

* *Kehler Ms.* S. 196 ... ; an dem Bewußtsein des Lebens zündet sich das Selbstbewußtsein an, denn das Leben ist selbst diese Idealität des Äußerlichen, des Außereinander, diese selbst als Objekt ist das Leben, und im Leben ist diese Idealität, und diese Einheit des äußerlichen Gegenstandes, eine Einheit, die befreit von diesem Stoff, diese Äußerlichkeit im Bewußtsein gehabt, ist Selbstbewußtsein. Das fühlende Subjekt überhaupt, was wir auch gehabt haben, nur daß das fühlende Subjekt Seele, an sich zugleich der Geist ist. Wir können auf die Phänomenologie verweisen, führen das Bewußtsein aber nicht so weit; das Bewußtsein ist bei allem, im Sittlichen, Rechtlichen, Religiösen, *hier* betrachten wir ...

In consciousness as such therefore, there are the following three stages: 1) the sensuous object; 2) the reflected object; 3) the object as that which is within itself, as living being. Self-consciousness kindles itself out of consciousness of life, life being the ideality of external being, of extrinsicality. This identity itself, as object, is life, which therefore has within it this identity of what is objective and subjective, (280) this universality.* 5

Consciousness is in everything, in what is ethical, legal, religious; here, however, we are only considering what consciousness and what the relationship of consciousness is, and what is necessary to its being able to progress to spirit. The relationship of consciousness is exhibited once again in what is spiritual. In the Phenomenology therefore, the concrete formations of spirit are also developed, in order to indicate what consciousness is within spirit, while at the same time the content too is developed. Here, however, we have to confine ourselves strictly to dealing with consciousness and its forms. + 10 15 +

§ 335. 1) *Sensuous consciousness.* "Initially, consciousness is immediate, and its relation to the general object is therefore the simple unmediated certainty it has of it. Consequently, the general object itself is determined as a being, as an intro-reflected and also immediate singular however, — as sensuous consciousness." — The general object is, it is an other over against me. Although it is in relation to me, it is an other in itself, and since this is also what it is, it is what is self-external, the other of itself. This is the initial determination of the general object, although it combines its being independent of me, self-relating, with non-self-relating. It is therefore what is immediately singular, the other of itself, a manifoldness in itself. These are the determinations of the sensuous general object. The question of sensuous being as such is now concerned with what has being in the mode of + 20 25 30

---

however, and we have simply to specify the main moments, not to concern ourselves with the preciser intricacies of it. +

* *Kehler Ms.* p. 196: Self-consciousness kindles itself out of the consciousness of life, for life is itself this ideality of external being, of extrinsicality. This ideality itself, as object, is life, and in life this ideality and this unity of the external general object constitute a unity which, freed from this material, this externality incident to consciousness, is self-consciousness. This is the feeling subject in general, which we have already encountered, although the feeling subject, which is soul, is at the same time implicitly spirit. We may refer to the Phenomenology, although we are not taking consciousness as far as this; everything involves consciousness, what is ethical, legal, religious, *here*, however . . .

Sinn selbst, das Empfinden selbst ist etwas Äußerliches gegen das Denken, es ist die unmittelbare Bestimmtheit, diese ist als mir äußerlich und so als äußerlich an ihm selbst, aber ich bin darin zugleich bestimmt. Diese Äußerlichkeit ist abstrakt, nicht im Subjekt für sich selbst gesetzt hat sie die Bestimmung sich selbst äußerlich zu sein d.h. sinnlich. Beim (281) Sinnlichen ist nicht vorzustellen daß es in den Sinnen ist, sondern es sind die Gedankenbestimmungen als das Sich-äußerlich sein, diese Äußerlichkeit ist unterschieden von der Einzelnheit, von dem Fürsichsein des Gegenstandes von dem Zusammengefaßtsein, von der Einheit desselben, in der Einzelnheit ist so der Gegenstand ein Anderes an ihm selbst, so daß das Andere nicht für sich besteht, sondern es Bestimmungen seiner Einzelnheit sind. Wenn wir zunächst diese Äußerlichkeit für sich nehmen, diese Einzelnheit als solche weil sie das Eins, das Fürsichsein ist aus der Mannigfaltigkeit als in sich reflektirt, so haben wir das Räumliche und Zeitliche. Zur Sinnlichkeit gehören zwar als Inhalt die Gefühlsbestimmungen, äußerliche oder innerliche, und als Form, das Räumliche und Zeitliche, aber dieses beides gehört dem Geiste in seiner konkreten Form an, seinem Gefühl und Anschauung. Die Anschauung werden wir zu seiner Zeit auf andere Weise genauer bestimmen. Die Anschauung sofern sie dem Geiste angehört, gehört der Totalität des ganzen Objekts an, die Äußerlichkeit als solche ist dagegen richtiger zum Bewußtsein zu nehmen, das Bewußtsein hat ein Negatives sich gegenüber, das Negative des Ich ist als selbstständig gesetzt, beide Seiten sind selbstständig und das Negative macht die unmittelbare Äußerlichkeit aus, diese ist es die wir in der Form von Raum und Zeit vor uns haben; Kant hat es Formen der Anschauung genannt, aber im genauen Sinne hat Kant vor sich gehabt das Bewußtsein als solches nicht den Geist und das Geistige. Kant nannt sie also Formen der Anschauung d.h. sie sind das Objektive des Sinnlichen, dieses ist in seiner Abstraktion genommen d.h. das Außereinander und das Sinnliche überhaupt ist in seiner einfachen Unmittelbarkeit genommen. Alles Sinnliche ist räumlich und zeitlich und beides zugleich, die Gefühle, Empfindungen u.s.w. sind (282) zeitlich, sie gehören dem fühlenden Subjekt an, also dem welches überhaupt Eins ist und in seiner Empfindung als einfaches bestimmt ist, das Außereinander-sein kann in der Empfindung nur so vorhanden sein daß so eine Empfindung wieder vergeht und nur als Eins im Subjekt sein kann, so ist die Negation dasselbe daß eine andere an ihre Stelle tritt, und wieder eine Andere u.s.w.* Aber auch das Äußerliche ist in der Zeit, das Äußerliche ist

* *Kehler Ms.* S. 197: . . .; das Außersichsein kann in der Empfindung so vorhanden sein, daß die Empfindung vergeht, daß es die Negation der Empfindung ist; . . .

sensing. Sense itself, sensing itself, is something external to thought; it is the immediate determinateness, having being as external to me and therefore as external to itself, although I am at the same time determined within it. This externality is abstract, and since it is not posited for itself within the subject, it has the determination of being self-external i.e. sensuous. What (281) is sensuous is not to be presented as being in the senses, for the thought-determinations of it are as of a self-externality. This externality is distinct from the singularity, the being-for-self of the general object, from the connectedness, the unity of it. In singularity therefore, the general object is in itself another, the other not subsisting for itself, but consisting of determinations of its singularity. When we first take this externality for itself, this singularity as such, on account of its being the unit, the being-for-self, reflected out of multiplicity as being-in-self, we have what is spatial and temporal. Although the determinations of feeling, external or internal, certainly pertain to sensuousness as content, and what is spatial and temporal as form, both together pertain to spirit in its concrete form, to its feeling and intuition. In due course we shall determine intuition in another way. In so far as intuition pertains to spirit, it pertains to the totality of the whole object, whereas externality as such is more strictly attributable to consciousness. Consciousness has a negative being over against itself, the negative of the ego being posited as independent; both aspects are independent, and the negative constitutes the immediate externality. It is this that we have before us in the form of space and time; Kant has called it the forms of intuition, but precisely considered he has had before himself not spirit and what is spiritual, but consciousness as such. Kant therefore calls them forms of intuition, the objective being of what is sensuous, which is taken in its abstraction i.e. the extrinsicality and the sensuous being in general is taken in its simple immediacy. All that is sensuous is spatial and temporal, and both together. Feelings and sensations etc. are (282) temporal, pertain to the feeling subject, and therefore to that which constitutes the unit in general and which is determined in its sensation as a simplicity. Extrinsicality can only be present in sensation in that such a sensation passes away again, and can only have being in the subject as a unit, negation being the taking of its place by another and yet another etc.* The external being is also

* *Kehler Ms.* p. 197: Self-externality can be so present in sensation that the sensation passes away, the self-externality constituting the negation of it.

auch Einzelnes und die Bestimmung der Einzelnheit als außereinander-gesetzt als außer sich selbst ist daß es auch negirt wird und Anderes an die Stelle der Einzelnheit tritt sofern sie als einfache Bestimmung ist, daß so Eins die Grundlage ist welche bleiben soll, aber zugleich daß dies Eins als das Negative ist. Raum und Zeit sind so dies Außereinander ganz in der Gleichheit mit sich selbst oder ganz in der Form der Allgemeinheit. Diese Allgemeinheit ist nun Continuität, der Raum wird nicht unterbrochen durch verschiedenen Inhalt, es ist schlechthin dies Gleiche, diese allgemeine Unmittelbarkeit, es ist was das Sein, das Wesen ist. Der Raum also als nicht gedacht, als äußerlich, die Allgemeinheit das Denkens als nicht gedacht; Quantität, Sein u.s.w. sind Gedanken als solche, aber nicht gedacht, als äußerlich gesetzt, sind sie zunächst Raum, Raum ist dieß Leere was schlechthin passiv ist* und das allenthalben erfüllt werden kann. Eben weil er abstrakt ist kann der Raum nicht für sich sein, ebenso auch nicht die Zeit, der Raum ist dieß Ruhende, weil er diese Gleichheit mit sich ist. Das andere Moment des Begriffs aber ist die Negation ebenso für sich, der Raum war die abstrakte Allgemeinheit, dieß ist nun die abstrakte Einzelnheit, diese auch nicht gedacht sondern unmittelbar gewußt ist die Zeit, die Zeit ist jetzt und indem das Jetzt ist ist es nicht, das Jetzt ist als Punkt vorgestellt, als das Eins das indem es ist ebenso Ent- (283) wicklung der Negation an ihm hat, es ist unmittelbar negirt und wie es ist so ist auch ein Anderes. Was in der Zeit ist ist nur als das Negative des Anderen und es ist ebenso bestimmt nicht zu sein. Die Zeit ist ebenso continuirlich als der Raum, aber eben das Negiren ist die Continuität, es ist Abstraktum, Zeit ist Eins, Einzelnheit gesetzt als Negation und diese Negation umgekehrt als seiendes Eins, es ist das Umschlagen des Nichtseins in Sein und umgekehrt, das Werden. — Dieß sind die Formen von Raum und Zeit überhaupt, aber sie sind auch erfüllt und diese Erfüllung haben wir schon gehabt. Es ist bemerkt daß der Stoff der Empfindung hinausgesetzt wird, daß das Subjekt sich von ihm absondert, daß es macht daß er in Raum und Zeit gesetzt wird, daß er als Anderes gesetzt ist, wir haben insofern die Erfüllung vorher gehabt, vor dieser Form des Draußen und Außersichseins, aber es ist erst das Bewußtsein, das den Stoff der Empfindung von sich absondert, den in Beziehung von Raum und Zeit die Erfüllung ausmacht, diese Erfüllung

* *Kehler Ms.* S. 198: Raum ist dies Außereinander, ganz aber in Continuität, Gleichheit mit sich selbst, oder ganz in der Form der Allgemeinheit. Diese Allgemeinheit, Continuität, eine verschiedene Erfüllung unterbricht den Raum nicht die schlechthin unterbrochene, allgemeine Unmittelbarkeit; der Raum ist das Sein, reine Quantität, aber als nicht gedacht, die Allgemeinheit des Denkens als nicht gedacht, äußerlich gesetzt. Raum ist mir dies Leere, weil er dies Abstracte ist, das aber schlechthin passiv ist . . .

within time however, also a single being, and the determination of singularity, as posited extrinsicality, as self-externality, also involves its being negated, and another taking the place of the singularity in so far as it is a simple determination. This takes place so that one is the basis which should persist, while this one is at the same time the negative. 5 Space and time are therefore this extrinsicality, wholly within self-equality, or the form of universality. Since this universality is now continuity, space not being interrupted by a variegated content, we simply have this equality, this universal immediacy, which is what being or essence is. In that space is not thought but external, it is there- 10 fore the universality of thought; quantity, being etc. are thoughts as such, but in that they are not thought, as posited externally, they are initially space. Space is this emptiness, which is simply passive,* and + which can be filled everywhere. Like time, and precisely on account of its abstraction, space cannot be for itself, and it is on account of this self- 15 equality that it constitutes this quiescence. The other moment of the Notion however, is also the being-for-self of negation. Whereas space was abstract universality, this is now abstract singularity, and in that it is not thought but known immediately, it is time. Time is now, and in that the now is, it is not. The now is presented as point, as the unit 20 which in that it is, also has the (283) development of negation within it, for it is immediately negated, and in that it has being, so has an other. Whatever is in time has being only as the negative of the other, and is therefore also determined as not-being. Time is just as continuous as space, but it is precisely the negating which constitutes the continuity, 25 the abstraction. Time is one, singularity posited as negation, and, conversely, this negation posited as being one. The abstraction is the switching of not-being into being and vice versa, which is becoming. — + These are the forms of space and time in general, but they are also filled, and we have already dealt with this filling. It has been observed 30 + that the material of sensation is posited externally, that the subject separates itself from it, giving rise to its being posited in space and time as an other. To this extent therefore, we have had this filling previously, prior to this form of outwardness and self-externality. Initially, however, it is consciousness which separates from itself the material of 35 sensation constituting the filling in the relation of space and time. This

* *Kehler Ms.* p. 198: Space is this extrinsicality, although wholly in continuity, self-equality or wholly in the form of universality. This is universality, continuity, a variegated filling does not interrupt space, which is simply uninterrupted, universal immediacy. In that it is not thought, space is being, pure quantity, the universality of thought posited externally. Since it is this abstraction, space to me is this emptiness, which is simply passive . . .

ist ein Mannigfaltiges überhaupt und dieß wird ebenso als für sich seiend gesetzt, mit der Bestimmung des Fürsichseins, des ersten Fürsichseins so zu sagen d.h. das Mannigfaltige ist auf einen Punkt bezogen der die Einzelnheit heißt, näher dieses, ein Objekt, ein sinnliches Objekt in Raum und Zeit, Eins mit vierlerlei Eigenschaften an ihm, vielerlei Qualitäten, kurz solche sinnliche Bestimmungen die den Inhalt der Empfindung ausmachen. Das Bewußtsein ist insofern thätig vors Erste diese verschiedenen Empfindungen in einen Punkt zusammen zu bringen und wir sehen in Rücksicht auf das Gefühl ist es etwas ganz Anderes. Diese Vereinigung der verschiedenen Empfindungsbestimmungen in einen Punkt und dann die Gegenstände im Raum abzusondern (284) ist hier die Sache.

§ 336 „Das Sinnliche als Etwas wird ein Anderes; die Reflexion des Etwas in sich, das Ding hat viele Eigenschaften, und das Einzelne in seiner Unmittelbarkeit mannigfaltige Prädikate. Das viele Einzelne der Sinnlichkeit, wird daher ein Breites, eine Mannigfaltigkeit von Beziehungen, Reflexionsbestimmungen und Allgemeinheiten, und ist auf diese Weise nicht mehr ein unmittelbarer Gegenstand, da der Gegenstand so verändert ist, so ist das sinnliche Bewußtsein zum Wahrnehmen geworden.“ Die Gegenstände in ihrer Äußerlichkeit, Unmittelbarkeit nehmen ist sinnliches Thun, sie wahrnehmen heißt sie nach der Reflxion nehmen, einzelne Gegenstände wie sie in Beziehung stehen, nicht mehr in der des Raums und der Zeit, dieß Außereinanderfolgen gehört dem sinnlichen Bewußtsein an. Es ist nun der Uebergang von da zur Wahrnehmung oder zur Reflexion oder logisch aus der Sphäre des Seins in die des Wesens. Es kann bemerkt werden wie dieß schon beim Fühlen geschehen ist, wir haben beim Bewußtsein von Gegenständen als äußerlich zu sprechen, aber das Bewußtsein, wenn auch als innerlich, doch als unmittelbar, ist ebenso sinnliches Bewußtsein, da innere Gegenstände, sie mögen einen Inhalt haben welchen sie wollen, Gemütsbewegungen, Geist, Gott u.s.w. betreffen, können wir auch unmittelbar wissen, es ist dieß auch sinnliches Bewußtsein, wir haben Gewißheit aber es ist nur unmittelbare Beziehung auf solche Gegenstände und es ist eine einzelne Beziehung auf sie, auf einzelne Weise, auf jetzt, hier, aber nicht etwa im Raum jedoch bestimmt als jetzt. Ich bin jetzt dieser Gegenstände bewußt, aber sie verschwinden auch, es kommen andere vor mein Bewußtsein, wie die Form des Gefühls die geringste Form der Seele ist, so ist auch dieß nur unmittelbar Objektiviren durch das Bewußtsein, das unmittelbare Wissen die unterste Stufe des (285) Wissens.* Der Gegenstand ist so

* *Kehler Ms.* S. 199: Wie die Form des Gefühls die geringste Form ist, in der ein Gegenstand sein kann, ist dies unmittelbare Objektive, unmittelbares Hinaussetzen, Wissen von den Gegenständen die unterste Stufe des Wissens.

filling is a general manifoldness, also posited as a being-for-self and with the determination of being-for-self, the initial being-for-self so to speak. The manifoldness is therefore related to one point, which is known as singularity, or more precisely as an object, a sensuous object in space and time, at one with its various properties and qualities, with such sensuous determinations as constitute the content of sensation. Initially therefore, consciousness is active in that it brings these various sensations together in one point, so that it is evidently something quite different in respect of feeling. The matter under consideration here is this unification of the various determinations of sensation in one point, and then the separation of (284) the general objects in space.

§ 336. "That which is sensuous becomes an other in that it is something. The intro-reflectedness of something is the thing, which has many properties, and singleness in its immediacy has multiple predicates. Consequently, the many single beings of sensuousness become a range, a multiplicity of relations, reflectional determinations and universalities, and on account of this no longer constitute an immediate general object. In that the general object is altered in this way, sensuous consciousness has become perception." To seize general objects in their externality and immediacy is a sensuous act; to perceive them is to seize them in accordance with reflection, as single general objects which stand in relation, although no longer in the relation of space and time, a sequence which pertains to sensuous consciousness. This is the transition from sensuous consciousness to perception or reflection, logically, from the sphere of being to that of essence. It may be observed that this has already taken place in feeling. Although in consciousness we have to speak of general objects as being external, consciousness is internal, immediate and sensuous, for regardless of the content of internal general objects, be they dispositions, spirit, God etc., they may also be known to us immediately, and this is also sensuous consciousness. We have certainty, but it is only an immediate relation to such general objects, and it is a single relation, in a single manner, to now and here, not something in space, although determined as now. Although I am now conscious of these general objects, they also disappear, others come before my consciousness. Just as the form of feeling is the most insignificant form of the soul, so this simply immediate objective knowing by means of consciousness, immediate knowledge, is the lowest level of (285) knowledge.* The general object therefore has being for me, I do not

* *Kehler Ms.* p. 199: Just as the form of feeling is the most insignificant form in which a general object can have being, so this immediate objective being, immediate positing externally, knowledge of general objects, is the lowest level of knowledge.

für mich, wie weiß ich nicht, ebenso auch nicht wo er herkommt, sondern ich finde beides so, die Gegenstände sind mir gegeben mit solchem und solchen Inhalt. Es kommt dieß Wissen allerdings durch meinen Geist zu Stande aber ob er in diesem Produzieren sich wichtig verhält, darüber ist nichts bestimmt, es kann auch träumerischen, gedankenlosen Geist geben; ich weiß von diesem Gegenstande und weiß daß ich von ihm weiß, ich habe Gewißheit, aber ob der Gegenstand auch wahr ist, ist etwas ganz anderes, ich habe nur die Gewißheit daß ich diesen Gegenstand habe. Als inneres setzen die Gegenstände die Vermittlung voraus, beim Wissen vom Recht, vom Gotte u.s.w. ist vorausgesetzt daß ich aus dieser äußerlichen Unmittelbarkeit in mich zurückgegangen bin, daß ich auch gedacht habe, es ist ein Erzeugniß meines Denkens als Denkens, Produckt der Vernunft. Diese Gegenstände enthalten unmittelbar die Vermittelung, sie sind ihrer Natur nach innerlich, setzen also das Aufheben des Sinnlichen voraus, Gott, Recht, Sittlichkeit ist seiner Natur nach allgemein, das Allgemeine ist mir so Gegenstand, und es ist dieß also nicht das erste, unmittelbare Einzelne.* Es ist also sogleich vorhanden die Unangemessenheit des mir unmittelbaren Wissens von solchem Inhalte der wesentlich bestimmt ist, also ein nicht unmittelbarer ist, sondern nur ein aus der Vermittelung, und dem Denken Hervorgegangenes, das unmittelbare Wissen ist insofern eine ganz unbedeutende Form solcher Gegenstände. Ich weiß daß ich wohl die Gewißheit habe, aber ebenso gut daß diese sich ändern kann, daß mein Wissen sich ändern kann weiß ich auch vielmehr bei inneren Gegenständen, denn dieß sind Gegenstände die ihrer Natur nach nicht dem unmittelbaren Wissen als solchen angehören. Bei den äußerlichen Gegenständen haben wir die Gewißheit, bei den innerlichen Gegenständen können wir dessen was sie sind und daß sie sind nicht gewiß sein, sie sind als solche bestimmt die nur durch die Vermittlung für uns hervorgehen. Dieß weiß man sehr gut, ich bin jetzt (286) hiervon, daran überzeugt, aber ob ich es über's Jahr noch sein werde, weiß ich nicht.

Das sinnliche Bewußtsein ist das erste, äußerliche; das unmittelbare Bewußtsein ist zugleich eine dem Allgemeinen widersprechende Form. Wir wissen unmittelbar etwas, dieß ist, aber es verändert sich, das Gewisse entflieht, wir wissen gewiß jetzt ist es Tag, aber wenn ich den Satz aufschreibe und das Papier in die Tasche stecke, so kann der Satz hernach falsch sein, kann heißen müssen jetzt ist es Nacht. Dieß ist das Uebergehen des Sinnlichen und seine Veränderung überhaupt, die

* *Kehler Ms.* S. 199: . . . der Inhalt von Recht, Sittlichkeit, Gott, ist seiner Natur nach ein allgemeiner, das allgemeine ist mir darin Gegenstand, nicht das erste unmittelbare, das einzelne . . .

know how, nor do I know where it comes from, but I find both to be so, the general objects being given to me with such and such a content. This knowledge certainly comes about on account of my spirit, but it is not certain that spirit relates itself in a significant manner within this producing, for spirit can also be dreamlike and thoughtless. I know of 5 this general object and I know that I know of it, I have certainty, but whether or not the general object is also true is quite another matter, for I am only certain that I possess this general object. In that they are + internal, general objects presuppose mediation. Knowledge of right, of God etc. presupposes that I have returned into myself out of this external 10 immediacy, that I have also thought, knowledge being engendered of thought as thought, being a product of reason. These general objects contain mediation immediately, being by their nature internal, and therefore presupposing the sublating of what is sensuous. Since the nature of God, right, ethicality is universal, the universal is a general 15 object to me, not the initial, immediate singular.* Present at the same time therefore, is the inadequacy of what is to me the immediate knowledge of such content, which is essentially determined, and is therefore not immediate, but has only proceeded forth from mediation and from thought. This immediate knowledge is therefore a wholly insignificant 20 form of such general objects. I certainly know that I have certainty, + but I know equally well that this certainty can alter. I also know, predominantly on account of internal general objects, that my knowledge can alter, for it is not in the nature of such general objects to pertain to immediate knowledge. We have certainty in respect of external general 25 objects, but in respect of internal general objects we can be certain neither of what they are nor that they are, for as such they are determined as only proceeding forth for us by means of mediation. It is well known that I can be convinced at present (286) of this or that, without knowing if I shall still be convinced in a year's time. 30

Sensuous consciousness is primary, external; immediate consciousness is at the same time a form which contradicts the universal. We know something immediately, — it is; it alters however, the certainty passes away. We know for certain now that it is day, but if I write the sentence down and put it in my pocket, it may subsequently be incor- 35 rect, for we may have to note that it is night. Here we have the trans- + mutation of what is sensuous, its general alteration. The further concrete

* *Kehler Ms.* p. 199: The nature of the content of right, ethicality, God is universal, the universal there being a general object to me, not the primary immediate being, the singular.

weitere konkrete Veränderung aber ist daß das Einzelne wesentlich nicht als Einzelnes bleibt, es tritt in mannigfaltige Beziehungen mit Anderes; wird ein Breites abhängig von Anderem, gilt durch Anderes, oder es ist ein Vermitteltes, so hat es Bestimmung durch ein Anderes, es ist ein Anderes in ihm, ein Anderes an ihm und dieß ist das reflektierende oder wahrnehmende Bewußtsein.

§ 337. 2) *Das wahrnehmende Bewußtsein.* „Das Bewußtsein, das über die Sinnlichkeit hinausgegangen, will den Gegenstand in seiner Wahrheit nehmen, nicht als bloß unmittelbaren, sondern in sich vermittelten, und in sich reflektirten." Das unmittelbare Bewußtsein ist das was keine
\+ Wahrheit giebt, heutigen Tages weiß jeder gesunde Menschenverstand, daß das nur Unmittelbare nicht wahrhaft ist, und daß dieß nicht der Weg ist das Wahrhafte zu wissen.* Wahrnehmendes Bewußtsein heißt den Gegenstand nehmen, nicht mehr unmittelbar, sondern als vermittelt und als in der Vermittelung sich auf sich beziehend, dadurch entsteht eine Vermittlung von sinnlichen und Gedankenbestimmungen. In der Beziehung treten die Gedanken, die Kathegorien hervor, das Beziehen von Mannigfaltigen als solchen gehört der Einheit als Ich an und diese Beziehungen sind Kathegorien, Gedankenbe- (287) stimmungen überhaupt; wir haben also sinnliche Bestimmungen und Gedankenbestimmungen.

Das Objekt ist hier nicht mehr das unmittelbare, sondern das Reflexions Objekt, das Objekt das im logischen Theile des Wesens näher beleuchtet wird; das Objekt als vermittelt und die Verhältnisse darin sind die Unmittelbarkeit des Seins, die Einzelnheit und andererseits die Allgemeinheit. Die weitere Fortbildung der Reflexion ist hier voraus zusetzen.

§ 338. „Diese Verknüpfung des Einzelnen und Allgemeinen ist Vermischung, weil das Einzelne zum Grunde liegendes Sein, aber das Allgemeine dagegen in sich reflektirt ist. Sie ist daher der vielseitige Widerspruch, — überhaupt der einzelnen Dinge der sinnlichen Apperception, die den Grund der allgemeinen Erfahrung ausmachen sollen, und der Allgemeinheit, die vielmehr das Wesen und der Grund sein soll, — und die der Einzelheit der Dinge selbst, welche deren Selbstständigkeit ausmacht, und der mannigfaltigen Eigenschaften, die vielmehr frei von diesem negativen Bande und von einander, selbstständige allgemeine Materien sind." Es ist das Ding, der Gegenstand, das einzelne Ding überhaupt mit seinen mannigfaltigen Eigenschaften

* *Kehler Ms.* S. 200: Daß das unmittelbare Wissen uns keine Wahrheit gibt, weiß der gesunde Menschenverstand, das *nur* unmittelbare ist nicht das Wahrhafte, und die Weise, die nur unmittelbares zu wissen, nicht die Weise ist, das Wahre zu wissen . . .

alteration is however that the singular does not remain as essentially a singular, but enters into multifarious relations with an other, becoming a range, dependent upon an other, having validity on account of another. As such it is mediated, and is therefore determined by means of an other. This other, which is within it and of it, is reflecting or perceptive consciousness.

§337. 2) *Perceptive consciousness.* "Having superseded sensuousness, consciousness wants to seize the general object not merely in its immediacy, but in the truth of its being internally mediated and intro-reflected." Immediate consciousness is that which yields no truth. Nowadays, every sound human understanding knows that that which is merely immediate is not true, and does not open the way to knowledge of what is true.* Perceptive consciousness involves seizing the general object, no longer immediately, but as mediated and as self-relating in the mediation. Through this there is a mediation of what is sensuous and of thought-determinations, and the thoughts, the categories emerge in the relation. The relating of that which as such is a manifold pertains to the unity of the ego, and these relations are categories, thought-(287) determinations in general. We have, therefore, sensuous determinations and thought-determinations.

The object here is no longer immediate but reflected. This is more precisely elucidated in the logical part of essence. The mediated object and the relationships within this constitute the immediacy of being, singularity, and on the other hand universality. At this juncture, the further formation of reflection is to be presupposed.

§338. "This linking of singular and universal is a mixture, for what is basic to the singular is being, while the universal is intro-reflected. It is therefore the many-sided contradiction between the single things of sensuous apperception, which are supposed to constitute the ground of general experience, and the universality which has a higher claim to be the essence and the ground,—and that of the singularity of things themselves, which constitutes their independence, and the multiple properties which, free as they are from this negative bond and from one another, have more the nature of independent, universal matters." In that the determinations of sensation, the immediate determinations of feeling, belong

* *Kehler Ms.* p. 200: Sound human understanding knows that immediate knowledge does not provide us with truth. What is *merely* immediate is not what is true, and the mode of knowing only what is immediate is not that of knowing what is true.

und ein in sich Reflektirtes, welchem die Bestimmungen der Empfindung, die unmittelbaren Bestimmungen, die Gefühlsbestimmungen zugehören und dieß sind die Eigenschaften bezogen auf ein Inneres, auf ein in sich Reflektirtes.

§ 339. „Die Wahrheit des Wahrnehmens, welches statt der Identität des einzelnen Objekts und der Allgemeinheit des Bewußtseins, oder der Einzelnheit des Objekts selbst und seiner Allgemeinheit, vielmehr der Widerspruch ist, ist daher, daß der Gegenstand vielmehr Erscheinung und seine Reflexion in sich ein dagegen für sich seiendes Inneres ist. Das Bewußtsein, welches diesen Ge- (288) genstand erhält, in den das Objekt der Wahrnehmung übergegangen ist, ist der Verstand.“ — Der unmittelbare Gegenstand mit seinen Eigenschaften ist nur Erscheinung, das Innere, die Grundlage der Gefühlsbestimmungen, Eigenschaften ist so gesetzt daß es nur ein Scheiden ist und das Wesentliche die Reflexion in sich, so ist dann der Gegenstand als Erscheinung gesetzt.* Das Resultat der Erscheinung ist die Nothwendigkeit, die unmittelbar wirkliche Existenz die zugleich insofern sie Wirklichkeit ist doch zugleich ein Vermitteltes ist. Die Nothwendigkeit vereint beide Bestimmungen, die unmittelbare, gegenwärtige, vorhandene Existenz und daß sie nothwendig ist, ist daß sie das Vermitteltsein, Gesetztsein schlechthin in sich enthält. Die Nothwendigkeit ist das absolute Verhältniß.†

§ 340. Der Verstand. „Dem Verstande gelten die Dinge der Wahrnehmung als Erscheinungen; das Innere derselben, das er zum Gegenstande hat, ist einerseits die aufgehobene Mannigfaltigkeit derselben, und auf diese Weise die abstrakte Identität, aber andererseits enthält es deswegen auch die Mannigfaltigkeit, aber als inneren einfachen Unterschied, welcher in dem Wechsel der Erscheinung mit sich identisch bleibt.“ Das Innere ist die aufgehobene Mannigfaltigkeit der Dinge, so wäre es nur abstrakte Identität, aber es ist auch dirimirt und der Unterschied des Inneren ist innerer Unterschied der gehalten wird durch die Identität, dieß ist dann Nothwendigkeit. Insofern wir sie als inneren Zusammenhang auffassen, so lassen wir die Form der Unmittelbarkeit weg, wenn wir dieß thun, so haben wir den Zusammenhang von Unterschieden die insofern innere Unterschiede sind und diese Einheit in ihren Unterschieden ist das Gesetz der Nothwendigkeit. Es ist eigentlich ein pleonastischer Ausdruck. In der Nothwendigkeit gelten zwei Wirklichkeiten als unmittelbar die aber im inneren Zusammenhange

* *Kehler Ms.* S. 200: Die Eigenschaften des Dings in ihrer Unmittelbarkeit gesetzt sind, daß sie nur ein Scheinendes sind, und das Wesentliche die Dingheit, so ist der Gegenstand als Erscheinung gesetzt.

† *Kehler Ms.* S. 201: Die Nothwendigkeit vereint die Bestimmungen von Unmittelbarem, und doch Vermitteltsein, Gesetztsein.

to the thing, the general object, the single thing in general, with its multifarious properties and its intro-reflectedness, they are properties related to an inwardness, an intro-reflectedness. +

§ 339. "Since perception is the contradiction and not the identity of the single object and the universality of consciousness, or of the singularity of the object itself and its universality, its truth is rather that the general object is appearance, while its intro-reflection is the being-for-self of an internality. Consciousness which maintains this (288) general object into which the object of perception has passed over, is the understanding."— The immediate general object, with its properties, is only appearance. The internality, which is the basis of the determinations of feeling, the properties, is so posited that it is only a separation; since the intro-reflectedness is what is essential, the general object is posited as an appearance.* The result of appearance is necessity, the immediately actual existence which, in so far as it is actuality, is at the same time still a mediated being. Necessity unifies both determinations, the immediate presence of the existence to hand, and that this is necessary, which derives from its simply holding mediated or posited being within itself. Necessity is the absolute relationship.† +

§ 340. Understanding. "To the understanding, the things of perception have the status of appearance; one aspect of their internality, which the understanding has as its general object, since it is their sublated multiplicity, constitutes abstract identity, but its other aspect is that on account of this it also contains multiplicity. It contains it however as an internal and simple difference, which in the vicissitude of appearance remains self-identical." The internality is the sublated multiplicity of things. As such it would be only abstract identity, but it is also dirempted, and the difference of the internality is an internal difference maintained by the identity i.e. necessity. In so far as we conceive of necessity as inner connectedness, we are omitting the form of immediacy, and in that we do so, the connectedness is that of differences which to this extent are inner differences, this unity within their differences constituting the law of necessity. Strictly speaking, this is a pleonastic expression. In necessity, two actualities have the status of being immediate, but are so

* *Kehler Ms.* p. 200: The properties of the thing, posited in their immediacy, are only an apparency, the thinghood being what is essential, so that the general object is posited as an appearance.

† *Kehler Ms.* p. 201: Necessity unites the determinations of what is immediate and yet mediated, posited.

sind und so daß ihre Wirklich- (289) keit nur ist durch diesen Zusammenhang. Die Nothwendigkeit ist selbst dieser Zusammenhang, so daß die Seite des Zusammenhangs auch nur in der Form der Innerlichkeit genommen ist „dieser einfache Unterschied ist zunächst das Reich der Gesetze der Erscheinungen, ihr ruhiges allgemeines Abbild.“ Es ist insofern das Objekt zunächst noch unmittelbar, aber vermischt mit den Reflexions Bestimmungen, mit der Vermittlung, wird dieser Zusammenhang weiter ausgebildet, so haben wir Nothwendigkeit und so das Objekt als im Zusammenhange der Nothwendigkeit und diesen selbst unterschieden von der äußeren Erscheinung, von dem äußeren Dasein, so ist es ein Reich der Gesetze, und das verständige Bewußtsein hat so die Welt zum Gegenstand als ein Reich von Gesetzen. Die Gesetze oder das Innere, der Zusammenhang der Nothwendigkeit hat das Sinnliche abgestreift, es ist ein bestimmtes Gesetz, insofern es herkommt aus der Wahrnehmung, so hat das Gesetz das Sinnliche abgestreift aber nicht nur dieß sondern auch die Bestimmung als absolute Bestimmtheit, als Einzelnheit oder Subjektivität. Das Gesetz ist bestimmt in sich, ohne dieß ist es nicht, Raum und Zeit bei dem Umlauf der Planeten, diese Qualitäten sind im Unterschiede, die Pole eines Magnets sind Identität und Verschiedenheit, das Gesetz ist so bestimmtes Gesetz; aber die Bestimmtheit des Gesetzes als Gesetz geht nicht fort zur Subjektivität, Einzelnheit, negative Beziehung auf sich, absolute Negativität ist nicht gesetzt, denn die beiden Seiten sind nur im Zusammenhang des Gesetzes, also ist so auch Identität vorhanden aber auch nicht als Beziehung auf sich als Individualität, als Negativität gesetzt. Die Gesetze existiren zwar in Einzelnheiten, aber dieß ist nur die unmittelbare Einzelnheit, nicht die Subjektivität als diese Idealität der Seite des Gesetzes selbst. (290)

§ 341. „Das Gesetz zunächst das Verhältniß allgemeiner, bleibender Bestimmungen, hat, insofern sein Unterschied der innere ist, seine Nothwendigkeit an ihm selbst; die eine der Bestimmungen, als nicht äußerlich von der andern unterschieden, liegt unmittelbar selbst in der Andern. Der innere Unterschied ist aber auf diese Weise was er in Wahrheit ist, der Unterschied an ihm selbst, oder der Unterschied, der keiner ist.“ Der Unterschied im Gesetze ist ein Unterschied in der Identität d.h. ein Unterschied der in Wahrheit kein Unterschied ist, der als ideell schlechthin gesetzt ist; diese Idealität macht die Subjektivität überhaupt aus und diese ist die 3te Form des Bewußtseins oder die dritte Bestimmung des Objekts für das Bewußtsein. Das was so eben erläutert worden ist fällt mehr in den Uebergang, es ist mehr die letzte Spitze der 2ten Form und der Ausgangspunkt für die dritte.

Von der Nothwendigkeit wird übergegangen zur 3) *Subjektivität* oder

connected inwardly, that their actuality (289) only has being through this connection. Necessity is itself this connection, so that the aspect of connectedness is also taken only in the form of internality. "Initially, this simple difference is the realm of the laws of appearances, their quiescent and universal likeness." To this extent therefore, the object at first is still immediate, although mixed with reflectional determinations. This connectedness is further developed through mediation, so that we have necessity and the object within the connectedness of necessity, and necessity itself distinguished from external appearance, external determinate being, — which is a realm of laws. For the understanding consciousness therefore, the world is a general object consisting of a realm of laws, the laws or the internality, the connectedness of necessity, having cast off what is sensuous. Since a law is determinate in so far as it derives from perception, it has cast off what is sensuous, not only what is sensuous moreover, but also determination as an absolute determinateness, as singularity or subjectivity. A law is internally determined, or it is not a law. In the revolution of the planets, space and time are qualities within difference; the poles of a magnet are identity and variety; here, therefore, law is determinate. The determinateness of law as law does not progress into subjectivity, singularity, negative self-relation however; there is no positing of absolute negativity, for the two aspects only have being within the connectedness of the law. Although identity is also present therefore, it is not posited as self-relation, individuality, negativity. Laws certainly exist within singularities, but this is merely immediate singularity, not subjectivity as this ideality of the aspect of law itself. (290).

§341. "Initially, law is the relationship between universal and permanent determinations. In so far as its difference is internal to it, it possesses its own necessity, one of the determinations being immediately present within the other in that it is not externally different from it. It is thus that the inner difference constitutes the truth of what it is, difference in itself, or rather difference which is no difference." The difference within a law is a difference within identity i.e. a difference which in truth is not a difference, which is simply posited as of an ideal nature. This ideality constitutes subjectivity in general, which is the third form of consciousness, or the third determination of the object for consciousness. That which has just been explicated tends to fall into the transition, being rather the final point of the second form and the point of departure for the third.

The transition is made from necessity to 3) *subjectivity*, or what is

was an sich Idee ist, zur *Lebendigkeit.* Das sinnliche Objekt war das Erste, das Zweite war das Objekt für die Wahrnehmung, wie es in den Reflexionsverhältnissen ist, die Spitze ist die Nothwendigkeit, sie ist das Wahre des Zusammenhangs und das Innere desselben ist das Gesetz. Das Höhere ist nun das Lebendige, es ist einzeln, unmittelbar, so ist es zufällig nicht bedingt durch den Zusammenhang, aber es ist Quell der Thätigkeit, der Bewegung in sich,* es ist nicht im Zusammenhang der Nothwendigkeit, ist frei für sich. Es enthält zweitens die Nothwendigkeit in sich, ist Diremtion in sich, unterscheidet sich in sich in seine Systeme, in die Momente seiner Lebendigkeit und ist zugleich die absolute Idealität, Einheit dieser Unterschiede, ist einzeln, nicht als sinnlich Einzelnes, sondern als Subjekt, es ist das Resumiren der Unterschiede in sich. Es hebt sie auf, durchdringt sie und dieß ist das dritte des Lebendigen, das Bewußtsein des Lebens. Das Bewußtsein der unmittelbaren Gegenstände war das erste (291) das der reflektirten Gegenstände, das zweite, das dritte ist das Verhältniß des unmittelbaren das in sich aber die gesetzte Einheit ist, dieß ist an sich der Begriff, der Begriff aber selbst als Objekt existirend d.h. in der Weise der Äußerlichkeit ist das Leben, das dritte Bewußtsein ist so das des Lebens, der Lebendigkeit.

§ 343. „Am Bewußtsein des Lebens aber zündet sich das Selbstbewußtsein an; denn als Bewußtsein hat es einen Gegenstand, als ein von ihm unterschiedenes; aber, gerade dieß im Leben, daß der Unterschied kein Unterschied ist,“ Die lebendige Subjektivität ist diese Kraft des Subjekts, diese durchdringende Einheit, dieser Puls, dieser Idealität des Besonderen, das sich Aufheben der Unterschiede, damit wird das bisherige Verhältniß wodurch Bewußtsein Bewußtsein ist aufgehoben. Bewußtsein ist Ich und der Gegenstand der von mir unterschieden ist, aber im Leben habe ich die Idealität, die Negation der Unterschiede vor mir. Im Leben fallen die gewöhnlichen Verhältnisse von Ursach und Wirkung, Einwirken, die chemischen, mechanischen u.s.w. Verhältnisse weg, das Leben erhält sich selbst, ist die eigene Explikation seiner Körperlichkeit, es ist das im Kampfe liegen die Unterschiede, die äußerlichen Einflüsse nicht zu Ursachen in ihm werden zu lassen, nicht in sich geltend werden lassen, sich immer identisch mit sich zu setzen. Es ist so die Negation der Differenzen hier Gegenstand des Bewußtseins. — „Die Unmittelbarkeit, in der das lebendige Objekt des Bewußtseins ist, ist aber dieß zur Erscheinung oder zur Negation herabgesetzte Moment, die nun als innerer Unterschied, oder Begriff, die Negation ihrer selbst gegen das Bewußtsein ist ...“ Das

* *Kehler Ms.* S. 202: Das Lebendige ist unmittelbar, für sich, einzeln, insofern zufällig, als es nicht bedingt ist durch den Zusammenhang, sondern Quell der Bewegung, Thätigkeit, in sich selbst ist . . .

implicity Idea, *animation*. The sensuous object was first, secondly there was the object of perception as it is in the relationships of reflection, the point here being necessity, which is what is true in the connectedness, the internality of which is law. The higher factor is now the living being, which is single, immediate, and is therefore contingent and not determined by the connectedness. It is, however, the inner source of activity, of motion,* not within the connectedness of necessity, but free for itself. Secondly, it holds necessity within itself, is inner diremption, distinguishes itself within itself in its systems, in the moments of its animation, and is at the same time absolute ideality, the unity of these differences, single, not as a single sensuous being, but as a subject. Within itself it is the resumption of the differences, which it sublates and permeates, and it therefore constitutes the third moment of animation, consciousness of life. The first was consciousness of immediate general objects (291), the second that of reflected general objects. The third is the relationship of the immediate being which, although it is in itself, is the posited unity. This is the implicit Notion, the Notion itself however, existing as object i.e. in the mode of externality, is life. The third consciousness is therefore that of life, animation.

§ 343. "Self-consciousness kindles itself out of consciousness of life however; for although as consciousness it has a general object as being distinct from it, it is precisely in life that difference is no difference." Living subjectivity is this power pertaining to the subject, this pervading unity, this pulse, this ideality of particular being, the self-sublation of differences, so that the previous relationship, whereby consciousness is consciousness, is sublated. Consciousness is ego and the general object which differs from me, but in life I have before me the ideality, the negation of differences. In life, the ordinary relationships of cause and effect, operation, the chemical and mechanical relationships etc., fall away. Life is self-maintaining, is its own explication of its corporeality, the constant struggle not to allow the differences, the external influences, to become causes within it, to become effective there, — always to be positing its self-identity. It is therefore the negation of the differentials which here constitutes the general object of consciousness. — "The immediacy in which the living object of consciousness has being, is however this moment which has been reduced to appearance or negation. It now has being as inner difference or Notion, self-negation in the face of consciousness." Life is perpetually negating immediacy, and it

* *Kehler Ms.* p. 202: Living being is immediate, for itself, single, contingent in so far as it is not determined by the connectedness, but is within itself the source of motion, activity . . .

Leben negirt die Unmittelbarkeit immer und es schaut an, hat zum Gegenstand diese Negation der Unmittelbarkeit des Prinzips, was das Bewußtsein zu solchem macht. (292).

b. *Das Selbstbewußtsein.*

§ 344. „Die Wahrheit des Bewußtseins ist das Selbstbewußtsein, und dieses der Grund von jenem, so daß auch alles Bewußtsein eines andern Gegenstandes zugleich Selbstbewußtsein ist. Der Ausdruck von diesem ist Ich = Ich.“ — Es ist vorhanden Bewußtsein irgend eines Gegenstandes, die Lebendigkeit, ich verhalte mich zu einem Lebendigen, Ich bin nun das Denkende, indem es sich zur Lebendigkeit als denkend verhält wird ihm darin die Subjektivität, die Lebendigkeit als solche. Das Lebendige will die Unmittelbarkeit abthun aber es bleibt auch darin, fällt zurück obgleich es sie immer negirt, fällt zurück in die Triebe u.s.w. das Blut diese Idealität ist ebenso in der Unmittelbarkeit. Ansich ist das Lebendige diese Idealität, für uns, das Ansich ist aber auch für das Ich des Bewußtseins vorhanden, denn es ist als Ich denkend. Indem es also als ich sich verhält zur Lebendigkeit* und zwar als denkend so wird Ich der Gegenstand der Subjektivität als solcher, der Subjektivität als denkender, abstrahirter von der Unmittelbarkeit in der die Subjektivität selbst noch erscheint, und indem nun Ich die Subjektivität als solche, die abstrakte Subjektivität zum Gegenstande hat, hat es sich zum Gegenstande, Ich ist selbst lebendig, macht seine Lebendigkeit zum Gegendstand und so ist es Selbstbewußtsein. Es kann kein Bewußtsein geben ohne Selbstbewußtsein. Ich weiß von etwas, das wovon ich weiß habe ich in der Gewißheit meiner selbst, sonst wüßte ich nichts davon, der Gegenstand ist der meinige, er ist ein Anderes und zugleich das Meinige, und nach dieser Seite verhalte ich mich zu mir. Der Gegenstand hat zwei Seiten, meinerseits ist er das Negative meiner, andererseits ist er das Meinige, ist mein Objekt, ich verhalte mich darin zu mir; ich bin im Bewußtsein *auch* Selbstbewußtsein, aber nur auch, denn der Gegenstand hat eine Seite an sich die nicht die meinige ist. (293) Selbstbewußtsein ist daß der Inhalt auch Ich bin. Der Gegenstand ist im Bewußtsein der meinige über-

* *Kehler Ms.* S. 203: § 344. Die zweite Stufe. Wir können auch sagen: Bewußtsein irgend eines Gegenstandes, sinnlich, reflektirt, und Bewußtsein der Lebendigkeit; ich verhalte mich zu einem Lebendigen; Ich ist das Denkende, indem es sich zur Lebendigkeit verhält, und als Denkendes, so wird in dem lebendigen Gegenstand die Subjektivität die Lebendigkeit als solcher. Das Bewußtsein ist denkendes, diese reine Thätigkeit als Ich, indem es als Ich sich verhält zur Lebendigkeit, so . . .

intuites, has as its general object the negation of the immediacy of the principle which makes consciousness what it is. (292)

b. *Self-consciousness*

§ 344. "Self-consciousness is the truth of consciousness, + and since it is also its ground, all consciousness of + another general object is at the same time self-conscious- 5 ness. Ego = ego is the expression of this." — Consciousness of a certain general object is present, animation, I relate myself to a living being. I am now what thinks, and in that the ego relates itself thinkingly to animation, subjectivity or animation comes into being for it there. Although living being wants to discard immediacy, it also 10 remains within it, and although it is constantly negating it, it relapses into drives etc., the immediacy also containing the blood of this ideality. Implicitly, living being is this ideality, being for us. The implicitness is also present for the ego of consciousness however, for as ego it thinks. In that it relates itself to animation as ego therefore,* and what is more 15 in that it does so thinkingly, ego becomes the general object of subjectivity as such, subjectivity as that which thinks abstracted from the immediacy in which subjectivity itself still appears. And in that ego now has subjectivity as such, abstract subjectivity, as a general object, it has itself as general object, is itself animated, makes a general object 20 of its animation and is therefore self-consciousness. There can be no consciousness without self-consciousness. I know of something, and if I + did not have that which I know within the certainty of myself, I should know nothing of it. Since it is an other and at the same time my own, the general object is mine, and in accordance with this aspect I am 25 self-relating. The general object has two aspects: on my side it is the negative of what is mine, while on the other side it is mine, my object, within which I am self-relating. In consciousness I am *also* self-consciousness, simply also however, for the general object has an implicit aspect which is not mine. (293) Self-consciousness is the being of the 30 content and the ego, and within it the general object is mine in general,

* *Kehler Ms.* p. 203: § 344. We can call this second stage consciousness of a certain general object, sensuous, reflected, and consciousness of animation, — I relate myself to a living being. Ego is what thinks, and in that it relates itself to animation as a thinking being, subjectivity or animation as such comes into being in the living general object. Consciousness is what thinks, this pure activity as ego. In that it relates itself to animation as ego therefore, . . .

haupt, leer, abstrakt, der Inhalt erscheint mir als gegeben, unmittelbar, zufällig, jetzt in der Fortbildung des Bewußtseins hat sich das Subjekt zum Ich, zur Subjektivität überhaupt, zur abstrakten Subjektivität, zur freien fürsichseienden Subjektivität erhoben und diese ist nun der Inhalt des Bewußtseins, der früher nur sinnlich war. Ich verhalte mich zu mir, Ich ist gleich Ich und das zweite Ich ist der Inhalt selbst, wir hatten Ich = Ich auch im Bewußtsein, da ist aber das gegenständliche Ich auch unmittelbarer Inhalt, hier ist Ich der Inhalt selbst. Im Selbstbewußtsein bin ich frei, verhalte mich nicht zu einem Anderen, bin bei mir selbst, es ist das Prinzip der Wahrheit, der Freiheit daß sich Subjekt und Gegenstand gleich sind, Begriff und seine Realität, Subjektivität und Objektivität.* Es ist so hier Wahrheit, Freiheit aber nur noch abstrakt, es fehlt hier was im Bewußtsein zu viel war, in diesem war das Ueberwiegende der Unterschied, der Inhalt der anders ist als Ich, im Selbstbewußtsein ist die andere Bestimmung die vorherrschende, Ich gleich Ich, der Unterschied fehlt ganz, ich bin nur meiner bewußt, weiß von mir, die Identität ist zu stark, so daß der Unterschied fehlt, und deshalb ist das Selbstbewußtsein nicht konkret ist abstrakte Identität. § 345. „So aber ist es noch ohne Realität, denn es selbst, das Gegenstand seiner ist, ist nicht ein solcher, denn es hat keinen Unterschied; Ich aber, der Begriff selbst, ist die absolute Diremtion des Urtheils; hiermit ist das Selbstbewußtsein für sich der Trieb, seine Subjektivität aufzuheben und sich zu realisiren.“ Der Gegenstand ist nicht verschieden von mir, so habe ich in der That noch keinen Gegenstand, Ich ist noch nicht als gegenständlich zugleich bestimmt und dieß ist so hier der Mangel der Realität, des Daseins. Dieser Mangel kann auch so

* *Kehler Ms.* S. 203: . . . ich . . . bin also im Bewußtsein auch Selbstbewußtsein, aber nur *auch*, der Gegenstand ist der meinige, aber auch gegen mich, das unmittelbare, und hat eine Seite zu mir, die nicht die meinige ist; das Selbstbewußtsein ist dies, daß die Bestimmtheit des meinigen, die leer ist, abstract ist, und der Inhalt als ein unmittelbares, zufälliges erscheint, sich zum Ich bestimmt, zur Subjektivität überhaupt, zur abstracten Subjektivität, freie fürsichseienden Subjektivität, und das ist die Erfüllung dieses Raums, der Inhalt dieses Raums, der nur das unmittelbar Sinnliche war. Ich = Ich, so daß das zweite Ich, als Prädicat, der Inhalt selbst ist, Ich = Ich bin ich auch als Bewußtsein, aber da ist der Gegenstand des Ich auch ein unmittelbarer Inhalt, hier ist Ich der Inhalt selbst. Selbstbewußtsein hat 3 Stufen, es ist die Wahrheit, aber abstracte Wahrheit, ich habe es nicht mit anderem zu thun, bei mir Selbst, frei, es ist Prinzip, daß Subjekt und Gegenstand sich adäquat sind . . .

empty, abstract. To me, the content appears to be given, immediate, contingent. The subject has now raised itself in the progressive formation of consciousness, to ego, subjectivity in general, abstract subjectivity, free subjectivity which is for itself, so that consciousness, which was formerly merely sensuous, now has this as its content. I am self-relating, 5 ego equals ego, and the second ego is the content itself. We also had ego = ego in consciousness, but whereas there the generally objective ego is also the immediate content, here the ego is the content itself. I + am free in self-consciousness, and do not relate myself to an other: I am with myself, it being the principle of truth and freedom that there 10 should be equality between the subject and the general object, the Notion and its reality, subjectivity and objectivity.* Consequently, although there is truth and freedom here, they are still merely abstract. What is lacking here is what there was too much of in consciousness, in which there was a preponderance of difference, of content which is 15 other than the ego. The other determination predominates in self-consciousness, ego equals ego, difference is entirely absent, I am conscious only of what is mine, know of myself. Since identity is too strong, difference is lacking, and self-consciousness is therefore abstract, not concrete identity. § 345. "As such, however, it is still without 20 + reality, for although it is itself the general object of its own, since it has no difference, it is not so. Ego, however, the Notion itself, is the absolute diremption of the judgement, so that self-consciousness for itself is the drive to sublate its subjectivity and realize itself." Since 25 the general object does not differ from me, I have in fact no general object. Since the ego here is still not determined at the same time as being generally objective, there is a lack of reality, of determinate being. This deficiency may also be said to be the initially wholly

* *Kehler Ms.* p. 203: In consciousness I am also self-consciousness therefore, simply *also* however, the general object being mine and yet also opposed to me, immediate, and with an aspect in respect of me which is not mine. Self-consciousness consists of the determinateness of what is mine, which is empty and abstract, while the content, which appears as an immediate and contingent being, determines itself as ego, as subjectivity in general, abstract subjectivity, free subjectivity which is for itself. This is the filling, the content of this space, a content which was merely immediate sensuous being. This is ego = ego, in which the second ego, as predicate, is the content itself. I am also ego = ego as consciousness, but in this case the general objectivity of the ego is also an immediate content, whereas here ego is the content itself. Self-consciousness has three stages: it is truth, but since I have nothing to do with the other, being with myself, it is abstract truth, free; it is the principle of the mutual adequacy of subject and general object; . . .

ausgesprochen werden daß das Selbstbewußtsein (294) zunächst ganz abstrakt ist, Ich = Ich, Ich bin für mich, der Mangel ist daß das Selbstbewußtsein ganz abstrakt ist und dieser sein Mangel hat jetzt weitere Formen die nun zu betrachten sind. Nämlich das Selbstbewußtsein so abstrakt ist nur subjektives Selbstbewußtsein, nur subjectives gesetztes Selbstbewußtsein, noch nicht seiendes Selbstbewußtsein, nicht daseiendes. Die Abstraktion hat aber auch die andere Seite, nämlich die Bedeutung der Unmittelbarkeit, daß das Selbstbewußtsein so also nur unmittelbar ist.

Die Abstraktion hat also zweierlei Bestimmungen, die der Subjektivität und der Unmittelbarkeit, der Unmittelbarkeit daß sie sich in sich reflektirt mit Aufhebung der ersten Unmittelbarkeit; das Sein diese Unmittelbarkeit ist negirt, aber weil ich so nur abstrakt bei mir selbst bin ist diese Einheit selbst wieder die Unmittelbarkeit, ich bin in diese Bestimmung zurückgefallen. Die zweite Bestimmung ist die der Subjektivität. Beide sind entgegengesetzte Bestimmungen, aber beide sind in der Abstraktion vorhanden, gehalten, sie spaltet sich in die abstrakte Vermittelung, Ich = Ich als Vermittelung mit mir, und in die Unmittelbarkeit, die aber nicht als erste Bestimmung erscheint, sondern wesentlich bezogen ist auf das Gesetzte.* Wir treffen das Selbstbewußtsein so an, es sind dem Begriffe nach seine Bestimmungen. Ich setze mich als Selbstbewußtsein, unterscheide mich von mir und so müssen die Unterschiede eine unterscheidende Bestimmtheit gegeneinander haben. Die eine Seite ist bestimmt und die unterschiedenen Bestimmtheiten die beiden Seiten zukommen sind die Bestimmungen der Subjektivität und des Seins. Das Selbstbewußtsein ist deswegen unmittelbar gesetzt als ein subjektives (295) und als ein nur subjektives d.h. dessen Form ein nur Subjektives zu sein seiner Idealität, der absoluten Identität der Formen widerspricht.† Das Selbstbewußtsein hat seine Form aufgehoben, der Unterschied ist selbst für das Selbstbewußtsein ein solcher der nicht sein soll, es ist absolute Idealität der Formbestimmung. Als Bewußtsein ist es unterschieden aber der Unterschied ist zugleich gesetzt als ein unwahrhafter, es ist nicht bloß Uebergang einer Bestimmung in die andere, sondern das Selbstbewußtsein ist selbst die Thätigkeit diese seine einseitige Bestimmung nur subjektiv zu sein aufzuheben, diesen Widerspruch seiner Idealität wodurch es schlechthin frei ist, es hat die Gewißheit seiner Identität mit sich, seiner Freiheit in sich und so die Gewißheit daß die subjektive

* *Kehler Ms.* S. 204: . . . sondern als wesentlich bezogen auf die andere, das Gesetztsein.

† *Kehler Ms.* S. 204: d.h. dessen Form ein subjektives zu sein widerspricht der absoluten Idealität der Formen überhaupt.

abstract (294) nature of self-consciousness, of ego = ego, of my being for myself. The deficiency here consists of self-consciousness, the further forms of which now have to be considered, being wholly abstract. Such abstract self-consciousness is merely subjective, posited merely subjectively, still without being, not being the determinate being of self- 5 consciousness. There is, however, the other side to the abstraction, that + of the significance of the immediacy, of the mere immediacy of such self-consciousness.

The abstraction, therefore, has two determinations, that of subjectivity and that of immediacy, the immediacy of its being intro-reflected 10 in the sublation of the initial immediacy. The being of this immediacy is negated, but since I am only with myself abstractly on account of this, the unity is once more an immediacy. I have fallen back into this determination. The second determination is that of subjectivity. Although these determinations are mutually opposed, they are both present in 15 the abstraction, which contains them in that it divides itself into the abstract mediation of ego = ego as self-mediation, and into immediacy. The latter does not appear as the first determination however, but is essentially related to the positedness.* It is thus that we reach self-consciousness, and this is the Notion of its determinations. Since I posit 20 myself as self-consciousness, distinguish myself from myself, the differences must have a distinguishing determinateness in respect of one another. The one side is determined, the different determinatenesses communicated to both sides being those of subjectivity and of being. Self-consciousness is therefore posited immediately as a subjective being, 25 (295) and as nothing more than this, i.e. being a merely subjective being, its form contradicts its ideality, the absolute identity of forms.† Yet difference is something which ought to have no being even for self-consciousness, which has sublated its own form, and is the absolute ideality of the determination of form. Although it has difference as 30 + consciousness, it is a difference which is posited at the same time as lacking in truth. Self-consciousness is not merely the transition of one determination into the other, but is itself the activity of sublating this its onesided determination of being merely subjective, this contradiction of its ideality, whereby it is simply free. It has within itself the cer- 35 tainty of its self-identity, its freedom, and therefore the certainty that the subjective form is a nullity. Although the other aspect is determined

* *Kehler Ms.* p. 204: but as essentially related to the other, the being posited.
† *Kehler Ms.* p. 204: i.e. its form of being subjective contradicts the absolute ideality of forms in general.

Form ein Nichtiges sei. Ebenso ist die andere Seite bestimmt, es ist die Unmittelbarkeit aber nicht die erste sondern die Unmittelbarkeit zugleich auch gesetzt daß sie nicht an sich sei, nichts Wahrhaftes. Selbstbewußtsein ist absolute Gewißheit seiner selbst, so ist das Objekt ihm ein Nichtiges, das nicht gegen seine absolute Idealität aushält, oder die Unmittelbarkeit des Objekts gilt ihm nur für seine gesetzte. Also für uns oder an sich ist diese Diremtion des Selbstbewußtseins, nicht für dasselbe selbst, es findet sich subjektives und gegen die Objekte, aber für dasselbe ist jetzt selbst daß diese Bestimmungen, diese Unterschiede nicht wahrhaft sind, was für uns durch den Begriff gesetzt ist. Das Objekt ist also unmittelbar und zugleich aber ein Nichtiges, es ist damit ein Verhältniß gesetzt von mir dem Subjekt zum Objekt, ein Verhältniß das zunächst ist wie das des Bewußtsein, aber gegen dieß ist auch die freie Gewißheit des Selbstbewußtseins von (296) sich selbst gegenüberstehend dem Verhältnisse des Seblstbewußtseins zum Objekt. Insofern ist zu sagen daß der nächste Gegenstand des Selbstbewußtseins das Bewußtsein ist, das Bewußtsein d.h. die Beziehung seiner auf ein Objekt als ein Seiendes, aber so daß es nur Beziehung sei, nur relative Bestimmung. Dieß ist also der Standpunkt des Selbstbewußtseins.

Das Selbstbewußtsein ist diese Freiheit für welche das keine Wahrheit hat was als Bewußtsein auf ein Objekt bezogen ist, seine Wahrheit ist ihm vielmehr seine Freiheit, nicht seine Abhängigkeit, seine Beziehung auf ein Anderes. Dieß ist dann der Trieb seine Subjektivität aufzuheben und sich zu realisieren, aller Trieb fängt an vom Widerspruch, dieser ist aufzulösen und die Nothwendigkeit hiervon liegt hier in der Freiheit, welcher jenes Verhältniß entgegen ist, das Selbstbewußtsein ist selbst das Aufhebende dieses Gegensatzes, es ist selbst diese Idealität der Unterschiede.

§ 346. „Da das abstrakte Selbstbewußtsein das Unmittelbare und die erste Negation des Bewußtseins ist, so ist es an ihm selbst seiendes und sinnlich konkretes.“ Die erste Negation ist nicht die absolute, ist selbst nur die Negation des Unmittelbaren, setzt dieß voraus, hat es nöthig, ist nicht ohne dasselbe, so ist es nicht das freie Negative, die Freiheit ist nur abstrakt, soll nur sein. „Die Selbstbestimmung ist daher einestheils die Negation als sein von ihm in sich gesetztes Moment, anderestheils als ein äußerliches Objekt.“ Die Bestimmung des Begriffs die vorhanden ist, ist einerseits die Subjektivität des Selbstbewußtseins oder daß es eine Abstraktion ist, nicht mit sich vereinigt hat, das Bewußtsein, ihm gegenüber steht die Weise im Verhältniß zu sein, dem Subjekt steht gegenüber das Objekt, die Unmittelbarkeit in der Beziehung auf das Subjekt. „Oder das Ganze, was (297) sein Gegenstand ist, ist die vorhergehende Stufe, das Bewußtsein, und es selbst ist dieß noch.“

in the same way, and constitutes immediacy, it is not the initial immediacy, for it is at the same time also posited, it is not implicit, it lacks truth. For self-consciousness, since it is absolute self-certainty, the object is a nullity which is unable to endure its absolute ideality, the immediacy of the object having validity for it only as a posited being. This diremption of self-consciousness has being for us therefore, or implicitly, not for self-consciousness itself, which finds itself to be subjective, opposed to objects. For self-consciousness itself, at this juncture, these determinations or differences lack the truth which is posited for us through the Notion. While the object is immediate, it is also a nullity therefore, so that initially a relationship like that of consciousness is posited from me the subject to the object. Now, however, there is the further factor of the free self-certainty of self-consciousness (296) standing over against the relationship of self-consciousness to the object. In that it does so, it may be said that the proximate general object of self-consciousness is consciousness, consciousness being the relation of what is its own to an object as to a being, the relation here being merely a relation, a relative determination. This, therefore, is the standpoint of self-consciousness.

Self-consciousness is this freedom, for which that which is related to an object as consciousness has no truth. For itself, its truth is its freedom rather than its dependence, its relation to an other, and this is then the drive to sublate its subjectivity and to realize itself. All drive begins from the proposed resolution of a contradiction, and at this juncture the necessity of this resolution lies in the freedom which is opposed to this relationship. Self-consciousness is itself the sublating of this opposition, this ideality of the differences.

§ 346. "Since abstract self-consciousness is what is immediate, and the initial negation of consciousness, it has being in itself and is sensuously concrete." The initial is not the absolute negation, being in itself only the negation of what is immediate, which it presupposes and finds necessary. Since it has no being without this, it is not freely negative being, the freedom being merely abstract, merely what ought to be. "One part of the self-determination is therefore negation, the moment of self-consciousness, posited by it, within itself, the other part being an external object." On the one hand, the determination of the Notion present is the subjectivity of self-consciousness, its abstraction, its not having united with itself, — consciousness. Over against this stands the mode of its being in relationship, of the subject standing over against the object, of the immediacy being in relation to the subject. "Consequently, the whole (297) of its general object consists of the preceding stage of consciousness, and it is itself still consciousness."

§ 347. „Der Trieb des Selbstbewußtseins ist daher überhaupt seine Subjektivität aufzuheben; näher dem abstrakten Wissen von sich Inhalt und Objektivität zu geben, und umgekehrt sich von seiner Sinnlichkeit zu befreien, die Objektivität als gegebene aufzuheben und mit sich identisch zu setzen, oder sein Bewußtsein seinem Selbstbewußtsein gleich zu machen. — Beides ist ein und dasselbe." — Ich = Ich, da ist dieß Ich noch nicht reell, insofern in ihm der Unterschied anfängt ist es bezogen auf ein Objekt das zunächst gesetzt ist als unmittelbar, das Ich ist noch nicht als selbstständig gesetzt. Es bekommt den Inhalt daß es affirmativ sich in sich bestimmt, zunächst ist es in sich nur negativ bestimmt, ist als subjektiv mangelhaft, aber seine Bestimmung soll Affirmation werden, dieß ist seine Objektivität. Sich objektivieren heißt das nur unmittelbar gegebene Objekt aufheben, das als selbstständig erscheinende, daseiende Objekt zu negiren. Oder dem Selbstbewußtsein soll sein Bewußtsein gleich gemacht werden, nicht nur abstrakt, sondern in der Form der Objektivität, als erfüllt; + die höchste Form desselben* ist dann die der Allgemeinheit, daß ich im Selbstbewußtsein meiner zugleich das Andere frei weiß, oder daß das Bewußtsein, Bewußtsein der Freiheit, der Sittlichkeit, des Rechts ist. Dieß ist nicht die Freiheit des diesen, der einzeln ist, sondern es ist allgemeine Freiheit, an und für sich, diese ist nun die Objektivität, diese ist von mir als diesen unterschieden und zugleich ist es meine Vernunft, meine Freiheit, weil es Freiheit als allgemeine ist; ich bin darin erhalten als dieser, und zugleich ist sie unterschieden von mir als diesen. Dieß ist die Realität des Selbstbewußtseins, das Ziel des- (298) selben ist die Vernunft, das Bewußtsein der Vernünftigkeit, Bewußtsein meiner als in seiner an und für sich seienden Allgemeinheit, Bewußtsein der Vernünftigkeit, nicht mehr beschränkt auf sinnliche unmittelbare Weise.†

Es sind drei Stufen in dieser Realisierung, Objektivirung meines Selbstbewußtseins, in dieser Aufheben der Schranke, die mein unmittelbares Selbstbewußtsein noch ist. 1.) Das unmittelbare Selbstbewußtsein, Ich, dieser, meine Triebe, Begierden u.s.w., danach verhalte ich mich zum unmittelbar äußeren Objekt. 2.) Ich verhält sich zu einem Objekt das auch ein anderes ist, aber auch Selbstbewußtsein, Verhalten eines

* *Kehler Ms.* S. 206: . . . die höchste Form dieser Objektivität ist dann die Allgemeinheit, . . .

† *Kehler Ms.* S. 206: In diesem ist die Realisierung des Selbstbewußtseins, das Ziel der Realisierung des Etwas ist die Vernunft, Vernünftigkeit, Bewußtsein meiner in seiner an und für sich seienden Allgemeinheit, Bewußtsein der Wesentlichkeit, dem Geistigen als an und fürsichseienden, nicht mehr beschränkt auf sinnliche unmittelbare Weise.

§ 347. "Self-consciousness therefore drives toward the general sublation of its subjectivity. More precisely defined, it is the provision of content and objectivity for its abstract self-knowledge, and, conversely, its freeing itself from its sensuousness, the sublation of objectivity as given, and the positing of its self-identity i.e. the equating of its consciousness with its self-consciousness. — Both are one and the same," — ego = ego, in which the ego is not yet of a real nature. In so far as there is an initiation of difference within it, the ego is related to an object posited primarily as being immediate, and not yet as being independent. Although it acquires the content of determining itself within itself affirmatively, initially its internal determination is only negative. In that it is subjjective it is defective, but its determination should be an affirmation, and it is this that constitutes its objectivity. Self-objectification involves the sublation of the object as merely given immediately, the negation of its apparently independent determinate being. Self-consciousness ought to be made the equal of its consciousness therefore, and not merely abstractly but in the form of being objectively fulfilled. The highest form of consciousness* is then the universality of my knowing self-consciously that what is mine, as well as the other, is free, or that consciousness is consciousness of freedom, ethicality, right. This is not the freedom of this particular singularity, but universal freedom, which is in and for itself. This is now objectivity, which is distinguished from me, and yet at the same time, since it is universal freedom, my reason, my freedom. I am contained within it as this being, while it is distinguished from me as such. This is the reality of self-consciousness, the goal of (298) which is reason, consciousness of rationality, of what is mine in the being in and for self of its universality, of rationality, which is no longer limited in a sensuously immediate manner.†

There are three stages to this realization, this objectification of my self-consciousness, this sublation of the limit which still constitutes my immediate self-consciousness: 1) Immediate self-consciousness, ego, this being, my drives, desires etc., in accordance with which I relate myself to the immediately external object. 2) Ego relating itself to an object which is also another, but which is self-consciousness too, the

* *Kehler Ms.* p. 206: The highest form of this objectivity is then the universality . . .

† *Kehler Ms.* p. 206: The realization of self-consciousness is within this. The goal of the realization of something is reason, rationality, — consciousness of what is mine in the being in and for self of its universality, of essentiality, of what is spiritual as being in and for itself, and no longer limited in a sensuously immediate manner.

Selbstbewußtsein zu einem anderen Selbstbewußtsein, dieß Andere ist auch Ich, ich habe darin mein Selbstbewußtsein, aber zugleich ist es schlechthin spröde, selbstständig, es ist eine Vereinigung des Objektiven und Subjektiven, beide sind Ich, aber es ist auch absolute Trennung, Widerspruch, denn beide sind identisch, Ich, frei, sind nicht unterschieden und doch ist jedes für sich spröde Persönlichkeit die an sich hält, das Andere ausschließt, absolute Identität und absolute Diremtion. 3.) Die Stufe des allgemeinen Selbstbewußtseins, wo es sich verhält zu anderem Selbstbewußtsein, aber in diesem Verhalten es selbst ist und als allgemein ist, die Freiheit des Anderen weiß, sein Selbst, sein Recht weiß in der Selbstständigkeit des Anderen.

§ 348. 1) *Das unmittelbare, einzelne Selbstbewußtsein.* „Das Selbstbewußtsein in seiner Unmittelbarkeit ist Einzelnes und Begierde, der Widerspruch seiner Abstraktion, welche objektiv, oder seiner Unmittelbarkeit, welche subjektiv sein soll, gegen Ich = Ich, den Begriff, der an sich die Idee, Einheit seiner selbst und der Realität ist.“ Es ist Begierde, es ist ganz abstrakt in sich, der Widerspruch ist so der seiner Abstraktion und seiner Unmittelbarkeit gegen Ich = Ich, daß an sich die Idee, Einheit seiner selbst und des Objekts ist. (299) „Seine Unmittelbarkeit, die als das Aufzuhebende bestimmt ist, hat zugleich die Gestalt eines äußern Objekts, nach welcher das Selbstbewußtsein Bewußtsein ist.“ Das Bewußtsein das die Gewißheit seiner selbst ist, ist mit einer Negation in sich behaftet, diese heißen wir Schranke, Mangel. Nur für das ist eine Schranke welches darüber hinaus ist, in welchem sie an sich aufgehoben ist, für den Stein ist seine Endlichkeit keine Schranke, nur für das was darüber hinaus ist, ist sie vorhanden, das Bewußtsein der Schranke drückt die Unendlichkeit aus. Das Bedürfniß, der Mangel, das Negative mit der absoluten Gewißheit der Nichtigkeit derselben ist der Trieb, die Thätigkeit das Bedürfniß aufzuheben, den Frieden wieder herzustellen, damit die Entzweiung, der Unterschied nicht mehr sei. „Aber das Objekt ist als an sich Nichtiges für die aus dem Aufheben des Bewußtseins hervorgegangene Gewißheit seiner selbst bestimmt.“ Das Objekt ist nichtig, unmittelbar, aber für das Bewußtsein nicht nur unmittelbar, sondern es ist an sich das Nichtige, das Selbstbewußtsein weiß daher daß nichts an dem Gegenstande ist. Die Thiere sind nicht so dumm wie mancher Realist, der nicht zugiebt daß die Gegenstände keine Wirklichkeit haben, das Thier frißt sie auf. Der Gegenstand ist so dem Triebe gemäß und nur das ist Gegenstand des Triebes was ihm

relatedness of one self-consciousness to another. This other is also ego, but although I have my self-consciousness within it, it is at the same time simply unyielding, independent, a unification of what is objective and subjective. Both are ego, but there is also absolute division, contradiction, for both aspects are identical, both are ego and both are free. Although they are not distinguished, each for itself is a reserved personality which keeps to itself and excludes the other, — absolute identity and absolute diremption. 3) The stage of universal self-consciousness, as it relates itself to the other self-consciousness. Within this relatedness it is both itself and universal however, — knowing the freedom of the other, and its self, its right, in the independence of the other.

§ 348. 1) *The immediate singularity of self-consciousness.* "Self-consciousness in its immediacy is singular, and constitutes desire. This is the contradiction of its abstraction, which should be objective, or of its immediacy, which should be subjective in respect of ego = ego, the Notion, which is implicitly the Idea, the unity of itself and of reality." Since self-consciousness is desire, and in itself is wholly abstract, the contradiction is therefore that of its abstraction and its immediacy in respect of ego = ego, which is implicitly the Idea, the unity of itself and of the object. (299) "Its immediacy, which is determined as that which is to be sublated, has at the same time the shape of an external object, in accordance with which self-consciousness is consciousness." Consciousness as self-certainty is affected internally with a negation, which we refer to as a limit or deficiency. It is only for that which is beyond the limit, in which it is implicitly sublated, that there is a limit. It is not for the stone itself that its finitude is a limit: the limit is present only for that which is beyond it, consciousness of limit expressing infinitude. Need, deficiency, the negative, with the absolute certainty of the nullity of this, constitutes the drive, the activity of sublating the need, the re-establishing of the tranquillity in which there is no longer any variance or difference. "For the self-certainty which has proceeded forth from the sublating of consciousness, the object is, however, determined as being implicitly a nullity." The object is a nullity, immediate. For consciousness however, it is not only immediate but implicitly that which is null, so that self-consciousness knows that there is nothing to the general object. The animals are not so stupid as many a realist, for whereas the realist will not admit that general objects have no actuality, the animal will eat them up. The general object is therefore adequate to the drive, and only that which is adequate to a drive is its general object. The ade-

gemäß ist und daß die Gegenstände den Trieben gemäß sind kommt von dem Triebe des Selbstbewußtseins her, die Fähigkeit den Trieb zu befriedigen ist diese Identität, diese Negativität. „Das Selbstbewußtsein ist sich daher an sich im Gegenstande, der auf diese Weise dem Triebe gemäß, und in der Negativität, als der eigenen Thätigkeit des Ich, wird für dasselbe diese Identität.“

§ 349. „Der Gegenstand kann dieser Thätigkeit keinen Widerstand leisten, weil (300) er an sich und für dasselbe das Selbstlose ist; die Dialektik, welche seine Natur ist, sich aufzuheben, ist hier als jene Thätigkeit, die Ich hiermit zugleich als äußerlich anschaut. Das gegebene Objekt wird hierin ebenso subjektiv, als die Subjektivität sich entäußert und sich objektiv wird.“ Das Selbstbewußtsein ist thätig, die Dialektik des Gegenstandes ist gesetzt beim Bewußtsein, es ist die Natur des Objekts nicht für sich zu bestehen und die letzte Wahrheit des Objekts ist Lebendigkeit, da ist die Idealität des Objekts schon gesetzt. Jetzt ist das Selbstbewußtsein diese Dialektik, der Begriff vollbringt diesen Uebergang an den weltlichen Dingen, das Selbstbe- + wußtsein ist die subjektive Thätigkeit, Exekution gegen das Objekt, das Subjekt aber hätte keine Gewalt über das Objekt, wenn dieß nicht an und für sich selbstlos wäre. Es schaut nun diese Thätigkeit als sein Thun an, zugleich als ein äußerliches, das Selbstbewußtsein so als unmittelbar als Begierde hat einen äußerlichen Gegenstand vor sich und muß sich so äußerlich verhalten, muß zugreifen. Seine Thätigkeit ist so erscheinend als äußerlich, was das Subjekt vollbringt ist nicht mehr nur Subjekt zu sein, sondern das Objektive subjektiv gemacht zu haben und das Subjektive objektiv. Das Subjekt setzt die Objektivität identisch mit sich, macht die Subjektivität selbst objektiv dieß ist die Begierde. Das Objekt ist noch das erste unmittelbare Objekt; in der nächsten Stufe wird das Selbstbewußtsein zum Objekt.

§ 350. „Das Product dieses Prozesses ist, daß Ich in dieser Realität sich mit sich selbst zusammenschließt; aber in dieser Rückkehr sich zunächst nur als Einzelnes Dasein giebt, weil es sich auf das selbstlose Objekt nur negativ bezieht, und daß dieses nur aufgezehrt wird; die Begierde ist daher in ihrer Befriedigung überhaupt zerstörend und selbstsüchtig.“ Das Selbstbewußtsein ist hier in seiner unmittelbaren Einzelnheit, Fürsichseiendes, Sichbestimmendes, nur als dieses (301) sich Dasein gebend. Das so bewährte Selbstbewußtsein ist wieder Bewußtsein aber mit der Bestimmung, daß die Objektivität identisch ist mit dem Selbstbewußtsein, indem es aber wieder Bewußtsein ist

quacy of the general objects in respect of the drives derives from the drive of self-consciousness, the aptitude for satisfying the drive being this identity, this negativity. "Self-consciousness is therefore implicitly itself in the general object, which in this way is adequate to the drive, and this identity comes to have being for self-consciousness in the negativity, as the ego's own activity."

§ 349. "Since it is implicitly selfless and has being for self-consciousness as such, (300) the general object can offer no resistance to this activity; the dialectic of its self-sublating nature has being here as this activity, which at the same time intuites the ego as being external. Thus, the given object becomes subjective to the extent that subjectivity externalizes itself and becomes objective to itself." Self-consciousness is active, the dialectic of the general object being posited in consciousness. It is in the nature of the object not to subsist for itself, and its final truth is animation, in which there is already a positing of its ideality. Self-consciousness is now this dialectic, the Notion bringing about this transition in respect of the things of the world. Self-consciousness is subjective activity, effectiveness in respect of the object, although if the object were not in and for itself selfless, the subject would have no power over it. It now intuites this activity as being its act, and at the same time as an externality. In its immediacy as desire therefore, self-consciousness has before it an external general object, and it therefore has to conduct itself externally and lay hold of this object, so that its activity appears externally. What is brought about by the subject is no longer merely being a subject, but objective being made subjective and subjective being made objective. The subject posits objectivity as being identical with itself, making subjectivity itself objective, and it is this that constitutes desire. The object is still primary and immediate, but at the next stage it will be self-consciousness.

§ 350. "The product of this process is the ego's self-integration within this reality; returning thus however, it renders itself initially only as a single determinate being, since it only relates itself negatively to the selfless object, which is simply consumed. The satisfaction of desire is therefore generally destructive and self-seeking." Self-consciousness at this juncture is an immediate singularity, a being-for-self, a self-determination, and it is only as such that it gives itself (301) determinate being. Self-consciousness so proved is consciousness again, although with the determination of the objectivity's being identical with self-consciousness. In that it is once more con-

oder Urtheil, so ist der Gegenstand nicht mehr so bestimmt als auf dem Standpunkte wo es Begierde, unmittelbar einzelnes Bewußtsein war, sondern der Gegenstand ist identisch mit ihm gesetzt, er ist Bewußtsein unterschieden durch ein Anderes von sich, aber dieß Andere ist selbst bestimmt als Selbstbewußtsein.

§ 351. „Aber das Selbstbewußtsein hat an sich schon die Gewißheit seiner in dem unmittelbaren Gegenstande; das Selbstgefühl, das ihm in der Befriedigung wird, ist daher nicht das abstrakte seines Fürsichseins oder nur seiner Einzelnheit, sondern ein Objektives; die Befriedigung ist die Negation seiner eigenen Unmittelbarkeit, und die Diremtion derselben daher in das Bewußtsein eines freien Objekts, in welchem Ich das Wissen seiner als Ich hat."

§ 352. 2) *Verhalten eines Selbstbewußtseins zu einem anderen Selbstbewußtsein.* „Es ist ein Selbstbewußtsein für ein Selbstbewußtsein, zunächst unmittelbar, als ein Anderes für ein Anderes." Das Selbstbewußtsein hat also einen Gegenstand, ein Anderes, Äußerliches, aber dieser Gegenstand ist nicht mehr Objekt sondern es hat die Bestimmung der Subjektivität, des Ichs an ihm selbst; das Selbstbewußtsein setzt sich ein Anderes entgegen, aber indem es sich in der Objektivität bewährt hat, indem es sich unterscheidet ist es darin als Selbstbewußtsein bei sich. „Ich schaue im Ich unmittelbar mich selbst an, aber auch darin ein unmittelbar daseiendes, als Ich absolut selbstständiges anderes Objekt." Dieß ist der Standpunkt überhaupt, die absolute Identität beider, diese absolute Allgemeinheit. Der andere Mensch ist ebenso gut Ich als ich, da ist nichts zu unterscheiden, nach dem reinen Selbst des Bewußtseins nach dieser Wurzel der Subjektivität ist da eine Identität, es ist die Identität beider Selbstbewußtsein, ich habe im Anderen, was ich an mir selbst habe. (302) Aber zweitens sind auch diese Ich unterschieden, das Ich ist auch ein Besonderes und die Frage ist wie dieser Unterschied bestimmt ist. Diese Unterschiedenheit beider ist so
\+ bestimmt daß sie sich finden, so sind sie frei, jedes ein Selbstbewußtsein.* Der Mensch hat das ganz abstrakte Selbstbewußtsein vor sich, indem sie sich so finden, sind beide seiende gegen einander und es ist damit der höchste Widerspruch gesetzt, einerseits die klare Identität beider und

* *Kehler Ms.* S. 208: Diese Verschiedenheit ist so bestimmt, daß sie sich finden, und wie sie sich finden, sind sie zwar frei, jeder ist selbst . . .

sciousness or judgement however, the general object is no longer determined as it was at the standpoint at which self-consciousness was desire, the immediate singularity of consciousness, but is posited as being indentical with self-consciousness; although it is consciousness distinguished from itself by another, this other is itself determined as self-consciousness.

§351. "Self-consciousness already has the implicit certainty of what is its own in the immediate general object however, so that the self-awareness it achieves in satisfaction is not the abstract self-awareness of its being-for-self or of its mere singularity, but is an objective being. Since satisfaction is the negation of self-consciousness's own immediacy, it is the diremption of it into the consciousness of a free object in which ego has knowledge of itself as an ego."

§352. 2) *The relatedness of one self-consciousness to another.* "One self-consciousness is for another, at first immediately, as one other is for an other." Self-consciousness has a general object therefore, an other, an external being. This general object is no longer an object however, but has in itself the determination of subjectivity, of the ego. Self-consciousness posits an other over against itself, but in that it has proved itself within objectivity, in that it distinguishes itself, within this other, it is with itself as self-consciousness. "Within the ego, I have not only an immediate intuition of myself, but also of the immediacy of a determinate being, which as ego is an absolutely independent and distinct object." It is the absolute identity of both, this absolute universality, which constitutes the general standpoint at this juncture. Since the other person is as much an ego as I am, there is no distinction to be drawn in this respect. There is identity on account of the pure self of consciousness, this root of subjectivity, the self constituting the identity of both self-consciousnesses. I have in the other what I have in myself. (302) Secondly, however, these egos are distinguished, for the ego is also a particular being. The question is how this difference is determined. It is so determined that they find themselves and are therefore free, each as a self-consciousness.* The man has before himself a self-consciousness which is wholly abstract, and in that they find themselves as such, these beings are mutually opposed. There is, therefore, a positing of the highest contradiction, — that between the clear identity of both on one side and the complete independence

* *Kehler Ms.* p. 208: This variety is so determined that they find themselves, and they are certainly free as they do so, each being a self.

andererseits wieder diese vollkommene Selbstständigkeit eines Jeden. Jedes ist besonderes Subjekt, leiblicher Gegenstand, so erscheinen sie mir als zwei gegen einander, so gut als ich vom Baum, vom Stein u.s.w. unterschieden bin, so gut ist von mir das Andere unterschieden es ist also die vollkommene Gleichheit beider, ihre einfache absolute Identität und ihr höchster Widerspruch. Dieß ist nun der höchste Standpunkt wie sie sich zu einander verhalten. Das Bewußtsein war das Aufheben des äußerlich Objektiven als ein nicht Selbstständiges gegen mich, da habe ich mich bewährt in dieser Äußerlichkeit, das Andere ist äußerliche Objektivität, sie ist darin begründet daß die Selbstständigkeit des Anderen, hier eine Selbstständigkeit des Ich ist, darin liegt sein Anderssein. Diese Körperlichkeit gehört einem Ich an, es ist ein organischer Leib, der nun die Leiblichkeit eines Ich führt, diese hat gegen mich eine absolute Selbstständigkeit, weil sie einem anderen Ich angehört.* Ich schaue mich darin unmittelbar selbst an und zugleich darin unmittelbar Anderes als ich bin und zwar ist diese Äußerlichkeit noch von ganz anderer Sprödigkeit. Das Objekt ist Ich in sich, es ist mir gleich und ein absolut Anderes, dieß ist das Verhältniß und die Frage ist nun wie dieser Widerspruch sich auflöst, dieß ist nun im folgendem § 353 enthalten und vorgestellt als ein Kampf des Anerkennens der sich auflöst zunächst in das Verhältniß der Herrschaft und Knechtschaft.† Es ist also ein Widerspruch, für uns nicht nur, sondern auch für die die im Verhältnisse sind, im Ich ist die für sich bewährte Identität des Subjekts und die Idealität des Objektiven welches hier nun auch Ich ist, es ist nicht nur für uns dieser Mangel son- (303) dern Ich ist diese absolute Selbstständigkeit beider gegeneinander, es ist damit gesetzt das Bedürfniß diesen Widerspruch aufzuheben und dieser Trieb enthält die Bestimmung in sich daß ich anerkannt werde vom Andern, daß er meine Vorstellungen, mein Bewußtsein als frei gelten lasse, anerkenne d.h. mich als frei erkenne, mich gelten lasse als einen solchen, daß er mich zum Gegenstande habe und ich ihn als

* *Kehler Ms.* SS. 208–209: Im Bewußtsein haben wir gesehen das Aufheben des äußerlich unmittelbaren, in der Begierde ist das Object auch ein äußerliches, aber gegen mich herabgesetzt, idealisirt, negirt, hier ist das andere wieder ein äußerlich objectiver, aber diese für mich äußerliche Gegenständlichkeit ist darum noch spröder gemacht, daß die Selbständigkeit des anderen zugleich Ich ist; die Körperlichkeit, mir gegenüber, gehört einem Ich an, ist idealisirt, Instrument einer Seele, aber gegen mich hat dies Anderssein eine absolute Selbständigkeit, überhaupt sie angehört (209) einem anderen Ich . . .

† *Kehler Ms.* S. 209: Dieser Widerspruch löst sich auf: ist als Kampf des Anerkennens vorzustellen, der sich auflöst im Verhältnis der Herrschaft und Knechtschaft.

of each on the other. Since each is a particular subject, a general corporeal object, they appear to me as being mutually opposed. The other + differs from me as I differ from the tree, the stone etc. Between the two there is therefore the complete parity of their simple and absolute identity and their supreme contradiction, and this is now the highest 5 standpoint of their interrelatedness. Consciousness was the sublating of the external objective being as not being independent of me: I proved myself there within this externality. Here, the other is external objectivity, founded in the other's independence being that of the ego, within which its otherness lies. This corporeality belongs to an ego 10 which is an organic body. The body now bears the corporeality of an ego, and since it belongs to another ego, this corporeality has an absolute independence of me.* Within it I have an immediate intuition of myself, and at the same time of something other than I am, so that this externality is still a wholly distinct unyieldingness. The object is in 15 itself ego, it is my equal and an absolute other. This is the relationship and the question is now how this contradiction resolves itself.

§ 353, which follows, deals with the resolution of this contradiction. + In it, it is presented as a struggle for recognition which resolves itself initially in the relationship of mastery and servitude.† It is therefore not 20 + only a contradiction for us, but also for those within the relationship. Within the ego there is the identity of the subject, which has been proved for itself, and the ideality of the objective being, which at this juncture is also ego. This deficiency is not only for us. (303) Ego is this absolute mutual independence of both, and there is therefore the 25 positing of the need to sublate this contradiction. This drive holds within itself the determination of my being recognized by another, who allows validity to or recognizes the freedom of my presentations, my consciousness i.e. who recognizes that I am free and allows me validity as such, both of us respecting the other as a free general object. More 30

* *Kehler Ms.* pp. 208–209: In consciousness, we have seen the sublating of external immediacy. In desire, the object is also an external being, but it is relegated beneath me, idealized, negated. Here, the other is once more an external and objective being, but what for me is an external general objectivity, is made still more unyielding in that the independence of the other is at the same time an ego. The corporeality over against me belongs to an ego, is idealized, the instrument of a soul, and yet in respect of me this otherness has an absolute independence, being the general possession (209) of another ego.

† *Kehler Ms.* p. 209: This contradiction resolves itself: it is to be presented as a struggle for recognition which resolves itself in the relationship of mastery and servitude.

einen freien. Näher enthält diese Pflicht des Anerkennens daß ich mir als solchen freien ein Dasein gebe, nicht im äußerlichen Objekt, sondern in dem jetzigen Gegenstand der ein Bewußtsein ist, das Bewußtsein des Andern ist jetzt der Boden, das Material, der Raum in dem ich mich realisiere. So haben wir zweierlei, Ich als Ich, als sich auf sich beziehendes Selbstbewußtsein und ich als Bewußtsein meiner, mein Bewußtsein als solches das ist ein Dasein überhaupt, ich bin freies Selbstbewußtsein in mir, aber als Ich bin ich ebenso Bewußtsein von vielerlei Zwecken, Interessen, dieß ist aber die Seite des Daseins für das Selbstbewußtsein. In diesem meinem Dasein ist es daß das Andere gelten soll, wie nun dieß zunächst gesetzt ist, so ist im Selbstbewußtsein hier noch nicht beides von einander unterschieden gesetzt oder vielmehr können wir sagen es ist verschieden, es ist das Bewußtsein meiner, mein Zweck, meine Besonderheit, meine Begierde u.s.w. alles dieß ist noch nicht in der Bestimmung der Allgemeinheit, ist noch in der Form der unmittelbaren Einzelnheit, hier gilt noch indem ich einen als frei anerkenne, so bin ich dadurch unfrei. Wir müssen hier auf dem Standpunkte wo wir sind die Verhältnisse die wir gewohnt sind zu denken ganz vergessen, sprechen wir von Recht, Sittlichkeit, Liebe, so wissen wir indem wir die Andern anerkennen, daß ich ihre persönliche, vollkommene Selstständigkeit anerkenne und wir wissen daß ich dadurch nicht leide sondern als frei gelte, wir wissen daß indem die Andern Rechte haben ich auch Rechte habe, oder mein Recht ist wesentlich auch das des Andern d.h. ich bin freie Person, damit ist wesentlich identisch daß auch die Andern rechtliche Personen sind. Im Wohl-(304)wollen, in der Liebe geht meine Persönlichkeit nicht zu Grunde, hier aber ist ein solches Verhältniß noch nicht, sondern nach einer Seite ist die Bestimmung die daß ich als freies Selbstbewußtsein zugleich noch unmittelbar einzelnes Selbstbewußtsein bin, die unmittelbare Einzelnheit meines Selbstbewußtseins und meine Freiheit sind noch nicht von einander geschieden und insofern kann ich von meiner Besonderheit nichts aufgeben, ohne meine freie Selbstständigkeit aufzugeben. Im rechtlichen Verhältniß weiß ich, daß wenn ich das Eigenthum des Anderen respektire ich dadurch nicht nur nicht leide, sondern daß das Recht auch mein Recht in sich enthält, ich habe da verzichtet auf das was das Eigenthum des Anderen ist. Hier ist hingegen das Selbstbewußtsein noch unmittelbar einzelnes, dieß hat von seiner eigenen Einzelnheit noch nicht abstrahirt, sondern es herrscht noch die Begierde, was also Andere besitzen ist dem Selbstbewußtsein eine Beschränkung seiner Freiheit insofern es irgend ein Interesse, eine Begierde hat. Oder nach der anderen Seite, dem folgenden Standpunkte gemäß bin ich freies Selbstbewußtsein, auf das sich andere Interessen beziehen und dieß macht die Besonderheit aus, auf diese

precisely, this duty of recognition involves my rendering the determinate being of such freedom to myself not in the external object, but in the present general object, which is a consciousness. The consciousness of the other is now the basis, the material, the space in which I realize myself. We therefore have two factors, ego as ego, as self-relating self-consciousness, and ego as consciousness of what is mine. My consciousness as such is a general determinate being. Within myself I am free self-consciousness, but as ego I am also consciousness of various purposes and interests, and this aspect of the determinate being is for self-consciousness. The other has to have validity within my determinate being. Since this being is now posited primarily in self-consciousness, there is as yet no positing of any difference between the two, so that we might rather say that the other is different, being the consciousness of what is mine, my purpose, my particularity, my desire etc. All this still lacks the determination of universality, since it still has the form of immediate singularity. It is still the case that in that I recognize another as being free, I lose my freedom. At this present standpoint we have to completely forget the relationships we are used to thinking about. If we speak of right, ethicality, love, we know that in that we recognize the others, the ego recognizes their complete personal independence. We know too that the ego does not suffer on this account, but has validity as a free being, that in that the others have rights I have them too, or that my right is also essentially that of the other i.e. that I am a free person, and that this is essentially the same as the others' also being persons with rights. Benevolence (304) or love does not involve the submergence of my personality. Here, however, there is as yet no such relationship, for one aspect of the determination is that of my still being, as a free self-consciousness, an immediate and single one. In so far as the immediate singularity of my self-consciousness and my freedom are not yet separated, I am unable to surrender anything of my particularity without surrendering my free independence. Within the legal relationship, I know that if I respect the other's property I am not only at no disadvantage, but that the right also contains my right, which involves my not claiming the other's property. The self-consciousness here is still immediate and singular however, for it has not yet abstracted from its singularity. Desire is still predominant, and in so far as self-consciousness has any interest or desire, it takes what others possess to be a limitation on its freedom. On the other hand moreover, in accordance with the following standpoint I am free self-consciousness, the centre of other interests. This constitutes the

Besonderheit habe ich noch nicht verzichtet, habe sie noch nicht von mir unterschieden, noch nicht abgesondert, andere haben Eigenthum dieß könnte mir nützen nach meiner Besonderheit, ich nehme es daher; die habe ich noch nicht abgethan und habe das Selbstbewußtsein meiner Freiheit noch nicht zum allgemeinen Selbstbewußtsein erhoben. Der Standpunkt ist daß ich als Selbst noch unmittelbar einzeln bin, meine Besonderheit noch die ist die auf sich nicht Verzicht gethan ist,* nach ihrer Begierde sich bestimmt, nun aber ist die Forderung meiner Anerkennung daß ich im Bewußtsein des Anderen gelte als ein Freies. Die Begierde bezieht sich nur auf sich, die Forderung ist in seinem Bewußtsein ein Anderes aufzunehmen, es nicht (305) als ideell zu wissen und vor sich zu haben widersprechend dem freien Selbstbewußtsein, das Bedürfniß ist im Allgemeinen das Realisieren, das Gelten in einem Andern, dieß widerspricht dem Selbstbewußtsein auf diesem Standpunkte und das Selbstbewußtsein muß sich dagegen wehren ein Anderes als freies anzuerkennen, so wie auf der anderen Seite jedes darauf los gehen muß von dem Anderen zu verlangen in seinem Selbstbewußtsein anerkannt zu werden, gesetzt zu sein als ein Selbstständiges. — Wir haben hier bloß einzelne Selbstbewußtsein gegeneinander, die könnten einander ruhig gehen lassen und friedlich mit einander ruhen nach idealischer und idyllischer Weise, denn Herrschbegierde ist ein böser Trieb, er mag herkommen woher er will u.s.w.† Aber das wahrhafte Verhältniß ist daß das einzelne Selbst es nicht ertragen kann, daß das Andere gegen ihn als selbstständig sei, sie müssen daher nothwendig in einen Kampf geraten. Die Selbstständigkeit des Andern macht die Forderung an mich daß in meinem Selbstbewußtsein ein Anderes für mich als selbstständig sei, dieß ist der Trieb der Herrschsucht und dieß ist die höhere, absolute Nothwendigkeit vom Anderen anerkannt zu werden, es ist der Trieb daß das Selbstbewußtsein sich realisire und zwar in dem Boden der der wahrhafte Boden seines Daseins ist, der des Bewußtseins.‡ Dieß ist dann widersprechend, denn eben ich auf diesem Standpunkte bin als einzeln Selbstständiges und als Ich mit dieser seiner Unmittelbarkeit noch ganz identisch; es ist so die Idee der Freiheit des Selbstbewußtseins was die Quelle dessen ausmacht was wir Herrschsucht und dergleichen nennen,

* *Kehler Ms.* S. 211: Ich als Selbstbewußtsein bin noch unmittelbar einzelnes, das hier seine Besonderheit noch nicht auf sich verzichtet hat.

† *Kehler Ms.* S. 211: Die könnten einander ruhig gehen lassen, friedlich neben einander wohnen; Herrschbegierde ist ein böser Trieb, mag herkommen, wo er will . . .

‡ *Kehler Ms.* S. 212: . . .; das Selbstbewußtsein will sich Realität geben in dem wahrhaften Boden seiner Realität, seines Daseins, des Bewußtseins eines anderen.

particularity which I have not yet renounced, not yet distinguished from myself, not yet divided off. Others have property which might be of use to me as a particularity, and I therefore appropriate it. I have not yet discarded this particularity, not yet raised the self-consciousness of my freedom into universal self-consciousness. The standpoint is that of my still being immediately singular as a self, of my particularity being that which has not renounced itself,* of its determining itself in accordance with its desire. However, my recognition now demands that I should have validity in the consciousness of the other as a free being. Desire relates itself only to itself, and what is now demanded is that the ego should take up another into its consciousness, not (305) know it as being of an ideal nature and have it before itself in contradiction of free self-consciousness. Within the universal, need constitutes realization, being effective within an other. This contradicts self-consciousness at this standpoint, and it must resist recognizing an other as a free being, just as, on the other hand, each must concern itself with eliciting recognition within the other's self-consciousness, being posited as an independent being. — We have here simply single and mutually opposed self-consciousnesses, which could allow one another to move undisturbedly and rest peacefully together in an ideal and idyllic manner, for imperiousness is an evil drive, whatever its origin etc.† The true relationship is however that of the single self's not being able to bear the other's being independent of it, so that they necessarily drift into a struggle. The independence of the other demands of me that another should have being for me as an independent being, within my self-consciousness. This is the drive of imperiousness, and this is the higher and absolute necessity of being recognized by the other. The drive is that of the self-realization of self-consciousness, — on the basis of consciousness moreover, which is the true basis of its determinate being.‡ This is then contradictory, for at this standpoint it is precisely I who am as a single independent being, and as ego I am still completely identical with this its immediacy. It is therefore the Idea of the freedom of self-consciousness which constitutes the source of what we call

* *Kehler Ms.* p. 211: As self-consciousness I am still an immediate singularity which has not yet renounced its particularity.

† *Kehler Ms.* p. 211: They could allow one another to move undisturbedly, dwell peacefully together; imperiousness is an evil drive, whatever its origin.

‡ *Kehler Ms.* p. 212: Self-consciousness wants to give itself reality on the true basis of its reality, its determinate being, that of consciousness of another.

geltend kann ich mich machen eben noch nicht bejahen die Selbstständigkeit im Bewußtsein eines Anderen, weil dieß Bejahtsein die Negation der freien Selbstständigkeit eines Anderen ist, weil sein Bewußtsein noch nicht unmittelbar identisch ist mit der (306) Freiheit einander anzuerkennen. Als Selbstständige wäre nach dieser unmittelbaren Identität eins unterworfen unter das Andere, aber in dem gesitteten Zustande besonders der Familie, der bürgerlichen Gesellschaft, des Staats anerkenne ich jeden und bin anerkannt, ganz ohne Kampf, da ist sittliches, rechtliches Verhältniß vorhanden, hier aber kann dieß noch nicht der Fall sein. Diese Anerkennung geht nicht bloß auf die Ehre, auf das Anerkennen in der Vorstellung des Anderen, so wenig als die unmittelbare Einzelnheit sich abgetrennt hat von der Selbstständigkeit, ebenso wenig hat es die Vorstellung gethan, sondern der Mensch muß in der ganzen Existenz anerkannt werden. Aber das Anerkanntwerden betrifft hier nur das Verhältniß daß ich der Herr bin und er der Knecht, er muß mir so dienen.* Die Nothwendigkeit des Selbstbewußtseins ist sich Dasein zu geben in einem anderen Bewußtsein d.h. anerkannt zu werden von einem Anderen, aber sie sind beide nur unmittelbar daseiende gegen einander, damit ist das Anerkennen des anderen Selbstbewußtseins das Aufheben meiner Selbstständigkeit, meiner Freiheit, weil ich noch als dieser gesetzt bin so kann ich noch nicht meinen partikulären einzelnen Willen aufheben, dieß ist die nächste Bestimmung. Hier kann das Anerkanntwerden des Einen durch den Anderen nicht statt finden weil jedes seine Selbstständigkeit behauptet, so kann jedes das Andere in sich nicht anerkennen um seiner eigenen Freiheit willen, aber es kann auch nicht anerkannt werden von dem Andern, wegen der Weise wie es für das Andere ist. Einmal kann diese Anerkennung nicht statt finden um der unmittelbaren Einzelnheit des Selbstbewußtseins willen, aber auch insofern jedes für das Andere ist erscheint es dem Andern in einer Gestalt, in einer Weise in der das Andere es nicht anerkennen kann, denn es erscheint als unmittelbar einzelnes, äußerliches Dasein, nicht als freies, bloß als unmittelbar Lebendiges, als abstraktes Ich, aber nicht wirklich frei in seinem Dasein und (307) damit ist der Widerspruch gesetzt dessen Auflösung der gegenseitige Zwang, Kampf ist.

Das Selbstbewußtsein ist auf das Realisiren getrieben und die Anerkennung kann von jedem nicht durch seine Freiheit geschehen, es ist also in der Nothwendigkeit der Forderung des Anerkennens die

* *Kehler Ms.* SS. 212–213: . . ., denn indem ich in seiner Vorstellung anerkannt werde, muß ich in seiner ganzen Existenz anerkannt werden, er ist noch (213) ein ganzes, er muß mir dienen . . .

imperiousness etc. I am just able to assert myself. I am not yet able to affirm the independence, in consciousness, of another however, for this affirmed being is the negation of the free independence of an other, consciousness of which is not yet immediately identical with the (306) freedom of mutual recognition. As an independent being, one would be subordinate to the other in accordance with this immediate identity, but in the civilized milieu of the family, civil society, the state, I recognize and am recognized by everyone, without any struggle. There, the ethical and legal relationship is present, but here this cannot yet be so. This recognition is not only a matter of honour, of being presentatively recognized by the other, for since presentation has no more divided itself off from independence than immediate singularity has, the person has to be recognized within the whole existence. Here, however, being recognized only involves the relationship of my being the master and he the servant, and of his therefore having to serve me.* It is necessary to self-consciousness that it should give itself determinate being in another consciousness i.e. be recognized by another. Since they are both merely immediate determinate beings in respect of one another however, the recognition of the other self-consciousness constitutes the sublation of my independence, my freedom. The immediate determination is that on account of my still being posited as independent, I am still unable to sublate the particular singularity of my will. At this juncture there can be no recognition of the one by the other, since both assert their independence. What is more, each is unable to recognize the other within itself, on account of its own freedom, and on account of the mode of its being for the other, its being recognized by it. This recognition cannot take place, partly on account of the immediate singularity of the self-consciousness, but also in so far as the being of each appears for the other in a shape or mode in which it is unable to recognize it because of its appearing as an immediate, singular and external determinate being, — not as a free, but merely as an immediate living being, — as abstract ego, but not actually free in its determinate being. It is (307) this that posits the contradiction which is resolved by mutual coercion, struggle.

Self-consciousness is driven toward realization. Since recognition cannot come about through the freedom of each, the mode of activity, the occurrence of struggle, force, coercion, is intrinsic to the necessity

* *Kehler Ms.* pp. 212–213: . . . for in that I am presentatively recognized by him, I have to be recognized within his whole existence, he is still (213) a whole, he has to serve me.

Weise der Tätigkeit die eintritt Kampf, Gewalt, Zwang, es wendet sich jedes an das Physische, an das physische Dasein des Anderen und gebraucht Gewalt dagegen. Damit ist ein neuer Widerspruch, der freie Mensch ist nicht zu zwingen, gezwungen kann er nicht werden, so ist also eine andere Form des Widerspruchs und mit diesem Zwang den jeder gegen den Andern ausübt, das Dasein des Andern angreift, damit ist verbunden daß jeder sich in die Gefahr setzt gezwungen zu werden, sein Dasein, sein Leben in Gefahr bringt. Zunächst gefährdet er nur das Dasein des Anderen aber um der ursprünglichen Identität willen ist jedes was er gegen das Andere thut auch gegen sich selbst gethan, er bringt so auch sein eigenes Dasein in Gefahr. Dieß ist nun die Einleitung zum nächsten Standpunkt, daß jeder sich und den Andern in Gefahr bringt und mittelst der Gewalt die er gegen den Andern versucht wird ein Widerspruch begangen, er will den Andern zwingen ihn anzuerkennen, da er doch nicht gezwungen werden kann und er selbst anerkannt sein will vom freien Selbstbewußtsein des Andern während er ihm doch Gewalt anthut. Damit daß jeder sich in das Verhältniß setzt Gewalt zu leiden vom Anderen, beweist jeder zugleich die Gleichgültigkeit gegen sein Dasein, gegen seine Freiheit die er in ihrem Dasein in Gefahr bringt. Jeder übt Gewalt aus gegen den Andern und bringt sich in Gefahr selbst Gewalt zu leiden, als unfrei behandelt zu werden, es ist selbst darin enthalten die negative Bestimmung gegen sein Dasein indem er es in Gefahr bringt und indem er seine Gleichgültigkeit gegen sein Dasein setzt behauptet er es auch. (308) Abstrakt consequent wäre um sein Leben zu behaupten es nicht in Gefahr zu bringen, aber von jeder Bestimmung ist auch das Entgegengesetzte vorhanden. Das Ende ist die Auflösung des Widerspruchs aber auf unvollkommene Weise, nach der Grundbestimmung daß die Anerkennung nicht geschehen kann außer durch Unterwerfung des Andern, Aufheben der freien Selbstständigkeit des Andern. Das Anerkannt werden des Andern muß zu Stande kommen und zunächst unmittelbar so daß das Eine seinen Willen unterwirft, die Selbstständigkeit seines Willens aufgiebt, eine Auflösung des Widerspruchs die wieder Widerspruch in sich ist. So ist das Verhältniß von Herrschaft und Knechtschaft gesetzt, der welcher das Letzte vorzieht ist der Unterworfne, der Diener.*

§ 355. Aber das Leben ist ein ebenso wesentliches Moment als das Selbstbewußtsein. Die Freiheit des Daseins kann nur erreicht werden im Leben eines Menschen, dies ist wesentliches Moment. Der Kampf des Anerkennens und die Unterwerfung unter einen Herrn ist die Erschei-

* *Kehler Ms.* S. 214: Der das Leben vorzieht vor Selbständigkeit, sich zwingen läßt, ist der Unterworfene, Gehorchende, Diener.

for the demand for recognition. Each has recourse to what is physical, to the physical determinate being of the other, and uses force, which gives rise to a new contradiction. Since the free person is not to be coerced, and cannot be, contradiction takes on a new form. Involved in this force which each applies to the other in order to assail his deter- 5 minate being, is the factor of each opening himself to the danger of being coerced, risking his determinate being, his life. At first he only endangers the determinate being of the other, but on account of the original identity, everything he does to the other is also done to himself, so that he also endangers his own determinate being. This is now the 10 initiation of the next standpoint, which is that of each endangering himself and the other. By means of the force each attempts to use on the other, a contradiction arises, for while each wants to coerce the other into recognizing him, he cannot be coerced, and he himself wants to be recognized by the free self-consciousness of the other against whom he 15 is using force. In that each enters into the relationship of suffering force from the other, each at the same time shows indifference to its determinate being, its freedom, the determinate being of which it endangers. Each uses force on the other, and opens itself to the danger of suffering force, of not being treated as being free. Each contains in itself the 20 negative determination opposed to its determinate being in that it endangers this being, and in that it posits its indifference to it, it also asserts it. (308) It would be abstractly consistent of each to assert its life and not to endanger it, but the opposite of every determination is also present, and the end here is the resolution of the contradiction. 25 It is, however, an imperfect resolution, involving the basic determination of the recognition's not being able to occur without the subjection of the other, the sublation of the other's free independence. There has to be recognition of the other, and it must come about initially in an immediate manner, so that the one subjects and surrenders the inde- 30 pendence of its will, a resolution of the contradiction which is in itself also a contradiction. It is thus that the relationship of master and servant is posited; he who prefers being the latter being the subject, the one who serves.* +

§ 355. Life, however, is just as essential a moment as self-conscious- 35 + ness, a person's life being an essential moment in that the freedom of the determinate being can only be attained within it. It is through the appearance of this struggle for recognition and sub-

* *Kehler Ms.* p. 214: He who prefers life to independence, who allows himself to be coerced, is the subject, the one who obeys, who serves.

nung, in welcher das Zusammenleben der Menschen, als ein Beginnen der Staaten, hervorgegangen ist. Einerseits ist die Entstehung der Staaten patriarchalisch, andererseits entstehen sie durch Gewalt, + Zwang, indem viele Einzelne einem Willen, einem Herrscher unterworfen werden. Die Gewalt welche in dieser Erscheinung Grund ist, ist darum nicht Grund des Rechts; obgleich das nothwendige und berechtigte Moment im Uebergange des Zustandes des in die Begierde und Einzelnheit versenkten Selbstbewußtseins in den Zustand des allgemeinen Selbstbewußtseins. Gewalt, Herrschsucht ist die Form in der das Anerkanntwerden des Selbstbewußtseins durch ein anderes Selbstbewußtsein allein zu Stande kommen kann. Wir nennen solche Völker Barbaren insofern sie im Allgemeinen noch in dem Fürsichsein der Begierde fest sind, das Ruhe ist sofern der Mensch auf seine Begierde als Einzelnes geneigt (309) ist, Selbstsucht u.s.w. Hier ist nun Gewalt nothwendig und berechtigt, Heroen haben diese Gewalt gebraucht und so Staaten gestiftet.*

§ 356. „Das Verhältnis der Herrschaft und Knechtschaft ist erstens nach seiner Identität eine Gemeinsamkeit des Bedürfnisses der Begierde und der Sorge für ihre Befriedigung, und an die Stelle der rohen Zerstörung des unmittelbaren Objekts, tritt die Erwerbung, Erhaltung und Formirung desselben als des Vermittelnden, worin die beiden Extreme der Selbstständigkeit und Unselbstständigkeit sich zusammenschließen."

§ 357. „Zweitens, nach seinem Unterschiede hat der Herr in dem Knechte und dessen Dienste die Anschauung der Objektivität seines einzelnen Fürsichseins, in der Aufhebung desselben, aber insofern es einem Andern angehört. — Der Knecht aber arbeitet sich im Dienste des Herrn seinen Einzel = oder Eigenwillen ab, hebt seine innere Unmittelbarkeit auf; und macht durch diese Entäußerung und die Furcht des Herrn den Anfang der Weisheit, — den Uebergang zum allgemeinen Selbstbewußtsein." — Der Wille des Herrn gilt und nicht der des Dieners, es ist ein Wille und dieser ist schon ein allgemeiner, es ist nicht nur der Wille dieses Selbsts, es ist ein breiter gewordener Wille. Der Knecht hat zu arbeiten für die Begierde des Herrn, sie mag Gestalt haben wie sie will, aber zugleich ist die Allgemeinheit vorhanden, der Wille, der subjektive Wille, die Begierde ist erweitert, der Herr ist Wille in diesem Bewußtsein und auch im Bewußtsein des

* *Kehler Ms.* S. 214: Die Heroen sind es, die diese Gewalt gebraucht, und eine Vereinigung gestiftet haben.

mission to a master, that states have been initiated out of the social life of man. On the one hand, their emergence is patriarchal, while on the other hand they have their origin in the force and coercion by means of which numerous single beings are subjected to the will of one master. Consequently, the force which is the foundation of this appearance is not the basis of right, although it does constitute the necessary and justified moment by which self-consciousness makes the transition from the condition of being immersed in desire and singularity into that of its universality. The only form in which the recognition of one self-consciousness by another can be brought about is that of force, imperiousness. Those peoples who are still fixed in the being-for-self of desire, self-seeking etc., among whom peace depends upon a person's being bent upon his desire as a single being, (309) are said to be barbarous. Among such, force is necessary and justified, and heroes have founded states by using it.*

§356. "Initially, in accordance with its identity, the relationship of mastery and servitude consists of a community of need deriving from desire, and of concern for the satisfaction of it. Crude destruction of the immediate object is therefore replaced by the acquisition, conservation and formation of it, and the object is treated as the mediating factor within which the two extremes of independence and dependence unite themselves."

§357. "The second factor in the difference is that in the servant and his services, the master has an intuition of the objectivity of his single being-for-self in its sublation, although only in so far as this being-for-self belongs to another. — The servant, on the contrary, works off the singularity and egoism of his will in the service of the master, sublates his inner immediacy, and through his privation and fear of the Lord makes, — and it is the beginning of wisdom, — the transition to universal self-consciousness." — It is the will of the master which prevails, not that of he who serves. It is one will, and it is already universal, a will which has broadened out, not merely the will of a single self. Although the servant has to work in accordance with the desire of the master regardless of what this desire is, there is at the same time a universality present, for will, subjective will, desire, is extended, the master being the will within his own consciousness as well as within that of the

* *Kehler Ms.* p. 214: It is the heroes who have used this force and created a unity.

Knechts. Indem nun jetzt nur ein Wille, der des Herrn ist, so ist dieser Wille zugleich selbstständiger Wille, ist auf seine Begierden gerichtet, der Knecht ist insofern Instrument, nicht Zweck an sich, aber dieß Instrument ist zugleich auch (310) Bewußtsein, wenigstens der Möglichkeit nach, es ist die Möglichkeit des freien Willens darin. Der Unterworfene kann so seinen eigenen Willen wieder an sich nehmen, er kann sich jeden Augenblick empören, das Prinzip ist das ganz abstrakte Ich, das sich von seiner Verbindlichkeit los sagen kann, zumal da sie nicht rechtlich ist, der Sklave hat keine Pflichten wie keine Rechte. Das Instrument dient dem Herrn daher auch mit Willen, bleibt an sich freies Selbstbewußtsein und dieser Wille des Knechts muß dem Herrn geneigt gemacht werden, er muß für den Knecht als Lebendiges sorgen, ihn schonen als an sich freien Willen, so wird der Knecht in die Gemeinsamkeit der Vorsorge aufgenommen, so wird er auch Zweck, er gilt, er hat seine Ehre, ist Glied der Familie. Der Sklave kann keine Ehre haben, der Knecht hat seine Ehre in der Treue. Es ist so Gemeinsamkeit der Vorsorge für die Befriedigung der Begierde, damit ist Formirung des Objekts vorhanden, das Objekt muß im Bewußtsein genommen werden, dieß ist Sorge für die Zukunft und dieß ist eine Verallgemeinerung in Rücksicht auf die Befriedigung der Bedürfnisse. Ich habe ein Bedürfniß immer nur jetzt, durch die Sorge wird es verallgemeinert. Die andere Seite ist daß durch das Dienen der eigene Wille abgearbeitet wird, es ist zu thun um das Negative des einzelnen selbstischen Willens, mehr eigentlich um die Aufhebung der Einzelnheit des Selbstbewußtseins, denn es ist hier vom wahrhaften Willen noch nicht die Rede. Diese Selbstständigkeit, des Selbstbewußtseins ist aufgegeben, der Knecht dient, gehorcht und in dem Dienen wird es realisirt, wird zur Gewohnheit auf seinen eigenen Willen zu verzichten, der Begierde nicht freien Lauf zu lassen, er macht durch die (311) Furcht des Herrn den Anfang zur Weisheit. Jeder Mensch muß gehorchen lernen und wer befehlen soll muß gehorcht + haben und gehorchen gelernt haben d.h. nicht nach seinem unmittelbar einzelnen Willen, der selbstsüchtigen Begierde gehen. Wer befehlen will muß vernünftig befehlen, nur wer vernünftig befiehlt dem wird gehorcht, das Rechte ist das Allgemeine, dieß ist das worin nicht der Inhalt selbstsüchtige Begierde ist, es wird gehorcht dem der das Recht hat zu befehlen d.h. die Menschen gehorchen dem was sie von selbst geneigt sind zu thun und dieß ist das an und für sich Allgemeine. Zum Befehlen gehört Verstand um nichts albernes Abgeschmaktes vorzubringen, und um das Allgemeine zu wissen muß verzichtet sein auf die Einzelnheit des Selbstbewußtseins. Dieß Moment kommt im Leben jedes Menschen vor, verzogene Menschen denen man ihren Willen in Allem gelassen hat sind hernach die schwächlichsten, sie

servant. In that there is now only one will, that of the master, it is at the same time independent, directed in accordance with his desires, and to this extent the servant is an instrument, having no purpose of his own. This instrument is at the same time also (310) consciousness however, or at least has the possibility of being it, and therefore contains the possibility of free will. He who has been subjected can reassert his own will, can rebel at any moment, the principle here being that of the wholly abstract ego, which can renounce its obligation, especially if it is unjustified. The slave has no duties, just as he has no rights. The instrument also serves the master willingly however, being implicitly free self-consciousness, and the servant's will therefore has to be made favourably inclined toward the master, who has to care for him as a living being, take care of him as an implicitly free will. By this means, the servant is brought into the community of providing, so that he also has a purpose, counts, is to be honoured, is a member of the family. The slave cannot be honoured, but the servant has his honour in trust. This gives rise to communal provision for the satisfaction of desire, which involves the forming of the object in hand. The object has to be consciously assimilated, the future has to be provided for, and this constitutes a universalization in respect of the satisfying of needs. A need is always only a present matter, but through making provision for it, it is universalized. The other aspect is that of one's own will being worked off through service. This involves the negative of the single will of the self, or rather the sublation of the singularity of self-consciousness, for at this juncture we are not yet speaking of the true will. The independence of self-consciousness is abandoned, the servant attends, obeys, and in this service there is a realization of self-consciousness, which acquires the habit of renouncing its own will, of not allowing a free rein to desire. (311) For the servant, fear of the Lord is the beginning of wisdom. Everyone has to learn to obey, and he who is to command must have obeyed and learnt to obey i.e. must not follow his immediate and single will, his egoistic desire. — Whoever wants to command must do so reasonably, for only he who commands reasonably will be obeyed. What is right is what is universal, and its content is not egoistic desire. He who has the right to command will be obeyed i.e. people will do obediently that which they themselves are inclined to, which is what is universal in and for itself. Command involves the exclusion of what is preposterous and absurd, and knowing what is universal involves the renunciation of the singularity of self-consciousness, — a moment which occurs in the life of everyone. Persons who have been spoiled, who have had no curb put upon their will, are subsequently the weakest, being incapable of true purposes and

sind unfähig zu wahrhaften Zwecken, Interessen, Geschäften für echte Zwecke. Die Geschichte der Staaten stellt diesen Durchgangspunkt vor. Zuerst ist ein Zustand in dem der Wille des Einzelnen, die Begierde gebändigt ist durch den Willen des Herrschers, das Volk ist so noch roh, wie z.B. bei den Griechen, dann erklären sie sich frei, sind aber der Gemeinsamkeit nicht fähig, können die subjektiven Zwecke nicht auf die Seite werfen. Solon gab den Atheniensern Gesetze und entfernte sich sodann, unmittelbar darauf macht sich Pisistratus zum Tyrannen auf, er machte sich mit Recht zum Herrscher aber er ließ die solonischen Gesetze gelten und dadurch sind die Athenienser an dieselben gewöhnt, und wie sie ihnen zur Sitte geworden waren wurden die Herrscher überflüssig, Pisistratus Söhne wurden daher verjagt. — Dieß ist nun der Uebergang (312) vom einzelnen Selbstbewußtsein der Begierde zum Allgemeinen, was durch das Verhältniß zu Stande kommt ist das allgemeine Selbstbewußtsein überhaupt.

§ 358. 3) „*Das allgemeine Selbstbewußtsein* ist das positive Wissen seiner selbst im anderen Selbst, deren jedes als freie Einzelnheit absolute Selbstständigkeit hat, aber durch die Negation seiner Unmittelbarkeit sich nicht vom andern unterscheidet, allgemeines und objektiv ist und die reelle Allgemeinheit so hat, als es im freien Andern sich anerkannt weiß, und dieß weiß, insofern es das Andere anerkennt und es frei weiß." Dieß ist das Selbstbewußtsein als allgemeines, das Ichselbst ist das Sprödeste, aber durch die Bildung ist dieß Ichselbst das an sich die freie Allgemeinheit ist reell, in seinem Dasein dieser seiner Allgemeinheit gleich gemacht.* Es ist sich selbst zu wissen, seine Freiheit, seine Selbstständigkeit darin zu wissen daß ich das Andere frei weiß, also mein freies Selbstbewußtsein habe in der Freiheit des Selbstbewußtsein der Anderen. Dieß allgemeine Wiederscheinen des Selbstbewußtseins, der Begriff, der sich in seiner Objektivität als mit sich identische Subjektivität und darum allgemein weiß, ist die Substanz jeder wesentlichen Geistigkeit; der Familie, des Vaterlandes, des Rechts; so wie alle Tugenden, — der Liebe, Freundschaft, Tapferkeit, der Ehre, des Ruhms. Alle diese Verhältnisse haben zur substantiellen Grundlage das wiederscheinende Selbstbewußtsein, ich bin und scheine dieß und + dieser Schein ist im Anderen, das Dasein als Anderes ist nur ein Schein, sie sind dasselbe was ich bin und ich bin so nur im Schein des Anderen. Jedes ist im Anderen seiner selbst bewußt. Selbstbewußtsein ist

* *Kehler Ms.* S. 216: Ich selbst, spröderes gibt es nicht, aber durch die *Bildung* überhaupt ist dies Ich selbst, an sich die freie Allgemeinheit, reell nach seinem Dasein, seinen Bestimmungen dieser seiner Allgemeinheit gleichgemacht.

interests, of acting in a genuinely purposeful manner. This point of transition is to be found in the history of states. The primary condition is that in which the will of the single person, desire, is restrained, — through the will of the ruler. As was the case with the Greeks, the population is still raw therefore; they declare themselves to be free, but are incapable of forming a community, unable to centre upon anything but subjective purposes. Solon gave the Athenians laws and then retired. Immediately afterwards Pisistratus established his tyranny, and he was justified in assuming power. He allowed Solon's laws to remain in force however, and as the Athenians got used to them and they became customary, the rulers became superfluous and the sons of Pisistratus were therefore driven out. — This is now the transition (312) from the single self-consciousness of desire to what is universal. In general, the relationship brings about universal self-consciousness.

§ 358. 3) "*Universal self-consciousness* is the positive knowing of one's self in the other self. Each has absolute independence as a free singularity, but does not differentiate itself from the other through the negation of its immediacy. Each is therefore universal and objective, and possesses the real nature of universality in that it knows itself to be recognized by its free counterpart, and knows that it knows this in so far as it recognizes the other and knows it to be free." This is self-consciousness in its universality. Although the ego itself is what is most unyielding, in that it is trained, it is the equal of its universality in its determinate being, and is therefore implicitly free universality, of a real nature.* Such self-consciousness is self-knowledge, and knows of its freedom or independence in that the ego knows the other to be free. It is thus that I have my free self-consciousness in the freedom of the others' self-consciousness. This universal reflectedness of self-consciousness is the Notion, which since it knows itself to be in its objectivity as subjectivity identical with itself, knows itself to be universal. It is not only the substance of all the essential spirituality of the family, the native country, the law, but also of all virtues, — of love, friendship, valour, honour, fame. Interreflecting self-consciousness is the substantial basis of all these relationships. I am, and I appear as such, and this apparency has being within the other, the determinate being, as an other, being merely an apparency. They are the same as I am, and I am what I am only in the apparency of the other. Each is conscious of itself

* *Kehler Ms.* p. 216: Although there is nothing more unyielding than the ego itself, in that it is generally trained, its determinations are the equal of this its universality, and it is therefore implicitly free universality, of a real nature in its determinate being.

zunächst Ichselbst (313) ich für mich. Die Realisirung des Selbstbewußtseins ist daß ich Dasein habe dieß Dasein ist mein Selbstbewußtsein als anerkennend die Andern und alle sind die Andern.

§ 359. „Diese Einheit des Bewußtseins und Selbstbewußtseins hat zunächst die Einzelnen als für sich seiende gegeneinander bestehen." Was in der Allgemeinheit des Selbstbewußtseins noch ist, an sich aber schon aufgehoben ist ist die Unmittelbarkeit der Individuen, wir sprechen vom Ich als diesen und von dem Andern, diese unmittelbare Selbstständigkeit ist schon verschwunden, die unmittelbare Einzelnheit hat sich aufgehoben um sich zu gewinnen, ist mit sich selbst zusammengeflossen vermittelst der Negation der Unmittelbarkeit. Die Formen gehen uns nichts an, es sind die Formen des Gefühls, Neigung, Wohlwollen, Liebe, Freundschaft, da ist diese Identität und sie ist die einfache Substanz dieser Gefühle. „Aber ihr Unterschied (der des Bewußtseins und Selbstbewußtseins) ist in dieser Identität die ganz unbestimmte Verschiedenheit, oder vielmehr ein Unterschied, der keiner ist. Ihre Wahrheit ist daher die an und für sich seiende, unvermittelte Allgemeinheit und Objektivität des Selbstbewußtseins, — die Vernunft" und Vernunft als sich Dasein gebend als Bewußtsein ist die Geistigkeit. Die Tugenden sind die Individuen als solche, diese sind die subjektive Weise in der das Substantielle seine Existenz hat, so daß es scheint als ob in das Individuum als solches die Subjektivität, die Freiheit fiele und damit das Bestimmen des Allgemeinen, Substantiellen, dieß ist aber ebenso die Subjektivität an sich selbst und das Sichbestimmen kommt nicht dem Subjekt, dem einzel- (314) nen Selbstbewußtsein zu, sondern diese Subjektivität, dieß Sichselbstbestimmen, dieß Anundfürsichsein ist Moment, ist Inhalt, Bestimmung des Allgemeinen selbst und die unmittelbare Einzelnheit in der diese Subjektivität erscheint ist nur eine Form, die Form der Unmittelbarkeit die erst in die Explikation, Diremtion hineintritt, welche das Substantielle selbst ist, und dieß ist dann die Vernunft.

c. *Die Vernunft.*

§ 360. „Die an und für sich seiende Wahrheit, welche die Vernunft ist, ist die einfache Identität der Subjektivität des Begriffs und seiner Objektivität und Allgemeinheit." Wahrheit ist der Begriff, wir können sagen das was wir die absolute Subjektivität geheißen haben, so daß darin Realität, Objektivität, Allgemeinheit schlechthin identisch ist mit dieser Subjektivität, sie ist das Bestimmende, das Unterscheiden des

in the other. Initially, self-consciousness is the ego itself, (313) I for myself. Self-consciousness is realized in that I have determinate being, and this determinate being is the self-consciousness of my recognizing the others, all of whom are others.

§359. "Initially, this unity of consciousness and self-consciousness has the single beings subsisting over against it as a being-for-self." That which still has being in the universality of self-consciousness, implicitly although sublated, is the immediacy of the individuals. We speak of this ego and of the other being. This immediate independence has already disappeared, the immediate singularity has sublated itself in order to acquire itself, has merged with itself by means of the negation of immediacy. The forms, which are those of feeling, inclination, benevolence, love, friendship, do not concern us, — this is the identity constituting the simple substance of these feelings. "In this identity however, the difference (between consciousness and self-consciousness) is a wholly indeterminate variety, or rather a difference which is not a difference. Their truth is therefore the being in and for self of the unmediated universality and objectivity of self-consciousness, — reason", and as that which gives itself determinate being, as consciousness, reason is spirituality. The virtues are the individuals as such, which are the subjective mode in which the substantial being has its existence. It seems, therefore, as though subjectivity or freedom, and, therefore, the determining of what is universal and substantial, might fall within the individual as such. In its implicit self however, what is universal and substantial is also subjectivity, so that the self-determining does not pertain to the subject, the single (314) self-consciousness. This subjectivity, this self-determining, this being in and for self, is a moment, being the content or determination of what is itself universal. The immediate singularity within which this subjectivity appears is merely a form. This is the form of immediacy which first occurs in explication or diremption, which is itself what is substantial, and this is then reason.

c. *Reason*

§360. "The truth constituted by reason is in and for itself, the simple identity of the subjectivity of the Notion with its objectivity and universality." Truth is the Notion, within which, since we may say that it is what we have called absolute subjectivity, reality, objectivity, — universality is simply identical with subjectivity, which is the determining and dis-

Allgemeinen, es ist die Form, Wissen das weder subjektiv noch objektiv gesetzt ist, das Unterscheiden, diese Thätigkeit. Der Begriff ist insofern Subjektivität, Idealität und die Allgemeinheit ist der Boden in dem die Bestimmungen die Formen des Objektiven Bestehen finden, des Objektiven im gewöhnlichen Sinn genommen.* Zu dieser Objektivität gehört auch das einzelne Selbstbewußtsein, es ist das Materielle, die Existenz, die Realität indem der Begriff sich einen Unterschied setzt und bis zum Unterschied des Einzelnen fortgeht. Aber die Allgemeinheit ist daß der Begriff, (315) die Subjektivität in der Unterschiedenheit schlechthin identisch mit sich bleibt. „Die Allgemeinheit der Vernunft hat daher ebenso sehr die Bedeutung des im Bewußtsein gegebenen Objekts, als des Ich im Selbstbewußtsein." Diese Bedeutung hat auch andere Formen, des Dirimirens der Subjektivität, der unendlichen Form, des Begriffs, es wird unterschieden Ich im Selbstbewußtsein und andererseits das Objekt das für das Ich ist, es sind viele Ichselbst und dieß ist was wir vorhin Realität des Begriffs genannt haben die sich zu diesem Unterschied entschließt, der bestimmte Unterschied sind die vielen Ichselbst und gegenüber das Objekt, die Vernunft in der Form des Fürsichseins und in der Form des Gediegenen, Zusammenhängenden, Form der Äußerlichkeit. Wir sind so vom Bewußtsein aus zur Vernunft gekommen, wir sind dabei ausgegangen vom Gegensatz des Bewußtseins, oder des Objekts und des Selbstbewußtseins, Objekt heißt hier was als seiend gilt, von diesem Gegensatze sind wir zur Vernunft gekommen, zu dieser Einheit und dieß macht die Bestimmung der Vernunft selbst aus. Sie ist aber nicht die Einheit des Objekts wie es im Bewußtsein ist und des Bewußtseins wie es als Selbstbewußtsein ist, sie ist die Idee, die thätige wirkende Idee, damit Einheit des Begriffs überhaupt und der Objektivität,† das Selbstbewußtsein ist wie der Begriff für sich ist als freier Begriff, dieß ist Ich das für sich ist, Ich ist der Begriff, aber nicht wie der der Sonne, des Thiers, der Pflanze, der innewohnend ist in der Pflanze, untrennbar von der äußerlichen

* *Kehler Ms.* SS. 217–218: § 360. Die Vernunft ist die an und für sich seiende Wahrheit. Wahrheit ist der Begriff, so daß das, was wir Realität, Objektivität, Allgemeinheit heißen, identisch ist mit dieser Subjektivität; die Subjektivität ist überhaupt das Bestimmende, Unterscheidende des Allgemeinen, und ebenso das in Einssehen des Unterschiedenen, diese Form, die eben diese Thätigkeit ist. Die Allgemeinheit ist so zu sagen der Boden, (218) in welchem die Bestimmungen, Unterschiede der Form Bestehen gewinnen.

† *Kehler Ms.* S. 218: . . ., Vernunft ist aber nicht bloß die Einheit des Objekts, wie sie im Bewußtsein ist, und das Selbstbewußtsein, als Subjekt, sondern überhaupt die Thätigkeit, vorhanden, wirkliche Idee, damit Einheit des Geistes und des Objekts . . .

tinguishing factor of the universal. The universal is the form, the distinguishing, this activity, knowledge posited neither subjectively nor objectively. To this extent, the Notion is subjectivity, ideality, and universality is the foundation within which the determinations find the forms of subsisting objectively, of being objective in the ordinary sense.* This objectivity also involves the single self-consciousness, — material being, existence, reality, — in that the Notion posits a difference for itself and progresses into the difference of singularity. Universality however, consists of the Notion (315) or subjectivity remaining simply self-identical within difference. "Consequently, to the extent that the universality of reason signifies the object given in consciousness, it also signifies the ego in self-consciousness." This significance also has other forms, those of the diremption of subjectivity, of infinite form, of the Notion. The ego in self-consciousness on the one hand, is distinguished from the object which has being for the ego on the other. The many egos or selves are what we referred to previously as the reality of the Notion, which resolves itself into this difference. These egos or selves constitute determinate difference, and in respect of the object, reason in the form of being-for-self and of what is soundly coherent, in the form of externality. It is thus that we have progressed from consciousness to reason, our point of departure being the contradiction of consciousness, or of the object and self-consciousness, the object at this juncture signifying that which passes for being. The determination of reason itself consists of the progression we have made from this opposition to reason, to this unity. Reason is not the unity of the object which occurs in consciousness however, nor is it the unity of consciousness which occurs in self-consciousness, it is the Idea, the actively effective Idea, and it is therefore the unity of the Notion in general with objectivity.† Self-consciousness is as the Notion which is for itself, as free Notion, which is ego as it is for itself. The ego is the Notion, although not as the indwelling Notion of the Sun, the animal, the plant, which is insepar-

* *Kehler Ms.* pp. 217–218: § 360. Reason is truth which is in and for itself. Since truth is the Notion, what we call reality, objectivity, universality, is identical with this subjectivity, which is the general determining and distinguishing factor of the universal, just as it is the seen unity of what is distinguished, being this form, which is precisely this activity. The universality is, so to speak, the foundation, (218) within which the determinations or differences of form gain subsistence.

† *Kehler Ms.* p. 218: Reason, however, is not simply the unity of the object as it occurs in consciousness, and self-consciousness as subject, but activity in general, the actually present Idea, and, therefore, the unity of spirit and of the object.

Realität, hingegen wie der Begriff im Selbstbewußtsein ist, ist der Begriff mein, abstrakt für sich und die Realität gegen das Selbstbewußtsein ist das Bewußt- (316) sein, Ich als sich verhaltend gegen ein Objekt, hier haben wir die Einheit des Bewußtseins als Objektivität d.h. der Begriff als Selbstbewußtsein in der Realität, die Realität ist hier das Selbstbewußtsein, Ich das im Verhältniß ist zu einem Objekt als ihm äußerlich, gegeben. Vernunft überhaupt ist die Idee, die Idee ist die Vernunft, die Idee haben nicht wir, sie hat uns, so hat auch die Vernunft uns, sie ist unsere Substanz. Wenn wir sagen die Idee ist vernünftig, so ist vernünftig das Prädikat und Idee erscheint noch als selbstständig, aber sie ist das Geltende, das Mächtige. Indem wir so die Vernunft betrachten müssen wir wissen daß sie das Substantielle ist, die Thätigkeit, die unendliche Form, das aus sich Sichbestimmende, dieß ist auch die Idee, sie ist nicht so ein Gemeintes, Erworbenes. Wir stellen uns vor Idee sei ein Gedachtes und Vernunft mehr an und für sich selbst, aber diese Formen müssen wir weglassen und so ist Idee und Vernunft identisch. Vernunft und Idee hat so nicht bloß hier ihre Stelle daß sie hervortritt, sie tritt auch im Begreifen hervor, es ist ein Punkt wo die Idee zu ihrer Wahrheit kommt, das Andere sich zu seiner Wahrheit erhebt das seine Idee ist; Intelligenz, — später vernünftiges Wissen ist auch Vernunft.* Hier hat Vernunft die bestimmte Bedeutung von dem Gegensatze wovon sie herkommt und wie die Form der Subjektivität in ihr bestimmt ist. Hier ist also in der Vernunft die Subjektivität, die Form ist bestimmt als absolute Subjektivität, die Wissen ist und die allerdings Ich ist, Persönlichkeit, in näherer Bestimmung für sich seiende Einzelnheit.

Wenn wir sagen von der Natur, der Welt sie ist vernünftig so hat (317) dieß einen andern Sinn nach der Seite daß die Subjektivität anders darin bestimmt ist, weniger applizirt.† Die Natur ist vernünftig d.h. sie ist Idee d.h. sie ist Darstellung, Realität des sich objektivierenden Begriffs, ihr Centrum ist der Begriff und dieß ist hier bei dieser Vernunft ebenso nur daß in der Natur so wie im‡ Bewußtsein noch nicht diese Subjektivität also absolut identisch mit ihrer Realität, Objektivität ist. Wenn man so bei der Natur von Begriff spricht, so ist dieß nur der

* *Kehler Ms.* S. 218: Wenn wir von Vernunft sprechen, so hat sie nicht bloß hier ihre Stelle, daß sie hervorkommt, sondern im Begriff kommt ein Punkt, wo sie als Resultat ist, wenn das andere sich zu seiner Wahrheit erhoben hat, welches die Idee ist. Später werden wir von der Intelligenz zum vernünftigen Wissen kommen.

† *Kehler Ms.* S. 219: Sagen wir die Welt, Natur ist vernünftig, so hat dies eine andere Seite, daß die Vernunft darin weniger expliciert ist.

‡ *Kehler Ms.* S. 219: . . . nur daß in der Natur, wie in der Seele, im Bewußtsein . . .

able from the external reality. In self-consciousness the Notion is mine, abstractly for itself, and the reality opposed to self-consciousness is consciousness (316), ego as relating itself to an object. We have here the unity of consciousness as objectivity i.e. the Notion within reality as self-consciousness. At this juncture, reality is self-consciousness, ego in relationship with an object presented to it externally. Reason in general is the Idea, for the Idea is reason: we do not possess the Idea, it possesses us, so that reason also possesses us, being our substance. When we say that the Idea is rational, rational is the predicate, and the Idea, although it is what matters and has power, still appears to be independent. In that we have to regard reason in this way, we know it to be that which is substantial, activity, infinite form, that which determines itself from out of itself i.e. the Idea, which is neither fabricated nor acquired. We present the Idea to ourselves as being what is thought, and reason as being more in and for itself, but we must discard these forms and take the Idea and reason to be identical. Reason or Idea does not only have its place where it comes forth here, for it also comes forth in Notional comprehension, which is a point at which the Idea attains to its truth, at which the other raises itself to its truth, its Idea. Intelligence, which is a subsequent rational form of knowledge, is also reason.* Here, reason has the specific significance of the opposition out of which it arises, and the way in which the form of subjectivity is determined within it. At this juncture therefore, there is subjectivity in reason, the form being determined as absolute subjectivity, which is knowledge, and certainly ego, personality, — more closely determined, the being-for-self of singularity.

When we say that nature or the world is rational, this (317) has another meaning in respect of subjectivity, implying that it is determined within it in another way, less applied.† Nature is rational i.e. Idea, the representation, reality, of the self-objectifying Notion. Its centre is the Notion, and this is also the case with reason at this juncture, although in nature, as in‡ consciousness, it is not yet this subjectivity, and so absolutely identical with its reality, objectivity. When one speaks of

* *Kehler Ms.* p. 218: When we speak of reason, it is not only here where it comes forth that it has its place, for when the other has raised itself to its truth which is the Idea, there is a point within the Notion at which reason has being as a result. We shall subsequently reach rational knowledge from intelligence.

† *Kehler Ms.* p. 219: When we say that nature or the world is rational, this has the other side to it of reason's being less explicated within the world.

‡ *Kehler Ms.* p. 219: . . . although in nature, the soul and consciousness . . .

Begriff als solcher nicht der für sich seiende Begriff; hier hat der Begriff die Bestimmung Begriff für sich selbst zu sein, der frei für sich existirt und diese Existenz des Begriffs für sich ist das was wir im Bewußtsein und eigentlich im Selbstbewußtsein haben. Selbstbewußtsein ist so die für sich noch einseitig existierende Form, ohne ihre absolute Objektivität, die Objektivität wie wir sie hier hatten ist die Seele, Vernunft ist hier so näher die Gewißheit seiner selbst und der Seele.

§ 361. „Die Vernunft ist daher als reine Einzelnheit der Subjektivität an und für sich bestimmt, und daher die Gewißheit, daß die Bestimmungen des Selbstbewußtseins eben so sehr gegenständlich, Bestimmungen des Wesens der Dinge, als seine eigenen Gedanken sind.“ Die Vernunft ist so meine Einzelnheit, allgemeine Einzelnheit nicht unmittelbar und bestimmt sich an und für sich selbst, ist Gewißheit; in der Natur ist der Begriff nicht Gewißheit, der ist nicht Wissen, hier hingegen ist Form der Vernunft. Von hier an haben wir die Vernunft und in der Form von wissender Vernunft, Vernunft die wissend ist, ihren Unterschied in sich setzt, dieß ist geistiges Bewußtsein, Selbstbewußtsein, vernünftiges Selbstbewußtsein, (318) dieß ist geistig, ist Thun des Geistes. Wir haben so Selbstbewußtsein mit der Bestimmung daß das was der Geist ist auch die Dinge sind, der Geist will wissen und indem er wissen will hat er die Voraussetzung der Vernunft d.h. die Voraussetzung daß die Gegenstände, die Dinge an sich Bestimmungen der Vernunft sind die er selbst ist, daß so das Wahrhafte der Dinge für ihn ist. Der Geist will wissen, will denken, hat die Gewißheit daß indem er sich mit Dingen beschäftigt er sie kennen lernt durch die Stufen der Anschauung, Vorstellung und des Denkens beschäftigt er sich mit ihnen + und lernt sie so kennen. Der Geist hat keine Angst an den Dingen, sich mit Dingen zu beschäftigen, er geht von der Gewißheit der Vernunft aus, daß die Dinge wie sie an sich sind nicht undurchdringlich für ihn sind und daß wie er sie kennen lernt sie so an sich sind und er so zur Wahrheit gelangt. — Dieß ist der Standpunkt des Geistes.

§ 362. „Die Vernunft ist als diese Identität die absolute Substanz, welche die Wahrheit ist.“ Substantielles Wissen ist ihre Form, diese unterscheidet selbst wissendes Subjekt und Gegenstand, aber weil es innerhalb der Substanz geschieht so ist auf der Seite des Wissenden die Gewißheit daß der Gegenstand an sich nicht wahrhaft fremd für dasselbe ist, sondern seine Bestimmung das ist was der Geist an sich ist, vernünftig. Geist an sich ist die Vernunft, es ist also Vernunft die sich zur Vernunft verhält und es ist die Gewißheit der Vernunft daß sie sich zu Vernünftigen verhalte. „Die eigenthümliche Bestimmtheit, welche sie hier hat, nachdem das gegen Ich vorausgesetzte Objekt, so wie das

the Notion in respect of nature therefore, this Notion is only the Notion as such, not the Notion which is for itself. At this juncture, the Notion has the determination of being for itself, of existing freely for itself, and it is this existence of the Notion for itself that we have in consciousness, and especially in self-consciousness. Self-consciousness is therefore the still onesidedly existent form which is for itself and lacks its absolute objectivity. Objectivity as dealt with here is the soul, so that more precisely considered, reason here is the certainty of itself and of the soul.

§361. "As the pure singularity of subjectivity, reason is therefore determined in and for itself, and is therefore the certainty that the determinations of self-consciousness are generally objective, determinations of the essence of things, to the extent that they are its own thoughts." Reason is therefore my singularity: it is not immediate but universal singularity, and determines itself in and for itself, constitutes certainty. In nature, the Notion is not certainty, nor is it knowledge, but at this juncture it is the form of reason. From here on we have reason, and in the form of knowing reason, or reason which knows, it posits its difference within itself. This is spiritual consciousness, self-consciousness, rational self-consciousness. (318) Since it is spiritual, the activity of spirit, we have self-consciousness with the determination that what spirit is, things are also. Spirit wants to know, and on account of this presupposes reason i.e. that general objects, things in themselves, are determinations of reason, which is what it is itself, — that things are true in that they have being for it. Spirit wants to know, to think, is certain that in that it concerns itself with things, it gets to know them. It does this through the stages of intuition, presentation and thought, by concerning itself with them. Spirit is not afraid of things, diffident about concerning itself with them. It proceeds from the certainty of reason, the certainty that things as they are implicitly are not able to resist it, that they are implicitly what it knows them to be, and in this way it reaches truth. This is the standpoint of spirit.

§362. "As this identity, reason is the absolute substance, which is truth." Substantial knowledge is the form of reason. This form distinguishes the self-knowing subject and the general object, but since this takes place within the substance, there is the certainty on the side of that which knows, that the general object is not truly alien to it, and that its determination is what spirit is implicitly i.e. rational. Since spirit is implicitly reason, it is reason relating itself to reason, the certainty of reason consisting of its relating itself to what is rational. "The peculiar determinateness of reason at this juncture, — subsequent to the self-sublated onesidedness of the presupposed object opposed to the ego

gegen das Objekt selbstische Ich seine Einseitigkeit aufgehoben hat, — ist die sub- (319) stantielle Wahrheit, deren Bestimmtheit der für sich seiende reine Begriff, Ich, — die Gewißheit seiner selbst als unendliche Allgemeinheit, ist. Diese wissende Wahrheit ist der Geist." — Das Bewußtsein ist noch geistlos und es ist der Standpunkt von dem aus man jetzt so viel schwatzen hört, daß man viel wisse, aber doch die Wahrheit nicht erkennen könne u.s.w. dieß ist geistlos, der wahre Standpunkt ist daß kein Abgrund ist zwischen dem Objekt, und der wissenden Subjektivität und dieß ist auch im wissenden Subjekt, im Menschen. Die Menschen mühen sich die Welt kennen zu lernen und sind überzeugt daß sie dahinterkommen können, daß keine Scheidewand ist die sie nicht durchdringen könnten. Das Bewußtsein hat es zunächst mit Äußerlichen zu thun, die eine bestimmte letzte Selbstständigkeit für sich haben, es weiß vom Objekt aber auch daß es das Negative seiner ist, das Andere seiner.* Hingegen der Geist weiß daß die Identität die Grundlage ist, der Glauben, das Zutrauen zu diesem Verhalten ist daß ich die Dinge erkennen kann, sie sich nicht verbergen, daß sie so sind wie ich sie erkenne, daß sie so sind wie ich sie durch die Thätigkeit meines Geistes im Nachdenken bestimme, daß ich darin nicht subjektiv bleibe, sondern mich vollkommen objektiv darin verhalte, d.h. zum Innern der Dinge komme und die Gegenstände erfasse wie sie sind. Das Geistlose ist der Unglauben an diese Identität des Wissens und der Objekte, es bleibt auf dem Standpunkte des sinnlichen Bewußtseins stehen, des Verstandes der das Sinnliche festhält, da ist dann die Scheidewand das Letzte, die Dinge sind mir das Äußerliche dabei bleibt der Verstand stehen, der Geist hingegen ist die absolute Einigkeit und die Gewißheit (320) der Einigkeit seiner mit sich selbst, darin ist das Bewußtsein, er ist aber ebenso über den Standpunkt des Bewußtseins hinaus, es ist ihm ideell, er ist im Bewußtsein der Einigkeit mit sich d.h. der Einigkeit dessen was die Natur, das Leben der Dinge ist mit seinem Wesen, dieß ist die Vernunft und Geist ist die Gewißheit dieser Vernünftigkeit. Dieß ist der Begriff, die Natur des Geistes überhaupt. — Der Geist geht also frei von sich aus, ist nicht wie das Bewußtsein abhängig vom Anderen, nicht wie das Selbstbewußtsein nur auf sich beschränkt, abstrakt nur mit sich identisch als Subjekt. Der Geist ist frei in der Welt, hat die Gewißheit der Vernünftigkeit, das Andere ist geistlos, die Seele als solche ist geistlos, weil sie noch nicht wissende ist, das Bewußtsein ist geistlos weil es wissend ist, aber mit einem Anderssein behaftet, das Selbstbewußtsein mit der Subjektivität hat den Mangel der Bestimmung des Anderssein ist das Bestim-

* *Kehler Ms.* S. 219: . . .; das Bewußtsein weiß von den Objecten, aber auch, daß das Object nur das Negative seiner ist, ein anderes überhaupt ist, andere Wesenheiten haben könnte, als das Subject . . .

and of the selfhood of the ego opposed to the object, — is the (319) substantial truth which has as its determinateness the being-for-self of the pure Notion, the ego, — the self-certainty of infinite universality. This knowing truth is spirit." — Consciousness is still spiritless, and constitutes the standpoint from which a lot of the present-day prattle about knowing much and yet being incapable of knowing truth etc. originates. This is not spiritual. The true standpoint is that of there being no abyss between the object and knowing subjectivity, and it also occurs in the knowing subject, in man. Men take the trouble to get to know the world, and are convinced that they can do so, that there is no impenetrable barrier. Although consciousness is mainly concerned with external beings, which have a certain final independence of their own, it also knows of the object that it is the negative of its own, its other.* Spirit, however, knows the basis to be identity, within which relatedness there is the belief and trust that I am able to cognize things, that they are not able to conceal themselves, that they are as I cognize them to be, as I determine them through the spiritual activity of my thinking them over, — that I do not remain subjective in this, but relate myself wholly objectively, penetrating to the inwardness of things and apprehending general objects as they are. Lack of belief in this identity of knowledge and object is spiritless, and this lack of spirit remains at the standpoint of sensuous consciousness, of the understanding, at which there is a holding fast to what is sensuous. The barrier is then final, things are external to me, and the understanding gets no further than this. Spirit is the absolute unity however, and the certainty (320) of the unity of its own with itself. Although consciousness is within this unity, it also supersedes the standpoint of consciousness, which is of an ideal nature to it. Within consciousness it is self-unity, i.e. the unity of that which the nature and life of things constitutes with the essence of consciousness. This is reason, and spirit is the certainty of this rationality. This is the Notion, the general nature of spirit. — Spirit therefore proceeds freely forth from out of itself, and is neither dependent upon the other as is consciousness, nor limited only to itself, merely a subject which is abstractedly self-identical, as is self-consciousness. Spirit is free in the world, having the certainty of rationality, whereas the other and the soul as such, since they do not yet have knowledge, are spiritless. Consciousness is spiritless because although it has knowledge, it is encumbered with an otherness. The subjectivity of self-consciousness has the defect of the determination of otherness, being the being-

* *Kehler Ms.* p. 219: Although consciousness knows of objects, it also knows that the object is only the negative of its own, a general other, that it could have other essentialities than the subject.

mungslose, In oder Fürsichsein. Der Geist ist wissend, ist die Gewißheit in sich die Totalität zu sein die die Vernunft ist und daß was für ihn als Gegenstand erscheint nicht Gegenstand ist im Sinn des Bewußtseins, sondern Gegenstand der vernünftig ist. Im Selbstbewußtsein haben wir den Anfang der Freiheit gesehen, der Geist ist konkret frei, der Geist wird euch in alle Wahrheit leiten, sagt Christus, er ist nicht bloß formell frei, wie das Selbstbewußtsein, sondern er geht in alle Wahrheit hinein, will nichts als die Wahrheit, will sie weil er Vernunft an sich ist und die Gewißheit ist daß nichts ist als Vernunft.*

* *Kehler Ms.* S. 220: Christus sagt: der Geist wird euch in alle Wahrheit leiten, frei machen, in ihm ist die concrete Befreiung, nicht die formelle, abstract, die im Selbstbewußtsein ist. Der Geist geht in alle Wahrheit hinein, und will nichts, als die Wahreit, will sie, weil er die Vernunft in sich ist, auch weil er die Gewißheit hat, daß nichts ist, als die Vernunft.

in-or-for-self which is without determination. Spirit has knowledge, it + is the certainty of being in itself the totality which constitutes reason, the certainty that that which appears for it as a general object is not a general object such as that of consciousness, but a rational one. In self-consciousness we saw the beginning of freedom, but spirit is concretely 5 free, "The Spirit will guide you into all truth", says Christ. Spirit is not + merely formally free, as is self-consciousness, but enters into all truth, and since it is implicitly reason, and the certainty that there is nothing but reason, it seeks nothing but truth.*

* *Kehler Ms.* p. 220: "The Spirit will guide you into all truth, make you free", says Christ. Within it there is concrete liberation, not the formal, + abstract liberation of self-consciousness. Spirit enters into all truth and seeks nothing but truth, since it is in itself reason, and has the certainty that there is nothing but reason.

NOTES

3,1

This title was first inserted in the second edition of the Encyclopædia. In 1817 the section was simply headed 'Consciousness', and even after 1827 Hegel continued to announce his lectures on the Philosophy of Subjective Spirit as 'Anthropologie und Psychologie' ('Berliner Schriften' pp. 747/8). This should not, however, be taken to indicate that there was ever any doubt in his mind about the placing of the Phenomenology *within* the Encyclopædia. It is evident from the numerous references to consciousness throughout the Anthropology and the Psychology that the Phenomenology was a clearly conceived and integral part of the overall dialectic of Subjective Spirit, and the history of the development of the sphere gives evidence of nothing but complete consistency in Hegel's assessment of its subject-matter. In a work as early and as elementary as the 'Philosophische Enzyklopädie für die Oberklasse' § 129 ('Nürnberger Schriften' ed. Hoffmeister, Leipzig, 1938) for example, it was already determined as the sequent of Anthropology and the presupposition of Psychology; cf. L. Logic (1816) 781–2. Its three main levels — consciousness, self-consciousness and reason — were clearly formulated by 1808 (op. cit. pp. 15–28, 202–10), and there is a letter to Niethammer (op. cit. p. xix) confirming that the triadic structure of this exposition was meant to correspond to the first three major divisions of what was published in 1807. The rest of the 1807 work is therefore to be regarded as a preliminary sketch of the mature Philosophy of Spirit (§§ 440–577) i.e. the immediate presuppositions of the Logic. Cf. 'Bewusstseinslehre und Logik für die Mittelklasse. 1808/9' (op. cit. pp. 11–28).

Hegel's early editors and interpreters showed surprisingly little appreciation of the true significance of the Phenomenology. Carl Daub (1765–1836) regarded it as a 'history of spirit': 'Vorlesungen über die philosophische Anthropologie' (Berlin, 1838), pp. 121–55. C. L. Michelet (1801–1893) insisted that, 'The Phenomenology of Spirit cannot be scientifically introduced into the system in two places. Since it constitutes the science preliminary to Logic, it is not to be brought in again as a moment of subjective spirit': 'Anthropologie und Psychologie oder die Philosophie des subjectiven Geistes' (Berlin, 1840), p. V. J. E. Erdmann (1805–1892) did not, like Michelet, exclude it from the Philosophy of Subjective Spirit: 'Grundriss der Psychologie' (Leipzig, 1840), §§ 67–92, but he failed to grasp the full significance of its systematic placing within the Encyclopædia, and merely regarded it as an

attempt to sublate 'the isolated position which Fichte and Schelling had ascribed to philosophy': 'Versuch einer wissenschaftlichen Darstellung der Geschichte der neuern Philosophie' (Leipzig, 1834/54), now most conveniently accessible in 'Materialien zu Hegels "Phänomenologie des Geistes"' (ed. H. F. Fulda and D. Henrich, Frankfurt/M., 1973), pp. 54–63. K. Rosenkranz (1805–79), 'Psychologie' (2nd ed. Königsberg, 1843), pp. 206–5, and 235–6, was of the opinion that, "In the determination of the moments of consciousness, self consciousness and reason *Hegel* was never inconsistent; in the Encyclopædia, he exhibited these forms in their simple purity, devoid of their involvement in any concrete content."

Phenomenology is usually considered as having been brought into general philosophical discussion by J. H. Lambert (1728–1777), who put it forward in his 'Neues Organon' (2 vols. Leipzig, 1764) as a theory of the appearances constituting the bases of all cognition deriving from experience. He defined its main task as the detection of the illusions arising from these appearances — just as an optician employs a theory of perspective in order to distinguish between real and apparent relationships, so a philosopher employs phenomenology in order to distinguish truth from illusion. The concept was subsequently applied to æsthetics by Herder: 'Aelteste Urkunde des Menschengeschlechts' (2 vols. Riga, 1774/6; Suphan's ed. vols. 6 and 7), and to the comprehension of motion by Kant: 'Metaphysische Anfangsgründe der Naturwissenschaft' (Riga, 1786); while Fichte followed Lambert more closely by treating it as central to any general doctrine of appearance and illusion: 'Die Wissenschaftslehre. Vorgetragen im Jahre 1804' ('Sämtliche Werke' ed. I. H. Fichte, vol. X, 1834).

In early nineteenth century works concerned with the subject-matter Hegel deals with in his Philosophy of Subjective Spirit, the broad distinction between Anthropology and Psychology is common enough, but there is little evidence of their being influenced by these more purely philosophical considerations. Equivalents of Hegel's 'Phenomenology' are certainly scarce in the extreme — J. H. Abicht (1762–1816) defines phenomenology as, "the doctrine of the simple and more composite phenomena of the soul": 'Psychologische Anthropologie' (Erlangen, 1801), pp. 7–8. W. Liebsch (d. 1805) formulates a basically triadic division of 'Subjective Spirit', the general theme of the middle section of which bears some resemblance to the treatment of inter-subjectivity in §§ 424–37, 'Grundriß der Anthropologie physiologisch und nach einem neuen Plane bearbeitet' (2 vols. Göttingen, 1806/8), pp. ix–xii, II p. 354. J. C. Goldbeck (1775–1831) introduces the concept of phenomenology into a work concerned with many of the disciplines assessed by Hegel in §§ 377–482: 'Grundlinien der Organischen Natur' (Altona, 1808), pp. 24–52. J. Hillebrand (1788–1871), 'Die Anthropologie als Wissenschaft' (Mainz, 1823), pp. 348–77, works out a "psychological phenomenology", and J. E. von Berger (1772–1833), 'Grundzüge der

Anthropologie oder der Psychologie mit besonderer Rücksicht auf die Erkenntniß — und Denklehre' (Altona, 1824), pp. 538–60, a "phenomenology of the soul", concerned with ecstasy, dreaming, somnambulism, derangement etc. G. E. Schulze (1761–1833) opens his 'Psychische Anthropologie' (3rd ed. Göttingen, 1826) with a consideration of the ego and consciousness, but in doing so he was probably influenced by Kant's work (1798). The similarities between Hegel's work and J. C. A. Heinroth's 'Lehrbuch der Anthropologie' (Leipzig, 1822), pp. 80–100, E. Stiedenroth's 'Psychologie' (2 pts. Berlin, 1824/5) pt. II, and H. B. von Weber's 'Handbuch der psychischen Anthropologie' (Tübingen, 1829), pp. 21–30, are probably the result of these authors having been influenced by the 1807 publication.

Hegel's 'Phenomenology' of 1807 was primarily the outcome of the attempts he made to work out a philosophy of *spirit* during the Jena period. Like the later Philosophy of Spirit, it may be regarded as the immediate presupposition of the Logic, but it lacks the careful attention to the precise structure of its *subject-matter* so characteristic of the later work (Enc. § 25). It is, therefore, essentially subjective, impressionistic, there being only an idiosyncratic or approximate correlation between its systematic implications and those of the mature Philosophy of Spirit. Hegel himself summarized its general significance as follows (Intelligenzblatt der Jenaischen Allgemeinen Litteraturzeitung, 28th Oct. 1807): "It includes the various shapes of spirit within itself as stages in the progress through which spirit becomes pure knowledge or absolute spirit. Thus, the main divisions of this science, which fall into further sub-divisions, include a consideration of consciousness, self-consciousness, observational and active reason, as well as spirit itself, — in its ethical, cultural and moral, and finally in its religious forms. The apparent chaos of the wealth of appearances in which spirit presents itself when first considered, is brought into a scientific order, which is exhibited in its necessity, in which the imperfect appearances resolve themselves and pass over into the higher ones constituting their proximate truth. They find their final truth first in religion and then in science, as the result of the whole."

The basic motivation behind the formulation of the systematic treatment of phenomenology was almost certainly the need for a balanced and comprehensive criticism of post-Cartesian subjectivism, especially in its Kantian and Fichtean forms (§ 415). The philosophy of Nature and Anthropology has demonstrated that the ego is anything but presuppositionless (note 223, 33). Kant and Fichte, like Descartes, would have objected that their central concern was not the natural but the *theoretical* ego, which, since it is basic to all cognition, is also basic to the exposition of the presuppositions of its natural counterpart. Hegel's reply to this is that the precise interrelationship of the categories basic to cognition *and nature* is to be *systematically* expounded in the Logic, not artificially confined to a doctrine of subjectivity (note II.429, 30). His constant return to the theme of the Absolute's being subject,

the first relatively satisfactory instance of which his to be found in the preface to the 1807 publication, does not imply that he ever regarded the ego as being presuppositionless, even in his earliest systematic works: see 'Jenaer Systementwürfe I' p. 296 (1803/4), 'Jen. Realphilosophie' p. 185 (1805/6).

Cf. the characterization of the limitedness of consciousness in the 'Bewusstseinslehre für die Mittelklasse' (1809) § 1 (op. cit. p. 200; Phil. Prop. p. 101): "Our knowing usually involves our presentation of only the *general object* known, the knowing itself being overlooked. The whole however, which is present in knowing, is not only the general object, but also the *ego* which knows and the interrelationship between me and the general object: this is consciousness." Hegel scholars in general, unlike the schoolboys of Nuremberg and their distinguished tutor, have tended to overlook the full significance of the '*general object*'. Naturally enough, this has had a prejudicial effect upon their attempts to assess the precise nature of subjectivity, and of consciousness. See H. T. Smith 'The Ontological Foundations of Hegel's System of Science' (Thesis, 839 pp., Tulane University, 1971).

3, 18

Phil. Nat. II. 13, 27; 'Rechtsphilosophie' (ed. Ilting) I.242.

5, 25

Being is the initial i.e. the most basic category of the Logic (§ 84 et seq.), and to the extent that it is simply a logical category, it is not identical with the ego (cf. § 163 et seq. and note 223, 33). The ego and *my* being are inseparably united however, and to this extent they and thought (§ 465) may be regarded as identical.

5, 35

See Fichte's 'Ueber den Begriff der Wissenschaftslehre' (Weimar, 1794), and Hegel's comments upon it in Hist. Phil. III. 481–505.

7, 5

§§ 473–82.

7, 13

§§ 86–8 and §§ 142–7.

7, 21

This sentence provides the best evidence of the significance of Hegel's distinction between 'Object' and 'Gegenstand'. Cf. Ernst Platner (1744–1818) 'Anthropologie' (Leipzig, 1772) pp. 126–7.

7, 26

Which to the ego as such are simply undifferentiated *being*.

8, 14
Read § 414.

9, 9
This reference to this kind of conflict confirms that the struggle or conflict dealt with in § 431 et seq. is meant to illustrate a general 'epistemological' point rather than *establish* a specific *theory* of *society*. Cf. note 53, 33.

9, 13
§§ 403–8.

9, 23
If the sphere of Logic (§§ 19–244) and that of Subjective Spirit (§§ 387–482) are each regarded as a whole, the subsidiary spheres of Essence (§§ 112–59) and Phenomenology (§§ 413–39) correspond to one another. However, if the sphere of Spirit (§§ 377–577) is considered in the light of its *full* significance as the equivalent of the Logic, the Phenomenology corresponds to the sphere of Quantity (§§ 99–106). It is, therefore, the dialectical structure basic to both the assessment of categories in the Logic and the levels of Spirit which gives rise to cross-references such as this, not the relationships between the logical categories themselves.

9, 26
§§ 131–41: cf. previous note. Hegel is here thinking of the sphere of Essence (§§ 112–59) as a whole corresponding to that of Subjective Spirit.

9, 33
Phil. Nat. § 277. Cf. §§ 465–8; 55, 10.

11, 5
The precise meaning of this statement is made explicit in the Philosophies of Logic (§§ 19–244), Nature (§§ 245–376) and Anthropology (§§ 388–412), which have Spirit (§§ 413–577) as their immediate presupposition. Cf. §§ 377–87.

11, 10
See notes 3, 1 and 223, 33.

11, 17
This "progressive logical determination of the object" is the "dialectical movement of the Notion", which to the ego can only be an alteration of the apparent object. Cf. note 9, 23.

11, 27

Hegel is here referring to the relationship between pure and practical reason in Kant's thinking: see Hist. Phil. III.423–64.

11, 33

Cf. the analysis of the 'Critique of Judgement' in Hist. Phil. III.464–78.

11, 36

Karl Leonhard Reinhold (1758–1823) was born in Vienna and studied under Ernst Platner (1744–1818) at Leipzig. It was probably from Platner that he derived many of the ideas central to his interpretation of Kant. In 1786 his 'Briefe über die Kantische Philosophie' began to appear in the 'Teutscher Merkur' (ed. R. Schmidt, Leipzig, 1923), and as a result of their being well received by Kant, he was appointed Professor of Philosophy at Jena in 1787. He moved to Kiel in the spring of 1795, and remained there for the rest of his life.

In his 'Versuch einer neuen Theorie des menschlichen Vorstellungs-vermögens' (Prague and Jena, 1789; 2nd ed. 1795; reprinted Darmstadt, 1968), he explored the implications of Kant's distinction between sensation and understanding in the 'Critique of Pure Reason', and like Fichte, attempted to grasp the *basic* principle of these two aspects of cognition. Fully aware that the presentative faculty central to cognition can be neither wholly receptive (Locke) nor wholly 'formative' or generative (Leibniz), he came to the conclusion that it was the outcome of the ego, of *consciousness*, — that just as sight as such is basic to both the object seen and the eye that sees it, so consciousness is basic to both the objectivity presented and the subject which *presents itself* as presenting it (op. cit. p. 195 et seq.). The relationship between consciousness (§§ 413–38) and presentation (§§ 451–64) in Hegel's system seems to indicate that he shared some common ground with Reinhold, but he could not of course agree with him in regarding the treatment of the faculty of presentation as a matter of consciousness as the basic or 'elementary' discipline of all philosophical enquiry. Cf. Reinhold's 'Ueber die bisherigen Schicksale der Kantischen Philosophie' (Jena, 1789), 'Ueber das Fundament des philosophischen Wissens' (Jena, 1791). His ideas altered somewhat during the Kiel period, see his 'Das menschliche Erkenntnissvermögen' (Kiel, 1816). Cf. C. E. Reinhold 'K. L. Reinholds Leben' (Jena, 1825); M. von Zynda 'Kant-Reinhold-Fichte. Studien zur Geschichte des Transcendental-Begriffes' ('Kant-Studien' Ergänzungsheft vol. 20, 1910); A. Pfeifer 'Die Philosophie der Kant-periode K. L. Reinholds' (Diss. Bonn; Wuppertal-Elberfeld, 1935); M. Selling 'Studien zur Geschichte der Tranzendental Philosophie' (Lund, 1938); A. Klemmt 'K. L. Reinholds Elementarphilosophie' (Hamburg, 1958); A. Pupi 'La Formazione della filosofia di K. L. Reinhold 1784–1794' (Milan, 1966); H. Girndt 'Hegel und

Reinhold', in R. Lauth 'Philosophie aus einem Prinzip' (Bonn, 1974), pp. 202–24.

Hegel probably came into contact with Reinhold's ideas at the Tübingen Seminary, through K. I. Diez (1766–1796). In a letter to Schelling dating from 1795 ('Briefe' I.16) we find him expressing the view that he can afford to neglect Reinhold's interpretation of Kant, since it is only an advance in respect of theoretical reason, and is devoid of "greater applicability to concepts of more general usefulness." Reinhold co-operated with C. G. Bardili (1761–1808) in the production of the 'Beiträge zur leichteren Uebersicht des Zustandes der Philosophie beim Anfang des. 19. Jahrhunderts' (6 pts. Hamburg, 1801–3), the first part of which gave rise to Hegel's 'Differenz des Fichte'schen und Schelling'schen Systems der Philosophie' (1801). Hegel had Reinhold's 'Versuch einer Kritik der Logik aus dem Gesichtspunkt der Sprache' (Kiel, 1806) in his library (cat. no. 290).

13, 5

Hist. Phil. III pp. 479–506. The best exposition of Fichte's thought in English is still to be found in Robert Adamson's (1852–1902) 'Fichte' (Edinburgh and London, 1881).

13, 9

Hegel's dialectical method is the same throughout the whole of the Encyclopædia. Since the subject-matters of Logic, Nature and Spirit are all analyzed into levels of complexity, the rigid distinction between subject and object and the wholly undifferentiated blanket term of a thing-in-itself insisted upon by Kant and Fichte, are resolved into an empirically informed and sensitively formulated sequence, Notionalized by means of its comprehensively triadic structure. Cf. §§ 160–244, §§ 572–7.

13, 16

'Judgement' is being used here in the sense of a 'basic division'. Such a basic division is involved in the distinction between the ego and all that is external to it (§§ 412–14). The initial realization of the freedom Hegel refers to here is traced in the Psychology (§§ 440–82).

For a fuller exposition of the criticism of Spinoza, see Hist. Phil. III.268–70; "This means that the same substance, under the attribute of thought, is the intelligible world, and under the attribute of extension, is nature; nature and thought thus both express the same Essence of God... But Spinoza does not demonstrate how these two are evolved from the one substance, nor does he prove why there can only be two of them... When he passes on to individual things, especially to self-consciousness, to the freedom of the 'I,' he expresses himself in such a way as rather to lead back all limitations to substance than to maintain a firm grasp of the individual."

Hegel took Kant's critical subjectivism to be the essential break with the philosophy of the period immediately following the death of Spinoza (Hist. Phil. III.361). His interpretation of this historical development was evidently influenced by the systematic considerations determining the transition from the categories of actuality to those of the subjective Notion in the Logic (§§ 142–93).

13, 24
The progressive determination of the *general object* is traced in the first major sphere of the Psychology (§§ 446–8).

13, 31
Note 13, 5.

13, 36
Cf. §§ 115–42, and notes 9, 23 and 9, 26.

15, 2
Cf. §§ 465–8, and note 13, 24.

15, 22
§§ 438–9; note 13, 9.

17, 4
Note 13, 16.

17, 6
'First' in degree of complexity of course, not in time.

17, 11
'Erinnerte' has here the double meaning of recollected and *inwardized.* Cf. §§ 452–4.

17, 23
Just as the content of the natural soul is the general object of the ego (3, 5). As throughout the whole of the Hegelian system, subjectivity succeeds its corresponding objectivity in the dialectical progression in that it has the potentiality of assimilating it (note, 223, 33).

19, 7
This sphere (§§ 418–23) corresponds to Phen. pp. 149–213 (1807), Bewußtseinslehre §§ 7–17 (1808/9), and Enc. §§ 335–43 (1817). The main difference between the 1807 version and this one is to be found in the third sub-division (§§ 422–3 and pp. 180–213).

19, 11
This 'consequently' derives its meaning from the apparent determination of consciousness and corresponding alteration of the determination of its object (§ 415).

19, 20
The 'thing-in-itself' of Kant and Fichte.

20, 15
For 2) read 3).

21, 4
Phen. pp. 149–60. Cf. § 448 Add. (133, 20 et seq.).

21, 16
'Logical' on account of the categories predominating at the three levels. 'Being' (§§ 84–111) predominates in sensuous consciousness, 'essence' (§§ 112–59) in perceptive consciousness, and the categories of subject and object (§§ 163–212) in the understanding consciousness. The analogy here should not be taken to imply that the exposition of these levels of consciousness is *entirely determined* by the sequence of categories in the Logic. The 'logical' sequence is simply the generalization of many such analogical progressions expounded throughout the Encyclopædia.

21, 19
I.e. nothing is subsumed under anything else, all is simply a flow of consciousness: cf. 23,25 – 23,32.

21, 34
As also in the Organics (§§ 337–76); see especially § 337 Add.: "The first organism was the solar system; it was merely implicitly organic however, it was not yet an organic existence. The gigantic members of which it is composed are independent formations, and it is only their motion which constitutes the ideality of their independence. The solar system is merely a mechanical organism. Living existence posits all particularity as appearance however, and so holds these gigantic members within a unity."

23, 17
See II.159, 26 et seq.

23, 32
In sensation, there is as yet no conscious *subjectivity* (II.159, 15). In intuition, the *object* is grasped in its spatiality and temporality (131, 33). At this juncture, there is conscious subjectivity, but not yet any specification of the object. This exposition of sensuous consciousness is, therefore, a good example of the integration of 'Phenomenology' into the whole Philosophy of Subjective Spirit.

25, 1

Hence the development of the mature Philosophy of Spirit after 1817, and the restriction of phenomenology to §§ 413–39.

25, 9

Note 83, 37. Hegel probably has Schleiermacher in mind, and his remarks might be regarded as applicable to Kierkegaard.

25, 14

Cf. §§ 125–30.

25, 17

See the transition from being (§§ 84–111) to essence (§§ 112–59).

25, 32

This transition is made much clearer in the full text of the 1825 lectures (303, 12 et seq.).

27, 3

The phrase '*seize* in *truth*' is a restatement of the literal meaning of the German word for perception.

27, 22

Hegel's most satisfactory criticism of Kant is to be found in Hist. Phil. III.423–78: see pp. 423–4: "While Descartes asserted certainty to be the unity of thought and Being, we now have the consciousness of thought in its subjectivity, i.e. in the first place, as determinateness in contrast with objectivity, and then as finitude and progression in finite determinations. Abstract thought as personal conviction is that which is maintained as certain; its contents are experience, but the methods adopted by experience are once more formal thought and argument." Cf. notes 223, 33; 225, 2; 225, 13.

Hegel probably has in mind the 'Critique of Pure Reason' B.141–2: "'All bodies are heavy'. I do not mean by this, that these representations do *necessarily* belong to each other in empirical intuition, but that by means of the *necessary unity* of apperception they belong to each other in the synthesis of intuitions, that is to say, they belong to each other according to principles of the objective determination of all our representations, in so far as cognition can arise from them, these principles being all deduced from the main principle of the transcendental unity of apperception."

27, 30

§§ 135–41. Cf. H. B. Nisbet 'Herder and the Philosophy and History of Science' (Cambridge, 1970).

29, 9

§§ 94–5.

29, 14

Experience provides us with the *subject-matter* of the Encyclopædia, and in that it is involved in the seeking out of *presuppositions*, it also provides us with the hierarchical structure of this subject-matter. It is, however, philosophy which expounds the results of this *reductionism* as a dialectical *progression*.

31, 6

This section of the Logic is concerned with Existence. In §124 mention is made of Kant's thing-in-itself.

31, 10

Logical categories are universalities. In that the single things of sensuous apperception are determined as involving universalities, whether logical or classificatory, the contradiction of what is finite in the categories and the things is at its *least* concrete. In that anything is determined as *object* however, such contradiction is heightened, the singularities of sensuous perception predominate, and the distinctness of things and their properties assumes an increased significance.

In § 194 Hegel treats Leibniz's doctrine of the absolute's being the object, of the pre-established harmony of the monad of monads, as the epitome of such contradiction.

31, 25

§§ 130–41. The categories of appearance have their validity, but in that they are the outcome of consciousness, it is essential that one should be aware of their heuristic nature, especially in the natural sciences: see the examples given in § 130 Remark.

32, 10

For 'wuß' read 'muß'.

33, 14

Cf. § 38 and Phil. Nat. I.201. Hegel does recognize the validity and purity of natural laws however, see Phil. Nat. I.271, 37.

33, 18

§§ 529–32; Phil. Right §§ 209–29.

33, 25

Phil. Nat. §§ 269–71; see Kepler's 'Harmonice Mundi' (Linz, 1619; Germ. tr. Caspar, Munich and Berlin, 1939) bk. 5 ch. iii. It is probably the case

that none of Kepler's laws would have been discovered had he not had the observations of Tycho Brahe at his disposal (Phil. Nat. I.357).

33, 28

Note 31, 25.

35, 10

Cf. note 313, 1. The audacity of this transition from "laws which are the determinations of the understanding dwelling within the world itself" to the "ego which has itself as its general object" can only be regarded as wholly specious if we forget that in the philosophical exposition of consciousness, "the progressive logical determination of the object is what is *identical in subject* and *object*, their absolute connectedness, that whereby the object is the subject's own." (§ 415).

Nevertheless, there may have been some uncertainty in Hegel's mind about the validity of this transition. In the 'Bewußtseinslehre' (1808/9) §§ 11–17 it is given an extended treatment under the heading of 'The Understanding', as it is in the 'Bewusstseinslehre für die Mittelklasse' (1809 ff.) §§ 17–21 (Phil. Prop. pp. 105–6). In the Encyclopædia of 1817, §§ 340–3 are devoted to it, and it is evident from Hegel's lecture-notes ('Hegel-Studien' vol. 10 pp. 39–41, 1975) that in the early Berlin period he elaborated upon the main points presented by Boumann in some detail. By 1825, however, (309–13) the treatment had been severely condensed, and the 1827 and 1830 versions of §§ 422–3 reflect this change of attitude. Cf. § 467.

35, 28

This is, however, corrected in the understanding involved in *thought*, see § 467.

37, 8

In the Logic, life (§§ 216–22) has teleology (§§ 204–12) as its immediate presupposition. To be conscious of life, of an end which has its means within itself, is therefore to be self-conscious.

37, 14

Boumann has derived part of this sentence from § 343 (1817): "Am Bewußtseyn des Lebens aber zündet sich das *Selbstbewußtseyn* an" etc.

37, 15

The 'truth' in that consciousness is sublated within it, the 'ground' in that self-consciousness knows consciousness philosophically.

37, 18
The understanding has grasped the 'essence' of appearances (§§ 422–3), self-consciousness is the '*ground*' of consciousness. In that 'existence' proceeds forth from these subsidiary categories (§§ 123–4), its involving consciousness must constitute self-consciousness.

37, 19
Presentation can only be spoken of here by anticipation: see §§ 451–64.

39, 15
See Hegel's assessment of Fichte's philosophy in Hist. Phil. III.479–506. He refers to Fichte's 'Grundlage der gesammten Wissenschaftslehre' (Leipzig, 1794) pp. 5–23 when expounding the ego–ego principle, and (p. 301) when criticising his practical philosophy: "Fichte does not attain to the idea of Reason as the perfected, real unity of subject and object, or of ego and non-ego; it is only, as with Kant, represented as the thought of a union in a belief or faith" (p. 499).
Cf. the assessment of Schelling's philosophy op. cit. pp. 518–19.

41, 10
Not yet very different from simply *understanding* a natural law (§ 422).

41, 19
Within the sphere of self-consciousness (§§ 424–37). In respect of *consciousness*, it is not immediate but truth (note 37, 15).

45, 6
This exposition of 'desire' is quite evidently determined solely by the dialectical structuring of consciousness. It is not to be confused with the animal's *instinctive* drive to satisfy need (§ 360), with the *intelligent* drive of practical spirit (249, 7), or with the acquisition of *property* (Phil. Right §§ 54–8).

45, 14
Practical spirit (§§ 469–80) presupposes thought (§§ 465–8). Cf. the previous note.

45, 28
Cf. § 359.

47, 11
It is not difficult to see that this is true of another ego, i.e. that both egos involve consciousness, and that their mutual recognition of this therefore

overcomes their 'contradicting' one another. It becomes more difficult to understand when we realize that this ego–ego relationship is also taken to include the difference between subject and object in the natural sciences, for example (33, 18 et seq.). The ego is, however, the *sublation* of natural science and anthropology (§§ 245–412; see note II.429, 30), and to the extent that there is mutual recognition between egos, there is therefore an *implicit* sublation of the difference between subject and object in the natural sciences. This sublation is made *explicit* in the Philosophy of Nature (III.213).

47, 25
Since Boumann substituted 'knows' for 'is' in 47, 12, he may well have altered the verb here in accordance with his conception of Hegel's meaning.

49, 7
Cf. note 45, 6.

49, 27
It is, perhaps, worth noting that the distinction between 'general object' and 'object' in the §, is reproduced here in Boumann's addition. Cf. note, 7, 21.

51, 4
Cf. 249, 8. One is tempted to specify an observation such as this in organic, psychological or sociological terms, but it should be remembered that Hegel is simply dealing with consciousness (note 45, 6).

51, 24
§§ 94, 109, 136.

51, 26
Boumann took the 'ihm' here to be the ego, but the 1827 text makes it quite clear that Hegel is referring to self-consciousness. On self-awareness, see §§ 407–408 and note I.323, 28.

53, 20
This is of course a *Notional* and not a natural progression, determined by the difference between objectivity in general and objective consciousness in particular, not by the recurrent dissatisfaction with objects of desire, which might very well remain at the level of an infinite progression.

53, 33
Since this § corresponds to § 352 (1817), it is worth noting that in his lectures ('Hegel-Studien' vol. 10 p. 44, 1975), Hegel illustrated the general

point made by referring back to the subject-matter of § 394: 'Difference between the French and German character, — the former only respects a person in so far as he has shown his paces (sich bewiesen gesetzt hat); the latter is obliged (soll) to honour the abstract person in a person."

This confirms that Hegel saw the whole issue of recognition as a matter of *individual* consciousness with an 'anthropological' background, not as involving a concept important only on account of its being central to the rational analysis of *society*. Cf. note 9, 9.

55, 10
Note 9, 33.

55, 13
In Phil. Nat. § 279 the 'body of rigidity' is presented as the immediate opposition to light.

55, 26
Self-consciousness is rooted in, but not entirely reducible to, its organic and anthropological presuppositions, cf. note 53, 33.

57, 6
Free from being determined naturally, as in the anthropology (§§ 388–412), not free in any practical or political sense (§§ 469–82). It is useful, perhaps, to compare freedom at this level with the animal's freedom in respect of inorganic nature (Phil. Nat. III.104, 26).

57, 12
Phil. Right §§ 189–208. Such a 'system of needs' gives rise to the need for the administration of justice (§§ 209–29). Both *presuppose* the conscious recognition being dealt with here.

57, 21
Since 'naturality' is the key concept here, it is essential to remember the precise meaning attached to the term; note 55, 26.

57, 24
In that death involves the dissolution of the *single* individual, it exhibits the supremacy of the genus or the *universal* (§§ 216–22; 375–6). This idea lies behind the important transition from Nature to Spirit (§§ 375–84), and evidently motivated the dramatization of Hegel's analysis of consciousness at this juncture.

59, 19

Cf. note 57, 12, and Hegel's lecture-notes (loc. cit., p. 46): "In the case of political living together, patriotism, ethicality however, honour does not in the least reside in the recognition of the single person, but in a higher duty."

59, 24

Although it is essential to bear in mind precisely what Hegel meant by 'the state of nature' (note 55, 26), he can hardly have been totally unaware of the use made of the concept in *political* theory. One can only assume that he regarded his students as intelligent enough to distinguish between the dialectical essentials and the didactic or illustrative material of his expositions.

For contemporary surveys of the *anthropological* treatment of the state of nature, see F. A. Carus (1770–1807) 'Ideen zur Geschichte der Menschheit' (Leipzig, 1809) pp. 158–214; H. B. Weber 'Anthropologische Versuche' (Heidelberg, 1810) pp. 74–139. Ludwig Siep, 'Der Kampf um Anerkennung. Zu Hegels Auseinandersetzung mit Hobbes in den Jenaer Schriften' ('Hegel-Studien' vol. 9 pp. 155–207, 1975), shows how difficult it is to interpret Hegel's treatment of the struggle for recognition as having predominantly political implications. Cf. 'Rechtsphilosophie' (ed. Ilting) I.240.

61, 12

Since this is explicit enough, and makes very good sense when considered in the light of the basic necessity of distinguishing between levels of complexity when thinking dialectically, one can only wonder at the variety of interpretation, polemic and counter-polemic which this master-servant dialectic has given rise to: H. G. Gadamer 'Hegel's Dialektik des Selbstbewußtseins' in 'Materialien zu Hegels Phänomenologie des Geistes' (ed. H. F. Fulda and D. Henrich, Frankfurt/M. 1973) pp. 217–42; Hans Mayer 'Hegels "Herr und Knecht" in der Modernen Literatur' ('Hegel-Studien' Beiheft vol. II pp. 53–78, 1974).

61, 16

Siep (loc. cit.) quite rightly emphasizes the fact that from its earliest appearance in the 'System der Sittlichkeit' (1802), Hegel's 'struggle for recognition' is conceived of as being between *two* individuals, not as a war of all upon all.

61, 30

Unlike many of his Roman Catholic contemporaries, Hegel had no very high opinion of the culture of the Middle Ages: see Phil. Hist. pp. 366–411; Aesthetics 196; Phil. Rel. I.285; Hist. Phil. III.1–155. Cf. C. F. Pockels (1757-1814) 'Der Mann' (4 vols. Hanover, 1808) vol. IV pp. 244–344.

61, 35

The Romans rather than the Greeks must have been in Hegel's mind here: see Phil. Hist. pp. 250–74, and pp. 278–90.

63, 2

It was common enough to condemn duelling at this time; see, F. B. Osiander (1759–1822) 'Über den Selbstmord' (Hanover, 1813) pp. 75–9; 'European Magazine' vol. 76 p. 235 (Sept. 1819), vol. 77 pp. 302–3 (April 1820).

Hegel seems, however, to have been at odds with the current *historical* view of the duel: see, K. H. Digby (1800–1880) 'The Broad Stone of Honour: or, Rules for the Gentlemen of England' (London, 1823) pp. 377–83: "The duel of the ancient knights arose from their excess of faith, if the term can be permitted to a layman. It was an appeal to heaven, and the almighty was supposed to interfere in pronouncing upon the guilty... But for the modern practice, for that unmeaning association of revenge and honour ... there is no precedent in the annals of chivalry ... The true gentleman holds his honour, not upon his tongue, but in his heart ... The custom of resenting such injury is not derived from our chivalrous ancestors, but from the Arabians, with whom, I presume, we need not claim a fellowship."

Cf. Scipion Du Pleix (1569–1661) 'Les Lois militaires touchant le duel' (Paris, 1602); G. E. Schulze (1761–1833) 'Psychische Anthropologie' (3rd ed. Göttingen, 1826) pp. 440–1; K. Rosenkranz (1805–1879) 'Der Zweikampf in den deutschen Universitäten' (Königsberg, 1837); C. A. Thimm 'A Complete Bibliography of Fencing and Duelling' (London and New York, 1896); R. A. Peddie 'Subject Index of Books' (London, 1962).

63, 5

The *former* military set-up, since duelling was forbidden in the German armies of the time: see 'Revidirte Kriegs-Artikel für die Garnison der Stadt Hamburg ... 5. December 1814' art. 33 p. 18, "Wer in Fall einer Beleidigung zum Duell fordert, soll ausser Dienst gesetzt werden."

The importance of organized duelling in the often politically radical *student* associations of the time should be remembered when accounting for Hegel's attitude. Cf. 'Hegel-Studien' vol. 10 pp. 46–7 (1975).

63, 24

Note 61, 12. Boumann took the subject of this sentence to be 'force'. The gender of the pronoun tells against his interpretation.

63, 26

Note 59, 24. Cf. Hegel's lecture-notes on § 355 (loc. cit. p. 47): "Natural relationship in the raw state of nature, forcing the woman. *Force* is not the

basis of right, *right* is the basis of force. The right here is the freedom of the free self-consciousness which gives itself determinate being i.e. being recognized by others. Being recognized is the *determine being* of the personality in the state in general."

65, 8

To be concerned only with the *naturality* of the servant, is to be concerned only with his *anthropological*, not his conscious being (note 53, 33). *As a matter of consciousness*, such a relationship is therefore one-sided, and so initiates its own sublation.

65, 20

Phil. Hist. pts. I and III (pp. 223–340); cf. § 482. The recurrence of this illustrative historical material in other parts of the Hegelian system, should not lead us into interpreting it as anything but *illustrative* at this juncture. In the 'Bewusstseinslehre' of 1809 § 35 (Phil. Prop. p. 110), Hegel illustrated the same point in respect of consciousness by means of the relationship between Robinson Crusoe and Man Friday. Cf. the German translation of Defoe's classic by M. Vischer (Hamburg, 1720).

65, 32

This satisfying of need involves more than simply keeping the servant alive (note 65, 8). It consciously incorporates what is anthropological, and so prepares the way for the rational resolution of divided consciousness which initiates the transition to Psychology (§§ 438–44). Hegel's revision of § 356 (1817) and § 434 (1827) was evidently motivated by the desire to bring out the significance of this dialectical pattern.

It seems quite likely that the material with which he illustrates this part of the dialectic of consciousness was drawn directly or indirectly from Aristotle's 'Politics' bk. I chs. 3–13.

67, 11

Psalm CXI v. 10; Proverbs I v. 7. Cf. the treatment of Judaism in Phil. Rel. II.170–219, esp. p. 206. On the relationship between Hegel's early theological writings and the master-servant dialectic, see P. Asveld 'La pensée religieuse du jeune Hegel' (Louvain, 1951) pp. 148–52. Cf. J. Navickas 'Consciousness and Reality' (The Hague, 1976) pp. 81–130.

67, 21

Cf. Vico 'Scienza Nuova' (1744; tr. T. S. Bergin and M. H. Fisch, Cornell Univ. Press, 1975) § 1108: "It is true that men have themselves made this world of nations... but this world without doubt has issued from a mind often diverse, at times quite contrary, and always superior to the particular ends

men had proposed to themselves... Men mean to gratify their bestial lust and... families arise. The fathers mean to exercise without restraint their paternal power... and cities arise. The reigning orders of nobles mean to abuse their lordly power over the plebeians, and they are obliged to submit to the laws which establish popular liberty... That which did all this was mind, for men did it with intelligence; it was not fate, for they did it by choice; not chance, for the results of their always so acting are perpetually the same."

There is no evidence, however, that Hegel had any direct knowledge of Vico's works.

67, 28

Cf. II.89–91; 115, 28–37; 119, 1–121, 8.

67, 35

Cf. Hist. Phil. I.158–63. Hegel's sources for the history of sixth century Athens were evidently Thucydides, and Diogenes Laertius' account of Solon. It is interesting to compare his interpretation of the developments he mentions with the popular account by Oliver Goldsmith (1728–1774) in 'The Grecian History' (2 vols. London, 1774) vol. I ch. 3. For a modern version, see A. Andrewes 'The Greek Tyrants' (Cambridge, 1956).

69, 3

Phil. Hist. 285–8; 296–305.

69, 32

The earliest appearance of Hegel's master-servant dialectic is in the 'System der Sittlichkeit' (1802; 1913 ed. pp. 445–7), where it is expounded in the context of such economic and personal relationships as are dealt with later in Phil. Right §§ 189–208. In the 'Jenaer Systementwürfe I' (1803/4. 1975 ed. pp. 307–14) it is given a rather more extended treatment in much the same sort of context. In the 'Jen. Realphilosophie' (1805/6; 1969 ed. p. 212) the context remains the same, but the treatment is cursory in the extreme. In each of these early instances therefore, it is evidently conceived of as an *analysis* of the *actual personal* relationships that subsist within society.

In the 'Phenomenology' of 1807 however (pp. 228–240), as in all its subsequent occurrences, it is introduced under the heading of 'Self-consciousness', with 'Consciousness' as its major presupposition and 'Reason' as its major sequent. It is, therefore, used in order to *illustrate* a level of *consciousness*, and so loses its analytical character and much of the plausibility of the direct prescriptiveness implicit in the earlier expositions. See 'Bewusstseinslehre und Logik' (1808/9; §§ 27–30) 'Bewußtseinslehre' (1809 et seq. §§ 29–37); 'Encyclopædia' (1817; §§ 352–7: 1827; §§ 430–5). Cf. notes 59, 24; 61,12; 65, 20.

Unlike the *subject-matter* of the rest of the Encyclopædia, the material with which Hegel *illustrates* this sphere of the dialectic of consciousness is not to be regarded as having been given its systematic placing, but as simply serving the *didactic* purpose of making an abstract and difficult subject more easily understandable. Anthropological observations (note 53, 33), social contract theory (note 57, 24), historical events (notes 61, 30; 61, 35; 67, 35; 69, 3), Defoe's classic (note 65, 20) and religious attitudes (note 67, 11) are touched upon simply in order to illustrate the main argument, not in order to establish its significance. There is, therefore, not much point in attempting to trace the possible origins of the mature master–servant dialectic, since the essence of it is a dialectical transition peculiar to Hegel's unique conception of consciousness (note 3, 1). Most attempts to indicate possible sources have got no further than speculating upon the significance of the illustrative material, and have simply overlooked the radical change in Hegel's conception of it which took place between 1806 and 1807. Even if it were possible to prove that he had Aristotle's 'Politics' in mind when formulating the transition to universal self-consciousness (note 65, 32), or that he was influenced by Vico (note 67, 21), Rousseau, or popular works such as Friedrich Moser's (1723–1798) 'Der Herr und der Diener' (Frankfurt, 1767), we should be no whit closer to understanding the essential nature of his dialectic of consciousness. Cf. G. A. Kelly 'Notes on Hegel's "Lordship and Bondage"' ('Review of Metaphysics' vol. 19 no. 4, pp. 780–802, 1965); H. H. Holz 'Herr und Knecht bei Leibniz und Hegel' (Neuwied, 1968); W. Becker 'Idealistische und materialistische Dialektik' (Stuttgart, 1970); Y. K. Kim 'Master and Servant in Hegel' (Columbia Univ. Thesis, 1971); W. Becker 'Selbstbewußtsein und Spekulation' (Freiburg, 1972); W. Janke 'Herrschaft und Knechtschaft und der absolute Herr' ('Philosophische Perspektiven' ed. R. Berlinger and E. Fink vol. 4 pp. 211–31, 1972); H. Krumpel 'Zur Moralphilosophie Hegels' (Berlin, 1972) pp. 96–103; H. G. Gadamer 'Hegels Dialektik des Selbstbewußtseins'; L. Siep 'Der Kampf um Anerkennung' (note 59, 24).

The comments upon the master–servant dialectic by Hegel's immediate followers and critics were neither informed, perceptive, nor illuminating: see C. L. Michelet 'Anthropologie' (Berlin, 1840) pp. 476–83; F. Exner 'Die Psychologie der Hegelschen Schule' (Leipzig, 1842) pp. 31–2; K. Rosenkranz 'Psychologie' (2nd ed. Königsberg, 1843) p. 234. The significance of the Phenomenology of 1807 in the history of his development was not realized, the relationship between the earlier and the later Phenomenologies was misunderstood, and the distinction between the subject-matter and the illustrative material of his expositions had yet to be made. It is not surprising, therefore, that such an impatient and incisively constructive critic as Marx should have felt free to criticise him for having treated the master-servant relationship as a dialectic of consciousness, and not as a real dialectic of

socio-economic relationships: 'Kritik an der Hegelschen Dialektik und Philosophie überhaupt' (1844), in 'Ökonomisch-Philosophische Manuskripte. Marx-Engels Gesamtausgabe' pt. I vol. 3 (Berlin, 1932). The *systematic* placing of Marx's fundamental concern is to be found not in the Phenomenology of 1807 or 1830, but in §§ 189–208 of the Phil. Right, within which clear confines most of his main ideas are already formulated, and quite evidently pleading for *practical* realization. For a recent work emphasizing the similarity between Hegel and Marx in this respect, see G. E. McCarthy 'The Social Anthropology of Hegel and Marx' (Thesis, Boston College, 1972). With regard to the *subject-matter* of the Encyclopædia therefore, Hegel's initial assessment of the master-servant dialectic was without any shadow of doubt superior to what Marx thought he was criticising.

70, 10
For 'Wiedererscheinen' read 'Wiederscheinen' (1827 ed. 408, 12). Cf. note 345, 40.

71, 1
In the Phenomenology of 1807, stoicism, scepticism and the unhappy consciousness constitute the immediate resolution of the master-servant dialectic. In the 'Bewußtseinslehre' of 1808 however, they are already replaced by 'Universal self-consciousness' (§§ 31–2).

71, 23
Cf. Ph. Right § 141.

72, 15
For 'jenes' read 'dieses'.

73, 20
Cf. §§ 9, 82.

73, 28
Cf. § 482.

75, 2
The 'truth' being that within which both subordinate moments are sublated i.e. annulled and preserved.

75, 9
The rational inter-subjectivity here is not yet the unity of what is subjective and objective realized in Thought (§§ 465–8).

75, 16
§§ 160–244.

75, 19
This identical other is, however, only another consciousness: note 35, 10.

76, 25
For 'Die' read 'Diese' (Enc. 1827, 409, 17).

77, 7
Cf. note 225, 13. Hegel's lecture-notes on § 359 (loc. cit. p. 49) are useful here:

"*All* that is objective is *implicitly* rational.
What is logical is *reason* in its simplicity.
Nature is *implicitly* rational."

See note 223, 33.

77, 8
This heading occurs in the Phenomenology of 1807, and there is a very broad correspondence between the subject-matter of these two §§ and that of pp. 272–453 of the earlier work. After 1808 the sphere was defined very much as it is here (note 69, 32).

In the 'Bewusstseinslehre and Logik' (1808/9; §§ 33–4) reason is said to be cognition of truth in that truth is the Notion's corresponding to determinate being. The difference between consciousness and the general object is said to be resolved in reason in that rational determinations are not only thoughts but also determinations of the essence of things. This provides Hegel with the transition to Logic. That is to say, that the Philosophy of Spirit (i.e. §§ 440–577) sketched in the Phenomenology of 1807 (pp. 328–808) is completely omitted from this work.

In the 'Bewußtseinslehre' (1809; §§ 40–2), the general conception of reason is the same (§ 40), but it is also taken to include a content which involves the essence of general objects, objective reality, and not simply that which we fabricate for ourselves through our presentations or thoughts (§ 41). This would seem to imply that at this stage at least, Hegel was conceiving of the rationality of consciousness as superior to the subject-matter of psychology, — a conception evidently corrected through the exposition of thought in the mature Encyclopædia (§§ 384–7, 1817; §§ 465–8, 1830).

The main difference between these earlier characterizations and that of the 1817 Encyclopædia (§§ 360–2) is that in the latter work it is not so much the rational determinations i.e. the logical categories which resolve the subject-object antithesis, but rather more the "simple identity of the

subjectivity of the Notion and its objectivity and universality." The rationality of consciousness is therefore the "absolute substance", which has to be given its differentiated dialectical exposition in the subsequent Philosophy of Spirit. The 1817 Encyclopædia returns, therefore, to the broad conception of 1807. Cf. Hegel's lecture-notes on § 360 (loc. cit. p. 50): "From this standpoint there are no longer any external objects, although insight is still lacking."

The §§ dealing with Reason were altered in both the 1827 and the 1830 Encyclopædias, although it is difficult to pinpoint any significantly new conception of the sphere. It is worth noting, however, that although both the Anthropology and the Phenomenology are included within the general sphere of Spirit, it is only at this level that Spirit proper is reached. Reason is therefore conceived of as the *initiation* of complete freedom from natural limitations and the subject-object antithesis.

It is not at all clear why Boumann should have failed to provide these important §§ with any additional material from the lecture-notes. Cf. §§ 346–57; K. Rosenkranz 'Psychologie' (2nd ed. Königsberg, 1843) p. 241.

79, 1

Although both the structure and the subject-matter of the mature 'Psychology' were fairly clearly formulated as early as 1805/6: 'Jen. Realphilosophie II' pp. 179–212, it was not until Hegel published the second edition of the 'Encyclopædia' in 1827 that it was given its present title.

In 1803/4: 'Jenaer Systementwürfe I' pp. 265–7, there is a *direct* transition from 'Organics' to 'Spirit'. The introduction of 'Phenomenology' as the immediate presupposition of 'Psychology' (L. Logic. 781), and the development of 'Anthropology' as the transition from 'Nature' to 'Phenomenology' (Enc. 1817 §§ 308–28) transformed this into an elaborately *differentiated* transition. The fact that Hegel should have retained 'Spirit' as the sub-title here, indicates that this differentiation did not involve an abandonment of the general principle basic to the 1803/4 exposition.

Since 'Anthropology' became the doctrine of the '*soul*' in the mature expositions (1827, 1830), the use of 'Psychology' (ψυχή, soul) as a synonym for 'spirit' was not wholly satisfactory. There is certainly a terminological confusion in this connection among Hegel's immediate followers. Carl Daub (1765–1836), for example, who gave sympathetic and detailed expositions of this part of the system in his lectures, treated it under the heading of 'consciousness', and had his work published as an 'anthropology', and J. E. Erdmann (1805–1892) included the whole doctrine of 'subjective spirit' under the general heading of 'psychology': 'Vorlesungen über die philosophische Anthropologie' (ed. Marheineke and Dittenberger, Berlin, 1838) pp. 121–502; 'Grundriss der Psychologie' (Leipzig, 1840).

79, 1

That is to say that the subject-matters of Anthropology and Phenomenology are *sublated* within it, or that the immediate *presuppositions* of spirit are consciousness and soul.

It should be noted that spirit has 'determined itself', that is to say, that what is now to be expounded defines itself, its place in the dialectical progression, on account of its relative degree of complexity, not on account of any arbitrary definition of terms on Hegel's part. Very similar conceptions of spirit are to be found in J. Hillebrand (1788–1871) 'Die Anthropologie als Wissenschaft' (Mainz, 1823) pp. 303–31 and G. H. Schubert (1780–1860) 'Die Geschichte der Seele' (Stuttgart and Tübingen, 1830) pp. 669–729.

It may be worth quoting Hegel's lecture-notes on the corresponding paragraph to this in the 1817 Encyclopædia (§ 363): "a) Spirit is no longer susceptible to natural change, is no longer involved in the necessity of nature, but in the law of freedom. It is no longer soul, influenced externally, b) is not concerned with any general object, c) but simply with its own determinations. *It is self-relating*." 'Hegel-Studien' vol. 10 p. 51 (1975).

79, 29

See §§ 481–2.

81, 12

Genesis II.23; cf. Phil. Nat. I.204.

82, 21

For 'als als' read 'als'.

83, 18

The *complete* realization of the reason *implicit* in spirit (§§ 438–9) takes place only in philosophy (§§ 572–7).

83, 37

Dante asks whether those who were *forcibly* prevented from fulfilling their vows are less deserving of beatitude. Beatrice tells him that the souls of the blessed dwell only in the 'first circle', sharing 'one sweet life, diversified', and that divine justice involves a measure of distinction between what we will to do, and what brute force compels us to consent to. Dante attempts to thank her for this enlightenment in the lines quoted, and then asks whether good works can render satisfaction for unfulfilled vows. Beatrice answers this in canto five.

The punctuation of these lines differs from that of the normally accepted Italian text, and Hegel himself seems to have added the emphasis: 'La Divina Commedia' (ed. G. Campi etc., 5 vols, Padua, 1822); 'Die Göttliche

Komödie' (ed. and tr. K. Streckfuss, 3 pts. Halle, 1824/6); 'Jenaer Kritische Schriften' (Hamburg, 1968) pp. 486–93; 'Aesthetics' 1249; S. T. Coleridge 'Aids to Reflection' (1853 ed.) p. 197: "I deem it impious and absurd to hold that the Creator would have given us the faculty of reason... if it had been either totally useless or wholly impotent."

85, 29

It is only the *whole* which is truly *holy*, — the two words have a common etymological root in both German and English. If Hegel is also implying that there is an etymological connection between 'selig' (blessed) and 'Seele' (soul) he is mistaken. The root meaning of the former is 'favourable' 'auspicious', while the latter word derives from the ancient belief that certain lakes (*Seen*) contain the souls of the unborn and the dead: J. Weisweiler in 'Indogermanische Forschungen' vol. 57 p. 25 (1940); J. de Vries 'Altgermanische Religionsgeschichte' (2 vols. Berlin, 1970) §§ 158–71; Phil. Nat. III.38.

87, 9

See Hegel's notes on § 364 (1817) in 'Hegel-Studien' vol. 10 p. 52 (1975): "God makes Himself man, ego, abstract pure Notion. God has no other self-consciousness..."

87, 20

By spiritualizing this 'other', that is to say, by finding itself within it. The subject-matter of the natural sciences for example, is spiritualized by means of the *philosophy* of nature: see Phil. Nat. III.213.

89, 10

As subjects confronted with an undeveloping objectivity, not as philosophers. The philosophical analysis, ordering and exposition of consciousness constitute the 'logical consideration'.

89, 16

In *language* for example (§ 459), objects give rise to words and words refer to objects, in *interest* (§ 475) purposes give rise to actions and actions involve purposes.

89, 24

In that 'The Phenomenology' of 1807 remains involved in a subject-object antithesis, and so fails to provide a comprehensive and rigorously worked-out analysis of objectivity, it had to be replaced by the 'Encyclopædia'. The mature expositions of 'Logic', 'Nature' and 'Spirit' are an expression of the rationality, the infinity of spirit, not of the dualism implicit

in the 'facts of consciousness'. It was essential that this dualism should have been given its systematic placing within the 'Encyclopædia' however, — hence the development of Hegel's interest in 'Anthropology' after 1807, and the careful structuring of the 'Philosophy of Spirit' sketched in such a cavalier manner in the Jena publication.

Marx was quite right to indicate the limitedness of the 1807 'Phenomenology' ('Kritik der Hegelschen Dialektik und Philosophie überhaupt' 1844, Paris Manuscripts III.11–23). It was, however, most unfortunate that he should have had no opportunity of considering Hegel's own criticism of the work.

89, 31

The earlier versions of this sentence (§ 365, 1817 even more than 1827) implied a sharper distinction between the *subject-matter* involved in knowledge and its spiritualization. Hegel seems to have had some difficulty in formulating the full implications of the fact that spirit has that which is rational as its content or ultimate presupposition, as well as its purpose. The background to this process of clarification may be seen in his notes on § 365: 'Hegel-Studien' vol. 10 p. 53 (1975).

91, 32

This criticism of Condillac's assessment of sensations is essentially the same as that levelled at metaphysically pretentious evolutionism in Phil. Nat.: see I.25; 212; III.366. The *natural* development from basic sensations to comparison and judgement, or from more primitive to more complex organisms may coincide with the *dialectical* progression from what is more simple to what is more complex, but it should not be regarded as necessarily identical with it, and should certainly not be proclaimed as a universal philosophical principle.

É. B. de Condillac (1715–1780) was influenced by Locke's postulation of sensation and reflection as the two fundamental sources of ideas. In his 'Traité des sensations' (Paris and London, 1754), he made the point that all mental operations and functions are reducible to sensations. This left him with the problem of our belief in an external world, which he solved to his own satisfaction by locating the external origins of sensations. He was neither a materialist nor an atheist, and his conception of a development from materiality to sensations and mental operations is by no means entirely incompatible with the general principles of Hegelianism. G. Le Roy 'La psychologie de Condillac' (Paris, 1937).

Michael Hissmann (1752–1784), professor at Göttingen, translated the 'Traité' into German (1780), and used Condillac's ideas in order to foster a physiological approach to psychology: 'Psychologische Versuche' (1777: Hanover, 1788), 'Geschichte der Lehre von der Assoziation der Ideen'

(Göttingen, 1777). 'Magazin für die Philosophie und ihre Geschichte' (7 vols. Lemgo, 1778–89). K. F. von Irwing (1728–1801) popularized these views still further by means of his 'Erfahrungen und Untersuchungen über den Menschen' (1772; 4 vols. Berlin, 1785), and they are also to be found in the works of J. J. Engel (1741–1802), 'Sämtliche Werke' (Berlin, 1801–6) vols. IX and X: see note II.419, 22. Cf. Ernst Behler 'Die Geschichte des Bewusstseins' ('Hegel-Studien' vol. 7 pp. 169–216, 1972) pp. 190–1.

92, 30
For 'Idealität' read 'Identität' (cf. 11, 7).

93, 1
'Interest' falls within the sphere of 'Subjective Spirit' (§ 475), the 'final purpose' of spirit constitutes the immediate presuppositions of the 'Logic' (§§ 572–7).

93, 21
It should be noted that the reference to 'creativeness' in this context, though it occurs in 1817 (§ 365) and 1827 (§ 442), is absent from Hegel's own notes ('Hegel-Studien' vol. 10 p. 53, 1975), and was deleted from the 1830 edition of the Encyclopædia.

95, 6
It is significant that Hegel should have seen the necessity of inserting this paragraph in 1830. There is no trace of it in 1827: see note 89, 31. The pun on 'Seyenden' and 'Seinigen' helps to underline the main point in German, but cannot be reproduced in English.

95, 24
In 1827 (§ 443) this simply read as follows: "so daß er als *freier Wille* und *objectiver Geist* ist." Cf. note 265, 23.

95, 28
Drives or impulses can form the *subject-matter* of Anthropology (note II.325, 23) and Phenomenology (§ 426), *but spirit as such* has no impulse at these levels, since it is still immersed in nature or involved in the subject–object antithesis. In Psychology however, subject and object have the common presupposition of rationality, the various levels of complexity are expressions of this common factor, and spirit itself may therefore be said to have an impulse or nisus of its own.

97, 2
§§ 445–68. In his own lecture notes ('Hegel-Studien' vol. 10 p. 53), Hegel characterized the structure of theoretical spirit as a matter of increasing degrees of 'assimilation' (§ 366).

97, 10
§§ 469–80.

97, 30
The notes on § 366 confirm the accuracy of this as a summary of Hegel's remarks on the overall structure of the Psychology. The introduction of §§ 481–2 as the third major moment of the triad only appeared in print in 1830, and does not seem to have been emphasized in the 1829/30 lectures.

Although one might take the broad difference between the 'faculty of cognition' and the 'cosmology' in the 1794 notes on Psychology as the forerunner of this distinction between theoretical and practical psychology, it is the two 'potencies', roughly corresponding to theory and practice, distinguished in the 'System der Sittlichkeit' (1802), which provide us with the first clear evidence of Hegel's main conception of psychology (1913 ed. pp. 421–50). Cf. the distinction between consciousness and language and the practical 'potencies' in 'Jenaer Systementwürfe I' p. 273–326 (1803/4). This conception remained substantially the same until the introduction of the overall triadic structure in 1830. In the 'Jen. Realphilosophie II' of 1805/6 (1969 ed. pp. 179–212) this broad distinction is clarified under the headings of 'intelligence' and 'will', and reappears in the 'Philosophische Propädeutik' of 1808–16 (1927 ed. pp. 200–21) as 'Spirit in its Notion' and 'Practical Spirit'. The 1817 (§§ 368–87, §§ 388–99) and 1827 (§§ 445–68, §§ 469–81) Encyclopædias simply refine and elaborate upon it.

99, 16
In 1817 (§ 367), it is simply the formal nature of the productions of both theoretical and practical spirit that is emphasized. In 1827 the important distinction between inward and outward productions is drawn, evidently in order to make the transition to 'Objective Spirit' more satisfactory. The alterations made in 1830 are primarily of a stylistic nature.

99, 22
Although the general outline of Hegel's mature 'Psychology' was formulated as early as 1803/4 (note 97, 30), it was not clearly designated until 1827 (note 79, 1), and not fully structured until 1830 (note 265, 23). In the Jena writings, it still included a great deal of the subject-matter later included in Anthropology, Phenomenology and Objective Spirit, in fact it was not until 1808 that it was clearly distinguished from these proximate disciplines (note 3, 1). As early as the October of 1811, Hegel was writing to his friend Niethammer about his proposed reform of both Logic and Psychology ('Briefe' I.389), but although he was still planning to publish a separate work on the latter subject in 1820 (Phil. Right § 4), he never got round to it. This criticism of the general state of the subject remained un-

altered throughout all three editions of the Encyclopædia (1817, § 367), although Hegel does not seem to have elaborated upon it in the lecture-room ('Hegel-Studien' vol. 10 p. 54). The result was that there was considerable confusion among his followers as to the precise nature and significance of his proposed reform (note 79, 1). None of them seems to have seen the full significance of taking the Phenomenology as the immediate presupposition of Psychology, and despite the rather obvious procedure of treating the discipline as the immediate presupposition of law, the fact that Hegel refers to it in the opening paragraphs of the 'Philosophy of Right' can still be regarded, even by informed students of his works, as surprising. ('Hegel-Studien' vol. 1 p. 10, 1961).

It is clear from Hegel's criticism of Ernst Stiedenroth's (1794–1858) 'Psychologie' (2 pts. Berlin, 1824/5), and his commendation of J. G. Mussmann's (1798?–1833) 'Lehrbuch der Seelenwissenschaft' (Berlin, 1827), see 'Berliner Schriften' pp. 570, 646, that it was the lack of a precise *speculative sequence* in the text-books of the time which he regarded as their primary fault. A philosophical exposition of Psychology demanded the attempt to range the subject-matter of the science in degree of complexity within the general sphere delimited by Phenomenology and the Law. Hegel could hardly have expected there to be any general recognition of the significance of his formulation of the relationship between Phenomenology and Psychology, but the significance of the Psychology–Law relationship expounded as it was in such contemporary works as C. H. E. Bischoff's 'Grundriß der anthropologischen Propädeutik' (Bonn, 1827) and H. B. von Weber's 'Handbuch der psychischen Anthropologie' (Tübingen, 1829), could well have been more widely recognised.

Kant's 'Anthropologie' (Königsberg, 1798) contained an unsystematic treatment of much of the subject-matter dealt with in Hegel's 'Psychology', as did K. H. L. Pölitz's (1772–1838) 'Populäre Anthropologie' (Leipzig, 1800), C. L. Funk's 'Versuch einer praktischen Anthropologie' (Leipzig, 1803), J. G. C. Kiesewetter's 'Faßliche Darstellung der Erfahrungsseelenlehre' (1806; 2 pts. Vienna, 1817), K. V. von Bonstetten's 'Philosophie der Erfahrung' (2 vols. Stuttgart and Tübingen, 1828) and P. K. Hartmann's 'Der Geist des Menschen' (1819; 2nd ed. Vienna, 1832). On the other hand, F. A. Carus's 'Psychologie' (2 vols. Leipzig, 1808), J. Salat's 'Die psychische Anthropologie' (Munich, 1820), and C. G. Carus's 'Vorlesungen über Psychologie' (1831; ed. E. Michaelis, Erlenbach-Zürich and Leipzig, 1931) contained much of the subject-matter dealt with in Hegel's 'Anthropology'. The closest contemporary approximation to Hegel's philosophical psychology is to be found in such relatively obscure publications as G. A. Flemming's 'Lehrbuch der allgemeinen empirischen Psychologie' (Altona, 1796) and J. H. Abicht's 'Psychologische Anthropologie' (Erlangen, 1801), neither of which is in itself of any philosophical interest. In fact his work in

this particular field has more affinity with that of the eighteenth century Leibnizians: see Max Dessoir 'Geschichte der neuern deutschen Psychologie' (pt. 1, Berlin, 1902) p. 377 et seq., and there is some evidence that he was aware of this: 'Berliner Schriften' p. 570. Cf. note 269, 43.

99, 39

Kant had criticized the rational psychology of his time for confusing "the possible *abstraction* of my empirically determined existence with the supposed consciousness of a possible *separate* existence of my thinking self" ('Crit. Pure Reason' B 427) i.e. as proceeding on Cartesian lines and arguing from the *I think* to the existence of the soul in time as a self-identical substance. Nevertheless, he did not question the truth of the proposition that, "a thinking being, considered simply as such, cannot be thought otherwise than as subject" (op. cit. B 411). For him, though the ego of pure apperception is a matter of noumenal reality, beyond experience, it is the absolute basis of critical rational psychology, — an *a priori*, not an empirical science (op. cit. B 401), which in its turn is the absolute basis of the whole critical philosophy: "From the cognition of self to the cognition of the world, and through these to the supreme being, the progression is so natural, that it seems to resemble the logical march of reason from the premisses to the conclusion" (op. cit. B 394).

For Kant, knowledge is only possible in that the ego of pure apperception relates objects to itself by intuiting them within space and time, and subsuming them under certain categories by means of the corresponding judgements. Empirical psychology is important in that it *complements* this logical procedure: "It must be placed by the side of empirical physics or physics proper; that is, must be regarded as forming a part of *applied* philosophy, the *a priori* principles of which are contained in pure philosophy, which is therefore connected, although it must not be confounded, with psychology. Empirical psychology must therefore be banished from the sphere of metaphysics, and is indeed excluded by the very idea of that science" (op. cit. B 876).

It might well be argued, on the basis of this statement, that Kant and Hegel are in substantial agreement about the necessity of keeping philosophy and psychology related but distinct. Hegel was of another opinion however (Hist. Phil. III.430–1): "Since Kant shows that thought has synthetic judgements *a priori* which are not derived from perception, he shows that thought is so to speak concrete in itself. The idea which is present here is a great one, but, on the other hand, quite an ordinary signification is given it, for it is worked out from points of view which are inherently rude and empirical, and a scientific form is the last thing that can be claimed for it. In the presentation of it there is a lack of philosophical abstraction, and it is expressed in the most commonplace way; to say nothing more of the barb-

arous terminology, Kant remains restricted and confined by his psychological point of view and empirical methods."

Hegel may have been incited into his critical attitude here by those who were professing to expound a Kantian psychological doctrine during the period immediately following Kant's death. J. F. Fries (1773–1843) for example, attempted to interpret all philosophy, including not only logic but also the treatment of things in themselves, as a psychological science of experience, a 'psychic anthropology': see his 'Ueber das Verhältniss der empirischen Psychologie zur Metaphysik' ('Psychologisches Magazin' ed. C. C. E. Schmid vol. 3 pp. 156–402, Jena, 1798); 'Neue oder anthropologische Kritik der Vernunft' (1807; 2nd ed. 3 vols. Heidelberg, 1828–31); 'Handbuch der Psychischen Anthropologie' (2 vols. Jena, 1820–21) note 169, 10. J. F. Herbart (1776–1841), whose *psychological doctrines*, as distinct from the mathematical form in which they were couched, bear rather more resemblance to Hegel's than either he or Hegel realized, built a whole system of neo-Kantian metaphysics around the 'simplicity' of the soul and the psychology of musical sounds: see his 'Psychologische Bemerkungen zur Tonlehre' ('Königsberger Archiv' vol. 1 pt. 2 p. 158, 1811), 'Lehrbuch zur Einleitung in die Philosophie' (Königsberg, 1813; 2nd ed. 1821); 'Lehrbuch der Psychologie' (Königsberg and Leipzig, 1816); 'Psychologie als Wissenschaft' (2 pts. Königsberg, 1824/5).

Since Hegel's remarks date from 1817, they cannot have involved criticism of the psychologism of F. E. Beneke (1798–1854), although if he had lectured on them after his personal encounters with Beneke (1820–2; 'Berliner Schriften' pp. 612–26) he would almost certainly have referred to his writings: see 'Erkenntnislehre' (Jena, 1820); 'Erfahrungsseelenlehre' (Berlin, 1820); 'De veris philosophiae initiis' (Berlin, 1820); 'Neue Grundlegung zur Metaphysik' (Berlin, 1822); 'Psychologische Skizzen' (Göttingen, 1825/6); 'Über die Vermögen der menschlichen Seele' (Göttingen, 1827).

101, 29

§ 459 et seq.

102, 5

For 'Theoritischen' read 'Theoretischen'.

102, 26

§ 445.

103, 26

In the lectures of 1803/4 ('Jenaer Systementwürfe I' pp. 297–8) Hegel took the *consciousness* which organizes itself into *language* to be the *theoretical unity* basic to the 'potencies' corresponding to the two major divisions of his

mature Psychology. In those of 1805/6 ('Jen. Realphilosophie' pp. 193–4), the motion of free intelligence generates that which is *theoretical* in the form of the image and recollection, neither of which involves the *reception* of anything alien. The 'Theoretical Spirit' of the 1817 Encyclopædia (§ 368) is *intelligence*, knowledge which presupposes the reason of possessing what is given as its own. Hegel refers to 'theoretical spirit' as 'intelligence' throughout these lectures: see 217, 25.

These earlier uses of the word 'theoretical' are built into the mature exposition. Every level of 'Theoretical Spirit' (§§ 445–68) *presupposes* the sublation of subject and object in reason already expounded in §§ 438–9. This does not imply that the image involved in recollection always corresponds to what has been intuited (§ 452), that words are always used rationally (§ 459), or that it is always the case, "that what is thought is" (§ 465). It simply implies that if there are disparities between intuition and recollection, reason and language, being and thought, as there most certainly are for example in dreams (§ 405), mental derangement (§ 408) or sensuous consciousness (§§ 418–19), then the 'recollection', 'language' and 'thought' involved have to be considered in anthropological or phenomenological and not in psychological terms.

According to Hegel, therefore, psychology is neither anthropology nor phenomenology in that it presupposes the absence of any disparity between subject and object. This definition of the discipline contrasts sharply with those current in the immediate post-Kantian period, in which it was usual either to distinguish between cognitive and practical psychology, see J. F. Fries (1773–1843) 'Neue oder anthropologische Kritik der Vernunft' (1807; 2nd ed. 3 vols. Heidelberg, 1828/31), or to formulate a vague progression from the senses to reason and the understanding in the general assessment of the various 'faculties' or 'phenomena' then distinguished by practising psychologists: G. A. Flemming (1768?–1813) 'Lehrbuch der allgemeinen empirischen Psychologie' (Altona, 1796); J. H. Abicht (1762–1816) 'Psychologische Anthropologie' (Erlangen, 1801); G. I. Wenzel (1754–1809) 'Menschenlehre' (Linz and Leipzig, 1802) § 39 et seq.; J. Salat (1766–1851) 'Lehrbuch der höheren Seelenkunde' (Munich, 1820); K. U. von Bonstetten (1745–1832) 'Philosophie der Erfahrung' (2 vols. Stuttgart and Tübingen, 1828).

For a recent attempt at expounding the significance of this sphere, see E. Roth 'Das Zeichen: Eine Untersuchung zu Hegels Philosophie des "Subjektiven theoretischen Geistes."' (Diss. Freiburg/Breisgau, 1970).

103, 29

In both the 1817 (§ 368) and the 1827 (§ 445) editions, intelligence 'has' i.e. possesses, that which is found i.e. given as its own. The passivity implied here came dangerously near to contradicting the basic premiss of the

'Psychology' (note 103, 26), hence this strengthening of the verb in the third edition.

104, 9

Insert 'in' before 'die andere'. Cf. 1817 ed. § 368 (238, 26).

105, 16

'Certainty' was first inserted in 1830 (cf. note 103, 29). That Hegel should have retained 'faith', not deleted it, is perhaps significant. Although the narrow concern with one particular aspect of epistemology which is so common in modern philosophy was so completely alien to his general manner of thinking, careful consideration of the 'Logic' and the 'Psychology' could open up much common ground with present-day epistemologists. He did in fact recommend these disciplines as the best *introduction* to philosophy: see his letter of April 16th 1822 to the Prussian Ministry of Education ('Berliner Schriften' pp. 541–56). There is however, no justication for regarding Hegelians as being 'Beyond Epistemology': see the curious compilation under this title by F. G. Weiss (The Hague, 1974); 'Hegel-Studien' vol. 11 p. 348 (1976).

Cf. Hegel's inaugural lecture of 22nd October 1818 ('Berliner Schriften' p. 8): "Ich darf wünschen und hoffen... daß Sie Vertrauen zu der *Wissenschaft*, ***Glauben*** an die *Vernunft*, *Vertrauen und Glauben zu sich* selbst mitbringen. Der *Mut der Wahrheit*, *Glauben an die Macht des Geistes* ist die erste Bedingung *des philosophischen Studiums*."

107, 3

Hegel probably has in mind categories such as cause and effect, action and reaction etc. (Logic §§ 153–4), which have validity in the sphere of consciousness rather than that of spirit. He may have had in mind the extremely influential works of L. H. Jakob (1759–1827) 'Grundriss der Erfahrungsseelenlehre' (Halle, 1791; 4th ed. 1810), 'Grundriss der empirischen Psychologie' (Riga, 1814), in which psychology is said to presuppose the *causal connection* between body and soul, and to involve the investigation of the various phenomena it gives rise to.

For his criticism of 'the law of the heart' etc., see Phen. 391–400; the review of F. H. Jacobi's (1743–1819) works in Jub. vol. 6; Phil. Right § 140.

107, 8

C. A. Crusius (1715–1775), 'Entwurf der notwendigen Vernunftwahrheiten' (Leipzig, 1745; 3rd ed. 1766), distinguished between empirical psychology and *noology*, or the science of the powers of the human mind, which he thought could be treated as a kind of logic. A similar conception is to be found in P. Villaume's (1746–1806) 'Abhandlungen über die Kräfte

der Seele' (Brunswick, 1786). Works such as G. A. Flemming's 'Lehrbuch der... Psychologie' (Altona, 1796), C. C. E. Schmid's (1761–1812) 'Empirische Psychologie' (Jena, 1791; 2nd ed. 1796) and Kant's 'Anthropologie' (1798) made good use of the power or faculty concept, but by the turn of the century it was being criticized from various standpoints: see G. E. Schulze (1761–1833), who emphasized the unity of the soul 'Grundriss der philosophischen Wissenschaften' (2 pts Wittenberg, 1788/90) I.72, 'Aenesidemus' (Helmstedt, 1792) p. 105 et seq., 'Psychische Anthropologie' (3rd ed. Göttingen, 1826).

J. F. Herbart (1776–1841) also called in question the reality of faculties by emphasizing the simplicity and *unity* of the soul, but he introduced a very similar conception of, "presentations which, in that they penetrate one another in the one soul, check one another in so far as they are opposed, and unite into a composite power in so far as they are not opposed," and proceeded to expound it mathematically in terms of statics and mechanics: see 'Lehrbuch zur Einleitung in die Philosophie' (Königsberg, 1813; 2nd ed. 1821) § 158. F. E. Beneke (1798–1854) accepted Herbart's criticism of faculties, but rejected his presentations in favour of certain predispositions or impulses which are harmonized in the self.

Hegel's attitude to such contemporary developments in the field was by no means as straightforward as might appear from his remarks here. He had no very high opinion of Beneke (note 99, 39), and criticized Ernst Stiedenroth's 'Psychologie' (2 pts. Berlin, 1824/5) as follows: "The author thinks too highly of himself for having rejected the *form of psychic faculties* formerly common in Psychology, — and in any case it is a form which Fichte and others have already replaced by the category of activity. It is a matter of small importance whether one heads a chapter "The faculty of recollection" or simply "Recollection"." — 'Berliner Schriften' pp. 569–70.

107, 11

Logic §§ 135–6. *Relationship* is the main category here. Hegel deals with power as relating the whole and its parts, and soon afterwards with *actuality*, the third major category of *essence*.

107, 41

'Metaphysics' VII, 2, 1042 b9; VIII, 7, 1049 a 16; XI, 5, 1071 a 9; Hist. Phil. II.138; Schelling 'Deduction des Dynamischen Processes' ('Zeitschrift für speculative Physik' 1 and 2).

108, 1

For 'Entledigung' (release) read 'Erledigung', following Boumann (303, 19), Lasson (1930) and Nicolin and Pöggeler (1959). The word can mean 'taken care of' however, so it is just possible that the emendation is unnecessary.

109, 24
Evidently § 444.

111, 3
Note 103, 26. The fact that Hegel added this lengthy paragraph in 1830 seems to indicate that he felt this central point was not brought out enough in the detailed expositions of this sphere. The use of the concept of satisfaction in order to capture the idea of intuition, recollection, phantasy etc. being pervaded by a rational intelligence, could give rise to misunderstandings (cf. §§ 427, 473).

111, 19
Note II.147, 9.

111, 32
§§ 413–39.

113, 4
§§ 452–4.

115, 7
See Hegel's 'Lectures on the proofs of the existence of God' (Phil. Rel. III.153–367). They were given during the Summer Term 1829, while Schleiermacher was lecturing on Political Theory, and were easily the most popular series he delivered. Two hundred attended them, whereas only one other of his courses (History of Philosophy, Winter 1829/30) attracted more than one hundred and forty: 'Berliner Schriften' pp. 743–9. Cf. Enc. ed. Nicolin and Pöggeler p. 9 et seq.; §§ 564–71.

117, 17
Hegel's lecture notes on this § (1817 § 368; 'Hegel-Studien' vol. 10 p. 55, 1975), unlike Boumann's text, show that the rationality basic to a philosophical consideration of psychology (§§ 438–9) was also conceived of as having an *ethical* aspect. The ethical implications of §§ 424–37, which are emphasized again in §§ 481–2, appear here as a corollary of the sublation of subject and object (note 103, 26): "Cunning, craft, trickiness, of thieves for example, is taken to be *understanding* and even reason, whereas it is in fact a highly distorted reason or understanding. Even if we consider its finite end, we find it to be the height of stupidity, self-defeating. Whoever is stupid is wicked, wickedness is stupidity. The more cultivated the reason, so much the more open and truly noble is the character. A very important factor here is the presupposed image of what constitutes an upright character. Persons of quality are regarded as having cultured understandings but as being relatively

heartless. This is partly a consolation for envy, but very often an extremely poor judgement."

Cf. Phil. Right § 139. The importance that Hegel attached to the ethical aspect of rationality at this juncture is apparent from his quoting once again the *γνωθι σεαυτον* with which he opens the whole treatment of spirit (§ 377).

117, 18

In that this sphere presupposes sensation (§§ 399–402) and consciousness (§§ 413–39), and is the presupposition of presentation (§§ 451–64) and thought (§§ 465–8), it has much in common with Kant's conception of *empirical* intuition: "In whatsoever mode, or by whatsoever means, our knowledge may relate to objects, it is at least quite clear, that the only manner in which it immediately relates to them, is by means of an intuition... The effect of an object upon the faculty of representation, so far as we are affected by the said object, is sensation. That sort of intuition which relates to an object by means of sensation, is called an empirical intuition." ('Critique of Pure Reason" B 33–34).

When Hegel concludes his 'Logic' by stating that, "the Idea, which is *for itself*, *regarded* as this *unity* with itself, is intuitive" (§ 244), he is evidently reproducing Kant's corresponding definition of *pure* intuition as that in which: "we find existing in the mind *a priori*, the pure form of sensuous intuitions in general, in which all the manifold content of the phenomenal world is arranged and viewed under certain relations" (B 34). In its most general form, as the Idea, Hegel's 'pure' intuition immediately implies nature (§ 244), and as the supreme 'logical' principle, is the paradigm of all the relationships expounded throughout the Encyclopaedia.

The main difference between Kant's and Hegel's conceptions of 'empirical' intuition, is that whereas Kant regarded it as *simply mediating* between matter and knowledge, Hegel also took matter to be its *presupposition*. He saw that there could be no 'empirical' or 'psychological' intuition without the presupposition of the material world (Enc. §§ 245–376), and that a systematic or philosophical treatment of intuitive cognition involves recognition of the fact that in its 'other' such cognition also intuites this basic aspect of *itself*, that unlike consciousness, it is no longer confined to a mere subject-object antithesis. He realized, therefore, that Kant's 'objects' do not *simply* 'affect' the 'faculty of representation', but that this faculty is what it is in that it also involves some awareness of these 'objects' as the *presuppositions* of its own being. Intuition is treated as part of the 'first potency' in Hegel's 'System der Sittlichkeit' (Autumn, 1802): 'Schriften zur Politik' (Leipzig, 1913) p. 421. In the lectures of 1805/6, as in the mature system, it is presented as basic to the relationship between knowledge and what is known: 'Jen. Realphilosophie II' (Hamburg, 1969) p. 179. Despite the constant attention he gave to the subject however, his contemporaries seem to have been unaware

of the significance of his view of it, and there is as yet no analysis of the part played by intuition in the development of his philosophical system. See H. W. E. von Keyserlingk's comment upon Hegel in his 'Entwurf einer vollständigen Theorie der Anschauungsphilosophie' (Heidelberg, 1822) p. vii, and K. Rosenkranz 'Psychologie' (2nd ed. Königsberg, 1843) p. 254.

117, 22
Note II.153, 11.

119, 9
§§ 403–10. The ego is introduced in § 412.

119, 13
§ 429.

119, 22
Any comprehensive analysis of Hegel's treatment of feeling within the sphere of 'Subjective Spirit' would also have to take practicality into consideration (§§ 471–2). It has already been noted (II.215, 18) that he only clarified his terminology in respect of 'sensation' and 'feeling' at a very late date. His lecture notes on § 369 ('Hegel-Studien' vol. 10 p. 56, 1975) show that he sometimes dealt with the subject at this juncture in rather more detail than Boumann's admirably concise and lucid Addition might lead us to believe. Boumann is almost certainly summarizing the remarks made in the later series of lectures. The notes show that at one time Hegel was of the opinion that there is 'no difference' between feeling and sensation. It soon becomes apparent, if we compare the exposition of 'Theoretical spirit' in the Encyclopædias of 1817 (§§ 368–87), 1827 (§§ 445–68) and 1830 (§§ 445–68), that in revising his treatment of this sphere, Hegel tended to replace 'sensation' with 'feeling', that is to say, that in his later years he tended to confine the term 'sensation' to the subject-matter of §§ 399–402.

J. G. C. Kiesewetter (1766–1819), in his 'Faßliche Darstellung der Erfahrungsseelenkunde' (2 pts. Vienne, 1817) pp. 225–86 distinguishes between *corporeal* feelings, directly dependent upon nerves and organs, *contemplative* feelings such as boredom, imagination and curiosity, and *practical* feelings such as fear and bashfulness. There is also a lengthy treatment of the subject in F. A. Carus' 'Psychologie' (2 vols. Leipzig, 1808) I.364–494, in which a hierarchical grading is attempted, and feeling is said to find its culmination in freedom and religion. It is quite clear, therefore, that in distinguishing between sensation and feeling as he did, Hegel was drawing upon the general views of his time.

119, 28
It can, in its most primitive form, be entirely *physical*: Phil. Nat. §§ 357a–8.

120, 28

For 'enthält' (contain) read 'erhält' see 1827 ed. 417, 34.

121, 8

The 'general assumption' referred to here is evidently that of Locke and his followers, with their doctrine of *sensation* as the basic source of our ideas. For Hegel, since the material sources of sensation are not incapable of being systematically analyzed and assessed, the *systematic analysis* is what is basic. It is just possible that in referring to the assumed priority of the judgement in respect of the material provided by 'feeling', Hegel has in mind Leibniz's criticism of Locke in the 'New Essays' (1765), but it is more probable that he is calling attention to Kant's and Fichte's doctrines of judgements and categories: see § 415.

121, 25

See Hegel's critical comments on Schleiermacher's 'Der christliche Glaube' (1821/2 ed.) in 'Berliner Schriften' pp. 684–8. Cf. F. Siegmund-Schulze 'Schleiermachers Psychologie in ihrer Bedeutung für die Glaubenslehre' (Diss. Marburg, 1913); H. Glockner 'Hegel and Schleiermacher im Kampf um Religionsphilosophie und Glaubenslehre' ('Deutsche Vierteljahresschrift für Literaturwissenschaft und Geistesgeschichte' vol. 8 pp. 233–59, 1930).

121, 41

'De Anima' 417a22–418a6. Cf. Hegel's notes loc. cit. p. 57: "Object is a *possibility* of being sensed, subject or sense, *possibility* of sensing."

123, 20

This could be a reference to Petronius' "Primus in orbe deos fecit timor." (Fragment 27): cf. Statius 'Thebaid' III. 661; P. J. de Crebillon (1674–1762) 'Xercès' (1749) I i: "La crainte fit les dieux; l'audace a fait les rois." Cf. Aesthetics 237; Hist. Phil. I.154.

For a useful survey of possible *Greek* originals, see W. K. C. Guthrie 'A History of Greek Philosophy' vol. III pp. 226–49 (Cambridge, 1969). It should be remembered that Hegel was enough of a classicist to realize that in classical Greek θεός was primarily a predicative, not a substantive notion. He would certainly have questioned the *truth* if not the correctness of the statement that "God is sensation and passion" (Enc. § 172), but he was almost certainly familiar with the fact that the Greeks referred to any force or power as a θεός, and that for them, to say that "sensation and passion are a θεός" was in no very clear respect an irreligious observation: see U. von Wilamovitz 'Platon' (2 vols. Berlin, 1920) I p. 348.

125, 6

The literal meaning of the German word for recollection i.e. 'inwardizing' is the operative concept here. This progression in degree of 'inwardization' in respect of the rational identity of subject and object constituting the immediate presupposition of 'theoretical spirit' (§§ 445–68), is one of the major themes of the sphere.

125, 16

Phil. Nat. I.205; 223. Nature is external to the Idea and to Spirit in a *logical* or *systematic* sense, and to itself, in that it is spatial (§ 254), in a *literal* sense.

Carl Daub (1785–1836) comments extensively upon this in his 'Vorlesungen über die philosophische Anthropologie' (Berlin, 1838) pp. 192–203.

125, 29

Cognition (Erkenntniß) is the *systematic* knowledge worked out in the philosophies of logic, nature and spirit. Information (Kenntniß) is the knowledge involved in *psychology*. The smoke rising from the chimney while Hegel was looking out of his window on 5th January 1824 caught his *attention* (Phil. Nat. II.149), and so gave rise to *information* which was subsequently transformed into cognition by being used in the systematic exposition of colour.

125, 30

Hegel probably means the 'education' of spirit in general.

127, 26

Hegel makes the same point with regard to botany in one of his letters. Cf. 'Rechtsphilosophie' (ed. Ilting) II.289; III.604.

129, 7

On the general historical background to these remarks, see D. Braunschweiger 'Die Lehre von der Aufmerksamkeit in der Psychologie des 18. Jahrhunderts' (Leipzig, 1899). It was usual to distinguish *various degrees* of attention; see E. Platner (1744–1818) 'Anthropologie' (Leipzig, 1772) pp. 69–83; and J. H. Abicht (1762–1816) 'Psychologische Anthropologie' (Erlangen, 1801) pp. 319–41, who distinguishes attention by means of the senses from contemplative, verbal and voluntary attention.

Hegel's account seems to owe something to J. H. Campe's (1746–1818) 'Kleine Seelenlehre' (3rd ed. 1802) pp. 49–59, a book which he read as a boy and still had in mind in the 1820's (note I.97, 12). In his lecture notes (§ 371, loc. cit. p. 58) he concentrates upon the absence of effective attention in mental derangement. Carl Daub (1765–1836), in his 'Vorlesungen über die philosophische Anthropologie' (Berlin, 1838) pp. 177–190 comments at some length upon these paragraphs.

129, 15

Cf. note II.163, 27. 'Affection' was not quite synonymous with 'Affect', but was used to refer to *any kind* of impression experienced by an organism through a change in its condition: J. F. Pierer 'Medizinische Realwörterbuch' vol. I p. 116 (1816).

129, 22

Cf. Note II.201, 37.

130, 31

Delete 'den' from 'den den Ton'.

131, 32

Although § 372 (1817) gives no indication of the fact, it is apparent from Hegel's lecture notes (loc. cit. p. 59), that this treatment of the senses was included under it. Since neither § 448 (1827), nor the considerably extended § 448 of 1830 incorporate any of this material, there must have been some doubt in Hegel's mind about the advisability of introducing it here. He probably thought that to deal with *sensations* in a sphere concerned predominantly with *feeling* (note 119, 22) was to confuse levels. It was, however, essential that the matter should be tackled if the major theme of 'inwardization' in the psychology (note 125, 6) was to be balanced by the complementary theme of 'objectivization'.

In the Phil. Nat. (§ 358) the senses are arranged in accordance with the extent to which their external equivalents approximate, through them, to the inwardness and expressiveness of animal being, touch in this case being the most general and abstract, and sight and hearing the most expressive of this inwardness. In the Anthropology (§ 401), they are arranged in order to make the transition from the relative abstraction of sensation to the relative concreteness of feeling, sight in this respect being the most general and abstract, and touch the most specific and concrete. Here, however, they are ranged in respect of the adequacy with which they involve the presupposed unity of subjectivity and objectivity. Since the 'internal sensations' have already been dealt with, it is the *objective* nature of volatilization, consumption, resistance, colour and tone (Phil. Nat. §§ 321, 322, 266, 320, 300) which determines the dialectical progression. Cf. note II.167, 38.

132, 4

For 'in äußeren Gegenstande nach' read 'im äußeren Gegenstande noch'.

133, 14

Note 121, 8. Granite, for example (Phil. Nat. § 340), is determined by intelligence, through intuition, as an externality. The rationality or spiritual-

ity of granite is, however, its particular context within the dialectic of nature. It presupposes chemistry (§§ 326–36) for example, and is a presupposition of botany (§§ 343–9). This rationality, the working out of which is the expression of spirit, is granite's 'own nature'. In that granite is determined by intelligence as an externality, it is therefore external to its 'own nature'.

133, 23

In that granite is determined by intelligence simply as an *externality*, it has none of the determinate content which is proper to it, and recognized by a mature philosophy of nature. It is neither the presupposition of botany nor does it presuppose chemistry, it is simply externality. It is not a static externality, however, but that of space and time, the immediate presuppositions of place and motion (Phil. Nat. I.223–40). Hegel is evidently influenced here, at least to some extent, by Kant's characterization of space and time as pure intuitions *a priori*: 'Critique of Pure Reason' B33–73.

135, 2

Phil. Nat. §§ 254–9.

135, 18

For an analysis of the difference between Kant's and Hegel's conceptions of space and time, see Phil. Nat. I.315–17. J. F. Herbart (1776–1841), 'Lehrbuch zur Einleitung in die Philosophie' (2nd ed. Königsberg, 1821) § 157 calls attention to the *similarity* between Kant's conception of space and Leibniz's. For a contemporary orthodox Kantian exposition, see J. F. Fries (1773–1843) 'Handbuch der psychischen Anthropologie' (2 vols. Jena, 1820/1) I.103. Cf. § 452.

135, 25

Max Jammer 'Concepts of Space' (New York, 1960); Hans Reichenbach 'The Philosophy of Space and Time' (New York, 1958); Adolf Grünbaum 'Philosophical Problems of Space and Time' (New York, 1963); J. J. C. Smart 'Problems of Space and Time' (New York, 1963).

135, 32

Phil. Nat. I.237: "The transition from ideality to reality, from abstraction to concrete existence, in this case from space and time to the reality which makes its appearance as *matter*, is incomprehensible to the understanding, for which it therefore always remains as something externally presented."

In free intelligence this transition also involves subjectivity.

137, 2

Cf. note 125, 6.

137, 7
§§ 451–64; §§ 413–49.

137, 16
Presentation therefore constitutes an advance in degree of subjectivity: note 125, 6.

137, 31
Hegel's lecture notes to § 373 (loc. cit. p. 60): "In intuition, I also *collect into one* thing *the various* aspects of sensation. This is a matter of *presenting*."

137, 32
'System des transzendentalen Idealismus' (1800): "Intellectual intuition... is a knowledge which is the production of its object: sensuous intuition or perception of such a nature that the perception itself appears to be different from what is perceived. Now intellectual intuition is the organ of all transcendental thought..." 'Werke' (ed. K. F. A. Schelling, 1856–1861) vol. III p. 369; cf. vol. V p. 255. Hegel discusses the subject at some length in his 'Differenz des Fichte'schen und Schelling'schen System der Philosophie' (Jena, 1801), and Hist. Phil. III.516–27.

139, 7
World Hist. 11–24; Aesthetics 986–9.

139, 23
Enc. §§ 153–4; 57–60. Cf. the treatment of teleology, §§ 204–12.

139, 28
Cf. Phil. Nat. I.202, where Hegel quotes Goethe, 'Faust' pt. i lines 1938–41:

> *'Ενχείρησιν* naturæ chemistry calls it,
> Mocks itself, knows not what befalls it,
> Holds the parts within its hand,
> But lacks, alas, the spiritual band.

139, 35
'Beiwesen' is an unusual word in Hegel. It should not be associated with 'Unwesentlichkeit' or inessentiality. The prefix 'bei' can mean *additional*, a tax having a 'Beisteuer' added to it, *attached*, a large estate having a 'Beigut', or *supplementary*, 'Hegel-Studien' having their 'Beihefte'. It would, indeed, be a gross perversion of Hegelianism to interpret it as a philosophy of essences, in which 'externality' and 'contingency' are simply treated as being 'inessential'. J. F. Herbart (1776–1841) had at least half the truth when he characterized

Hegel's philosophy as being: "*schuldbewusster*, seine innern Widersprüche laut und freimuthig *bekennender Empirismus*." 'Sämtliche Werke' (ed. G. Hartenstein, 12 vols. Leipzig, 1850–1852) vol. XII p. 685. Cf. note 229, 27.

141, 2

'Metaphysics' 982 b: "For it is owing to their wonder that men both now begin and at first began to philosophize." Cf. Plato 'Theaetetus' 155 d; Phil. Nat. I.291.

141, 20

The subject-matter of Hegelianism is intuited, and *then* structuralized in accordance with the general principles of the 'Encyclopædia'. Hegel gives no systematic or epistemological priority to any one part of the system, — certainly not to 'Phenomenology', and quite evidently not to the 'Logic'. Cf. Klaus Harlander 'Absolute Subjektivität und Kategoriale Anschauung. Eine Untersuchung der Systemstruktur bei Hegel' (Meisenheim am Glan, 1969) pp. 106–107.

141, 33

Hegel almost certainly has Goethe in mind here: J. Ritter 'Hist. Wört. d. Phil.' vol. 1 col. 346 (Darmstadt, 1971). Cf. Kant 'Anthropologie' §§ 31–3.

143, 8

These paragraphs on intuition are of central importance to any assessment of Hegel as the inheritor of the philosophical issues raised by Kant, Fichte and Schelling. It is significant, therefore, that they should only have been given their mature form in the 1830 edition of the Encyclopædia. Now that Hegel's own lecture notes on the subject are available ('Hegel-Studien' vol. 10 pp. 56–60), a detailed study of the development of his ideas is possible, and ought to be undertaken.

The basic presupposition of the sphere is the possibility of knowing rationally i.e. of intelligence, "being able to appropriate the reason implicit in both itself and the content" (§ 445). The dialectical progression is no longer primarily concerned with the subject-object antithesis, as it was in the Phenomenology, but with the precise interrelationships of increasing degrees of intuitive rationality. This rationality has the subject-object antithesis *implicit* within it however, and this gives rise to a pattern of exposition which Hegel was evidently pleased to allow to coincide with the overall triadic structure of his thinking.

In 1817 the simple immediacy of feeling, in contact with objectivity through sensation (§§ 369–70), is inwardized in attention (§ 371), and then fulfilled in the diremption of presentation, which has contact with objectivity through feeling (§ 372). The abstract externalization of intuition

is then introduced (§ 373), countered by the internalization of the image (§ 374), and then subsumed with it under recollection (§ 375).

In 1827 the sphere is given the heading of 'intuition' for the first time, and a 1, 2, 3, numbering appears to give it a triadic pattern which is, in fact, by no means so convincing as that of 1817. The simple immediacy of feeling is retained (§§ 446–7), and is inwardized in attention (§ 448), but the third moment of intuitive diremption (§ 449) can hardly be regarded as a satisfactory subsumption of the other two. § 450 formulates the transition to presentation.

This weakness is corrected in the 1830 version. §§ 446–7, dealing with the immediacy of feeling, are simplified and shortened. § 448 is then devoted to the diremption into the inwardness of attention and the externality of space and time, and the subsumption of the preceding levels under intuition proper is verbalized in §§ 449–50.

We know that Hegel was reluctant to submit the text of the Encyclopædia to such radical revision ('Briefe' III.149: 19th December 1826). It is quite evident from these changes therefore, that his views on the *precise nature* of intuition changed considerably throughout the 1820's.

145, 6

Enc. § 125.

145, 9

The *triadic* structure of theoretical spirit is being referred to here: presentation (§§ 451–60) is the middle between intuition (§§ 446–50) and thought (§§ 465–8).

The literal meaning of the German words quite evidently played an important role in the formulation of the dialectic at this juncture. "Anschauen" is a fortunate word. In *viewing* (Schauen) it expresses the subjective activity, although not simply as a seeing (Sehen), like that to which the animal's eye is confined in respect of sensuous externality, but as an immersion in the matter. The preposition *An*, however, indicates that such viewing first turns the matter into an actual objectivity." K. Rosenkranz 'Psychologie' (2nd ed. Königsberg, 1843) p. 254.

Intuition is immediate in that it does not yet involve the 'inwardization' of recollection (note 125, 6).

Although there is nothing in the philosophical and psychological literature of the time comparable to the comprehensive precision of Hegel's assessment of presentation, it was quite common to dwell upon the literal meaning of the German word when attempting to expound its significance. "The primary point in the formation of the German word *Vorstellen*, is that by means of the similarity between their content and what is perceived, presentations facilitate the formation of cognition adequate to the properties

of what is perceived. The basic point of the Latin repræsentare, is that by means of presentations, cognition of what has been sensed in the past is renewed. On account of its derivation from *νοῦς* however, the Greek *ἐννοέω* indicates that presentations are determinations of our ego, and so constitute something merely subjective." G. E. Schulze (1761–1833) 'Psychische Anthropologie' (3rd ed. Göttingen, 1826) p. 134. Cf. F. von P. Gruithuisen 'Anthropologie' (Munich, 1810) pp. 420–42; K. G. Neumann 'Die Krankheiten des Vorstellungvermögens, systematisch bearbeitet' (Leipzig, 1822); L. Choulant 'Anthropologie' (2 vols. Dresden, 1828) II. p. 5.

For the earlier development of Hegel's views on presentation, see Hoffmeister 'Dokumente' pp. 172–3; 'Zur Psychologie' 1794 p. 184; 'Jenaer Realphilosophie' 1805/6 p. 180; 'Phil. Prop'. pp. 201–2.

145, 24

This §, which in its present form is devoted to introducing the general lay-out of the whole section §§ 451–68, originated in the first sentence of § 374 (1817). In his earlier lectures ('Hegel-Studien' vol. 10 pp. 60–61, 1975), Hegel evidently spent some time on emphasizing the unifying power of presentative intelligence, and illustrating this psychological point with reference to organic and anthropological parallels.

149, 17

Cf. 135, 3, where Kant is blamed for interpreting space and time as being *simply* subjective.

149, 21

The 'Phenomenology' (§§ 413–39) is therefore the necessary *presupposition* of this process of inwardization in the 'Psychology', just as the space and time of nature and anthropology are a necessary *presupposition* of the universality of the ego in general (§§ 254–412).

149, 25

In § 375 (1817), Hegel was mainly concerned with presenting recollection as the sublation of the immediacy of intuition and the particularity of presentation — a procedure which lost its original dialectical significance in his subsequent structuring of this part of the 'Psychology'. His lecture notes on this § are most illuminating however, in that they make the meaning of this sentence much clearer than does any of the material published by Boumann.

Recollection is concerned with the determinate distinctness of sensation, with smells, tastes, colours etc. It inwardizes or subjectivizes, but the images in which it deals are not yet those of the imagination: "Each *determinate* sensation i.e. *determinate for me*, is recollection; it is only determinate as

distinct in that the others are present to me." ('Hegel-Studien' vol. 10 p. 61). The images of recollection are therefore more directly related, through intuition and sensation, to the particularity of natural things, than are the more highly inwardized images of the imagination (§§ 455–60).

From the notes on recollection in 'Zur Psychologie' 1794 p. 178, and the comments upon it in 'Jen. Realphilosophie' 1805/6 pp. 181–2 and the 'Phil. Prop.' pp. 201–2, it looks as though the sources of Hegel's exposition have to be sought in late eighteenth century rather than early nineteenth century views. Since there was then a general tendency to confuse recollection and memory: Max Dessoir 'Geschichte der neueren Deutschen Psychologie' vol. 1, pp. 412–17 (Berlin, 1902), it might be helpful to regard this § as an attempt to clarify the *terminological* confusions of such works as Ernst Platner's (1744–1818) 'Anthropologie' (Leipzig, 1772): see pp. 131–2: "When the impressions, both the single sensuous sensations, as well as the ideas arising out of the combination and separation of the same, become present to the soul, and the soul is at the same time conscious of having formerly had these impressions or ideas, recollection takes place."

151, 28

This 'filling' of intuited time may be Boumann's addition: see Phil. Nat. I.231, 15.

151, 29

In the earlier lectures, Hegel expounded this fascinating distinction between intuited and presented time under the heading of § 372 (cf. 125, 9). His notes on it ('Hegel-Studien' vol. 10 p. 60) confirm the essential accuracy of Boumann's account, but show that he missed out an explicit analysis of the nature of *boredom*.

These paragraphs should be considered together with §§ 257–9 of the Phil. Nat. In dealing with time as the presupposition of *nature*, Hegel points out, as against Kant, that it "does not involve the difference between objectivity and a distinct subjective consciousness." (I.230, 6). In that this dialectical assessment is known *psychologically* however, it involves consciousness, and such a distinction between intuited objectivity and presented subjectivity as Hegel is drawing at this juncture.

For a discussion of Kant's treatment of time which may well have influenced Hegel, see I. D. Mauchart (1764–1826) 'Ueber die Vorstellung der Zeit in der Phantasie' (C. C. E. Schmid's 'Anthropologisches Journal' vol. IV i pp. 3–12, Jena, 1804).

153, 8

Cf. II.217, 4.

153, 15
Phil. Nat. III.68.

153, 22
Aristotle, 'On Memory' 450–1a, had drawn attention to the role of the image in recollection. Until the seventeenth century, it was quite common to explain the similarity between things and our perception of them as well as the nature of recollection, by postulating tiny images, emitted from objects, and travelling through the senses and the nerves to the *sensorium commune*, where they were preserved. The mechanization of the world picture by Galileo, Hobbes and Descartes gave rise to attempts to locate this preservation in a material sense. Adam Bernd (1676–1748), for example, in his 'Eigene Lebensbeschreibung' (Leipzig, 1738) p. 270 et seq. worked out a theory of atomic particles preserved in the brain. See Max Dessoir op. cit. p. 414.

153, 33
Although this § was first formulated in 1827 and considerably extended in 1830, it was quite evidently not worked out in isolation, and was probably written together with §§ 403–4. Hegel is not offering any *explanation* of this 'nightlike abyss' within which images are preserved, he is simply postulating it as the necessary presupposition of imagination, memory, thought etc. Without such a preservation of images and presentations, these more complex levels of psychology would be impossible. Rosenkranz, 'Psychologie' (2nd ed. Königsberg, 1843) pp. 272–3, observes that a systematic consideration of *forgetting* should have been worked out here. Taking up this suggestion might well open up a constructive dialogue with those interested in certain important developments in more modern psychology: see S. Freud 'Zur Psychopathologie des Alltagslebens: über Vergessen, Versprechen, Vergreifen, Aberglaube und Irrtum' (ed. A. Mitscherlich, Hamburg, 1954).

Hegel never mentions the works of J. F. Herbart (1776–1841), but he may have taken an interest in them after Herbart had reviewed the Phil. Right and the second edition of the Encyclopaedia, and this may have been the origin of this postulation of an 'unconscious abyss'. Herbart, like Hegel, took the soul to be the foundation or presupposition of the ego, 'Kurze Encyclopaedia der Philosophie' (Halle, 1831) §§ 158–64, and worked out an elaborate theory of the unconscious preservation of presentations, 'Lehrbuch zur Einleitung in die Philosophie' (Königsberg, 1813; 2nd ed. 1821) § 158. Hegel would not have thought very highly of the pseudo-mathematical precision of Herbart's methodology, his attempt to treat psychology in terms of statics and mechanics, but he may well have taken from him the general idea of this "primary form of universality rendering itself within presentation."

153, 36
Cf. §§ 465–8.

154, 22
Insert 'als' after 'zugleich'. Cf. 1827 ed. 420, 24.

155, 7
From the numbering here, which is Hegel's own, 'recollection proper' might be expected to unite within itself the image (§ 452) and the unconsciously preserved image (§ 453). In fact, however, it is presented as the synthesis of intuition (§§ 446–50) and the image. The progression in degree of complexity is clear enough, but the triadic pattern is imperfectly established.

157, 29
Note 163, 21.

159, 16
Hist. Phil. III.295–6: "From Locke a wide culture proceeds, influencing English philosophers more especially... It calls itself Philosophy, although the object of Philosophy is not to be met with here... When experience means that the Notion has objective actuality for consciousness, it is indeed a necessary element in the totality; but as this reflection appears in Locke, signifying as it does that we obtain truth by abstraction from experience and sensuous perception, it is utterly false, since, instead of being a moment, it is made the essence of the truth."

For surveys of the subsequent attempts to define the laws of the association of ideas in terms of empirical psychology, see Michael Hissmann (1752–1784) 'Geschichte der Lehre von der Association der Ideen' (Göttingen, 1777); C. G. Bardili (1761–1808) 'Ueber die Gesetze der Ideenassociation' (Tübingen, 1796); Pierer 'Medizinisches Realwörterbuch' vol. I pp. 465–9; M. Dessoir op. cit. pp. 391–9; D. Rapaport 'The history of the Concept of Association of Ideas' (London, 1974). R. Hoeldtke has shown, 'The History of Associationism and British Medical Psychology' ('Medical History' vol. 11 pp. 46–65, 1967), that the concept lost favour among British empirical psychologists during the opening decades of the nineteenth century.

It is evident from 201, 29 that it was the loose definition of 'ideas' and the woolly conception of 'law' that Hegel objected to, not the concept of association as such.

159, 26
In order to grasp the significance of this criticism, it is important to bear in mind Hegel's distinction between the *world of the understanding* consciousness, the "concrete totality of determinations, within which each member, each

point, assumes its place as at the same time determined through and with all the rest", and the *coherence of* images, "in a predominantly external and understandable manner, according to the so-called laws of the so-called association of ideas." (II.129, 14). It is through the former that the individual has access to the objective actuality of the Notion. It is on account of 'philosophy's' having dwelt so exclusively upon the latter in its search for truth, that it has failed to realize its full potential.

This distinction certainly owed something to a well-established tradition in German philosophy. Prior to the introduction of French and English psychological ideas towards the close of the eighteenth century, it was usual to follow Leibniz and confine psychological association to the lower faculties of the soul, to treat it as involving experience and inductive judgements rather than thought and *a priori* cognition (Dessoir op. cit. pp. 392–3).

Hegel is certainly justified in pointing out that those who spoke of the *laws* of the association of *ideas*, were in fact concerning themselves with what the methods of analysis employed could only show to be the *random* association of *presentations* or images. Cases such as the following were discussed in the text-books of the time: "It is probably the case that in a non-smoker, the presentation of a pipe will awaken not the related presentations of tobacco and tobacco-pouch etc., but that of the unpleasant smell and dampness of the inner tube which once dirtied his hands, the reason being that these related presentations have never been of any interest to him." (Pierer op. cit. p. 466). Seemingly meaningful distinctions were drawn between the 'relation', 'association' and 'affinity' of ideas, co-ordinated under a 'total' or 'combining' presentation, and the following general 'law' was formulated: "The law which lies at the basis of the association of ideas is none other than the law of continuity as related to the two basic forms of all perception, those of space and time. In respect of the former it unfolds itself in the law of similarity and contrast, in respect of the latter in the law of simultaneity and succession. It expresses itself as follows: similar, contrasting, simultaneous and successive presentations associate, and do so with so much the greater facility in accordance with their increasing similarity, contrast, and juxtaposition in time and space." (Pierer op. cit. pp. 466–7).

The most elaborate and influential development of this idea during the opening decades of the nineteenth century was put forward by J. F. Herbart (note 153, 33). Cf. F. A. Carus (1770–1807) 'Psychologie' (2 vols. Leipzig, 1808) vol. 1 pp. 170–206.

159, 41

That is to say, the sensation (Emp*find*ung) it involves (note 119, 22).

161, 3

Between the major premiss of intuition (§§ 446–50) and the conclusion of thought (§§ 465–8).

161, 7

That is to say, in the Phenomenology (§§ 413–39).

161, 12

Logic § 20. Hegel distinguishes between the singularities of the *senses*, the subjective generalization of these singularities by means of *presentations*, and the self-conscious generalizations of *thought*. He admits, however, that these distinctions are simply asserted, — the systematic expositions of the Psychology provide a much more satisfactory account of them.

161, 24

Such spatial and mechanical imagery was very common in the psychological works of the time: see the otherwise excellent publication by the mathematician J. J. Hentsch (1723–1764), 'Versuch über die Folge von Veränderungen in der menschlichen Seele' (Leipzig, 1756) § 64, the crudely mechanistic views of J. C. Lossius (1743–1813), 'Physische Ursachen der Wahren' (Gotha, 1775), the attempt to combine the views of Locke and Leibniz by J. F. Abel (1751–1829), 'Einleitung in die Seelenlehre' (Stuttgart, 1786) p. 94. In this connection, it is perhaps worth quoting J. F. Herbart's account of his central conception, 'Lehrbuch zur Einleitung in die Philosophie' (Königsberg, 1813; 2nd ed. 1821) § 158: "The opposed presentations must so check themselves, that what is presented wholly or partly disappears, as if the presentation were no longer there. It must do so in such a way however, that it emerges again, re-establishes itself, once the effectiveness of the check diminishes or is nullified by a counterforce. *It is in this way that presentations change, through the mutual pressure of striving to exhibit themselves.*"

161, 29

As early as March 1787, Hegel was taking notes on what Christian Garve (1742–1798) had to say about imagination in his 'Versuch über Prufung der Fähigkeiten': 'Dokumente' pp. 115–36. By 1805/6, he was already treating imagination in a way which was not so very different from that of the mature Encyclopædia: 'Jen. Realphilosophie' pp. 179–80. Cf. Phil. Prop. pp. 204–9, where it is also taken to include such anthropological material as dreams and mental derangement.

The lecture-notes on § 376 ('Hegel-Studien' vol. 10 pp. 62–3) add little to what is contained in Boumann's text.

163, 15

This dialectical pattern does not quite tally with that of the text published by Hegel himself. According to Boumann, the third main moment of imagination should be §§ 456–9, and should include the symbol and the sign. In fact, the phantasy dealt with in § 456 constitutes the *second* main moment of

imagination, and has a triadic subdivision of its own. The *third* main moment, the phantasy of sign-making (§ 457), then falls into the sign (§ 458), language (§ 459) and the transition to memory (§ 460).

The 1817 Encyclopædia (§§ 377–80) and Hegel's notes (loc. cit. pp 63–6) throw no light upon the difference, and a compromise layout has therefore been adoped for the contents page of this volume.

163, 19

§§ 465–8.

163, 21

Cf. 157, 29. Carl Daub (1765–1836), 'Vorlesungen über die philosophische Anthropologie' (Berlin, 1838) p. 220, comments upon this as follows: "This reproduction, which represents the images from out of this inwardness, is not a matter of effort, the outcome of a laborious procedure, but an easy and spontaneous motion in the person who reproduces one image together with the other. Consequently, it is not as it is in an actual picture gallery, where the curator has to place the pictures next to one another. In personal intelligence, when the images are stimulated, they come forth as it were of their own accord... This is why *Hegel* says of the imagination: that it is the calling forth of images from the ego's own inwardness."

163, 25

Cogent, straightforward and illuminating though these distinctions are, they evidently constitute an *advance* upon the ordinary thinking of the time, not, as is so often the case in Hegel, a re-statement within the overall dialectical pattern, of generally accepted analyses. Kant, 'Anthropologie' (1798) §§ 28–30, had simply taken the imagination to be the faculty of intuition without the presence of general objects. J. G. C. Kiesewetter (1766–1819), 'Faßliche Darstellung der Erfahrungsseelenlehre' (2 pts Vienna, 1817) pp. 85–6, drew the following distinction *in the following terms*: "The power of the imagination expresses itself in two ways; either reproductively or productively. In the first of these, it simply brings back into consciousness intuitions acquired by means of the senses. In the second, the intuitions it forms have never been provided by the senses. If I now present St. Peter's Rome to myself intuitively, the intuition is provided by the imagination, not by the senses, since St. Peter's has never made a sensuous impression upon me."

Cf. J. G. E. Maaß (1766–1823) 'Versuch über die Einbildungskraft' (Halle, 1797); C. C. E. Schmid (1761–1812) 'Psychologische Theorie der besondern Gemüthsvermögen, welche zur Einbildungskraft uberhaupt gehören' ('Anthropologisches Journal' vol. 1 pp. 1–10, Jena, 1803).

165, 1

The difference being that the objective bond is more directly and severely regulated by intuition and recollection.

165, 7

Hegel's lecture-notes ('Hegel-Studien' vol. 10, p. 63) make the more general point here somewhat clearer: "*Association* since intelligence is only the *ground* — there is no *purpose* — i.e. unity, the *Notion* is not pre-supposed; it merely is the unity, so that the ground is formal, not in itself concrete — and is not for intelligence, as it is in thought."

165, 24

Ernst Platner (1744–1818) 'Anthropologie' (Leipzig, 1772) p. 276 defines wit in much the same way as, "the faculty of noticing with rapidity concealed and subtle similarities and connections between ideas," and also goes on to discuss puns. Most of the general textbooks of the time agreed with him on the definition of wit: Kant 'Anthropologie' (1798) §§ 54–5; Jean Paul 'Vorschule der Aesthetik' (1804) sect. II.9; F. A. Carus 'Psychologie' (1808) I pp. 248–56; G. E. Schulze 'Psychische Anthropologie' (3rd ed. Göttingen, 1826) pp. 235–9; H. B. von Weber, 'Handbuch der psychischen Anthropologie' (Tübingen, 1829) pp. 153–7, which also includes an interesting analysis of English humour.

The appreciative assessment of the *pun* was not so common however. Kant condemned it as "stale and empty subtilizing of the power of judgement, — pedantic", and Weber as "one of the most insipid kinds of wit." Hegel may have been influenced by *Shakespeare's* propensity for his kind of wordplay.

Cf. W. Liebsch (d. 1805) 'Grundriß der Anthropologie' (2 pts. Göttingen, 1806/8) II.682–6, where there is a discussion of F. J. Gall's (1758–1828) attempt to explain wit phrenologically.

165, 28

Universality is considered here as part of the *systematic* progression in degree of complexity basic to the *dialectic*. In some of the textbooks of the time, however, it was treated as a natural psychological drive: see J. H. Abicht (1762–1816) 'Psychologische Anthropologie' (Erlangen, 1801) p. 217, "The drive towards generalization is a rich source of psychic phenomena. The individual has a natural tendency to *raise* himself by general knowledge to a standpoint from which he can comprehend and distinguish broad groups and masses of objects, and play the part of a mini-*omniscient*."

166, 15

Insert 'sich' after 'Gehalt': 'Enc.' ed. Nicolin and Pöggeler (1959), 367, 25.

167, 4

In anticipation, in that most of the examples Hegel gives have their systematic placing in the Aesthetics (Enc. §§ 556–63).

167, 14

Cf. 145, 24; 171, 31.

167, 19

Cf. § 452.

167, 31

In the Philosophy of Nature, Hegel is not concerned with working out a theory of knowledge. This statement indicates what importance he attached to Krug's preoccupation with particularities (I.304). Investigation of the process of generalization which provides us with the *subject-matter* of §§ 320, 345–9 etc., is a matter for the psychologist, not for the logician or epistemologist.

169, 4

Cf. note 153, 22.

169, 10

J. F. Fries (1773–1843) interpreted Kant in psychological terms, maintaining that since cognition is a psychic function, psychic anthropology must be the fundamental philosophical discipline. In his 'Neue oder anthropologische Kritik der Vernunft' (1807; 2nd ed. 3 vols. Heidelberg, 1828–31) for example, he managed to confuse logic, nature and psychology: "The categories are notions of the conditions of the possibility of experience, and must of necessity be applied to the judging of the world of the senses. The ideas, however, exhibit pure entities of thought, which can in no respect be the objects of experience. In accordance with the ideas, our presentations of the world of the senses are only limited presentations of how things appear to us, not of how things are in themselves. These ideas of things in themselves are therefore incapable of being used by us as experience and the world of the senses. But on account of the independence of the basic truths of ethics, there lives in our mind a sublimer view of things; it is on account of this alone that the ideas acquire their significance." (p. xii). Cf. 'Handbuch der Psychischen Anthropologie' (2 vols. Jena, 1820/1), which is concerned with much of the basic material dealt with in Hegel's Anthropology and Psychology.

In Hist. Phil. III.510–11, Hegel classifies Fries, together with Friedrich Bouterwek (1766–1828) and W. T. Krug (1770–1842), as a purveyor of, "the subjectivity of arbitrary will and ignorance", and continues, "He wished to improve the critique of pure reason by apprehending the categories

as facts of consciousness; anything one chooses can in such a case be introduced." His main clash with Fries originated in their different *political* views however, and in the preface to the Phil. Right (pp. 5–6) he condemns him for having taken part in the Wartburg Festival. Cf. 'Berliner Schriften' pp. 557–64, 750–1. There is an excellent biographical account of Fries by E. L. T. Henke, 'Jakob Friedrich Fries' (Leipzig, 1867).

169, 28

Admirably suited, therefore, for constituting the *second* main level of the general sphere of the imagination. Cf. note 163, 15.

169, 33

Phil. Nat. § 334.

171, 9

It is apparent from both the printed texts of the Encyclopædia (§ 377, 1817) and the lecture-notes (loc. cit. pp. 63–4), that Hegel spent more time on discussing art at this juncture than Boumann's Addition might lead one to believe. The general subject of the psychology of artistic activity had interested him at least since 1805/6 ('Jen. Realphilosophie' pp. 180–1). In respect of art itself, it is, of course, dealt with most exhaustively in Aesthetics.

Symbolic art (pp. 303–426) is treated as the most primitive of the three main forms (symbolic, classical, romantic), and as including allegory (p. 312), as well as the fables, parables and animal stories mentioned in the lecture-notes (pp. 383–95). It is also this part of the Aesthetics which contains the remark that, "poetry alone can represent meanings in their abstract generality." (p. 422).

Rosenkranz, 'Psychologie' (2nd ed. Königsberg, 1843) p. 294 criticizes Hegel for not making clear the nature of the transitions from symbolizing to allegorizing and poetic phantasy, and not pointing out why a predominantly aesthetic subject should be dealt with here in the psychology. Cf. Carl Daub 'Vorlesungen uber die philosophische Anthropologie' (Berlin, 1838) pp. 225–232.

171, 19

'Found' in that sensation is directly involved (notes 119, 22; 159, 41).

171, 24

It is worth noting that while preparing the 1830 edition of the Encyclopædia, Hegel thought it necessary to emphasize the importance of §§ 438–9 as the immediate presupposition of the Psychology.

171, 30
Three variations on one theme. What is inner is also one's own and what is universal; what is outer is also appropriated, — being.

171, 31
Cf. 145, 22; 167, 13.

173, 8
On 10th October 1786 Hegel took notes on J. H. Campe's (1746–1818) treatment of the subject in his 'Kleine Seelenlehre für Kinder' (Hamburg, 1780): see Hoffmeister 'Dokumente' pp. 101–4. 'Zur Psychologie' (1794) pp. 173, 179, and Phil. Prop. pp. 208–9 provide evidence of his continuing interest.

Ernst Platner, 'Anthropologie' (Leipzig, 1772) pp. 159–70, in substantial agreement with Hegel on the nature of phantasy, breaks it down into various degrees and kinds. Cf. F. A. Carus 'Psychologie' (2 vols. Leipzig, 1808) I.206–16; Carl Daub op. cit. 28. The terminology of the time is not always consistent in respect of the phenomenon. J. H. Abicht (1762–1816) for example, 'Psychologische Anthropologie' (Erlangen, 1801) pp. 262–301 defines 'phantasy' in such a way as to identify it with Hegel's 'imagination' and vice versa (pp. 301–13).

173, 9
Note 171, 9.

175, 7
Note 171, 9; 'Hegel-Studien' vol. 10 p. 64; Aesthetics 313.

175, 27
J. Ith (1747–1813) 'Versuch einer Anthropologie' (2 pts. Berne, 1794/5) II.91; Kant 'Anthropologie' (1798) § 38.

175, 29
In his lecture-notes on § 379 (loc. cit. p. 65), Hegel also makes mention of inn names and J. L. Lagrange (1736–1813) in this connection: see Phil. Nat. I.336–8.

Rosenkranz, 'Psychologie' (2nd ed. Königsberg, 1843) pp. 298–9 criticizes Hegel for not having devoted more attention to the subject, and launches into a discussion of liveries, the branding of horses, the numbering of houses, counters, heraldry etc. He makes particular mention of W. L. Döring's 'Die Königin der Blumen' (Elberfeld, 1836), in which the multifarious symbolism of the *rose* is traced through, "all peoples and religions in the most comprehensively erudite manner." Cf. M. Lurker 'Bibliographie zur

Symbolik' (Baden-Baden, 1968 et seq.); R. Firth 'Symbols public and private' (London, 1973); A. de Vries 'Dictionary of Symbols and Imagery' (Amsterdam, 1974).

177, 16

Aesthetics 356: "The Pyramids put before our eyes the simple prototype of symbolical art itself; they are prodigious crystals which conceal in themselves an inner meaning and, as external shapes produced by art, they so envelop that meaning that it is obvious that they are there for this inner meaning separated from pure nature and only in relation to this meaning."

177, 31

See no. 290 of Hegel's library list: K. L. Reinhold (1758–1823) "Versuch einer Kritik der Logik aus dem Gesichtspunkt der Sprache" (Kiel, 1806): note 11, 36.

179, 4

Note 205, 2.

179, 8

It is evident from Hegel's notes (loc. cit. pp. 65–6), that when dealing with § 379 in the lecture-room, he concentrated upon summarizing the preceding lay-out of the Psychology, and emphasizing the fact that the sign involved all the levels already expounded, that is to say, that these levels might be regarded as sublated within it.

Carl Daub (1765–1836), 'Vorlesungen über die philosophische Anthropologie' (Berlin, 1838) pp. 238–44, was dissatisfied with Hegel's treatment of the image, the sensuous image and the sign, and attempted to elicit a more precise triadic structure from this subject-matter by concentrating upon the temporal, spatial and subjective factors involved. Subjectivity is presented as involving both temporality and spatiality, and as being the immediate presupposition of the further triad of the tone, the word and language.

'Jen. Realphilosophie' pp. 179–94 (1805/6) was evidently Hegel's first attempt to distinguish precise systematic relationships in the psychological presuppositions of language. Cf. Phil. Prop. pp. 200–10.

179, 9

Although this § can certainly be regarded as the outcome of a long-standing interest in the nature of language: 'Zur Psychologie' (1794) p. 185; 'System der Sittlichkeit' (1802) pp. 433–5; 'Jenaer Systementwürfe I' (1803/4) pp. 282–96; 'Jenaer Realphilosophie' (1805/6) p. 183; Phil. Prop. (1808–16) pp. 210–11, it should not be overlooked that nearly all the main features of this lengthy and detailed treatment of the subject are not to be

found in the 1817 edition of the Encyclopædia (§ 380), and that the surviving lecture-notes also give no indication of them ('Hegel-Studien' vol. 10 p. 66). The Addition published here dates from the Summer Term of 1825 (probably Monday 22nd August, Tuesday 23rd August), and is important in that it provides us with the earliest evidence of Hegel's mature treatment of the subject. The 1827 § (459) is substantially the same as that published here, although the 1830 text incorporates some careful revision and several additions.

The most important feature of Hegel's treatment of language is its systematic placing as a level of *psychology*. This is to be found in the 1794 text, and remains unaltered throughout the whole of his career.

179, 11

On the spatiality of intuition see § 448 Addition.

179, 15

In that time is the negation of space (Phil. Nat. §§ 254–9). The idea here is that intelligence (§ 451 et seq.) negates intuition (§§ 446–50), just as time negates space. To some extent this analogy depends upon space and time being involved in intuition (§ 448), but it quite evidently also owes something to the fact that there is a rough correspondence between the systematic placing of space and time in the Phil. Nat., and that of intuition and intelligence here in the Psychology.

179, 20

On the 'naturalness' as such, see Phil. Nat. § 351, which is concerned with the vocal faculty of animals. On the 'anthropological resources', see § 401, which is concerned with sensation.

179, 29

The first determinate being is *that which* is sensed, intuited, presented, the 'object' of the subject-object antithesis of consciousness (§§ 413–39). The second, language, is 'higher' in that it involves but is not identical with the first. It is 'effective' as a sublation of the first, in that it corresponds to it, *as well as* having a coherence of its own.

179, 36

Man shares the *vocal faculty*, the most primitive aspect of language as such, with the animals. To some extent therefore, a comprehensive treatment of language involves reference to the dialectical placing of this faculty in the Organics (§ 351). Cf. G. I. Wenzel (1754–1809) 'Neue Entdeckung über die Sprache der Thiere' (Vienna, 1801); F. A. Carus 'Psychologie' (2 vols. Leipzig, 1808) I.276, 482. C. F. Flemming 'Beiträge zur Philosophie der Seele' (2 pts. Berlin, 1830) pp. 200–29.

The natural richness, the imitativeness, the infinitely 'random' inventive-

ness of language, the extent to which it is simply part and parcel of sensation, of the sentient being's involvement in the world of the senses, is to be investigated at a *psycho-physiological* level (§ 401). This involvement with the world of the senses is more complex and constructive than that of the animal, but it does not yet involve consciousness, the self-assured subjectivity of the ego, let alone reason (§§ 438, 439, 467). It can account for *words*, the lexical material of language, but not for the use of words. Cf. G. H. Masius (1771–1823) 'Grundriß anthropologischer Vorlesungen' (Altona, 1812) pp. 60–1; K. L. Reinhold 'Das menschliche Erkenntnißvermögen' (Kiel, 1816); F. J. Gall (1758–1828) 'Anatomie et Physiologie' (Paris, 1810/11). For an excellent modern survey of eighteenth century writers who could have influenced Hegel's formulation of these more primitive aspects of language, see E. H. Lenneberg 'Biological Foundations of Language' (New York, 1967).

181, 2

Wilhelm von Humboldt (1767–1835) drew attention to the importance of the study of comparative grammar as corrective of the natural tendency of comparative philologists to rest content with ordering their material geographically, ethnographically and historically: 'Ueber das Entstehen der grammatischen Formen, und ihren Einfluss auf die Ideenentwicklung'—lecture delivered to the Royal Prussian Academy of Sciences, 17th January 1822: 'Werke' (ed. A. Flitner and K. Giel, 4 vols. Stuttgart, 1960–64) vol. 3 pp. 31–63. The same theme appears in 'Ueber den Dualis' (note 183, 8).

For Hegel, the justification of this distinction between the more specific factors influencing the development of a language, and the more general or universal aspect of its grammar, involved reference to the whole context of language within the Psychology. Language presupposes intuition, recollection and imagination (§§ 446–56), and is the most complex level of phantasy (§§ 457–9), "in which the universal and being, one's own and what is appropriated, inner and outer being, are given the completion of a unit." (171, 27). Although these levels of psychology, in their turn, *presuppose* the understanding and reason of consciousness (§§ 422, 438, 439), the understanding involved in the formal or grammatical aspects of language presupposes memory (§§ 461–4). Since this understanding is in fact a level of thought (§ 467), it cannot be given its systematic placing within the psychological treatment of language as such, and at this juncture it has therefore to be 'anticipated'. Hegel draws attention to the overall significance of these essential distinctions in the opening statement of this Remark: "Language comes under consideration here only in the special determinateness of its being the product of intelligence manifesting its presentations in an external element."

Cf. J. Harris (1709–1780) 'Hermes, or a Philosophical Inquiry Concerning

Universal Grammar' (London, 1751). N. Beauzée (1717–1789) 'Grammaire générale' (2 vols. Paris, 1767); L. J. J. Daube 'Essai d'idéologie' (Paris, 1803); D. Thiébault (1733–1807) 'Grammaire philosophique' (2 vols. Paris, 1801).

181, 16

Cf. Phil. Nat. § 300 Addition (II.71, 28): "There are plenty of words, such as sound, tone, noise, and creak, hiss, rustle etc., for language has a completely superfluous richness for its determination of material phenomena. Once a sound is given, there is no difficulty in making a sign which directly corresponds to it." At the beginning of the last century, nearly all German books and articles on sound made this point. For corresponding remarks in a *psychological* work, see K. V. von Bonstetten (1745–1832) 'Philosophie der Erfahrung' (2 vols. Stuttgart and Tübingen, 1828) I.152–5: "The richness of the language of uncivilized peoples consists of a large number of synonymous words, denoting a very meagre range of presentations... Herder observes that the Arabs have fifty words for a lion, two hundred for a snake, eighty for honey, one thousand for a sword... It is the lack of abstraction which makes the languages of the imagination so rich in synonyms... Is it not remarkable that although the Arabs have seventy words for a stone they have hardly one for all the activity of the soul... But so long as ideas are not generalized and fixed by means of an image, that is to say, so long as they are intuitions rather than thoughts, they also have no designation... Abstract notions are the last to be designated."

With regard to the confusing of physics philosophy and language, it should perhaps be observed that sound finds its place in the Phil. Nat. on account of its *intrinsic affinity* with specific gravity, cohesion, heat etc. (§§ 293–307), not on account of the *language* in which the philosopher expresses this affinity, and certainly not on account of the way in which the popular use of language involves reference to sound.

181, 21

Sensation's random reaction to the world of the senses (note 179, 36) is co-ordinated subjectively in the gesture (§ 411). At this level, the use of the hands, shoulders, face, lips etc. in order to express feelings, emotions, intentions, reactions etc., culminates in the use of speech: "The cultured person has no need to indulge in facial expressions and gestures, for since *language* is capable of unmediatedly taking up and rendering all the modifications of presentation, he has in *speech* the worthiest and most appropriate means of self-expression." (II.421, 2).

181, 32

See Hegel's comments on J. G. Mussmann's (1798?–1833) thesis, January 1826–January 1827: 'Berliner Schriften' pp. 638–45.

181, 36

For Hegel, instinct is, "purposive activity operating in an unconscious manner" (Phil. Nat. § 360 Remark). The grammar of a language is universal in that it involves logical categories (cf. note 179, 36). Unlike the fully self-conscious interrelating of categories in the logic (Enc. pt. 1) however, the development of grammar is purposive but unconscious, i.e. instinctive. Cf. §§ 422, 467.

181, 38

It is evident from the material with which Hegel illustrates his basic conception of language after 1825, that it was contemporary developments in the field of comparative philology which led him to lavish so much attention upon the elaboration of this § in the 1827 and 1830 editions of the Encyclopædia (note 179, 9). It was almost certainly his friendship with K. J. H. Windischmann (1775–1835), note II.321, 39, and his contacts with Franz Bopp (1791–1867) and Wilhelm von Humboldt (1767–1835) in Berlin, which helped to focus his attention upon the momentous advances then being made in our understanding of the history and interrelationship of languages.

The study of *Sanskrit* was introduced into Europe by English scholars before the close of the eighteenth century. Sir Charles Wilkins' (1749–1836) translation of the 'Bhagavad-gitā' was published in 1785, Sir William Jones' (1746–1794) writings had appeared in a collected edition by 1799, and before the end of the opening decade of the new century, H. T. Colebrooke's (1765–1837) works on Sanskrit grammar (1805) and lexicography (1808) had made possible the detailed study of the language. Hegel seems only to have become intimately acquainted with these works during the 1820's however ('Berl. Schr.' 85–154; 'Briefe' III.85), by which time knowledge of them was already widespread throughout the continent. C. W. F. von Schlegel (1772–1829) and C. C. Fauriel (1772–1844) had learnt the language from Alexander Hamilton (1762–1824) during his enforced exile in Paris (1802–7), and it was primarily Schlegel's 'Ueber die Sprache und Weisheit der Indier' (Heidelberg, 1808) which had brought the fascination of Sanskrit studies to the notice of German scholars. Bopp had taken up the subject with great enthusiasm and ability, and by calling attention to, "the original identity of the grammatical structures of Sanskrit, Greek, Latin and the Teutonic languages", had opened up the whole field of Indo-European comparative philology: 'Ueber das Conjugationssystem der Sanskritsprache' (ed. K. J. H. Windischmann, Frankfurt/M., 1816; Eng. adapt. 1820).

Rasmus Rask (1787–1832), 'Vejledning til den islandske eller gamle nordiske Sprog' (Copenhagen, 1811), 'Angelsaksisk Sproglaere' (Stockholm,

1817), and Jacob Grimm (1785–1863), 'Deutsche Grammatik' (Göttingen, 1819), building upon the work of J. C. Adelung (1732–1806), A. F. Bernhardi (1770–1820) and J. S. Vater (1771–1826), did for *Germanic* comparative philology what Bopp was doing in the wider field, so that by the 1820's a detailed and tolerably complete picture of the history and interrelationship of all the Indo-Germanic languages was beginning to emerge. For evidence that Hegel was aware of this, see 'Berliner Schriften' pp. 639–40.

Hegel had taken an interest in *Egyptology* since his schooldays. In 1799 a tablet with a hieratical decree inscribed on it in hieroglyphic, enchorial and Greek characters, was discovered at Rosetta in the Nile delta. The Swede J. D. Åkerblad (1760–1819) claimed to have deciphered the hieroglyphics, 'Lettre sur l'inscription egyptienne de Rosette' (Paris, 1802), but it was not until Thomas Young (1773–1829) published his 'Account of some Recent Discoveries in Hieroglyphical Literature and Egyptian Antiquities' (London, 1823), and J.-F. Champollion (1790–1832) his 'Précis du système hieroglyphique des anciens Égyptiens' (2 vols. Paris, 1824) that speculation began to give way to informed enquiry. This change in the reliability of our knowledge of Egyptian antiquity almost certainly accounts for Hegel's having brought the subject into his lectures from 1825 onwards. Cf. L. Dieckmann 'The Metaphor of Hieroglyphics in German Romanticism' ('Comparative Literature' vol. VII pp. 306–12, 1955); E. Iverson 'The Myth of Egypt and its Hieroglyphs in European Tradition' (Copenhagen, 1961); M. David 'Le Débat sur les écritures et l'hieroglyphe (Paris, 1965); C. Okadigbo 'On Hegel's Treatment of Egypt' (Thesis, Catholic University of America, 1973).

One of Hegel's sources for the history of Chinese culture was K. J. H. Windischmann's 'Die Philosophie im Fortgang der Weltgeschichte' pt. 1 (Bonn, 1829): see note II.321, 39. He also made use of J. M. Amiot's (1718–1793) 'Memoires concernant... les... Chinois' (16 vols. Paris, 1776–1814), see Hist. Phil. I.121. Interest in the Chinese *language* increased after the turn of the century as a result of the publication of several good dictionaries, grammars and textbooks: Joshua Marshman (1768–1837) 'Dissertation on the characters and sounds of the Chinese Language' (Serampore, 1809), 'Clavis Sinica, or Elements of Chinese Grammar' (Serampore, 1814); C. L. J. de Guisnes (1759–1845) 'Dictionnaire Chinois' (Paris, 1813); Robert Morrison (1782–1834) 'A Grammar of the Chinese Language' (Serampore, 1815), 'Dictionary of the Chinese Language' (3 pts. Macao, 1815, 1822, 1823), 'A View of China for philological purposes' (London, 1817), 'Chinese Miscellany' (London, 1825). It looks as though Hegel may have gathered his knowledge of these works from reviews (notes 183, 35; 183, 36; 187, 4). For an exploratory article on the quality of his knowledge, see K. F. Leidecker 'Hegel and the Orientals', in W. E. Steinkraus, 'New Studies in Hegel's Philosophy' (New York, 1971) pp. 156–66.

Cf. T. Benfey 'Geschichte der Sprachwissenschaft und orientalischen Philologie in Deutschland' (Munich, 1869).

182, 7

For 'Dualis J' read 'Dualis I'.

183, 8

'Ueber den Dualis' was a paper read to the Royal Prussian Academy of Sciences on 26th April 1827. It was published separately at Berlin in 1828, in the proceedings of the Academy in 1830 (pp. 161–87), and in von Humboldt's 'Gesammelte Schriften' vol. VI pt. 1 pp. 4–30 (Berlin, 1907), where it is misdated. The most convenient modern edition of it is in the third volume (pp. 113–43) of von Humboldt's 'Werke' edited by A. Flitner and K. Giel (4 vols. Stuttgart, 1960–64), where it appears together with several other of his more important works on language.

Hegel is referring to the following passage (loc. cit. p. 124): "In Europe also, it is the dead languages which exhibit the more elaborate grammatical structure, so that those Asiatic languages (which have simplified their grammar) have to be compared with our modern languages, not with these dead ones. Yet it is also quite evident that the languages of Europe have more faithfully preserved the original character of this language. There are no Asiatic instances of the preservation of so much of the earliest structure of the language of India in so lively and so pure a form, in the speech of a whole people, comparable to those provided in Europe by the Lithuanians and Latvians."

As early as 1803, von Humboldt wrote as follows to a friend; "I am putting my back into my linguistic studies more energetically than ever... The wonderful and mysterious inner connection between all languages, but above all the rare pleasure of entering into a new system of thought and sensation with each new language, are constantly drawing me on."

It was not until he retired from politics in 1820 however, that he began to devote the major part of his time to this subject. In a paper read to the Academy on 29th June 1820, 'Ueber das Vergleichende Sprachstudium', he sketched the general plan of his research. In the first instance, languages are to be studied not simply in order to systematize or grade them, but in order to reach an understanding of the unique world-view which they embody; cf. 'Ueber den Nationalcharakter der Sprachen' (loc. cit. pp. 64–81). Yet although he saw the importance of excluding abstract theory and *a priori* systematization from the *initial* study of a language, he realized that eventual generalization was desirable, and indeed that his basic programme naturally led on into it. Hegel was bound to find such a procedure congenial, and as has already been noticed, von Humboldt's paper on comparative grammar may well have had a direct influence upon him (note 181, 2);

see also note 183, 35, and 'Ueber die Buchstabenschrift' (loc. cit. pp. 82–112), a paper read to the Academy on 20th May 1824.

'Ueber den Dualis' is another attempt to draw conclusions from a wide field of non-generalized research, and so illustrates the effectiveness of the broad approach. The second part of it, which was never published, was to have traced the actual occurrence of the dual in the Semitic, Indo-European and Polynesian languages, but Hegel must have found much that pleased him in this introduction. Von Humboldt explains that he wants to avoid: "the onesided obsession with systematization which necessarily develops if one attempts to determine the laws of actually existent languages by means of mere concepts." He reminds his audience that: "No one who concerns himself with these studies should overlook the fact that language arises out of the depths of spirit, the laws of thought, the whole human organization," and that it is always difficult to decide whether it is a culture which is giving rise to a language, or a language that is determining a culture (183, 31). He has the following to say on his choice of the particular theme of the dual in order to illustrate his method: "The existence of this remarkable linguistic form can be explained just as well from the feeling of the uncivilized as it can from the refined linguistic sense of the most cultivated person... The origin and end of all divided being is unity. It is perhaps on this account that the primary and most simple division of a whole merely separating in order to draw itself together again into a differentiated unity, is the most predominant in nature, the most illuminating for human thought, the most pleasing to human sensation."

Cf. Hegel's concern with the subject-object antithesis in respect of language (note 181, 21); K. H. Weimann 'Vorstufen der Sprachphilosophie Humboldts bei Bacon und Locke' ('Zeitschrift für deutsche Philologie' vol. 84 pp. 498–508, 1965); R. L. Brown 'W. von Humboldt's Conception of Linguistic Reality' (The Hague, 1967).

183, 10

The spoken language is original both systematically (§ 351) and in time.

Hegel is here taking sides in a hotly disputed controversy of the time. J. P. Süssmilch (1707–1767), disturbed by early eighteenth century attempts to explain language as a *natural* phenomenon, claimed that its divine origin could not be denied without destroying belief in God: 'Beweis, daß die erste Sprache ihren Ursprung nicht von Menschen, sondern allein vom Schopfer erhalten habe' (Berlin, 1767). As with the reactions against Galileo's astronomy in the seventeenth century and Darwin's zoology in the nineteenth, although this assertion gave rise to a befuddling confusion of scientific enquiry and religious belief, it did have the merit of stimulating research.

On the whole, the naturalists tended to get the better of the subsequent controversies. Investigation into the *physiological* and *psychological* foundations

of language was stimulated: C. de Brosses (1709–1777) 'Traité de la formation méchanique des langues' (Paris, 1765; Germ. tr. Leipzig, 1777), É. B. de Condillac (1715–1780) 'Essai sur l'Origine des Connoissances Humaines' (Amsterdam, 1746) pt. 2 § 1 ch. 1, A. Ferguson (1723–1816) 'Essay on the History of Civil Society' (Edinburgh, 1767) p. 5, J. B. Monboddo (1714–1799) 'Of the Origin and Progress of Language' (Edinburgh, 1773; Germ. tr. 2 pts. Riga, 1784/5), S. Maimon (1754–1800) 'Wirkung des Denkvermögens auf die Sprachwerkzeuge' ('Magazin zur Erfahrungsseelenkunde' ed. C. P. Moritz, vol. 8 pt. iii pp. 8–16, Berlin, 1791); the *general history* of language became a subject of rational and informed enquiry: J. G. Herder (1744–1803) 'Abhandlung über den Ursprung der Sprache' (Berlin, 1772), K. G. Anton (1745–1814) 'Ueber Sprache in Rücksicht auf Geschichte der Menschheit' (Görlitz, 1799); and the foundations of *comparative philology* were laid (note 181, 38).

Süssmilch's view drew support from Leibniz ('Schriften' ed. Gerhardt vol. iv pp. 32–6), and was defended for various reasons by people as different as Joseph Priestley (1733–1804), 'Lectures on the Theory of Language' (Warrington, 1762) and E. R. Stier (1800–1862) 'Neu geordnetes Lehrgebäude der hebräischen Sprache' (Leipzig, 1833) p. vii. Since the popular acceptance of it was usually bound up with belief in the literal truth of the Biblical account of the creation (notes II.45, 35; 47, 42), Hegel's view should be considered in conjunction with his treatment of racial variety (§§ 393–4). Cf. C. F. Nasse (1778–1851) 'Ueber den Ursprung der Sprache' ('Nasse's Zeitschrift für die Anthropologie' I pp. 1–51, 1826) pp. 47–8. Some attempt was made to search out the origins of language in the phenomena of animal magnetism, which were often interpreted as having a religious significance (note II.315, 24 etc.): see A. Steinbeck 'Der Dichter ein Seher' (Leipzig, 1836); cf. notes II.283, 27; 321, 16.

By and large, those who claimed that language was natural or human in origin, based their arguments on demonstrable *imitativeness*, the great *variety* of languages, and the possibility of investigating the *physiological* and *psychological* presuppositions of word-formation. Those who claimed that it was God-given drew attention to the fact that the languages of the most primitive peoples often have the most *developed grammars*, that reason must be implicit in such grammar, and that since man only *understands by means* of language, understanding cannot be regarded as its presupposition. See J. G. Sulzer (1720–1779) 'Anmerkungen über den gegenseitigen Einfluß der Vernunft in die Sprache, und der Sprache in die Vernunft' (1767), in 'Vermischte Philosophische Schriften' (Leipzig, 1773) pp. 166–98; Carl Daub (1765–1836) 'Vorlesungen über die philosophische Anthropologie' (Berlin, 1838) pp. 245–55; Eva Fiesel 'Die Sprachphilosophie der deutschen Romantik' (Tübingen, 1927); P. Juliard 'Philosophies of Language in Eighteenth Century France' (The Hague, 1970); Otto Funke 'Englische Sprach-

philosophie im späteren 18 Jahrhundert' (Berne, 1934). There is a helpful article on the physiological and logical aspects of language, together with a useful bibliography, in Pierer's 'Medizinisches Realwörterbuch' vol. VII pp. 687–708 (1827).

183, 23

On the relationship between space and time, see § 448 Addition. Since time presupposes space, not vice versa (Phil. Nat. §§ 254–9), its expression in signs is a matter of greater fluidity, complexity and versality.

183, 31

In his 'Dissertatio de Arte Combinatoria' (Leipzig, 1666; 'Schriften' ed. Gerhardt vol. iv pp. 27–104), Leibniz suggested that all complex concepts might be resolved into the simple ideas of which they are composed, and that once these basic components had been numbered, progressive deductions in degree of complexity would take on a predominantly mathematical form. An alphabet of human thought would have been worked out, all concepts being combinations of certain fundamental notions in the same way as the words of a language are combinations of the twenty six letters of the alphabet. Cf. 'Scienta Generalis. Characteristica' (op. cit. vol. vii pp. 3–247). On the historical background to Leibniz's scheme, see P. Rossi 'Clavis universalis' (Milan and Naples, 1960).

Leibniz's ideas on the subject fluctuated. In this early work and in the 'Nouveaux Essais sur l'entendement humain' (c. 1704; pub. 1765) he seems to have envisaged the signs as a kind of hieroglyphics bearing a pictorial resemblance to the ideas they represent, but on other occasions he seems to have thought in terms of numbers or fractions: H. W. Arndt 'Die Entwicklungsstufen von Leibniz' Begriff einer Lingua Universalis' in 'Achter Deutscher Kongress für Philosophie' (Heidelberg, 1966).

Cf. L. Couturat 'La Logique de Leibniz' (Paris, 1901), 'On the application of Logic to the Problem of a Universal Language' (London, 1910) chs. 3 and 4; D. F. Lach 'Leibniz and China' ('Journal of the History of Ideas' vol. 6 pp. 436–45, 1945); K.-H. Weimann 'Leibniz als Sprachforscher' in W. Totok and C. Haase 'Leibniz' (Hanover, 1966) pp. 535–52; H. Ishiguro 'Leibniz's philosophy of logic and language' (Cornell Univ. Press, 1972); J. Knowlson 'Universal language schemes' (Toronto, 1975) pp. 107–11.

183, 35

Since Hegel nowhere displays any very profound knowledge of the spread of Phoenician culture, the origin of this reference is almost certainly the review of C. F. C. de Volney's (1757–1820) 'L'Alfabet Européen appliqué aux Langues Asiatiques; Ouvrage élémentaire, utile à tout Voyageur en Asie' (Paris, 1818), published in the 'Edinburgh Review' vol. xxxi pp. 368–75 (March, 1819). Extracts from it, in his hand, have been preserved.

"All the alphabets now employed, from the western extremity of Europe to the Indus, may be traced with historical certainty to one original, — the Phenician, Samaritan, or Syriac. Of these contiguous countries, the letters and the languages always analogous, were once probably the same. 'Phenicia and Palestine', says Mr Gibbon, 'will for ever live in the memory of mankind: since America, as well as Europe, has received Letters from the one, and Religion from the other.' ... The Phenicians communicated to the savages of Europe the knowledge of letters. The testimony of Herodotus, and the general current of tradition, attest the Phenician origin of the Greek alphabet... The Pelasgi, says Pliny, first brought letters into Latium. Now, the Pelasgi had originally occupied that part of Greece, into which Cadmus and his Phenicians had introduced the Syriac alphabet: and consequently, we cannot be surprised to find that the characters which they brought into Italy, were the same with those first used by the Greeks... Stretching eastwards from the Indus, to the doubtful limits of the Chinese empire, where alphabetical writing gradually disappears, the inhabitants have retained and employ their antient characters. The number of different alphabets actually used within the space described is uncertain, probably not less than twenty. But all those known to Europeans discover a common origin. 1. There is a general agreement in the position of the letters in the alphabet. 2. Each letter is a syllable, consisting either of a vowel, or of a consonant and vowel, both denoted by a single character... The reflections which our author was thus led into on this subject, have impressed him with a high idea of the importance of an universal alphabet for promoting the civilization and improvement of Asia, by facilitating the acquisition of Eastern languages to Europeans, and, what he estimates much more highly, the acquisition of European knowledge to the Asiatic."

Cf. Herbert Marsh (1757–1839) 'Horae Pelasgicae... an Inquiry into the Origin and Language of the Pelasgi, or ancient inhabitants of Greece' (Cambridge, 1815): reviewed in the 'Quarterly Review' vol. XIII pp. 340–51 (July 1815); Herodotus V. 58; W. von Humboldt 'Ueber die Buchstabenschrift' (20th May 1824), note 183, 8.

183, 36

G. L. Staunton (1737–1801) 'An Authentic account of the Earl of Macartney's Embassy from the king of Great Britain to the Emperor of China' (2 vols. London, 1797; Germ. tr. M. C. Sprengel, 2 pts. Halle, 1798): II.570–7: "Tho it is likely that all hieroglyphical languages were originally founded on the principles of imitation, yet in the gradual progress towards arbitrary forms and sounds, it is probable that every society deviated from the originals, in a different manner from the others; and thus for every independent society, there arose a separate hieroglyphic language. As soon as a communication took place between any two of them, each would hear

names and sounds not common to both. Each reciprocally would mark down such names, in the sounds of his own characters, bearing, as hieroglyphics, a different sense. In that instance, consequently, those characters cease to be hieroglyphics, and were merely marks of sound. If the foreign sounds could not be expressed but by the use of a part of two hieroglyphics in the manner mentioned to be used sometimes in Chinese dictionaries, the two marks joined together, become in fact a syllable. If a frequent intercourse should take place between communities, speaking different languages, the necessity of using hieroglyphics merely as marks of sound, would frequently occur... This natural progression has actually taken place in Canton, where, on account of the vast concourse of persons, using the English language, who resort to it, a vocabulary has been published of English words in Chinese characters, expressive merely of sound, for the use of the native merchants concerned in foreign trade; and who, by such means, learn the sound of English words".

See, however, the review of Joshua Marshman's (1768–1837) 'A Dissertation on the Characters and Sounds of the Chinese Language' (Serampore, 1809), published in the 'Quarterly Review' vol. V pp. 379–403 (May, 1811): 'The late Sir George Staunton was of opinion that the intercourse of two nations, having distinct hieroglyphic characters, would lead to the invention of an alphabet, each marking, in the sounds of its own characters, the names of foreign objects, merely as notes of sound, and divested of their usual signification. At Canton, for instance, where the English language, or a jargon of it, is spoken by all nations, 'a vocabulary has been published of English words...'

We have only to observe upon this passage, that, although an intercourse of one hundred and fifty years may have produced a vocabulary, it has failed to produce an alphabet. All foreign appellations, being designated by as many distinct characters as they contain syllables, it is obvious that, in proportion as the vocabulary is extended, will the principle of an alphabet be departed from, which consists in a small selection of marks or letters, whose combined sounds are applicable to the words of all languages.' (pp. 389–90).

The review goes on to discuss the *social structure* of Canton and the influence of the Phoenicians upon Mediterranean culture. Cf. Robert Morrison (1782–1834) 'Vocabulary of the Canton dialect' (3 pts. Macao, 1828).

185, 20

In the opening paragraph of this Remark Hegel pointed out that language has to be considered in its overall dialectical context if it is to be submitted to a comprehensive philosophical analysis. Here he is giving three further illustrations of the fact that it is the reverse of being presuppositionless:

(i) It is not language which gives rise to cultural intercourse but vice versa.

(ii) Although a general sensuous object such as sound (note 181,16) can

be fixed hieroglyphically without much difficulty, the spiritual progress involved in analyzing its physical nature will require constant revision of what we regard as its inner relationships, and therefore of the logical categories in which we express our comprehension of it.

(iii) Although classification certainly determines research, research also determines classification, and in course of time the terminology of a field such as chemistry is liable to change beyond recognition (cf. §§ 326–36).

For Hegel, therefore, language is the subject of philosophical enquiry in a very specifically differentiated sense. It is the task of philosophy to sort out the various factors or levels it involves, and then give them their systematic placing in relation to all other levels of complexity. One might add, of course, that since there could be no law, no legislative assemblies, no poetry, no religion, no philosophy without language, it might very well be regarded as *the* presupposition of the rest of the Philosophy of Spirit. It should be remembered, however, that Hegel sees it as *a* presupposition *in context*. For him it is language that is the subject of philosophical enquiry, not philosophy that is the subject of linguistic enquiry. Once this is more widely realized, this § should become the focal point of an interesting philosophical debate.

For attempts at evaluating Hegel's conception of language, see: G. L. Städler 'Wissenschaft der Grammatik' (Berlin, 1833); C. L. Michelet 'Anthropologie' (Berlin, 1840) pp. 310–406; K. Rosenkranz 'Psychologie' (2nd ed. Köningsberg, 1843) pp. 301–17; J. Derbolav 'Hegel und die Sprache' in 'Sprache-Schlüssel zur Welt. Festschrift für Leo Weisgerber' (Düsseldorf, 1959); T. Bodammer 'Hegel's Deutung der Sprache' (Hamburg, 1962); H. Lauener 'Die Sprache in der Philosophie Hegels' (Berne, 1962); J. Simon 'Das Problem der Sprache bei Hegel' (Stuttgart, 1966); W. Marx 'Absolute Reflexion und Sprache' (Frankfurt/M. 1967); D. J. Cook 'Language in the Philosophy of Hegel' (The Hague, 1973); G. J. Debrock 'The Development of the Problem of Language in Hegel's Early Philosophy' (Thesis, Boston College, 1973); J. P. Surber 'Hegel's Speculative Sentence' ('Hegel-Studien' vol. 10 pp. 211–30, 1975).

185, 25

Hegel deals with the *history* of China in Phil. Hist. 116–38, and discusses the education of the Mandarins in some detail. Cf. his treatment of the *religion* and *philosophy* of the Chinese: Phil. Rel. I.335–49, Hist. Phil. I.119–25.

187, 4

This looks very much like a summary of the review of C. L. J. de Guisnes' (1759–1845) 'Dictionnaire Chinois, Français et Latin, publié d'après l'Ordre de sa Majesté l'Empereur et Roi Napoléon le Grand' (Paris, 1813), which appeared in the 'Quarterly Review' vol. XIII p. 56–76 (April, 1815): "The written character of the Chinese language is well calculated to keep

the people in a state of ignorance. The most learned among them may be said, indeed, to employ their whole life in learning their *letters* — to know at first sight the name and signification of ten, twenty, thirty, etc. thousand characters, made up by so many different combinations of a very few lines and commas.' etc.

In Chinese, the tones are the regular modulations of the voice by which different inflections can be imparted to the same sound, and are therefore similar to the half-involuntary modulations by means of which we express emotion in words. In Chinese, however a tone is as much an integral part of the word to which it belongs as the sound itself.

Shên Yo (441–513 A.D.) was the first scholar to classify the tones systematically. Four basic tones have been distinguished — the even, the rising, the sinking and the entering, each of which falls into a lower and an upper series, but only the Cantonese dialect possesses all eight varieties. In general, any speaker whose sinking and rising tones are correct will be *understood*, even if the even and entering tones are slurred.

187, 26

It is, therefore, more closely related to the image of recollection (§ 452) and the symbol of phantasy (§ 457), than to the fluidity and versatility of the associative imagination (§ 455 Add.) and of the spoken language.

Cf. P. Prévost (1751–1839) 'Des signes envisagés relativement à leur in fluence sur la formation des idées' (Paris, 1800).

187, 32

Hegel gives a fairly detailed account of the 'I-Ching' or 'Classic of Changes' in Hist. Phil. I.121–3. His source was evidently J. M. Amiot's 'Mémoires concernant... les... Chinois' (16 vols. Paris, 1776–1814) vols. 1 and 2. Cf. *Fêng* Yu-Lan 'A History of Chinese Philosophy' (2 vols. London, 1952/3).

In the 'Quarterly Review' of July 1816 (vol. xv p. 354), it was observed that the earliest Chinese records were kept by means of knotted cords, and that: "These cords... were succeeded by the combinations of straight lines called the *Kua* of *Fo-hi*, which no one now is hardy enough to affect to understand." Alexander von Humboldt (1769–1859) 'Personal Narrative of Travels... 1799–1804' (tr. H. M. Williams, 2 vols. London 1814) introd., put the cultural history of these signs, which seem to resemble the oghams of Britain, in a wider context: "I have also included in this work, in addition to the hieroglyphical paintings I brought back to Europe, fragments of all the Azteck manuscripts which are found at Rome, Veletri, Vienna and Dresden; and of which the last reminds us, by its lineary symbols, of the Kouas of the Chinese."

187, 37

Note 183, 31.

189, 15

Thought (§§ 465–8) constitutes the third main moment of presentation (§§ 451–68).

189, 33

Phil. Nat. II.217, 437. Until 1810/11 there was some doubt about the components of hydrochloric acid (HCl), which was known as hydracid (Wasserstoffsäure) or muriatic acid (Salzsäure).

191, 11

Plutarch informs us, 'Moralia' 340a, that Alexander read a letter from his mother 'silently' (*σιωπῇ*). This is evidently the earliest record of silent reading: T. L. S. 18th August 1972, p. 971.

192, 1

Griesheim wrote 'haben', not 'habe'. Cf. Genesis II.19: "And out of the ground the Lord God formed every beast of the field, and every fowl of the air; and brought them unto Adam to see what he would call them: and whatsoever Adam called every living creature, that was the name thereof." Cf. 'Jenaer Systementwürfe 1' (1803/4) 288, 4; Phil. Prop. p. 211.

193, 7

Note 183, 10. F. H. Jacobi (1743–1819), 'Von den göttlichen Dingen und ihrer Offenbarung' (Leipzig, 1811; improved ed. Leipzig, 1822): "Thus speaks the fool in his heart: there is no God! He is as present to the wiseman as is his soul... The *main consonants*, like the *main vowels*, are the same in all human languages: *one* and the same alphabet is basic to all of them... Just as they may all be traced back to one universal grammar: so are they all equally suited to serve as the tool of reason, in that no one is necessarily more understanding, ingenious, moral, on account of his having French, English, Italian or German as his mother tongue. Raw and semi-civilized peoples speak raw and semi-civilized languages, but in the first instance it is never the language which gives a people its culture. It is always the people's culture which passes over into the language, – improving or degrading it, as many examples prove. It is precisely the same in respect of habits, customs, laws, morality, and — *religion*. In every case it is spirit, that which *lives*, which creates, develops, perfects everything." ('Werke' 6 vols. Leipzig, 1812–1825, vol. 3 pp. 326–30 (1816)). Cf. 'Ueber die Unzertrennlichkeit des Begriffs der Freiheit und Vorsehung von dem Begriffe der Vernunft' (1799; 'Werke' vol. 2 pp. 311–23).

193, 10

§§ 469–80.

193, 38
§ 411.

195, 4
Cf. note 181, 38. Hegel is not implying that *all* languages are descended from the *one* given to man by God.

195, 7
On the *dramatic* element in language, see Aesthetics 1181: "(The task of drama) is to portray an action present before us in its present and actual character... The action confronting us is entirely the fruit of the inner life and, so viewed, can be completely expressed in words; on the other hand, however, action also moves outwards into external reality, and therefore its portrayal requires the whole man in his body, in what he does and how he behaves in his bodily movement, and the facial expression of his feelings and passions, and all this not only as he is in himself but also in the way he works on others and in the reactions thence possibly arising."

195, 12
Note 181, 2.

195, 26
For Hegel, therefore, the logical determinations of *language* are a matter of grammar, whereas those of *that which* is sensed, intuited, presented (note 179, 29) are logical categories (185, 2).

195, 30
In chemistry, geology, botany and zoology for example: Phil. Nat. § 328 (II.406–7), § 340 (III.233–43), § 346a (III.275–6), § 370 (III.356–70). Cf. M. P. Crosland 'Historical Studies in the Language of Chemistry' (London, 1962): W. A. Smeaton 'The Reform of Chemical Nomenclature' ('Annals of Science' vol. 10 pp. 87–106, 1954).

195, 38
See 183,36–185, 20. The same manner of thinking lies behind Hegel's treatment of the four 'elements' (Phil. Nat. §§ 281–5). If he had been willing to concede that 'vitriol' and 'sulphate of iron' are *complementary* terms, which can be used or avoided in accordance with the wish to emphasize or overlook the analytical aspect of our knowledge of the chemical, there would have been no need to make a controversial issue of this point.

196, 4
Griesheim wrote 'nimt durch den'.

197, 36

See the review of Joshua Marshman's (1768–1837) 'A Dissertation on the Characters and Sounds of the Chinese Language; including Tables of the Elementary Characters, and of the Chinese Monosyllables' (Serampore, 1809), in the 'Quarterly Review' vol. V pp. 372–403 (May, 1811) p. 385: "... the immense number of characters required to be known by a proficient in the language. This number, according to the accounts of the French missionaries, was not less than 80,000. So formidable an undertaking was sufficient to repress the most ardent mind in the very outset of its studies, and, we doubt not, has tended to discourage many from attempting it at all. It turns out, however, an exaggerated statement, made without the least authority. Mr. Marshman took the trouble of ascertaining, by a careful estimate, the numbers of characters contained in *Kuang-shee's* dictionary, and he found them not to exceed 35,000, many of which were synonyms. This number, then, may be assumed as the full amount of the *effective* characters in the Chinese language, which cuts off at once more than half of the labours of the student; and even of this half, one third is more than sufficient for all the common purposes of business. Five thousand characters, indeed, made up of significant elements, each comprehending a distinct and complete idea, must be equivalent to at least 10,000 of our words, a number which exceeds what is required in the ordinary occupations of life."

197, 42

As Hegel's friend J. A. Kanne (1773–1824) had assumed: see his 'Erste Urkunden der Geschichte oder allgemeine Mythologie' (Baireuth, 1808) p. 33. Despite his mysticism and the peculiarity of some of his central presuppositions, Kanne was a good philologist, and anticipated some of Grimm's discoveries: see E. Neumann 'J. A. Kanne... Ein Beitrag zur Geschichte der mystischen Sprachphilosophie' (Diss., Erlangen, 1927); D. Schrey 'Mythos und Geschichte bei J. A. Kanne' (Tübingen, 1969). Cf. Iamblichus 'On the Mysteries of the Egyptians'. It was usual to question the validity of this attitude long before the deciphering of the Rosetta stone (note 181, 38): see Vico 'The New Science' §§ 127–8, 428–55.

199, 12

Note 187, 4.

199, 18

This § is based to some extent upon § 381 (1817), but was largely rewritten in 1827, and revised in 1830 in order to emphasize its significance as a summary of the foregoing dialectical pattern of the Psychology.

In recollection, intuition is inwardized as the image (§ 452). In memory, it is the name, which corresponds to that which is intuited as well as having

a coherence of its own (note 179, 29), which is inwardized or recollected. The two levels of inwardization differ in that the second presupposes i.e. is more complex than the first.

Such a neat and illuminating dialectical 'progression' could only have been formulated by analyzing the inherent and proximate levels of complexity involved in the subject-matter under consideration, and then *synthesizing* in the light of one's knowledge of the further levels of complexity still to be dealt with.

Hegel's notes (loc. cit. pp. 66–7) show that he treated this at some length in the lecture-room, and then used this material in formulating § 461.

199, 19

Evidence of Hegel's continuing interest in memory is to be found in Hoffmeister 'Dokumente' pp. 101–4 (10th October 1786), pp. 115–36 (March, 1787); 'Zur Psychologie' (1794) pp. 173–5, where some of the main features of this exposition are already to be found; 'Jenaer Systementwurfe 1' (1803/4) pp. 287–8, where the name and the 'mnemonics of the ancients' are mentioned; 'Jen. Realphilosophie' (1805/6) pp. 184–9, a relatively mature exposition; 'Phil Prop.' (1808–16) pp. 209–12, where it involves language and is the immediate presupposition of thought.

201, 9

Cf. J. F. Herbart's (1776–1841) treatment of the recall of checked presentations within the soul as a matter of statics and mechanics: 'Lehrbuch zur Einleitung in die Philosophie' (2nd ed. Königsberg, 1821) § 159.

201, 30

Note 159, 16.

203, 5

Hegel is not saying that we can dispense with *having had* the intuition of a lion, simply that at this level, the intuition and image of it are subordinate moments. Cf. Phil. Nat. I.194, 19.

203, 30

On the 'abyss' or 'shaft' of the ego, see note II.217, 14. Cf. 153, 8.

203, 40

The word-play here cannot be reproduced in English. Hegel is using 'auswendig' in the double sense of 'outside' i.e. the outside as opposed to the interior of a house, and 'without book' i.e. 'by heart', 'by rote'. Cf. Hegel's lecture-notes on § 384 (loc. cit. p. 68).

On reproductive memory, see Phil. Prop. pp. 211–12; Carl Daub (1765–

1836) 'Vorlesungen über die philosophische Anthropologie' (Berlin, 1838) pp. 255–71.

205, 2

The image (§ 452) has already been shown to be subordinate to the name (§ 460), note 199, 18. To attempt to treat memory as subordinate to imagination is therefore to confuse levels, in this case, to slip into unwarranted reductionism. The point being made here is a corollary of the critique of hieroglyphic and alphabetic language in § 459.

Hegel criticizes the mnemonics of the ancients in the lectures of 1803/4 (note 199, 19). His fullest treatment of the subject is, however, to be found in his analysis of Giordano Bruno's thought in Hist. Phil. III.129–31. Cicero informs us, 'De Oratore' ii. 86, that Simonides of Ceos (c. 556–469 B.C.), the Greek lyric poet, had the reputation of being the first to reduce the cultivation of memory to an art. The fullest accounts of mnemonics dating from classical times are to be found in 'Ad Herennium' bk. III chs. xvi–xxiv, a work sometimes attributed to Cicero (Loeb ed. tr. H. Caplan pp. 204–25), and Quintilian's, 'Institutes of Oratory' bk. XI ch. ii. In both cases it is discussed on account of its being relevant to the art of public speaking. Cf. K. Morgenstern (1770–1852) 'Commentatio de arte veterum mnemonica' (Dorpat, 1805); J. L. Klübner (1762–1837) 'Compendium der Mnemonik oder Erinnerungswissenschaft' (Erlangen, 1804); C. A. L. Kästner 'Mnemonik; oder die Gedächtnisskunst der Alten, systematisch bearbeitet' (1804; 2nd ed. Leipzig, 1805). On the history of the subject during the middle ages and renaissance, see J. C. A. M. von Aretin (1772–1824) 'Systematische Anleitung zur Theorie und Praxis der Mnemonik' (Sulzbach, 1810); A. E. Middleton 'Memory Systems, Old and New' (3rd ed. New York, 1888); Helga Haidy 'Das mnemotechnische Schrifttum des Mittelalters' (Vienna, Amsterdam and Leipzig, 1936); F. Yates, 'The Art of Memory' (London, 1966).

The revival of the subject mentioned by Hegel was initiated by Gregor von Feinaigle (1765–1819), a monk from Salem near Constance, who began to teach it in Paris in 1806. Feinaigle, like Leibniz (note 183, 31) seems to have drawn upon the 'Clavis et accurata artis reminiscentiae methodus' (Giessen, 1651), by Stanislaus Mink, one of the main features of which is the use of consonants for figures, in order to express numbers by words. Feinaigle came to England in 1811, and in the following year one of his pupils published an account of his system: 'The New Art of Memory' (ed. John Millard, London, 1812); cf. 'Mnemonik; oder, Praktische gedächtnisskunst zum selbstunterricht nach den Vorlesungen des Herrn von Feinaigle' (Frankfurt/M. 1811). English reviewers received the work in much the same way as Hegel did: see 'The Quarterly Review' vol. IX pp. 125–39 (March, 1813); 'European Magazine' vol. 65 pp. 104–6 (Feb. 1814), pp. 297–301

(April, 1814). The reviewer in the 'Quarterly' observed of a similar home-grown product, the 'Memoria Technica' (1730; London, 1812), by Richard Grey (1694–1771), that it was, "about as valuable as a catalogue of past snow-storms" (p. 135). Cf. Kant 'Anthropologie' (1798) § 34.

205, 20

F. A. Mesmer (1733–1815): see note II.293, 12: 'Précis Historique des faits relatifs au Magnétisme-Animal jusques en Avril 1781' (London, 1781) pp. 22–3: "J'en vins à regretter le temps que j'employois à la recherche des expressions sous lesquelles je rédigeois mes pensées. M'appercevant que toutes les fois que nous avons une idée, nous la traduisons immédiatement et sans réflexions dans la langue qui nous est la plus familiere, je formai le dessein bizarre de m'affranchir de cet asservissement. Tel étoit l'essor de mon imagination, que je réalisai cette idée abstraite. Je pensai trois mois sans langue. Lecteurs susceptibles d'enthousiasme, vous seuls m'entendrez sans doute. Vous seuls apprécierez les épreuves par lesquelles a dû passer pour être utile, celui que vous avez peut-être condamné plusieurs fois avec légéreté. Essayez, je vous y convie, de penser sans traduire votre pensée; mais que ce ne soit qu'un amusement. Si je dois, en homme qui s'intéresse au génie, vous rappeler qu'il n'y a qu'une nuance imperceptible entre le dernier degré d'enthousiasme et la folie, je crois devoir vous prévenir en Médecin, que se livrer à de pareils excès, c'est exposer les organes du cerveau à des dangers imminents.

Au sortir de cet accès profond de rêverie, je regardois avec étonnement autour de moi: mes sens ne me trompoient plus de la même maniere que par le passé: les objets avoient pris de nouvelles formes: les combinaisons les plus communes me paroissoient sujettes à révision: les hommes me sembloient tellement livrés à l'erreur, que je sentois un ravissement inconnu quand je retrouvois parmi les opinions accréditées une vérité incontestable, parce que c'étoit pour moi une preuve assez rare qu'il n'y a pas d'incompatibilité decidée entre la vérité et la nature humaine."

209, 1

§ 448.

209, 13

In this part of the Logic, the *object* breaks down into mechanical (§§ 195–9), chemical (§§ 200–3) and teleological (§§ 204–12) categories. The ego (§§ 413–39) constitutes an empty bond, gives rise to the merely mechanical juxtapositioning of words, in that it is simply consciousness, only functions phenomenologically, does not yet involve intuition and presentation (§ 446 et seq.).

209, 30

The calculating prodigy Jedidiah Buxton (1707–1772) habitually reduced even his experience of a Shakespeare play to the *number* of words spoken, C. P. Moritz and C. F. Pockels 'Magazin zur Erfahrungsseelenkunde' vol. 5. ii pp. 105–9 (Berlin, 1787).

209, 35

§§ 452–4.

211, 13

Hegel is here referring back to the whole preceding exposition of the Psychology following on from the treatment of reason at the close of the Phenomenology (§§ 438–9). This § rounds off the exposition of presentation (§§ 451–64), and formulates the transition to thought, the third main moment of Theoretical Spirit (§§ 445–68).

211, 21

Hegel is calling attention to the derivation of the German word for memory (Gedächtniss) from 'denken', to think. This is not fanciful, they are in fact related.

211, 23

Cf. Aristotle 'On Memory' 450b: "The very young and the old have poor memories; they are in a state of flux, the young because of their growth, the old because of their decay. For a similar reason neither the very quick nor the very slow appear to have good memories."

211, 30

Hegel's lecture-notes (§ 383; loc. cit. pp. 67–8) are useful in throwing light upon this reference to § 448: "Intelligence now has before itself only its *own signs*, — not intuitions and images, — the content of which is the inner *meaning*. Nature, sensation, involved the immediate *content*. Intelligence is in *itself* this nature. *When I read* I know of nothing other than the signs, the words. (a) This is simplicity, as sensation is, (b) the ideality of sensation is *with itself*, (c) thought has its own content. Determinate being in the *sign* i.e., in the realm of presentation. Memory sublates the *subjective* independence of presentation and makes it into an *immediate* being."

Just as intuition sublated the world of the senses and provided the foundation for presentation, so memory sublates the world of presentations and provides the foundation for thought.

212, 10

Griesheim is probably justified in using 'Erinnerung' instead of 'Gedächtniss': see Hegel's notes (loc. cit. p. 67 line 23).

213, 33
The 'meaning' or 'soul' of these moments is evidently the 'object' of the subject-object antithesis of consciousness (§§ 413–39): note 179, 29.

213, 35
§ 459 Remark (187, 9).

215, 40
Note 203, 5.

217, 7
See Hegel's lecture-notes on § 383 (loc. cit. p. 67). Cf. § 396 Addition (note II.111, 36).

217, 24
Hegel delivered this lecture on Friday 26th August 1825.

217, 25
The *history* of this treatment of thought has to be borne in mind if the significance of it is to be accurately assessed. In 'Zur Psychologie' (1794), the faculty of cognition breaks down into (a) sensation (b) phantasy, and (c) understanding and reason, and it is the third of these divisions (pp. 184–90) which evidently determined the broad outlines of much of Hegel's mature analysis of the nature of thought.

In the 1794 text, understanding and reason are treated as a matter of *logic*, as opposed to the *psychology* of sensation and phantasy. This leads on into a discussion of the relationship between presentations and language which bears a fairly close resemblance to that of the mature Encyclopædia. Kantian influence is then apparent in the distinction between 'matter' and the 'content of our cognition', and the raising of the question of synthetic *a priori* propositions, the nature of the categories etc. (p. 186 et seq.). The section then closes with a discussion of the 'logic of truth', of the understanding and the reflecting judgement, and a characterization of the rationality of syllogistic reasoning: "Reason is the faculty of drawing a conclusion i.e. of comprehending the particular from the universal by means of concepts. In every rational conclusion I first think a rule (major premiss), then subsume a cognition under the condition of the rule (minor premiss) by means of the power of judgement, and finally determine my cognition through the predicate of the rule (conclusion), and so *a priori* by means of reason." (p. 190). This initiates the treatment of cosmology.

In the lecture-notes of 1805/6 ('Jen. Realphilosophie' pp. 189–92), thought is still treated as presupposing presentations and language. It is also treated as presupposing many of the further levels of complexity distinguished

in the mature Encyclopædia however, and as being the immediate presupposition of a rather more complicated conception of syllogistic reasoning: "This universality is such, that it is immediately the equal of itself and opposed to itself, dirempted into itself and its opposite... Understanding is *reason*, and its opposite is the *ego itself*. The main thing is that thinghood, in so far as it is *universality*, immediately exhibits itself as *being*, and the negativity or unity is posited. Thinghood, presented as *being*, passes out of the judgement into the syllogism..." (p. 192). The somewhat formal logic of 1794 has therefore been given more of an epistemological significance, and as in the mature Encyclopædia, initiates the transition to the 'will' (i.e. practical spirit), not to cosmology.

In the 'Philosophische Propädeutik' of 1808–16 (pp. 212–15), thought once again presupposes presentation and language etc., and is now the immediate presupposition of 'Practical Spirit', so named. What is more, it has a clear and detailed triadic structure, involving (1) understanding, (2) judging and (3) rational conclusions. These are said to be: (a) Formal or subjective, in which case, "That which appears as mediated or as result is implicitly that which is immediate, and has the relationship of a mediated being only for cognition." (b) *Teleological*, in which case reason proposes ends, in which, "That which is mediated or brought forth has the same content as that which is immediate the presupposed notion." (c) *Rational*, in which case that which exists is, "its own means, so that the means is also the end."

It is quite apparent, therefore, that although this treatment of thought has to be considered primarily in its psychological context, a complete understanding of it will involve reference to the Kantian influence upon the development of Hegel's system, and to the relationship between the Logic, especially §§ 160–244, and Hegel's 'theory of knowledge'.

217, 27

The recollected image, "requires the determinate being of an intuition" (155, 9), the reproductive memory, "possesses and recognizes the matter in the name" (201, 22). Intuition sublates the particularities of sensation (§§ 448–9), the name sublates the more universal particularities of language (§ 460). Thought is thought in that it can presuppose these subordinate identities of what is subjective and what is objective. In that intelligence lapses into "flinging words about without dealing with the matter" (205, 29) or into the abstract being of the ego (209, 1), it cannot yet be regarded as thought, but must be classified at a subordinate level.

219, 5

Intelligence i.e. 'Theoretical Spirit' (§§ 445–68), presupposes reason (§§ 438–9). Its dialectical development is the detailed exposition of its

implicit rationality, the conclusion of which involves reference to the beginning.

219, 8

Hegel distinguishes between the *immediate consciousness* of, "general objects, events, feelings, intuitions, opinions, presentations etc.", and the thinking consideration of them. The implication of the reference to these §§ at this juncture is, therefore, that thought concludes the dialectical treatment of intelligence precisely on account of its being capable of assimilating the whole subject-matter of the sphere.

219, 17

Note 219, 5

219, 25

This indicates that at this juncture, although Hegel's formulation of the levels of complexity is well founded, there is some untidiness in his triadic partitioning, since thought constitutes the third main level of presentation.

219, 28

And *thought itself* presupposes the identity (note 217, 27).

219, 32

If we accept Hegel's definition of thought this is simply not true. We are not thinkers when we are asleep (§ 398), when we are deranged (§ 408), when we are conscious (§ 418) — not even when we recollect (§ 452), write (§ 459) or remember (§ 461). We are *thinkers* only when we *know* that we are i.e. when we have grasped the significance of thought as "the simple identity of subjective and objective" (219, 5).

221, 3

Hist. Phil. II.276–311.

221, 12

See Hegel's lecture-notes § 385 (loc. cit. p. 68). Cf. Kehler ms. p. 233 (Monday 29th August 1825): "Thought is this certainty of reason, generally active as the rational determining factor. In the first instance this activity is determined, not self-related, what is determined appearing as what is given. The more precise working out of the determining moments is a matter of logic. Thought determines, the first determination being the universal, formal thought. Then there is diremption, the determination as such, one side of the particularizing determination being the universal itself, and the identity of decision, Notion, reason, this self-determining activity being the Notion."

Cf. Phil. Prop. p. 214 (§ 172). It is much easier to grasp the *formal* necessity of calling attention to such a level of thought in a dialectical exposition, than it is to give an *example* of such thinking.

222, 15
For (δ) read (γ).

223, 21
For the historical origin of these divisions, see note 217, 25. Although the basic classification is the same as in 1817 (§ 386) and 1827 (§ 467), Hegel revised the § carefully for the 1830 edition, formulating the manner in which intelligence cognizes with much greater precision.

223, 24
§§ 78–82. Oppositionless, in that in order to deal with the relationship between purely universal categories, reason has to rid itselfof any subject-matter contaminated by 'impure' thought.

223, 25
§§ 437–9.

223, 27
Note 227, 9.

223, 33
§§ 79–82. Thought and dialectic are inseparable, and are *basic* to the 'speculative' exposition of the whole Encyclopædia. There could be no effectively systematic consideration of logical categories, natural or spiritual phenomena without them. Cf. notes, 3, 1; 27, 22.

Since Hegel undoubtedly has Kant's philosophy in mind here (§ 467), and his detailed characterization of thought involves reference to his own logic of subjectivity (§§ 163–83), it is natural to raise the question of Kant's influence and the general significance of the Logic at this juncture. It is tempting to see the logic of subjectivity as playing a fundamentally *regulative* role in this exposition of thought, and as being the Hegelian equivalent of Kant's unity of apperception. It might be argued, that just as the subjectivity of apperception unifies both the logical categories and the objects of the senses in Kant's system, so the subjective Notion unifies the preceding categories of being and essence and the 'subject-matter' of thought in the Hegelian system. On this interpretation, Hegel's advance beyond Kant would consist of substituting the 'I think myself' of the syllogism for the 'I think' of apperception: see Klaus Düsing 'Hegels Begriff der Subjektivität in der Logik und in der Philosophie des Subjektiven Geistes' (Paper. Hegel Conference, Santa Margherita, May 1973).

This thesis has been worked out by Düsing with reference to the history of Hegel's whole philosophical development in 'Das Problem der Subjektivität in Hegels Logik' (Bonn, 1976). There can be no doubt that in the Jena and pre-Jena periods Hegel regarded subjectivity as a central philosophical problem, and that his mature as well as his early treatment of it at the logical and psychological levels was directly influenced by Kant. However, unless one introduces a *Kantian* subject-object issue at these junctures, which would appear to be irrelevant to both the subject-matter and the general principles of the dialectic, it is difficult to see how the unifying factor of subjectivity in the Logic can be regarded as the *regulative* foundation of the corresponding factor in the psychology, or indeed in any other part of the system (§§ 337, 413, 503, 562, 571 etc.). At all these junctures, the *particular* subjectivity involved sublates or unifies *its* corresponding objectivity in the dialectical progression because it has the potentiality of assimilating it. There can be physics without the organism, but no organism without the presupposition of physics, and what is organic has the potentiality of assimilating what is inorganic (§ 337). There can be a soul without consciousness, but no consciousness without the presupposition of a soul, and consciousness has the potentiality of assimilating what is anthropological (§ 413). There can be intuition, imagination and memory without thought, but, once again, no thought without the presupposition of the subordinate levels which it has the potentiality of assimilating (§ 465) etc.

It is certainly also true of course, that the categories of being and essence do not involve subjectivity, that there can be no Notion, judgement or syllogism without the presupposition of these categories, and that such categorial subjectivity has the potentiality of assimilating what is subordinate to it. It may also be true that comprehension of this generalized situation in the Logic will help us to see the wider significance of the analogical situations in Nature and Spirit. What is quite evidently not the case, however, is that the comprehension and exposition of these analogical situations depends solely or even primarily upon having first grasped the significance of the corresponding exposition in the Logic. Thought and dialectic are *basic*, also to the exposition of the subjectivity of the Logic.

It seems reasonable to conclude, therefore, that although subjectivity in the Logic, like the categorial relations themselves, is to be regarded as an essential generalization of the relationships between various analogical subject-matters or fields of enquiry in Nature and Spirit, it is not to be regarded as *regulative* of these relationships. It is perhaps worth observing, that its systematic placing within the Logic as the presupposition of its succeeding *objectivity* (§§ 194–212), is analogous to thought's being subsumed under practicality, freedom and objectivity (§§ 469–552) in the Philosophy of Spirit. Cf. note 279, 18.

225, 2

'Critique of Pure Reason' B. 355–B.359, 'Of Reason in General': "All our knowledge begins with sense, proceeds thence to understanding, and ends with reason, beyond which nothing higher can be discovered in the human mind for elaborating the matter of intuition and subjecting it to the highest unity of thought... In the former part of our transcendental logic, we defined the understanding to be the faculty of rules; reason may be distinguished from understanding as the *faculty of principles*... Cognition from principles is that cognition in which I cognize the particular in the general by means of conceptions. Thus every syllogism is a form of the deduction of a cognition from a principle... But if we consider these principles of the pure understanding in relation to their origin, we shall find them to be anything rather than cognitions from conceptions. For they would not even be possible *a priori*, if we could not rely on the assistance of pure intuition (in mathematics), or on that of the conditions of a possible experience. Synthetical cognitions from conceptions the understanding cannot supply, and they alone are entitled to be called principles...

It is manifest from what we have said, that cognition from principles is something very different from cognition by means of the understanding... The understanding may be a faculty for the production of unity of phenomena by virtue of rules; the reason is a faculty for the production of unity of rules (of the understanding) under principles. Reason, therefore, never applies directly to experience, or to any sensuous object; its object is, on the contrary, the understanding, to the manifold cognition of which it gives a unity *a priori* by means of conceptions — a unity which may be called rational unity, and which is of a nature very different from that of the unity produced by the understanding."

Hegel's formulation of these distinctions in respect of the subject-matter of the *Logic* is to be found in §§ 79–82.

225, 4

§§ 413–39.

225, 13

Although Kant had distinguished between understanding and reason, he had not grasped the "variegated forms of pure thought", the various subsidiary levels at which subject and object are identical (notes 217, 27; 219, 8). In that these levels are sublated in rational thought, the sharp distinction between an understanding "unifying phenomena by virtue of rules" and a reason giving unity to the understanding but "never applying directly to experience, or to any sensuous object" loses something of its significance. The recollected image, "requires the determinate being of an intuition" (155, 9), the reproductive memory "possesses and recognizes the

matter in the name" (201, 22), and both can be rationally sublated within thought. Consequently, although such rational thought may not apply *directly* to experience, it does so through the intermediary of what it sublates, and unlike the understanding, does not "fall apart into form and content, universal and particular".

The same principle applies to the whole Encyclopædia. Kant, for example had good reason to deny the possibility of a rational Anthropology: "As a systematically worked out doctrine of the knowledge of man, 'Anthropology' can be either *physiological* or *pragmatic*, — Physiological knowledge of man entails enquiry into what *nature* makes of him, pragmatic knowledge enquiry into what, as a freely acting being, he makes of himself, or can and should make of himself. — If someone ponders over what the natural causes basic to the faculty of recollection might be, for example, he can subtilize interminably (as did Descartes) upon the traces of impressions persisting in the brain and left behind by the sensations undergone; but he will have to admit that in this play of concepts he is a mere observer, and has to leave to nature what happens, since he neither knows the nerves and fibres of the brain nor how to manipulate them to his purpose, and, consequently, that all this theoretical pondering is a sheer waste of time. — However, if he extends or improves memory by making use of observations as to what has helped or hindered it, and employs the knowledge of man to this end, this will constitute a part of *pragmatic* Anthropology, which is precisely what we are concerned with here." ('Anthropologie' (1798) Foreword). Hegel, however, allows the content of Anthropology to "bring forth its form from within itself", — the levels of complexity discovered by the understanding are thinkingly rationalized by being given a syllogistic or triadic exposition (§§ 388–412).

225, 16

That is to say, in the, "working up of the recollected presentations into the formal identity of the general categories" (221, 22). Cf. § 80.

227, 9

§§ 166–80. In the Logic, judgements are considered in their universal abstraction. Here, they are *also* considered in respect of thought's relation to their *content*. In the Logic, for example, the qualitative judgement is simply *illustrated* by means of subject-matter drawn from botany (§ 172), but it might also be *employed* by Hegel in his philosophy of botany (§§ 343–9).

227, 27

§§ 181–93. Once again, it has to be remembered that in the Logic syllogisms are considered in their universal abstraction, whereas here they are also considered in respect of thought's relation to their content. Cf. the chemical illustration used in § 190.

229, 7
§§ 160–93.

229, 26
Phil. Nat. § 360.

229, 27
Cf. Hegel's lecture-notes, § 387 (loc. cit. p. 69): "Will is actuality, as reason (a) concrete Notion in itself, (b) sublation of mediation is moment of being." The Kehler ms. p. 233 (29th August 1825), confirms that Hegel brought in the concept of actuality at this juncture: "Thinking subjectivity is actual in that it is reason, and reason is actual in that it is thinking subjectivity." It also occurs in the 1817 text, but was dropped in 1827 (§ 468), evidently on account of his having already had the idea of providing the Psychology with an overall triadic structure (note 265, 23).

Had he divided Theoretical Spirit (§§ 446–68) into two main spheres, Practical Spirit (§§ 469–80) would have been the third of the triad, and thought (§§ 465–8) would have been the third main moment of the second sphere, corresponding to *Actuality* (§§ 142–59) in the Logic.

Such a casual revision certainly seems to confirm the view that although Hegel saw no harm in calling attention to the broadly analogous structures of the Logic and the Philosophies of Nature and Spirit, to regard the Logic as the 'essence' of these more complex spheres, as in some sense *regulating* their exposition, is to radically misinterpret his philosophical method (note 223, 33). M. Clark 'Logic and System' (The Hague, 1971), working on the assumption that it is a must to regard Hegel's thought as, "a wide factual experience seeking understanding in a logic and a logic seeking understanding in this experience" (p. 19), attempts to throw light upon §§ 451–68 (pp. 40–67) by discussing the logic of essence (pp. 68–116). It is not surprising perhaps, that he should reach the conclusion that Hegel's general procedure is "obscure and ambiguous" (pp. 39, 200).

230, 20
For 'denkendes' read 'Denkendes'.

231, 1
Although Hegel was evidently familiar with the subject-matter of the sphere of Theoretical Spirit (§§ 445–68) by 1794 ('Zur Psychologie'), and by the autumn of 1802 had already worked out the broad outlines of 'Practical Spirit' ('System der Sittlichkeit': Erste Potenz pp. 421–35) and seen the significance of treating it as the immediate presupposition of an embryonic 'Philosophy of Right' (pp. 436–50), it was not until 1803/4 that he formulated anything resembling this transition from theoretical to practical spirit

('Jenaer Systementwürfe I': Potenz der Sprache — Potenz des Werkzeugs pp. 282–300). In the lectures of 1805/6 however, not only the outlines but also many of the details of his mature exposition are already apparent ('Jen. Realphilosophie' pp. 192–202), and if Rosenkranz' editing is to be relied upon, the same is true of Phil. Prop. (pp. 214–16).

Cf. Aristotle 'De Anima' 431a et seq.: after distinguishing between sensation and thinking (Hegel's anthropology and psychology), Aristotle is also concerned with the practical intellect.

231, 5
Note 229, 27.

231, 29
Phil. Right §§ 4–5.

234, 7
For 'conret' read 'concret'.

235, 9
§ 469 (1827), which differs little from the 1830 text, is very much longer than § 388 (1817), and Hegel's main objective in extending it seems to have been the clarification of the relationship between practical and objective spirit. The lecture-notes (loc. cit. p. 70) confirm Boumann's editing in that they show that Hegel was in the habit of using the § in order to indicate the lay-out of the major sphere initiated, but in 1825 (Kehler ms. p. 233) he seems to have concentrated upon the nature of the transition from intelligence to practicality.

235, 18
Practical spirit (§§ 469–80), with its progressive sublation of the opposition between the will and what is willed, is analogous to consciousness (§§ 413–39), with its progressive sublation of the opposition between subject and object. The overcoming of the initial subject-object antithesis in thought (§§ 465–8), has now resolved itself into a more complex antithesis.

Cf. Logic §§ 194–212 (note 223, 33), Vera II.222 n. 5.

235, 23
On thought, form and content, see 223, 8.

235, 25
We who are considering the matter philosophically. It only has being for the practical person himself once he has overcome it.

This corresponds to § 389 (1817), but there is little similarity between them,

and neither the lecture-notes (loc. cit. p. 70), nor the 1825 lectures (Kehler ms. pp. 233–4, Monday 29th August) provide much insight into the way in which Hegel dealt with this theme in the classroom. It is perhaps worth noting that the reference to the singularity 'determining itself through *nature*', which occurs in the 1817 text, seems never to have been taken up, probably on account of its not according with the distinction between the antithesis here and that occurring in consciousness (note 235, 18).

235, 30

Spirit's 'finding itself' initiates 'feeling' on account of a dialectical transition already expounded in the Anthropology (note 215, 18).

237, 2

§§ 438–9; realized differentiatedly, § 467.

237, 14

Note II.155, 34.

239, 33

This § corresponds to §§ 471, 472 (1827) and § 390 (1817), and it is evident from the lecture-notes (loc. cit. p. 71) and the 1825 lectures (Kehler ms. pp. 234–6) that any 'addition' would be superfluous. On Hegel's earlier attempts at a systematic assessment of practical feeling, see 'System der Sittlichkeit' (1802) pp. 422–3; Phil. Prop. p. 216.

The main point here is to be seen as the corollary of Hegel's criticism of Fries's political philosophy (Phil. Right. pref., § 15), and Schleiermacher's philosophy of religion ('Berliner Schriften' pp. 684–8). Feeling enters into morality, politics and religion just as chemistry enters into geology, but to conclude from this that the latter can be fully comprehended by reducing them to the former is to confuse levels, to violate one of the basic principles of the dialectic.

241, 5

Lecture-notes, § 391 (loc. cit., p. 72): "Pleasant and unpleasant — concerns the single sensation — but in general sensation is a form of immediacy which is inadequate — unpleasant, *subjective. Pleasant* is a shallow expression — of works of art, actions, simply refers to the externality of the matter, not its essential *determination.*"

Cf. Kehler ms. p. 236 (Tuesday 30th August 1825): "(To speak) of what is pleasant or unpleasant is somewhat weak. It has its place, but if a work of art or an action is said to be pleasant or unpleasant, the inadequacy, the weakness of such a manner of speaking is immediately apparent, since

nothing but abstract congruity is conveyed, there being no determination of or reference to any capacity or content."

241, 25

It has been claimed that Hegel denied the reality of evil: C. Lacorte 'Il primo Hegel' (Florence, 1959) pp. 90, 92, and he was certainly dissatisfied with Leibniz's assertions on the subject in that they gave no reasonable account of why and how there is finitude in the Absolute, and failed to distinguish satisfactorily between physical and moral laws (Hist. Phil. III.340–2). In 'Glauben und Wissen' (1802; Jub. I pp. 419–24) he criticized Kant's and Fichte's conceptions of evil on account of their subjectivism in respect of natural phenomena. It was, however, in subjectivism that he was to find one essential aspect of the nature of evil, and he may have been helped to do so by the writings of Jacob Boehme (note 243, 7).

In Phil. Rel. I.72 he distinguishes between *original* evil, arising out of the difference between the subsistence and the transitoriness of the world, and the evil of the *will*, arising out of the ego. His most lucid account of the broader implications of this distinction is to be found in Phil. Right p. 231: "The Christian doctrine that man is by nature evil is loftier than the other which takes him to be by nature good... As mind, man is a free substance which is in the position of not allowing itself to be determined by natural impulse. When man's condition is immediate and mentally undeveloped, he is in a situation in which he ought not to be and from which he must free himself. This is the meaning of original sin, without which Christianity would not be the religion of freedom." Although he refers to Boehme in connection with original evil in the Phil. Nat. (I.211, 20), during the Berlin period it seems to have been *moral* evil, the more complex evil of the will, which occupied most of his attention: Phil. Right §§ 139–40, Aesthetics 579.

At this level, he is concerned with neither original nor moral evil, but with the evil of *pain*. Practicality has not yet risen to the rationality of right, duty, law, but simply develops subjective and contingent purposes in pursuit of what is pleasant. These purposes, in that they are not rational, are in themselves evil, and their outcome is also evil in that their frustration gives rise to pain.

241, 26

This 'judgement' is the 'basic division' between subject and object.

241, 42

In 1817 (§ 391 Remark), this appeared as follows: "That there should be such singularities, as well as others which do not conform to the Idea, lies in the necessary *indifference* of the Notion to immediate being in general, which, in so far as the Notion is a free actuality, is over against it, and also

released through it into free actuality, but which is to an equal extent related to it and determined as that which is implicitly null."

In its original version therefore, the sentence referred to the disparity between singularities and the Idea throughout the whole Hegelian system, and was therefore relevant to a consideration of *original* evil rather than the evil of *pain* being considered at this juncture. The 1827 version attempts to elicit the general idea more specifically from the Philosophy of Spirit, and in the final version there is no mention of the Notion and the Idea. Cf. the distinctions drawn in the previous note.

243, 4

Hegel mentions the origin of evil when dealing with the animal's practical relationship with inorganic nature (Phil. Nat. § 359 Add.). Just as the animal feels need or deficiency, and is stimulated to overcome it by mastering or consuming what is about it, so, "It is a privilege of higher natures to feel pain, and the higher the nature, the more unhappiness it feels. A great man has a great need, as well as the drive to satisfy it, and great deeds proceed only from profound mental anguish. It is here that we may trace the origin of evil etc." (II.144, 23).

243, 7

On Jacob Boehme (1575–1624), see Hist. Phil. III.188–216: "God is, and the Devil likewise; both exist for themselves. But if God is absolute existence, the question may be asked, what absolute existence is this which has not all actuality, and more particularly evil within it?... The Son, the something, is thus 'I', consciousness, self-consciousness: God is not only the abstract neutral but likewise the gathering together of Himself into the point of Being-for-self... The separator is effectuating and self-differentiating, and Boehme calls this 'Ichts', likewise Lucifer, the first-born Son of God, the creatively first-born angel who was one ofthe seven spirits. 'But this Lucifer has fallen and Christ has come in his place.' This is the connection of the devil with God, namely other-being and then Being-for-self or Being-for-one, in such a way that the other is for one; and this is the origin of evil in God and out of God."

Cf. Phil. Nat. I.301–2; Jacob Böhme 'Sämtliche Schriften' (ed. W.-E. Peuckert, 11 vols. Stuttgart, 1955–61).

243, 15

Note II.163, 27.

243, 35

§§ 446–64. Intuition and presentation have a much more specific content than feeling (§§ 403–10), since they presuppose consciousness (§§ 413–39).

245, 22

Enc. §§ 488–512; Phil. Right §§ 34–141. Although these feelings arise in that which derives from thought, they are in themselves less complex than their peculiar content.

247, 9

None of the material in this Addition is to be found in Hegel's lecture-notes (loc. cit. pp. 72–3) or the record of the 1825 lectures (Kehler ms. p. 236).

247, 10

In German, 'Willkür' has the clear connotation of being arbitrary (willkürlich).

247, 11

The elements of the 'basic division' are aspects of a homogeneous unity.

247, 31

§ 468.

249, 13

'Volitional intelligence', in that intelligence (§§ 445–68) culminates in the sublation of what is subjective and what is objective in thought (§§ 465–8), and so constitutes the immediate presupposition of will (§ 468).

249, 20

Hegel deals with 'drives' at three main levels: animal drives or instincts (Phil. Nat. §§ 359–66), conscious drives (§§ 426–31), and wilful drives (§§ 473–8). Cf. F. A. Carus (1770–1807), 'Psychologie' (2 vols. Leipzig, 1808) I.293–363, who works out an elaborate classification of drives closely resembling Hegel's. It is evident from the article in Pierer's 'Medizinisches Realwörterbuch' vol. VIII pp. 393–4 (1829), that by the end of the 1820's such a classification was a commonplace.

For the *development* of Hegel's ideas on the subject, see 'Jenaer Systementwürfe 1' (1803/4) pp. 299–300; 'Jen. Realphilosophie' (1805/6) p. 194; Phil. Prop. (1808/16) p. 216, Enc. (1817) § 392; lecture-notes (loc. cit. p. 73).

249, 25

§ 471. On the rational foundation of spirit, see §§ 438–9. The ideas of God, right, ethics are the examples Hegel gives of the *content*.

250, 17

For 'wie sie... einschränken müssen' read 'wie sie sich... einschränken müssen'. The phrase remained uncorrected in 1817 (255, 10), 1827 (440, 25) and 1830 (490, 12), but was amended by Nicolin and Pöggeler (384, 7).

251, 5

The 'ulterior value' of the passion is its content, see previous note. For example, a politician may advocate a policy with passion regardless of its intrinsic rationality or merits.

251, 12

Phil. Right § 140. *Simple* denial of the part passion plays in morality indicates lifelessness. *Conscious* denial is likely to be hypocritical, since hypocrisy involves: "(a) knowledge of the true universal... (b) volition of the particular which conflicts with this universal; conscious comparison of both moments..., so that the conscious subject is aware in willing that his particular volition is evil in character." Cf. D. T. A. Suabedissen (1773–1835) 'Die Betrachtung des Menschen' (3 vols. Cassel and Leipzig, 1815–18) III.105–6.

251, 21

J. G. Zimmermann (1728–1795) 'Von der Erfahrung in der Arzneiwissenschaft' (2 pts. Zürich, 1765–4) II.434: "All passions of a high degree of violence, either drive man to death, into a frightful illness, or at least into great danger."

251, 26

Cf. note 107, 8. See J. B. von Rohr's (1688–1742) criticism, 'Unterricht von der Kunst, der Menschen Gemüter zu erforschen' (1714; 3rd ed. Leipzig, 1721), of the treatment of the passions to be found in C. Thomasius' (1655–1728) 'Einleitung zur Sittenlehre' (Halle, 1726).

251, 36

Were they the outcome of immediate impulses and independent natural determinations, they would have to be considered in the sphere of Phenomenology (§§ 413–39). By dialectical definition, however, they presuppose the identity of subject and object (§§ 465–8).

253, 12

Hist. Phil. II.90–115: "Plato... makes it justice which first gives to wisdom, courage and temperance the power to exist at all... To each particular determination justice gives its rights, and thus leads it back into the whole; in this way it is by the particularity of an individual being of necessity developed and brought into actuality, that each man is in his place and fulfils his vocation... Plato has not recognized the knowledge, wishes, and resolutions of the individual, nor his self-reliance, and has not succeeded in combining them with his Idea; but justice demands its rights for this just as much as it requires the higher resolution of the same, and its harmony with the universal."

253, 22

This is in no respect an original interpretation of passions and inclinations. It was quite common to classify them according to their *content*, not their form, see Kant 'Anthropologie' (1798) §§ 80–88; H. B. von Weber 'Handbuch der psychischen Anthropologie' mit vorzügliche Rücksicht auf das Practische und die Strafrechtspflege (Tübingen, 1829) pp. 304–348, and the relevance of this level of psychology to a balanced understanding of the *law* and *social life* was widely recognized: J. C. G. Schaumann (1768–1821) 'Ideen zur Criminalpsychologie' (Halle, 1792); J. C. Hoffbauer (1766–1827) 'Psychologie in ihren Hauptanwendungen auf die Rechtpflege' (Halle, 1808; 2nd ed. 1823); F. A. Carus (1770–1807) 'Psychologie' (2 vols. Leipzig, 1808) I.495–518.

253, 23

The substance of this §, which corresponds to § 394 (1817), is to be found in 'Jen. Realphilosophie' pp. 195–8, but seems to be missing from Phil. Prop., see p. 217. It is evident from the lecture-notes (loc. cit. p. 74), that some of the subject-matter of the Remark, which was first added in 1827, originally constituted part of the exposition of § 393.

253, 33

Necessarily true if we remember the literal meaning of 'interest' i.e. 'to be between': cf. Phil. Nat. III.210, 28; 382. See Christian Garve (1742–1798) 'Sämtliche Werke' (18 vols. Breslau, 1800/4) VII vii, 197 et seq.

255, 5

The Land of Cockaigne (Schlaraffenland)? See J. L. C. and W. C. Grimm 'Kinder- und Hausmärchen' (1812–15; 3 vols. Berlin, 1819–22); C. W. Mueller 'Die deutschen Lügendichtungen bis auf Münchhausen' (Halle, 1881).

255, 18

This first Addition is Boumann's.

257, 12

See Hegel's criticism of Plato, note 253, 12.

257, 14

Although some of this Addition clearly relates to § 474 Remark (§ 393, 1817), Kehler (p. 237) headed it § 394. During his last lecture, Hegel was evidently rushing to finish the course, and attempted to deal with §§ 391–9. The lecture-notes (loc. cit. pp. 74–5) confirm that in the main § 394 (1817) corresponds to § 475 (1830).

257, 15

This § corresponds to § 477 (1827) and § 395 (1817). In this its final form it has the function of rounding off the *second* main moment of the sphere of Impulses and Wilfulness (§§ 473–8). Interest unifies purpose and activity (§ 475), and is now reflected upon. Such reflection is the initiation of wilfulness (§§ 477–8).

Cf. the lecture-notes (loc. cit.) p. 75.

257, 20

This § corresponds to § 479 (1827) and § 397 (1817). In this its final form it has the function of initiating *Wilfulness*, the *third* main moment of the sphere of Impulses and Wilfulness (§§ 473–8). In 1827 wilfulness was classified with happiness as the third main moment of practical spirit (§§ 469–81), not with passion and interest as the second main moment of this sphere: see heading 247, 9.

257, 27

Tuesday 30th August 1825, the last lecture of the course.

259, 7

On the actuality of *rational* will, see Enc. §§ 483–6; Phil. Right §§ 1–33.

259, 17

Thinking or reflecting will being the immediate presupposition of this sphere: § 476, note 257, 15.

259, 18

This § corresponds to § 480 (1827) and § 398 (1817). In this its final form it has the function of rounding off the treatment of wilfulness and making the transition to happiness.

259, 29

§ 448.

259, 32

Cf. §§ 424–37.

259, 38

§ 476.

261, 1

§ 475.

261, 19

§§ 465–9.

261, 24
§ 474.

261, 26
§§ 452–3.

261, 32
The appearance of *Solon* in the lecture-notes (loc. cit.) p. 75, makes it almost certain that this reference to eudemonism is to be considered in connection with the assessment of the doctrine in Hist. Phil. I.162: "We see that happiness is put forward as the highest aim, that which is most to be desired and which is the end of man; before Kant, morality, as eudemonism, was based on the determination of happiness. In Solon's sayings there is an advance over the sensuous enjoyment which is merely pleasant to the feelings. Let us ask what happiness is and what there is within it for reflection, and we find that it certainly carries with it a certain satisfaction to the individual, of whatever sort it be — whether obtained through physical enjoyment or spiritual — the means of obtaining which lie in men's own hands. But the fact is further to be observed that not every sensuous, immediate pleasure can be laid hold of, for happiness contains a reflection on the circumstances as a whole, in which we have the principle to which the principle of isolated enjoyment must give way. Eudemonism signifies happiness as a condition for the whole of life; it sets up a totality of enjoyment which is a universal and a rule for individual enjoyment, in that it does not allow it to give way to what is momentary, but restrains desires and sets a universal standard before one's eyes."

All the other references to the doctrine in Hegel's works confirm that he usually associated it with Solon or Kant's critique. When Carl Daub (1765–1836) criticized it in his 'Vorlesungen über... die Principien der Ethik' (Berlin, 1839) pp. 386–404, he did so with reference to the works of G. S. Steinbart (1738–1809), 'System der reinen Philosophie oder Glückseligkeitslehre' (1778; 4th ed. Züllich, 1794) and K. F. Bahrdt (1741–1792), cf. P. K. Hartmann (1773–1830) 'Glückseligkeitslehre für das psychologische Leben des Menschen' (Leipzig, 1808), not with reference to the now better-known British Utilitarian school. Since Hegel had some knowledge of the Utilitarian philosophy of law, and was deeply influenced by the journalism of Bentham's followers, it is possible that the advocacy of 'the greatest happiness of the greatest number' principle as the foundation of rational legislation may have influenced this dialectical assessment of eudemonism as the immediate presupposition of the first major sphere of Objective Spirit. See 'Hegel and the Morning Chronicle' ('Hegel-Studien' vol. II pp. 11–80, 1976); Louis Werner 'A Note about Bentham on Equality and about the Greatest Happiness Principle' ('Journal of the History of Philosophy' vol XI no. 2 pp. 237–51, April 1973).

261, 33

It was not until 1830 that Hegel reached a clear conception of happiness as the sublation of practical feeling (§§ 471–2) and impulses and wilfulness (§§ 473–8). This § corresponds to § 478 (1827) and § 396 (1817). It was therefore taken out of its former position as the antecedent of the treatment of wilfulness, and placed here as its sequent, together with § 480.

It is not improbable that Hegel came to regard wilfulness as clearly subordinate to happiness rather than involved in it, on account of the analogous dialectical progression of crime being clearly subordinate to the assertion of the law in legal punishment (Phil. Right §§ 90–104). Several contemporary German works might have brought this analogy to his notice: J. Salat (1766–1851) 'Lehrbuch der höheren Seelenkunde' (Munich, 1820) pp. 148–9; K. V. von Bonstetten (1745–1832) 'Philosophie der Erfahrung' (2 vols. Stuttgart and Tübingen, 1828) I. 343–6; H. B. von Weber 'Handbuch der psychischen Anthropologie' (Tübingen, 1829) pp. 284–304.

The lecture-notes (loc. cit.) pp. 75–6 give a good idea of the topics touched upon when dealing with happiness as *involving* wilfulness. For evidence of Hegel's earlier interests and views, see Hoffmeister 'Dokumente' pp. 87–100 (June, 1786); Phil. Prop. p. 217.

263, 10

This § corresponds to § 481 (1827) and to part of § 399 (1817), both of which concluded these earlier expositions of Subjective Spirit. The lecture-notes (loc. cit.) pp. 76–7 indicate that the coinciding of the particular and the universal purpose in the pursuit of happiness constituted the main theme of Hegel's earlier expositions, and so provided a neat transition to the consideration of freedom. It was only in 1830, however, that the two opening §§ of Objective Spirit were included within Subjective Spirit as the third of its three *main* spheres (§§ 445–68; 469–80; 481–2).

265, 23

This § corresponds to § 482 (1827) and § 400 (1817). The heading was first introduced in 1830. The immediate dialectical progression is not affected to any great extent by the inclusion of this sphere at the end of Subjective rather than the beginning of Objective Spirit, since in both cases it is 'the unity of theoretical and practical spirit' that has to be established. In 1817 and 1827 it is *Objective*, in 1830 Free Spirit that is taken to constitute the unity.

Although this distinction between objective and free spirit is somewhat narrow in respect of the *immediate* dialectical progression, it is of great importance with regard to the broader structure of the Philosophy of Spirit. It provides Psychology with a completer triadic pattern (note 229, 27), and in accordance with the general principles of the dialectic, enables

the *end* of Objective Spirit, the realization of freedom (World Hist. pp. 93–115), to be introduced as the immediate *presupposition* of the sphere.

267, 2

§§ 465–8.

267, 5

Walter Lüssi, 'Hegel's Begriff der Willkür und die Irrationalität des praktischen Gefühls' ('Studia Philosophica. Jahrbuch der Schweizerischen Philosophischen Gesellschaft' vol. XXXIII pp. 112–56, 1973), has made an interesting attempt to explore the wider implications of the relationships between the *logical categories* used in structuring §§ 470–81.

267, 17

This §, to this point, is substantially the same as § 483 (1827), and embodies something of § 401 (1817).

267, 29

Phil. Right., preface (pp. 1–13). Cf. J. A. Mac Vannei 'Hegel's Doctrine of the Will' (1896; New York, 1967).

267, 34

Unconquerable, in that the actual conceptions of freedom that develop historically are foreshadowings of the absolute freedom of spirit itself (§ 575).

269, 6

World Hist. p. 54 (1830).

269, 13

World Hist. pp. 40–1 (1830).

269, 17

Phil. Right; Phil. Rel.; Enc. §§ 549–71.

269, 21

D. T. A. Suabedissen (1773–1835), 'Die Betrachtung des Menschen' (3 vols. Cassel and Leipzig, 1815–8) II.231: "Considered in respect of its origin, *conviction* is the self-determination of the will which has become the specific nature of the whole life of a man; in other words, it is the free determination of the will which has become permanent by becoming part of the natural life of the person. Concretely considered, it is the predominant inner orientation of the freely acting person consciously employed in a particular context. It is not to be confused with natural propensity."

269, 34

Phil. Right §§ 215–8. Hegel may have made out a plausible historical case for there being a connection between Christianity and such a general regard for law within a civil society (World Hist. p. 110), but he is surely arguing less convincingly when he also claims that there is a necessary *philosophical* connection (cf. World Hist. pp. 106–7).

269, 43

The subsequent exposition of the Philosophy of Spirit is concerned with the dialectical structuring of this actuality. Since Hegel inserted this Remark in 1830 in order to round off the revised triadicity of Subjective and formulate the presupposition of Objective Spirit (note 263, 10), it is important to note the respects in which it resembles the introduction to the Philosophy of History begun on 8th November of that year (World Hist. pp. 25–151).

To treat the subject-matter of Subjective Spirit as subordinate to higher spiritual considerations was one of the most widely accepted commonplaces of the time. Since it is only the comprehensive precision of the dialectical patterns of Hegel's treatment of this part of the Philosophy of Spirit which is truly original, it may be of value to place this treatment in its historical context by calling attention to some of the more important contemporary works containing the same general idea. Cf. note 117, 17.

K. H. L. Pölitz (1772–1838) concludes his 'Populäre Anthropologie' (Leipzig, 1800) p. 211 by finding the higher ends of mankind in progress and culture. C. L. Funk, 'Versuch einer praktischen Anthropologie' (Leipzig, 1803) p. iv, suggests that the final end of the study of man is the ennoblement of mankind. W. Liebsch (d. 1805), 'Grundriß der Anthropologie' (2 vols. Göttingen, 1806/8) pp. iv-xii, sees 'subjective spirit' as mediating between nature and freedom. J. C. Goldbeck (1775–1831), 'Grundlinien der organischen Natur' (Altona, 1808) pp. 11–2, formulates a hierarchy ranging from nature to spirit. H. B. von Weber, 'Anthropologische Versuche' (Heidelberg, 1810) pp. 266–90, rounds off his book with a discussion of the Divine. F. von Gruithuisen, 'Anthropologie' (Munich, 1810), concludes by discoursing upon God, freedom and immortality. J. F. Herbart (1776–1841), 'Lehrbuch der Psychologie' (Königsberg and Leipzig, 1816) §§ 240–52 rounds off a thoroughly professional work by discussing world history, providence and life eternal. J. Salat (1766–1851), 'Lehrbuch der höheren Seelenkunde' (Munich, 1820) draws his themes together by treating of the divinity in man. J. C. A. Heinroth (1773–1843), 'Lehrbuch der Anthropologie' (Leipzig, 1822), introduces the religious dimension of his main theme in part two of the work. K. E. von Baer (1792–1876), 'Vorlesungen über Anthropologie' (Königsberg, 1824) p. 7, sets the tone of his book by heading it with a quotation from Sir Thomas Browne: "The world was

made to be inhabited by beasts, but studied and contemplated by man; 'tis a debt of our reason we owe unto God, and the homage we pay him for not being beasts." E. Stiedenroth (1794–1858), 'Psychologie' (2 pts., Berlin, 1824/5), who may have been influenced by Hegel, ends by discussing the self-determination involved in law, ethics and religion. J. E. von Berger (1772–1833), 'Grundzüge der Anthropologie' (Altona, 1824) pp. 7–8 looks back to nature and on to freedom, whereas in C. F. Nasse's (1778–1851) 'Zeitschrift für die Anthropologie' (4 vols. Leipzig, 1823–6) vol. I pp. 290–1, while the look back is the same, that forward focuses upon reason. C. H. E. Bischoff, 'Grundriß einer anthropologischen Propädeutik' (Bonn, 1827) finds the final end of the subject in religion, while K. V. von Bonstetten (1745–1832), 'Philosophie der Erfahrung' (2 vols. Stuttgart and Tübingen, 1828) I.378–407 plumps for the final significance of free will. L. Choulant (1791–1861), 'Anthropologie' (2 vols. Dresden, 1828), opens his book by establishing the supremacy of mind over body, while J. Ennemoser (1787–1854), 'Anthropologische Ansichten' (Bonn, 1828) closes his with a discussion of religion. G. H. Schubert's (1780–1860), 'Die Geschichte der Seele' (2 pts. Stuttgart and Tübingen, 1830) has much the same general lay-out as Hegel's corresponding work, and C. G. Carus (1789–1869) concludes his 'Vorlesungen über Psychologie' (1831; Leipzig, 1931) with an oration on immortality.

There was therefore a fairly general agreement among Hegel's contemporaries that Subjective Spirit should be regarded as pointing beyond itself to 'legal, ethical and religious actuality.'

270, 1

The heading in the Griesheim ms., as in the 1817 Encyclopaedia, is simply: 'B. Das Bewußtstein.'

Hegel's increasing preoccupation with Anthropology during the early Berlin period is apparent in the time he devoted to it in the lecture room. In 1820 he began to lecture on Phenomenology on 7th July, in 1822 on 22nd July, in 1825 on Friday 28th July ('Hegel-Studien' vol. 10 p. 35, 1975). Nine one hour sessions were devoted to it in 1825, a beginning being made with the Psychology on Monday 15th August.

270, 2

Griesheim (263, 2) wrote 'des des Geistes'.

271, 4

The neatness of Griesheim's manuscript would seem to indicate that he made rough notes in the lecture-room and copied them out afterwards, referring to the printed §§ of the Encyclopaedia, and inserting the relevant extracts into his text.

Kehler's notes were evidently taken down while Hegel was actually lecturing. Since he usually gives the § number but rarely provides an accurate version of the printed text, it looks as though Hegel must have had both the text and the notes in front of him while lecturing.

271, 8
§§ 86–88 and §§ 142–147.

271, 31
Phil. Nat. II.13, 27.

272, 22
Griesheim (265, 3) omitted the 'wir' after 'haben'.

273, 2
See the treatment of the qualitative judgement in § 172.

273, 10
§§ 391–4.

273, 21
§§ 403–10.

275, 3
§ 414 (1830).

275, 36
Cf. § 63 and Hegel's analysis of the subjectivism of Kant, Jacobi and Fichte in 'Glauben und Wissen' (1802). If I *believe* or am *convinced* that Berlin is in Berkshire, this will be knowledge. It will be knowledge of a *very* rudimentary or subjective kind however, and will involve my overlooking the distinction between merely knowing and knowing "something as well as its connectedness." Cf. the note on Hegel's conception of derangement II.327, 23. The difference between such belief and derangement is simply that the belief involves the self-certainty of the ego.

277, 11
Cf. Fichte 'Sämtliche Werke' (ed. I. H. Fichte, 8 vols. Berlin, 1845–6) vol. II pp. 441–2: "The procedure of Wissenschaftslehre is the following: it requires each one to note what he necessarily does when he calls himself, I. It assumes that everyone who really performs the required act, will find that he *affirms himself*, or, which may be clearer to many, *that he is at the same time subject and object*. In this absolute identity of subject and object consists

the very nature of the Ego. The Ego is that which cannot be subject, without being, in the same indivisible act, object — and cannot be object, without being, in the same indivisible act, subject; and conversely, whatever has this characteristic, is Ego; the two expressions are the same."

277, 14

Notes II.327, 23; 275, 36.

277, 21

Cf. Ph. Right §§ 47, 70.

277, 28

The irony of this example becomes apparent if we remember that the significance of Kant's 'Copernican revolution' is being assessed in these opening sections of the 'Phenomenology': cf. § 415.

279, 7

Cf. the parallel transition from morality to ethical life in Ph. Right § 141.

279, 8

§ 415 (1830). In § 331 (1817) Hegel dealt with the nature of the *object in relation to the ego*, and evidently treated this as the third moment of a triad, the first two levels of which were concerned with the subjective and objective presuppositions of such a relation ('Hegel-Studien' vol. 10 pp. 35–6, 1975). It is difficult to see why he should subsequently have abandoned this pattern and launched straight into this criticism of Kant. He may, however, have had second thoughts about dealing with objectivity at this level: note 19, 11.

279, 18

Notes 11, 5 — 13, 31. In Hegel's system, reason is the *culmination* of Phenomenology (§§ 438–9), thought is the culmination of Intelligence (§§ 465–8), and abstract categories are given their systematic assessment in the Logic (§§ 19–244). By interpreting reason and thought predominantly in terms of logical categories, Kant was confusing vastly different levels of complexity, and reducing reason and thought to mere logical abstractions. Cf. note 223, 33.

281, 5

For a fuller analysis of the 'Critique of Practical Reason', see Hist. Phil. III.457–64.

281, 13

Hist. Phil. III.479–507.

281, 27
Hegel deals with the judgement and the syllogism, both of which are central to Kant and Fichtes' manner of thinking in the 'Subjective Notion' (§§ 163–93). What he has in mind here is not, however, the nature of their logical presuppositions as such, but the parallel between the overall structures of the Logic and of Subjective Spirit. The 'Doctrine of the Notion' (§§ 160–244) constitutes the third main sphere of the Logic, and so corresponds to the 'Psychology' (§§ 440–82), the third main sphere of Subjective Spirit. In that Kant and Fichte are still involved in a radical subject-object antithesis, they are still at the level of consciousness, and have not yet reached spirit (note 79, 1).

283, 20
It cannot be maintained that Hegel was only able to integrate the Phenomenology within the overall system of the Encyclopaedia by *overlooking* the essential distinction between the theoretical and the natural or empirical ego (note 3, 1). It is in effect the Notion of consciousness which places consciousness in its overall context, not consciousness of the Notion, and, of course, certainly not merely empirical consciousness.

285, 18
'The ego is no non-ego'. Cf. § 173.

285, 33
The philosophy of Nature and Anthropology has demonstrated that the ego is anything but presuppositionless. Hegel is emphasizing that it has feeling (§§ 403–12) as its immediate presupposition i.e. that it is what it is in that it negates, contains, sublates mere feeling.

287, 4
Note II.27, 8. Cf. §§ 399–402.

287, 19
§ 98. Hegel had no very high conception of atomistic metaphysics in any context: Phil. Nat. II.213; Hist. Phil. I.300–10; II.288–90.

287, 30
Hegel is anticipating thought proper: see §§ 465–8. Since we are here at a level more primitive even than intuition (§§ 446–50), even 'abstract thought' is an unsatisfactory term. Note 279, 8.

287, 42
Note 283, 20.

289, 17
Hence Kant's postulation of the thing-in-itself.

289, 24
This doctrine subsequently appears together with the treatment of thought in the Psychology (219, 8).

291, 3
Note 135, 18.

291, 7
As a negative of consciousness, objectivity is what is natural and anthropological (note 285, 33). As the negative of the general object and the subject, it makes its initial appearance in the Psychology (note 79, 1 (2)).

291, 24
§ 352 et seq.

291, 25
Kant and Fichte were also discussed under the heading of this §, see 'Hegel-Studien' vol. 10 p. 36, 1975: "Fichte, — a person makes his coat for himself in that he puts it on."

292, 35
Griesheim (278, 9) wrote 'seinen Gegenstand'.

292, 36
Griesheim (278, 11) wrote 'als solchen'.

293, 1
§ 416 (1830).

293, 13
§ 417 (1830).

294, 5
Griesheim (278, 16) wrote 'diesem Ganze'.

295, 13
Note 13, 24. Kehler confirms that Hegel spoke of 'thought' at this juncture (note 287, 30).

295, 19
Hist. Phil. III.486–96.

295, 33
§§ 455–60.

296, 1
Griesheim (279, 22) wrote 'als solchen'.

297, 8
The subsequent Philosophy of Spirit (§§ 440–577).

297, 16
It should be noted that this reference to the Phenomenology of 1807 differs considerably from that in the printed text of the Encyclopaedia (21, 4). Since Hegel quite evidently touched upon the general significance of the work, it is most unfortunate that Griesheim and Kehler should have gained such different impressions of what he said. See Enc. § 25 and note 3, 1.

297, 17
§ 418 (1830).

297, 32
Within the sphere of consciousness as such (§§ 335–43), the subject-object correspondence constitutes a single progression in degree of complexity. Kant and Fichtes' subjectivism took no account of the objective aspect of this progression.

299, 6
See II.159 et seq.

299, 18
See 23, 17 and § 448.

299, 19
§§ 446–50.

299, 29
Note 135, 18.

299, 36
Phil. Nat. I.315–7.

301, 13
The categories of Being (§§ 86–8) and Quantity (§§ 99–106) have *approximately* the same systematic placing within the first major sphere of the Logic,

as Space (§§ 254–6) and Time (§§ 257–9) have within the first major sphere of the Philosophy of Nature.

301, 28
§ 88; cf. §§ 260–1.

301, 30
§§ 262–412.

303, 11
Cf. Phen. pp. 149–60; § 448 Add.

303, 12
§ 419 (1830).

303, 28
Cf. note 301, 13. The analogy here is not with the first major sphere of the logic but with the Logic *as a whole*. Within the sphere of consciousness as such (§§ 335–43), the first two sub-spheres correspond to Being (§§ 84–111) and Essence (§§ 112–59) in the Logic. Similarly, within the sphere of the Feeling Soul (§§ 403–10), Being and Essence have their analogues in Immediacy (§§ 405–6) and Self-awareness (§§ 407–8).

305, 8
Note 275, 36.

305, 21
Hence Objective (§§ 483–552) and Absolute (§§ 553–77) Spirit, which presuppose Subjective Spirit, but are not confined to it.

305, 36
Cf. Phen. pp. 151–2; Hist. Phil. II.333–4; 'Hegel-Studien' vol. 10, p. 38, 1975. Hegel derived this illustrative instance (note 69, 32) from Sextus Empiricus (fl. c. 200 A.D.), the codifier of Greek scepticism: see 'Against the Logicians' (tr. R. G. Bury, Loeb, 1935 vol. 2 p. 291) II.103: "Furthermore, when they say that the proposition "It is day" is at present true but "It is night" false, and "It is not day" false but "It is not night" true, one will ponder how a negative, which is one and the same, when attached to things true makes them false, and attached to things false makes them true." Cf. Hegel's 'Verhältniss des Skepticismus zur Philosophie' ('Gesammelte Werke' vol. 4 pp. 197–238, 1968); 'Sexti Empirici Opera' (ed. J. A. Fabricius, Leipzig, 1718) p. 477; J. G. Mund 'Sexti Empirici Opera' (Halle, 1796); J. G. G. Buhle (1763–1821) 'Sextus Empirikus, oder über den Skepticismus der Griechen' (Lemgo, 1801).

K. Rosenkranz, 'Hegels Leben' (Berlin, 1844) p. 100, informs us that Hegel was studying Sextus Empiricus during his period in Frankfurt. See Klaus Düsing 'Die Bedeutung des Antiken Skeptizismus für Hegels Kritik der Sinnlichen Gewissheit' ('Hegel-Studien' vol. 8 pp. 119–30, 1973).

306, 11
Griesheim (286, 19) wrote 'heutiges Tages'.

307, 7
§ 420 (1830).

307, 18
§§ 12, 61–78.

307, 21
Note 27, 22.

307, 23
§§ 112–59.

307, 27
§ 421 (1830).

309, 3
It is clear from the lecture-notes (loc. cit. p. 39), this addition, and what Hegel added to §421 in 1830, that § 115–30 of the Logic were very much in his mind at this juncture.

309, 4
§ 422 (1830).

309, 21
See the final categories of Essence (§§ 142–59).

309, 22
§ 422 (1830).

311, 20
For the examples with which this point was illustrated, see 33, 10 and 'Hegel-Studien' vol. 10 pp. 39–40, 1975: i.e. Phil. Nat. §§ 270, 312, 324; Phil. Right § 209–29.

311, 28
§ 423 (1830).

313, 1

The analogous transitions being invoked here are quite evidently those from Actuality to the Subjective Notion (§§ 159–65), and from the Chemical Process to Animation (§§ 335–7).

313, 19

§ 342 has no equivalent in the later editions of the Encyclopaedia, and was evidently omitted in 1825. It is apparent from the notes however (loc. cit. p. 40), that Hegel lectured on it at some length during the earlier Berlin period, elaborating upon the transition from necessity to the Notion (note 313, 1) with reference to natural science, law (note 311, 20) and society: "One often hears the realm of appearances spoken of — behind and beyond it is an unknown — man, all the world's a stage (Mensch Theater der Welt) — behind the scenes — an unknown..."

313, 20

This § also has no equivalent in the later editions of the Encyclopaedia. Boumann made some use of it in putting together the Addition to § 423 (note 37, 14). It is apparent from Hegel's notes however (loc. cit. pp. 40–41), that earlier in the Berlin period he spent some time on the significance of living being in respect of the subject-object issue in consciousness.

313, 35

Phil. Nat. III.10, 23.

315, 3

§ 424 (1830).

315, 4

Note 37, 18.

315, 22

This sentence is not in Kehler's text.

317, 8

§ 330.

317, 20

This § has no equivalent in the later editions of the Encyclopaedia, although the subject-matter of the lectures based upon it was subsequently included in § 425: see also, 'Hegel-Studien' vol. 10 pp. 41–2 (1975).

319, 6

Cf. §§ 86–95. This would appear to imply that what is subjective is even more abstract than the initial categories of the Logic.

319, 30
The two forms of consciousness and self-consciousness are mutually of an ideal nature, i.e. distinct and yet homogeneously unified.

321, 10
We who are giving the problem its systematic placing in the dialectical progression.

321, 21
Self-consciousness being the *truth* of consciousness (note 37, 18).

321, 24
Note 249, 20.

321, 28
§ 425 (1830).

321, 44
It is apparent from Hegel's lecture-notes (loc. cit. p. 42) that during the earlier Berlin period he specified the self-determination of self-consciousness in more detail: "Self-consciousness is *self-determination*, the positing of itself as objective, as differentiated, and therefore as determinate. It is therefore *immediate* self-determination in that it is, a) without difference, its *difference* being the ideal nature of ego-ego, *abstract universality*; b) content, immediate sensuous determinateness, the predicate being the one signification of the abstraction; c) *immediate* Negation, an external general object..."

322, 17
Griesheim could also be referring to self-consciousness. In any case, his interpretation would appear to be superior to Kehler's.

323, 1
§ 425 (1830).

323, 27
Cf. § 482.

323, 30
§§ 438–9.

323, 31
In the lecture-notes (loc. cit. p. 42), we find three 'processes' mentioned, and reference is made to the three similar processes (formation, assimilation,

generic) of the organism (Phil. Nat. vol. III). This may account for Boumann's three 'stages of development' (43, 6).

325, 13
§ 426 (1830).

325, 19
Note 45, 6.

325, 31
Yet, "the stones cry out and lift themselves up to spirit' (Phil. Nat. I.206, 22). Cf. Lecture-notes § 349 (loc. cit. p. 43).

325, 42
Cf. Phil. Nat. I.200, 22: "According to a metaphysics prevalent at the moment, we cannot know things because they are uncompromisingly exterior to us. It might be worth noticing that even the animals, which go out after things, grab, maul, and consume them, are not so stupid as these metaphysicians." Hegel quite evidently felt free to use the analogy in criticizing both extremes of the philosophic spectrum.

326, 18
Griesheim (300, 10) wrote 'zugegen das Objekt'.

327, 8
§ 427 (1830).

327, 20
Cf. Hegel's lecture-notes (loc. cit. p. 43): "Dialectic is the inner Notion; here, however, the Notion exists as ego. Since as self-consciousness the ego is ego-ego, ego and its *determinate being*, Existence, the other, difference, is also ego. This is self-conscious idealism."

327, 33
§ 428 (1830).

328, 31
Griesheim (302, 2) wrote 'daß sich finden'.

329, 7
§ 429 (1830).

329, 15
Since Boumann (53, 6–20) also provides us with very little additional

material at this juncture, it may be of value to translate Hegel's lecture-notes relating to § 351 (loc. cit. p. 44):

"a) Self-consciousness has desire; the satisfying of *desire* is its sublation; — in the Notion or in general. Sublation of the *immediate* singularity, whereupon the object of desire is merely the immediate *external general object* of consciousness, an other — and at the same time intro-reflected — as in perception.

Object posited as what it is implicitly.

b) or a determinateness is posited in the pure self-consciousness of ego-ego. This is a true basic division, self-separation, *posited* for itself through its activity — given a general determinate being. The other being posited *in self*, itself *as* the other, the difference between the object's being and the ego being sublated. The first activity yields determinateness, sublates the subjectivity, has produced itself — within the other.

Impenetrable matter — mediated idealism — not ego activity, dialectic — but the ego itself is this dialectic.

Origin of society in respect of consciousness."

329, 16

§ 430 (1830).

331, 2

This indicates that Hegel did not not want it to be forgotten that consciousness must include the *body* (note II.405, 15). The way in which he introduced the master–servant relationship makes it pretty clear that it was essentially a dialectic of *consciousness* however: relevant to the understanding of society only 'in respect of consciousness' (von Seite des Bewußtseyns), note 329, 15, and to be broadly illustrated with reference to national characteristics, note 53, 33. On the *illustrative* nature of the 'subject-matter' in the following §§, see note 69, 32.

331, 18

§ 431 (1830).

331, 20

Griesheim and Kehler agree, as against 53, 33 and 55, 14, that the 'presentation', not the being, of the struggle is the *resolution* of a *contradiction*, not a 'process of recognition'. Cf. note 53, 33.

333, 26

Cf. § 432 Addition, where the emphasis is laid upon the *state* rather than love in making this point.

333, 34
Phil. Right §§ 41–71.

335, 21
See the picture of the idyllic life in the Aesthetics 1091. Hegel associated it with the somewhat insipid writings of Salomon Gessner (1730–1788), the Swiss Shenstone.

337, 10
Cf. 59, 30.

337, 34
It is only at this point that Hegel's lecture begins to coincide with the surviving notes (loc. cit. p. 45). Prior to this the notes are concerned predominantly with the state of *nature* (note 59, 24).

339, 34
The material included by Boumann in the Addition to § 432 is well documented in the lecture-notes relating to § 354 (loc. cit. pp. 46–7) but seems to have been almost entirely dropped from the 1825 lectures.

339, 35
§ 433 (1830).

340, 4
Griesheim (308, 17) wrote 'viele Einzelnen'.

341, 16
The differences between the lecture-notes (loc. cit. p. 47), Boumann's text (§ 433) and this lecture in respect of the illustrative examples used, are of little intrinsic importance (note 65, 20).

341, 17
§ 434 (1830).

341, 25
§ 435 (1830).

342, 32
Griesheim (311, 3) wrote 'nach seinen'.

343, 9
Phil. Right § 261.

343, 25
Phil. Right §§ 5–32.

343, 30
Note 67, 11.

343, 32
Note II.113, 10.

344, 35
Griesheim (312, 22) wrote 'die-scher Schein'.

345, 1
Cf. II.113, 16.

345, 12
Note 67, 35.

345, 15
§ 436 (1830). In the lecture-notes (loc. cit. p. 49), the treatment of this begins with a reference to the category of becoming (§ 89): notes 301, 28; 303, 28; 319, 6.

345, 26
Lecture-notes (loc. cit. p. 49): "Unyieldingness and absolute pliancy, fluidity."

345, 40
§§ 112–4. Cf. lecture-notes (loc. cit. p. 49): "Reflectedness. a) *Being posited* through itself. b) *Implicit* being, being posited through the free other — not like a show of essence — reflection."

347, 5
§ 437 (1830).

347, 14
Since we are concerned only with the dialectic of consciousness: note 69, 32.

347, 34
§ 438 (1830).

349, 10
Hegel is careful to emphasize that the reason under consideration is that of the Notion (§§ 160–244), not simply that of the single self-consciousness,

that is to say that the Phenomenology has to be seen as part of the overall Encyclopaedic system, not as an idiosyncratic, individualistic, personal or existential approach or approximation to this system.

One might have expected Reason to be presented simply as the 'truth' of consciousness and self-consciousness, as the completion of the major triad of the Phenomenology, but Hegel evidently brought out its significance for the whole system (lecture-notes loc. cit. pp. 49–50):

a) Soul, identity. b) Consciousness, concrete; moment of difference.

All that is objective is implicitly rational.

What is logical is *reason* in its simplicity.

Nature is *implicitly* rational.

Here we have reason which *is for itself.* — Since soul (implicitly reason) has the significance of substance, it is in consciousness and self-consciousness that we have this *ideality.*

The appearance of reason is universal self-consciousness i.e. in universal self-consciousness, love etc., ordinary consciousness has consciousness of a general object, of absolute subjectivity and objective subsistence.

Ego is not an other and absolute other—appearance which general object only ego, only in this *case.* In reason the case is universal, although for us here the subjectivity is that of consciousness.

From this standpoint there are no longer any external objects, only not yet insight.

Significance for us, in our reflection.

349, 21

This definition of reason in respect of *consciousness* should be considered in the light of the conclusion of the Psychology (§§ 481–2) and the assessment of Rousseau and Fichtes' ideas in Phil. Right § 258. It should not be forgotten, however, that there is as yet no reference to the *will* (note 343, 9).

349, 29

§§ 213–44. Cf. note 349, 10.

351, 6

It is, therefore, only in the transition from Anthropology to Phenomenology (§§ 412–7) that the self-externality of nature (§ 247) is completely sublated. In the Anthropology, 'spirit' still involves self-externality.

351, 11

The immediate *presupposition* of §§ 245–437.

351, 21

§§ 445–68.

352, 28
Griesheim (318, 9) wrote 'kein Angst'.

353, 5
Note 327, 20.

353, 8
It includes within it the preceding dialectical progression, and will be given a more explicit exposition in what follows (note 351, 2).

353, 9
§ 439 (1830).

353, 14
The essence of things being the 'self-objectifying Notion, the Idea'. (351, 30).

353, 25
This only applies to the knowing and thinking of the *Idea*. A. F. Fourcroy (1755–1809) and L. N. Vauquelin (1763–1829) for example, discovered by experiment and therefore certainly knew (note 275, 36), that there was more phosphate of lime in horse-dung, and more carbonate and phosphate of lime in bird-mute than could be extracted from the food consumed (Phil. Nat. III.165). They did not know, however, that the method of analysis they were employing was suitable for chemical (§ 334) but not for bio-chemical (§ 365) investigations. They had no conception of the precise difference in complexity between what is chemical and what is bio-chemical, no knowledge of the *Notion* of the scientific disciplines involved, no inkling of the overall context of the subject-matter of these disciplines within the Idea. Their knowledge and thought processes, though by no means entirely incompetent or worthless, and in fact extremely relevant to a Notional interpretation of digestion, were not, therefore, *rational* in the Hegelian sense.
Cf. D. C. Goodman 'The Application of Chemical Criteria to biological classification in the eighteenth century' ('Medical History' vol. 15 pp. 23–44, 1971).

353, 33
§ 439 (1830).

353, 41
Fourcroy and Vauquelin (note 353, 25) were certainly capable of *spiritual* activity, — they attended (§ 448) to their work, they recollected (§§ 452–4) what they had intuited (§§ 446–50), they associated (§ 456)

recollections, expressed their findings in language (§ 459), and undoubtedly remembered (§§ 461–4) what they had accomplished etc. etc. They were not, however, fully aware of the reason *implicit* in all this spiritual activity.

355, 5
Note 79, 1 (2).

355, 10
Notes 11,36 – 13,16, and 83, 37.

355, 21
Phil. Nat. III.213, 25.

355, 26
§§ 420–2.

355, 38
§§ 388–412.

357, 1
§§ 418–23; §§ 424–37.

357, 6
John XVI v. 13: "Howbeit when he, the Spirit of truth, is come, he will guide you into all truth..."

357, 11
John VIII v. 32: "And ye shall know the truth, and the truth shall make you free."

Considering the context, Kehler's addition seems plausible. Hegel probably quoted from memory and confused the two passages. Griesheim may have checked the reference while writing out his final version.

INDEX TO THE TEXT

INDEX TO THE NOTES